数控系统电气工程师
从入门到精通

黄 风 编著

化学工业出版社
·北京·

内 容 简 介

本书遵循由浅入深的编排方式，将有关数控系统应知应会的内容进行了科学的分配。本书从数控技术工程师的角度详细介绍了数控机床的结构，介绍了数控机床常用低压电器的功能及其在数控电气系统中的位置；介绍了数控系统安装连接、参数设置的方法，详细解释了数控系统 PLC 程序的编程方法和数控系统的功能，提供了数控刀库包括伺服刀库换刀程序的编制案例；介绍了伺服系统和主轴系统的调试和故障排除方法。同时，本书还提供了数控系统在各类型机床上的应用案例。

本书的特点是"来自现场又回到现场"。对从事现场安装、调试、维修工作的技术人员和操作人员，本书是一本很有帮助的简明工具书。本书也特别适合高校数控专业的师生阅读。

图书在版编目（CIP）数据

数控系统电气工程师从入门到精通/黄风编著. —北京：化学工业出版社，2023.6
ISBN 978-7-122-42825-7

Ⅰ.①数…　Ⅱ.①黄…　Ⅲ.①数字控制系统　Ⅳ.
①TP273

中国国家版本馆 CIP 数据核字（2023）第 030616 号

责任编辑：张燕文　张兴辉　　　　　　　　　装帧设计：张　辉
责任校对：张茜越

出版发行：化学工业出版社（北京市东城区青年湖南街 13 号　邮政编码 100011）
印　　装：高教社（天津）印务有限公司
787mm×1092mm　1/16　印张 28¼　字数 749 千字　2023 年 6 月北京第 1 版第 1 次印刷

购书咨询：010-64518888　　　　　　　　　售后服务：010-64518899
网　　址：http://www.cip.com.cn
凡购买本书，如有缺损质量问题，本社销售中心负责调换。

定　　价：128.00 元

当前，数控系统的应用范围越来越广泛，但对于初学者来说，快速熟悉数控系统并不是太容易。本书按照由浅入深、循序渐进的原则，按科学的步骤，力求更好地解决初学者面对众多资料而无从下手的问题。

本书从数控技术工程师的角度详细介绍了数控机床结构、数控电气柜中低压电器的用途以及数控系统安装连接等方面的内容；详细解释了数控系统的 PLC 程序的编制内容和编程方法；详细介绍了数控系统的重要功能和参数设置方法；提供了数控刀库包括伺服刀库的换刀程序的编制案例；介绍了伺服系统和主轴系统的调试方法和故障排除方法；提供了数控系统在各类型机床上的多个应用案例。

读者通过阅读本书，可以对数控系统的结构、安装连接、基本操作、基本功能、开机设置等有深入的了解，可以编制一般车床和加工中心的 PLC 程序，掌握加工中心换刀程序的编制方法，可以进行数控系统的简单调试。

本书提供了数控系统的高级应用案例，有加工模具所需要的高速高精度功能的应用案例，有数控系统在热处理机床、轧辊磨床、连杆加工机床和冲齿机的应用案例，这些案例都是作者现场工作经验的总结，相信对读者今后的工作会有很大帮助。

数控技术博大精深，本书疏漏之处在所难免，恳请读者与同行专家批评指正。能够给从事数控技术的朋友们一些帮助，是作者的初衷。

读者对本书涉及的应用项目欲更深入地了解，可联系作者。邮箱：13607177391@163.com。新浪博客：黄风数控之友。

编著者

目录

第1章

数控机床的基本结构及各部分功能

1.1 数控加工中心基本结构

1.1.1 数控铣床

数控铣床是使用最多、最典型的数控机床。图 1-1 中 Y 轴工作台在底座上移动，X 轴工作台安装在 Y 轴工作台上，Z 轴螺母在床身立柱上移动。主轴头安装在 Z 轴螺母上。

由于 Y 轴工作台上安装有 X 轴工作台，正常加工时还要装载工件，所以负载最大，在进行数控铣床调试时，观察到 Y 轴伺服电机电流通常要比 X 轴伺服电机大，所以选型时，Y 轴伺服电机要比 X 轴伺服电机大一挡。

从图 1-1 中可以观察到，Z 轴在垂直方向上运动，因此 Z 轴伺服电机有两个任务：驱动 Z 轴在垂直方向上运动；克服 Z 轴螺母（包含主轴部分）的重力影响。因此 Z 轴伺服电机承受的负载也较大。为了克服或减轻重力的影响，加装了配重，这样 Z 轴上下行的电机负载就相差不大了，如果上下行某一方向电机过载，就要检查配重是否合理。

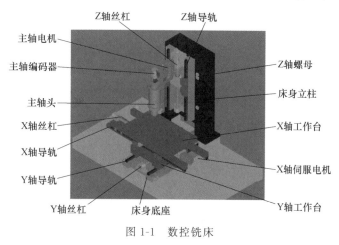

图 1-1 数控铣床

1.1.2 数控龙门铣床

图 1-2 所示为铣床的床身及导轨，这种导轨为"线轨"，"线轨"是加工完成后，镶嵌在

机床底座上的。导轨的另外一种类型是"硬轨","硬轨"是直接在机床底座上加工形成的，可以承受较大的载荷。

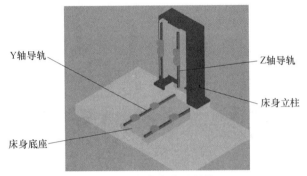

图 1-2　铣床床身及导轨

图 1-3 所示为 Y 轴工作台在机床底座上的位置。由于在 Y 轴工作台上要安装 X 轴工作台，因此 Y 轴工作台上还要安装供 X 轴工作台运动的导轨。

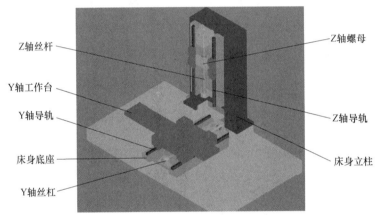

图 1-3　Y 轴工作台的位置

数控龙门铣床是一种大型机床，因需要加工大型工件，故采用龙门式结构。数控龙门铣床有门架移动式和 Y 轴工作台移动式，图 1-4 所示为 Y 轴工作台移动式。Y 轴工作台在底座上移动，

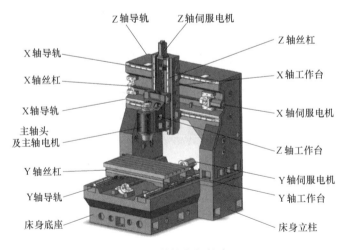

图 1-4　数控龙门铣床

X轴工作台在门架上移动，Z轴工作台安装在X轴工作台上。主轴头安装在Z轴工作台上。

X轴、Y轴、Z轴均由伺服电机驱动，主轴头由主轴电机驱动。

1.1.3 双主轴数控机床

双主轴数控机床是高档数控机床。其特点是有两套主轴。在图1-5所示的机床中，主轴1是固定的，主轴1电机通过同步带带动主轴头工作。

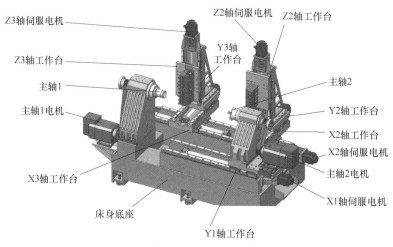

图1-5 双主轴数控机床

在主轴1这一侧，有一套伺服工作台X3/Y3/Z3，工件夹持在Z3轴工作台上，由主轴1加工。

在需要双主轴加工时，Y1轴工作台移动，主轴2安装在Y1轴工作台上，可以移动到加工位置，与主轴1同时加工工件。

主轴2也可以对X2/Y2/Z2伺服工作台一侧的工件进行加工。

在对双主轴机床的数控系统选型时，必须首先选择具有双主轴功能的数控系统，同时，该机床有8个运动轴，所以也必须要求数控系统具备驱动8个伺服轴的能力，现在中高档的数控系统都配置有双主轴功能，有些系统可以驱动11个伺服轴，还配置有PLC轴，这些功能都可以充分利用。数控系统中标明的联动轴数为3或4，是指同时进行插补运行（轮廓加工）的轴的数目，而不是驱动伺服轴数目，不可混淆。

图1-6 双主轴车床

图1-6所示为双主轴车床，两个卡盘同时夹住工件进行加工。

1.2 数控车床基本结构

1.2.1 普通数控车床

普通车床如CA6140拖板轴的动力由普通电机提供，由机械变速箱进行变速调节。大拖板轴也可以由操作者手摇移动。小拖板的运动由人工操作。普通车床的主轴由普通电机驱动，可以由变速箱调节主轴速度。

普通数控车床结构如图 1-7 所示。普通数控车床的主轴电机通常由变频器驱动，称为变频主轴（这样的配置是出于经济性的考虑），一般的数控系统可以提供模拟量对变频器进行控制。高档车床主轴则配置伺服主轴。最普通的数控车床也可以直接使用普通电机＋机械变速箱控制主轴运行。

普通数控车床的大拖板（Z 轴工作台）上安装有小拖板（X 轴工作台）和刀塔，在数控系统中，大拖板轴被称为 Z 轴，小拖板轴被称为 X 轴。

刀塔上可以安装多把刀具。刀塔可以旋转。选刀的动作可以也必须由数控系统控制。

图 1-8 所示为数控车床的主轴部分，示出了主轴电机与主轴头的关系。特别是显示了主轴编码器的安装位置，表明主轴编码器检测的是主轴头的速度和位置。这是必须认识且不能混淆的。

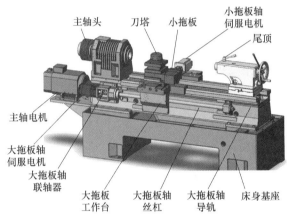

图 1-7 普通数控车床

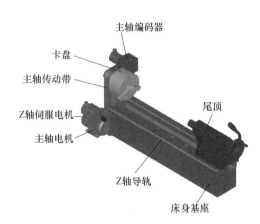

图 1-8 数控车床的主轴部分

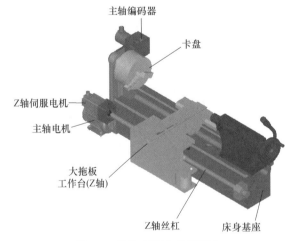

图 1-9 数控车床大拖板部分

图 1-9 所示为数控车床大拖板部分的安装及运动。大拖板工作台在 Z 轴伺服电机的驱动下运动。导轨在床身基座上。大拖板工作台上还要安装小拖板和刀塔，因此做到了机械结构上的力学平衡。

1.2.2 斜床身车床

斜床身车床（图 1-10）的设计将大拖板运动部分设置在斜床身基座上，扩大了 Z 轴运动的行程，利于加工大型工件。同时在小拖板（X 轴）上可以配置大型刀具和动力头，是中高档数控车床。

Z 轴在斜床身上运动。小拖板工作台（X 轴）安装在大拖板工作台上，在小拖板工作台上装有刀塔和动力头。主轴电机通过传动带驱动主轴头。尾顶由伺服电机驱动。这样一套 4 轴 3 联动的数控系统就可以满足斜床身车床配置要求。

在图 1-11 所示的斜床身车床的刀塔中，装有 8 把刀具。同时还装有钻头或铣刀，可以对工件的圆周表面进行钻孔或铣削加工。

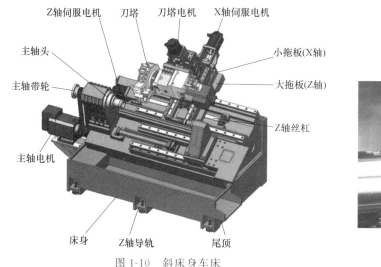

图 1-10　斜床身车床

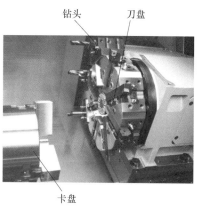

图 1-11　斜床身车床的刀塔

1.3　数控组合机床基本结构

组合机床（图 1-12）的结构特点是，动力头（带有主轴的部分）装在各自的工作台上，

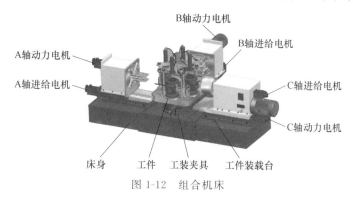

图 1-12　组合机床

由伺服电机驱动工作台移动。动力头可由普通电机驱动，也可由变频器＋普通电机驱动，带动刀具旋转。

工件被夹持在工作台上。工作过程类似于铣床。一般配置 3 轴数控系统。多用 M 指令编制加工程序。

动力头（图 1-13）装在动力头基座上，由伺服电机带动丝杠，从而驱动动力头基座移动。动力头电机带动刀具旋转。

组合机床加工过程一般不需要各轴的联动，只需要每个轴的独立运动。

图 1-13　动力头

1.4 进给传动系统

(1) 丝杠传动参数

丝杠传动（图1-14）是数控机床最常见的传动结构。伺服电机通过联轴器与丝杠相连。丝杠传动有反向间隙、螺距等参数，这些参数的含义与机械结构有关。是必须掌握的。

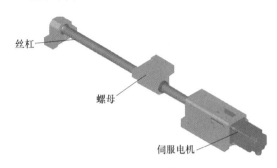

图1-14 丝杠传动

反向间隙是由于制造精度的原因导致丝杠与螺母之间存在间隙。机械反向运动时，会出现极微小一段丝杠旋转运动而工作台没有直线移动的现象，这会造成加工精度误差。因此数控系统中有反向间隙补偿参数。

螺距是指丝杠旋转一圈工作台直线移动的距离。这是最重要的参数之一，是在调试数控系统时必须首先设置的参数。

双头螺纹是指丝杠上有两条螺纹线。丝杠旋转一圈，实际行程是螺距的两倍。在设置螺距参数时要注意，以免加工螺纹时出现乱牙。

(2) 伺服电机与联轴器

伺服电机通过联轴器与丝杠连接（图1-15）。如果安装时伺服电机轴线与丝杠中心线有偏差，则伺服电机运行时会出现过载或过电流报警。

(3) 滚珠丝杠结构

丝杠螺母副（图1-16）是数控机床最常用的进给传动机构。丝杠与螺母中间装有滚珠。在丝杠和螺母上都装有半圆形的螺旋槽。螺母上有滚珠回路管道。当丝杠旋转时，滚珠在滚道内既自转又沿滚道循环转动，带动螺母运动。

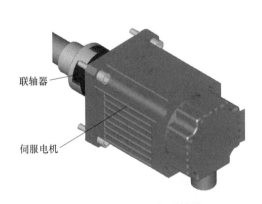

图1-15 伺服电机与联轴器

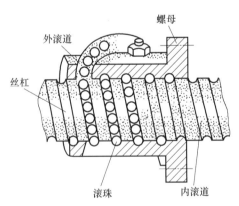

图1-16 丝杠螺母副

滚珠丝杠有诸多优点，但是滚珠丝杠不能自锁，滚珠丝杠安装在垂直方向（Z轴）上时，会因为工作台自重而自动下降，极易撞坏刀具及设备，所以必须充分注意配置Z轴伺服电机时，必须配置带制动器的伺服电机。同时，上电后必须等待Z轴伺服电机伺服ON后，才可打开制动器。由于Z轴自动降落造成过许多事故，因此必须从机械结构（加配重）和电气控制系统上加以控制。

1.5 主轴系统

1.5.1 普通主轴结构

在主轴总成（图 1-17）结构中，需关注的内容如下：

① 主轴电机的型号是什么（型号不同，相关的参数不同。主轴电机的参数与伺服轴电机参数有很大不同）？

② 换挡齿轮箱有几组挡位（机床工作要求根据给定的主轴速度，系统能够自动切换挡位）？

③ 各挡的传动比是多少？

④ 主轴上的刀具锁紧/松开是由气缸控制的。主轴上有一按钮开关可以控制刀具锁紧/松开。在自动换刀的 PLC 程序中，必须编制主轴刀具锁紧/松开动作。

⑤ 主轴的准停是一项主要的功能。有接近开关方式和编码器方式两种。

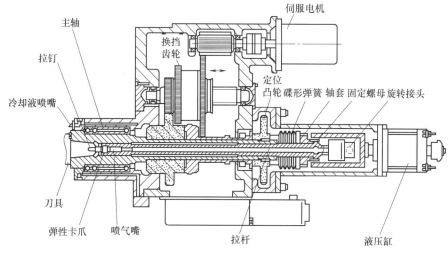

图 1-17　主轴总成

图 1-18 所示为主轴箱。图 1-19 所示为主轴准停结构原理。主轴准停是主轴工作的重要

图 1-18　主轴箱

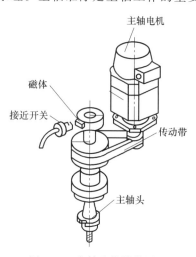

图 1-19　主轴准停结构原理

内容，其要求是指令主轴准确停止在规定的角度位置。在主轴头一侧安装磁体和接近开关，在发出主轴定位指令后，根据接近开关的信号发出主轴停止指令，这样主轴就能停止在规定位置。

1.5.2　电主轴结构

电主轴（图1-20）是一种中高档主轴，其结构特点是主轴电机与主轴头制成一体，可以实现主轴高速旋转。图1-21是电主轴外形。

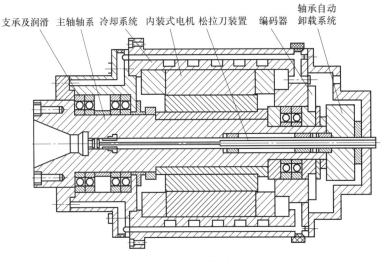

支承及润滑　主轴轴系　冷却系统　内装式电机　松拉刀装置　编码器　轴承自动卸载系统

图 1-20　电主轴

图 1-21　电主轴外形

1.6　刀　库

刀库是数控机床重要的附件。一般理解"加工中心"就是"铣床＋刀库"。

常见的加工中心用刀库有两类：其一是斗笠式刀库；其二是机械手刀库。

1.6.1　斗笠式刀库结构

斗笠式刀库（图1-22）有一圆形刀盘，刀盘内装有16～24把刀具，因为其形似斗笠，所以称为斗笠式刀库。刀盘由刀盘电机带动旋转（选刀），刀盘旋转运动由一计数开关进行计数，以确定刀具号。选刀完成后，由气缸驱动刀盘前进或后退，由两个行程开关限制其定位位置。在前进位置与主轴进行刀具交换，在基点位置进行旋转选刀。图1-23所示为斗笠式刀库外形。

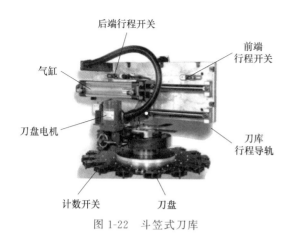

图 1-22　斗笠式刀库

图 1-23　斗笠式刀库外形

1.6.2　机械手刀库结构

机械手刀库（图 1-24）有一圆形刀盘，刀盘内有 24 把或更多刀具，刀具装在刀套内，因其采用机械手刀臂进行换刀，故称为机械手刀库。由于机械手刀库装刀数量多，换刀速度快，结构紧凑，因此在中档数控机床上广泛使用。

机械手刀库换刀动作如下：刀盘由刀盘电机带动旋转（选刀），刀盘运动由一计数开关进行计数，选刀完成后，在换刀点，刀套带刀具伸出，机械手抓住刀库上的刀具与主轴上的刀具进行交换。

选刀及换刀动作由数控系统中的 PLC 程序控制。

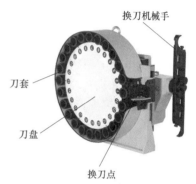

图 1-24　机械手刀库

第2章

数控机床的电气控制系统

2.1 主要电气元件的功能及使用

数控系统中低压电器通常是指在交流电压 1200V 或直流电压 1500V 以下工作的电器。常见的低压电器有断路器、熔断器、接触器、继电器及开关等。进行电气线路配线时，电源和负载（如电动机）之间用低压电器通过导线连接起来，可以实现负载的接通（ON）、切断（OFF）、保护等控制功能。

2.1.1 塑壳断路器

图 2-1 塑壳断路器外形

塑壳断路器（图 2-1）用于接通和分断电路，还能对短路、严重过载、欠电压等进行保护，也可以用于不频繁地启动电动机。塑壳断路器采用封闭式结构。除按钮或手柄外，其余的部件均安装在塑料外壳内。这种断路器的电流容量较小，分断能力弱，但分断速度快。主要用在配电和电动机控制电路中，起保护作用。在数控机床控制柜中，常用塑壳断路器作为控制柜的总电源开关。作为接入外部电源的第一个器件。

常见的塑壳断路器型号有 DZ5 系列和 DZ10 系列。其中 DZ5 系列为小电流断路器，额定电流范围一般为 10～50A；DZ10 系列为大电流断路器，额定电流等级有 100A、250A、600A 三种。

图 2-2 所示为塑壳断路器结构原理，其功能主要有以下几种。

① 过电流保护。三相交流电源经断路器的三个主触点和三条线路为负载提供三相交流电，其中一条线路中串接了电磁脱扣器和电热元件。当出现短路时，流过电磁脱扣器线圈的电流很大，线圈产生很强的磁场并通过铁芯吸引衔铁，衔铁动作，带动杠杆上移，锁钩与搭钩脱离，在反力弹簧的作用下，三个主触点的动、静触点断开，从而切断电源。

② 过热保护。如果负载没有短路，但若长时间超负荷运行，也容易损坏负载。虽然这种情况下电流也较正常时大，但还不足以使电磁脱扣器动作，但断路器的电热元件温度升高，双金属片（热脱扣器）受热后向上弯曲，推动杠杆上移，使锁钩与搭钩脱离，三个主触点的动、静触点断开，从而切断电源。

③ 欠电压保护。断路器的欠压脱扣器与两条电源线连接，当三相交流电源的电压很低时，两条电源线之间的电压也很低，流过欠压脱扣器线圈的电流小，线圈产生的磁场弱，不足以吸住衔铁，在拉力弹簧的作用下，衔铁上移，并推动杠杆上移，使锁钩与搭钩脱离，三个主触点的动、静触点断开，从而切断电源。

图 2-3 所示为塑壳断路器在控制柜中的位置。

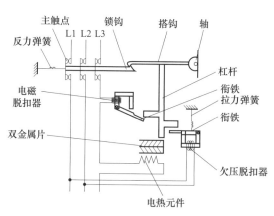

图 2-2　塑壳断路器结构原理　　　　　图 2-3　塑壳断路器在控制柜中的位置

2.1.2　空气开关

空气开关（图 2-4）又称空气断路器，是断路器的一种。空气开关集控制和多种保护功能于一身，能够接通和分断电路，还能对短路、严重过载及欠电压等进行保护，也可以用于不频繁地启动电动机。因为这种断路器通过空气冷却执行灭弧，所以称为空气开关（简称空开）。

空开的典型结构如图 2-5 所示，主要由主触点、反力弹簧、搭钩、杠杆、电磁脱扣器、热脱扣杆等组成，可参考图 2-2。

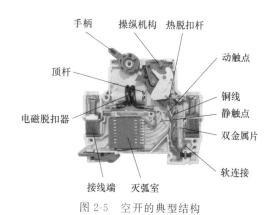

图 2-4　空气开关外形　　　　　　　图 2-5　空开的典型结构

空开的脱扣方式有热动式脱扣、电磁式脱扣和复式脱扣三种。

当线路发生一般性过载时，过载电流虽不能使电磁脱扣器动作，但能使电热元件产生一定热量，促使双金属片受热向上弯曲，推动杠杆（热脱扣杆）使搭钩与锁扣脱开，将主触点分断，切断电源。

当线路发生短路或严重过载电流时，短路电流超过瞬时脱扣整定电流值，电磁脱扣器产生足够大的吸力，将衔铁吸合并撞击顶杆，使搭钩绕转轴座向上转动与锁扣脱开，锁扣在反力弹簧的作用下将主触点分断，切断电源。

空开的脱扣机构是一套连杆装置。当主触点通过操作机构闭合后，就被锁钩锁在合闸的位置。如果电路中发生故障，则脱扣器产生作用力使锁钩脱开，于是主触点在弹簧的作用下迅速分断。

在正常情况下，过电流脱扣器的衔铁是释放着的；在发生严重过载或短路故障时，与主电路串联的线圈将产生较强的电磁吸力把衔铁往下吸引而顶开锁钩，使主触点断开。欠压脱扣器的工作恰恰相反，在电压正常时，电磁吸力吸住衔铁，主触点得以闭合。一旦电压严重下降或断电时，衔铁就被释放而使主触点断开。当电源电压恢复正常时，必须重新合闸后才能工作，实现失压保护。

在控制柜与外部主电源之间，必须配置断路器，用于闭合（ON）或断开（OFF）主电源。在每一负载回路，必须配置空开，用于闭合（ON）或断开（OFF）主电源。断路器及空开在电路图中的位置如图 2-6 所示。

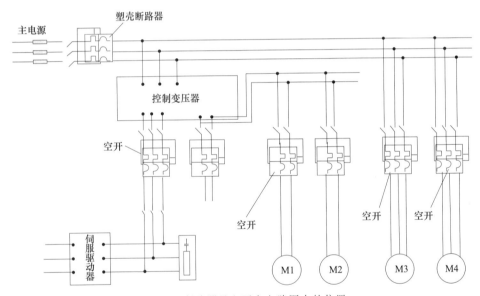

图 2-6　断路器及空开在电路图中的位置

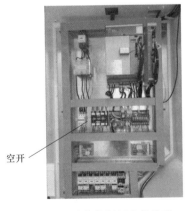

图 2-7　空开在控制柜中的位置

空开在控制柜中一般布置在第 2 排、第 3 排，如图 2-7 所示。

2.1.3　漏电断路器

漏电断路器也是一种断路器。当电路中漏电电流超过预定值时能自动切断。常用的漏电断路器分为电压型和电流型两类，而电流型又分为电磁型和电子型两种。

漏电断路器用于防止人身触电，应根据直接接触和间接接触两种触电防护的不同要求来选择。电压型漏电断路器用于变压器中性点不接地的低压电网。其特点是当人身触电时，零线对地出现一个比较高的电压，引起继电器动作，漏电断路器开关跳闸。电流型漏电断路器主要用于变压器中性点接地的低压配电系统。其特点是当人身触电时，由零序电流互感器检测出一个漏电电流，使继电器动作，漏电断路器开关断开。

CDL7系列漏电断路器用于交流50Hz、额定电压至400V、额定电流至63A、动作性能与线路电压无关的家用和类似用途的场所，主要用作电击危险保护和对人的间接接触保护，当人身触电或电网漏电电流超过规定值时，间接保护人身及用电设备的安全，也可以在正常情况下进行线路的不频繁转换。

DZ20L系列漏电断路器主要用于交流50Hz、额定电压为380V、额定电流至630A的配电网络中，用来对人进行间接接触保护，也可用来防止因设备绝缘损坏产生接地故障电流而引起的火灾危险，并可用来分配电能和对线路及电源设备的过载和短路进行保护，还可进行线路的不频繁转换和电动机不频繁启动。

DZL25系列漏电断路器主要用于交流50Hz、额定电压为380V、额定电流至200A的配电网络中，用来对人进行间接接触保护，也可用来防止因设备绝缘损坏产生接地故障电流而引起的火灾危险，并可用来分配电能和对线路及电源设备的过载和短路进行保护，还可进行线路的不频繁转换和电动机不频繁启动。

DZ15LE系列漏电断路器用于交流50Hz、额定电压至380V、额定电流至100A的线路中，用来对人进行间接接触保护，也可用来防止因设备绝缘损坏产生接地故障电流而引起的火灾危险，并可用来对线路及电动机的过载和短路进行保护，还可进行线路的不频繁转换和电动机不频繁启动。

2.1.4 熔断器

熔断器是对用电设备短路和过载进行保护的电器。熔断器一般串接在电路中，当电路正常工作时，熔断器就相当于一根导线。当电路出现短路或过载时，流过熔断器的电流很大，熔断器就会熔断，从而保护电路和用电设备。熔断器型号表示方法如图2-8所示。

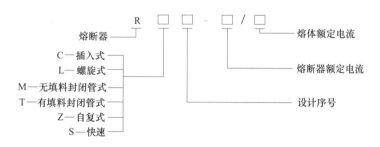

图2-8　熔断器型号表示方法

RC插入式熔断器主要用于电压在380V及以下、电流在5～200A之间的电路，如照明电路和小容量的电动机电路中。图2-9和图2-10所示为常见的RC插入式熔断器。这种熔断器用在额定电流为30A以下的电路中时，熔丝一般采用铅锡丝；当用在电流为30～100A的电路中时，熔丝一般采用铜丝；当用在电流为100A以上的电路中时，一般用变截面的铜片作熔丝。

图2-11所示为一种常见的RL螺旋式熔断器。这种熔断器在使用时，要在内部安装一个螺旋状的熔管，在安装熔管时，先将熔断器的瓷帽旋下，再将熔管放入内部，然后旋好瓷帽。熔管上下方为金属盖，熔管内部装有石英砂和熔丝，有的熔管上方的金属盖中央有一个红色的熔断指示器，当熔丝熔断时，指示器颜色会发生变化，以指示内部熔丝已断。RL螺旋式熔断器具有体积小、分断能力较强、工作安全可靠、安装方便等优点，通常用在工厂200A以下的配电箱、控制箱和机床电机控制电路中。

图 2-9　RC 插入式熔断器（一）

图 2-10　RC 插入式熔断器（二）

图 2-11　RL 螺旋式熔断器

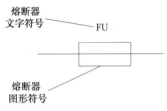

图 2-12　熔断器符号

RM 无填料封闭管式熔断器可拆卸。其熔体是一种变截面的锌片，安装在纤维管中，锌片两端的刀形接触片穿过黄铜帽，再通过垫圈安插在刀座中。这种熔断器通过大电流时，锌片上窄的部分首先熔断，使中间大段的锌片脱断，形成很大的间隔，从而有利于灭弧。

熔断器符号如图 2-12 所示。

熔断器在电路图中布置在主电路的前端，每一控制对象都有一组熔断器。在图 2-13 中，可以观察到每一电机主回路中都有熔断器。在照明回路、控制回路中，也配有熔断器。

在机床控制柜中，熔断器一般布置在控制柜上方。

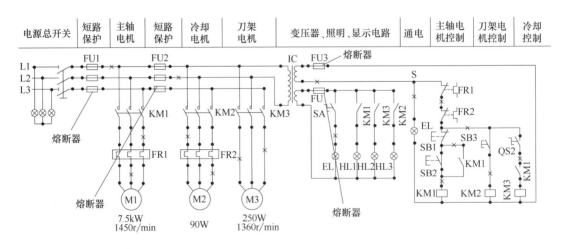

图 2-13　熔断器在电路图中的位置

2.1.5　主令电器

2.1.5.1　控制开关

控制开关是电气线路中使用最广泛的一种低压电器，其作用是接通和切断电气线路。常见的开关有按钮开关、负荷开关和组合开关等。

(1) 按钮开关

按钮开关用于在短时间内接通或切断小电流电路，主要用在电气控制电路中。按钮开关允许流过的电流较小，一般不能超过 5A。

按钮开关用"SB"表示，分为三种类型：常闭按钮、常开按钮和复合按钮。按钮开关结构如图 2-14 所示。在未按下按钮时，依靠复位弹簧的作用力使内部的可动触点将常闭触点接通；当按下按钮时，可动触点与常闭触点脱离，常闭触点断开；当松开按钮后，触点自动复位（闭合状态）。在未按下按钮时，可动触点与常开触点断开；当按下按钮时，可动触点与常开触点接通；当松开按钮后，常开触点断开。

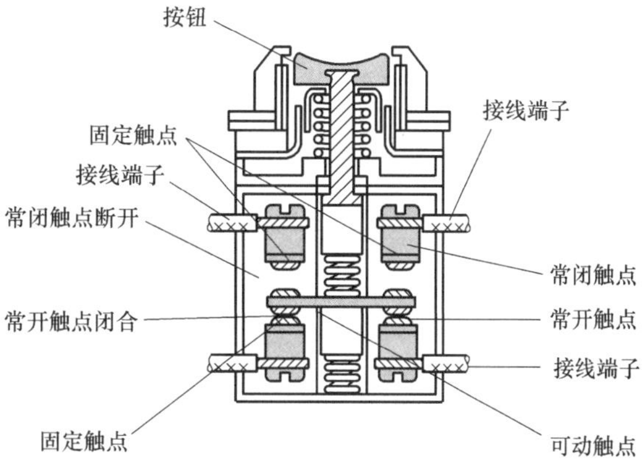

图 2-14 按钮开关结构

有些按钮开关内部有多对常开、常闭触点，它可以在接通多个电路的同时切断多个电路。常开触点又称 A 触点，常闭触点又称 B 触点。

图 2-15 所示为按钮开关。在数控机床上，按钮开关多集中在操作面板上。用于"电源开关"及"自动启动""自动停止"开关。图 2-16 所示为急停开关，每台数控机床都配置有"急停开关"。

图 2-15 按钮开关

图 2-16 急停开关

按钮开关型号表示方法如图 2-17 所示。

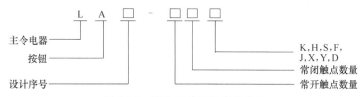

图 2-17 按钮开关型号表示方法

K—开启式，镶嵌在操作面板上；H—保护式，带保护外壳，可防止内部零件受机械损伤或人偶然触及带电部分；S—防水式，具有密封外壳，可防止雨水侵入；F—防腐式，能防止腐蚀性气体进入；J—紧急式，带有红色大蘑菇头按钮（突出在外），用于紧急切断电源；X—旋钮式，旋转旋钮进行操作，有通和断两个位置；Y—钥匙操作式，用钥匙插入进行操作，可防止误操作或供专人操作；D—带指示灯式，按钮内装有信号灯，兼作信号指示

(2) 开启式负荷开关

开启式负荷开关（图 2-18）又称闸刀开关，分为单相开启式负荷开关和三相开启式负荷开关。开启式负荷开关除用于接通、断开电源外，其内部一般会安装熔丝，因此还能起过流保护作用。

开启式负荷开关需要垂直安装，进线装在上方，出线装在下方，进、出线不能接反，以

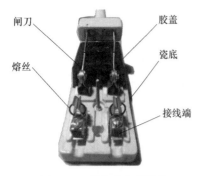

图 2-18　开启式负荷开关

免触电。由于开启式负荷开关没有灭弧装置（闸刀接通或断开时产生的电火花称为电弧），因此不能用于大容量负载的通断控制。开启式负荷开关一般用于照明电路中，也可用于非频繁启停的小容量电动机控制。

开启式负荷开关型号表示方法如图 2-19 所示。

例如，HK 8-402 表示额定电流 40A、2 极的闸刀开关。

（3）封闭式负荷开关

封闭式负荷开关（图 2-20）又称铁壳开关，是在开启式负荷开关的基础上进行改进而设计出来的。其主要优点如下：在封闭式负荷开关内部有一个速断弹簧，在操作手柄打开或关闭开关外盖时，依靠速断弹簧的作用力，可使开关内部的闸刀迅速断开或接通，这样能有效地减少电弧；封闭式负荷开关内部具有联锁机构，当开关外盖打开时，手柄无法合闸，当手柄合闸后，外盖无法打开，使操作更加安全。

图 2-19　开启式负荷开关型号表示方法

封闭式负荷开关型号表示方法如图 2-21 所示。

例如，HH102-60L2Z 表示设计序号 10、派生代号 2、额定电流 60A、折叠式外壳、有中性接线柱的铁壳开关。

（4）组合开关

组合开关又称转换开关，它是一种由多层触点组成的开关。图 2-22 中的组合开关由三层动、静触点组成，当旋转手柄时，可以同时调节三组动触点与三组静触点之间的通断。为了有效灭弧，在转轴上装有弹簧，在操作手柄时，依靠弹簧的作用可以迅速接通或断开触点。组合开关不宜进行频繁的转换操作，常用于控制 4kW 以下的小容量电动机。

图 2-20　封闭式负荷开关

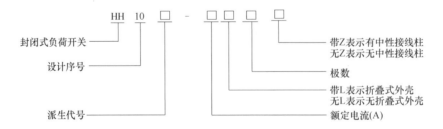

图 2-21　封闭式负荷开关型号表示方法

组合开关型号表示方法如图 2-23 所示。

例如，HZ10-100J3 表示设计序号 10、额定电流 100A、机床用、3 极的组合开关。

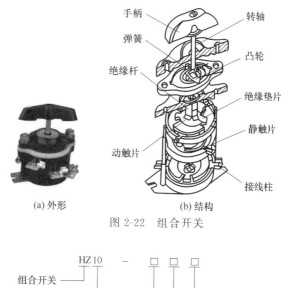

手柄　　　　转轴

弹簧　　　　凸轮

绝缘杆　　　绝缘垫片

　　　　　　静触片

动触片　　　接线柱

(a) 外形　　　　　(b) 结构

图 2-22　组合开关

HZ10 — □ □ □

组合开关

设计序号

额定电流(A)

开关用途代号

极数

图 2-23　组合开关型号表示方法

2.1.5.2　行程开关

行程开关是一种利用机械运动部件的碰压使触点接通或断开的开关。行程开关的种类很多，根据结构可分为直动式（或称按钮式）、旋转式、微动式和组合式等。图 2-24 和图 2-25 所示为直动式行程开关的结构。可以看出，行程开关的结构与按钮的结构基本相同，只是将按钮改成推杆。在使用时将行程开关安装在机械部件运动的路径上，当机械部件运动到行程开关位置时，会撞击推杆而使常闭触点断开、常开触点接通。

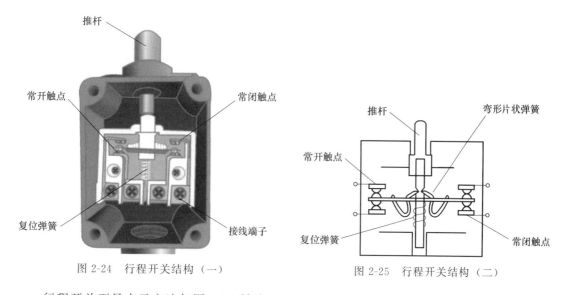

推杆

常开触点　　　　　　　常闭触点

复位弹簧　　　　　　　接线端子

图 2-24　行程开关结构（一）

推杆　　　　　　　弯形片状弹簧

常开触点

复位弹簧　　　　　　常闭触点

图 2-25　行程开关结构（二）

行程开关型号表示方法如图 2-26 所示。

例如，JLXK1-411 表示直动带轮式快速行程开关，1 常开，1 常闭。

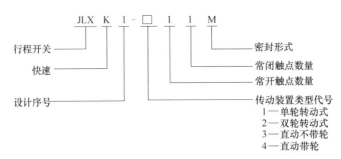

图 2-26　行程开关型号表示方法

行程开关在数控机床中是重要的检测元件。在数控机床的运动工作台行程两端都装有行程开关，用以发出各工作台行程的电气限位信号，其也称硬限位（用数控系统参数设置的限位称为软限位）。在进行数控系统调试前要先检查硬限位信号的有效性，避免工作台超出行程撞坏机械设备。行程开关也可作为原点检测开关。设置原点是调试数控系统的重要工作，因此必须正确设置行程开关的位置。

2.1.5.3　接近开关

接近开关（图 2-27）又称无触点位置开关，当运动的物体靠近接近开关时，接近开关能感知物体的存在而输出信号。接近开关既可用在运动机械设备中进行行程控制和限位保护，又可用于高速计数、测速、检测物体大小等。

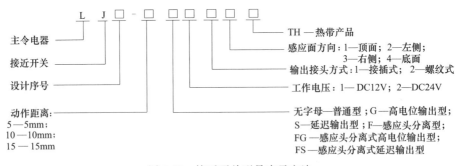

图 2-27　接近开关

接近开关种类很多，常见的有高频振荡型、电容型、光电型、霍尔型、电磁感应型和超声波型等，其中高频振荡型接近开关最为常见。其工作原理是当金属检测体接近感应头时，作为振荡器一部分的感应头损耗增大，迫使振荡器停止工作，随后开关电路因振荡器停振而产生一个控制信号送给输出电路，从而控制外部设备。

接近开关的型号表示方法如图 2-28 所示。

图 2-28　接近开关型号表示方法

例如，LJ 3-5121 表示设计序号 3、动作距离 5mm、普通型、工作电压 DC12V、输出接头方式为螺纹式、感应面方向为顶面的接近开关。

在一些特殊的数控机床中，有使用接近开关作行程开关和原点开关的用法。使用接近开关进行主轴定位是比较常见的。在外围运动设备的定位检测中，使用接近开关作为检测元件。

2.1.6　接触器

在数控机床电气控制回路中，接触器主要在主轴电机和伺服电机等主回路中起分断、闭合主电路的作用。接触器的工作原理是电磁转换。当接触器线圈通电后产生磁场，磁场产生的吸力带动铁芯动作，铁芯带动主触点和辅助触点动作，常开触点闭合、常闭触点断开。主触点用于执行主电路的分断与闭合，辅助触点在控制回路中作为自锁触点和互锁触点。当线圈断电时，电磁力消失，在弹簧的作用下常开触点断开、常闭触点闭合。主触点断开，切断了主电路。

交流接触器主要由四部分组成：电磁系统，包括吸引线圈、动铁芯和静铁芯；触点系统，包括三组主触点和一组或两组常开、常闭辅助触点，辅助触点和动铁芯相连，一起运动；灭弧装置，一般容量较大的交流接触器都配置有灭弧装置，以便迅速切断电弧，避免烧坏主触点；绝缘外壳及附件，各种弹簧、传动机构、短路环、接线柱等。

图 2-29 所示为接触器典型结构。当给线圈通电时，产生电磁力，带动动铁芯动作，连接在动铁芯上的主触点和辅助触点运动部分向下动作，主触点接通，辅助触点的常开触点接通，常闭触点断开。断电时，在复位弹簧的作用下，动铁芯回到原位，带动主触点和辅助触点也回到原位。

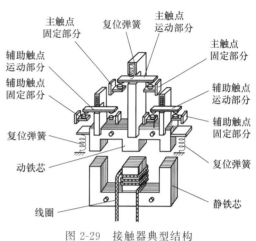

图 2-29 接触器典型结构

20A 以下的接触器一般有四对常开和四对常闭触点，并且通断电流的能力相同，即不分主辅。20A 以上的接触器一般有三对常开的主触点和四对辅助触点（两对常开触点和两对常闭触点），两种触点通断电流的能力不同。

主触点连接在主电路中，可长期通过主触点的最大电流被称为额定电流，如 40A、150A 等。辅助触点连接于控制电路（也称二次线路）中，作自保或互锁的接点、开关等，其长期通电能力一般为 5A 或 10A。

交流接触器型号表示方法如图 2-30 所示。

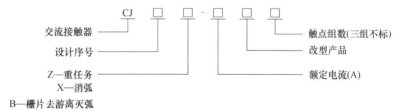

图 2-30 交流接触器型号表示方法

例如，CJ10Z-40 表示设计序号 10、重任务型、额定电流 40A，三组主触点的交流接触器。

我国生产的交流接触器常用的有 CJ10、CJ12、CJ20 等系列。额定电压为 220～660V，额定电流为 9～630A。

如图 2-31 所示，接触器的文字符号为 KM。接触器的接线端子布置：R、S、T 为进线端子，接电源；U、V、W 为出线端子，接负载。NO 表示常开触点；NC 表示常闭触点。各型号的接触器端子布置略有不同，使用时注意阅读各接触器的说明书。

接触器的实物及接线如图 2-32 所示。主触点进线端子为 L1、L2、L3，出线端子为 T1、T2、T3。辅助触点 13、14 为一组常开触点。

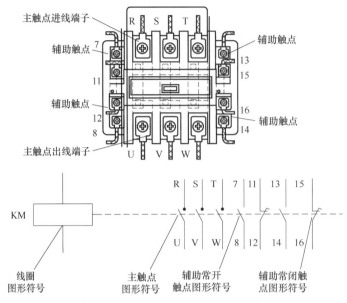

图 2-31 接触器的符号及接线端子布置

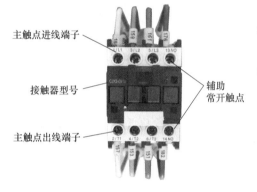

图 2-32 接触器的实物及接线

接触器在电路图中的位置如图 2-33 所示。接触器 KM1 在主轴电机主回路作分断器用，其主触点连接在主电路中。在控制回路中有接触器 KM1 线圈，同时接触器 KM1 辅助触点（常开）起到自锁的作用。当接触器 KM1 线圈得电时，在照明回路中，其辅助触点（常开）闭合。

工作过程：按下开关 SB2，KM1 线圈得电，同时其辅助触点闭合，起到自锁作用；KM1 主触点闭合，主轴电机运转；在照明回路中，KM1 辅助触点闭合，照明灯点亮；在冷却电机控制回路中，KM1 辅助触点闭合，为冷却电机工作提供接通条件；使用停止开关 SB1 切断控制回路的 KM1 线圈。如果主轴电机不转，首先应检查接触器 KM1 主触点是否吸合，如果不吸合，则顺序检查接触器线圈是否得电，辅

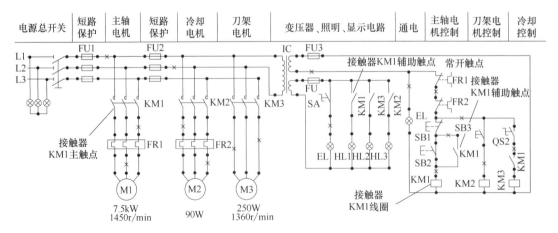

图 2-33 接触器在电路图中的位置

助触点是否闭合等；如果主轴电机不停，则应检查接触器触点是否粘连。

2.1.7 继电器

电磁继电器是利用线圈通过电流产生磁场，吸合衔铁，从而使触点断开或接通，达到控制电路通断的目的。电磁继电器在电路中可用于保护和控制。电磁继电器由常开触点、常闭触点、控制线圈、铁芯和衔铁等组成，如图 2-34 所示，在控制线圈未通电时，依靠弹簧的作用力使常闭触点闭合、常开触点断开，当控制线圈通电时，其产生磁场并克服弹簧的作用力而吸引衔铁，从而使常闭触点断开、常开触点闭合。电磁继电器分为电流继电器和电压继电器。

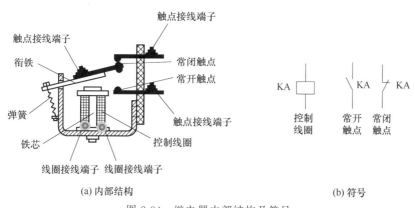

图 2-34　继电器内部结构及符号

(1) 电流继电器

电流继电器用来检测主电路的线路电流变化。常用的电流继电器有欠电流继电器和过电流继电器两种。使用电流继电器时，将其串联在电路中，当电路电流过大或过小时，电流继电器动作。电流继电器线圈的匝数少、导线粗、阻抗小。

欠电流继电器用于电路欠电流保护，吸引电流为线圈额定电流的 $30\%\sim65\%$，释放电流为额定电流的 $10\%\sim20\%$，在电路正常工作时，衔铁是吸合的，只有当电流降低到某一整定值时，继电器动作。过电流继电器在电路正常工作时不动作，整定范围通常为额定电流的 $1.1\sim4$ 倍，当线路的电流高于额定值，达到过电流继电器的整定值时，衔铁吸合，触点机构动作。

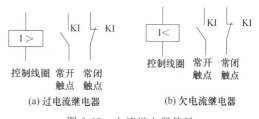

图 2-35　电流继电器符号

电流继电器符号如图 2-35 所示。

电流继电器的型号很多，较常见的有 JL14 系列、JL15 系列和 JL18 系列。以 JL14 系列为例，电流继电器型号表示方法如图 2-36 所示。

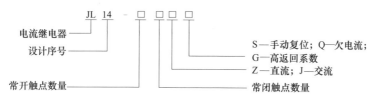

图 2-36　电流继电器型号表示方法

例如，JL14-44JS表示设计序号14、常开触点4、常闭触点4、交流、手动复位的电流继电器。

（2）电压继电器

电压继电器用于监测电路电压的变化。电压继电器线圈的匝数多、导线细、阻抗大。电压继电器分为过电压继电器和欠电压继电器，分别在线路电压过高和过低时动作。使用电压继电器时，将其与电路并联。

电压继电器符号如图2-37所示。

电压继电器的型号很多，其中JT4系列较为常用，它常用在交流50Hz、380V及以下的控制电路中，用于零电压、过电压和过电流保护。JT4系列电压继电器型号表示方法如图2-38所示。

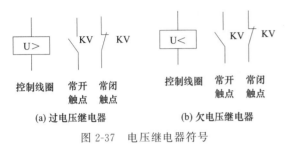

图2-37 电压继电器符号

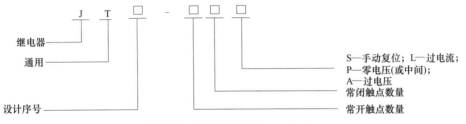

图2-38 电压继电器型号表示方法

例如，JT4-44AS表示设计序号4、常开触点4、常闭触点4、手动复位的通用继电器。

（3）中间继电器

中间继电器实际上也是电压继电器，与普通电压继电器的不同之处在于，中间继电器有很多触点，并且触点允许流过的电流较大，可以断开和接通较大电流的电路。在继电保护与自动控制系统中，中间继电器用于增加触点的数量及容量。它用于在控制电路中传递中间信号。中间继电器的结构和原理与交流接触器相同，与接触器的主要区别是，接触器的主触点可以通过大电流，而中间继电器的触点只能通过小电流，因此它只能用于控制电路中。它一般是没有主触点的，因为过载能力比较小，所以它用的全部都是辅助触点，数量比较多。新国标对中间继电器的定义是K，旧国标是KA。一般是直流供电，少数使用交流供电。

中间继电器的触点具有一定的带负载能力，当负载容量比较小时，可以用来替代小型接触器使用。增加触点数量是中间继电器的主要用法，例如在电路控制系统中一个接触器的触点需要控制多个接触器或其他元件时，就在线路中增加一个中间继电器。中间继电器的触点容量虽然不大，但也具有一定的带负载能力，同时其驱动所需要的电流又小，因此可以用中间继电器来扩大触点容量。一般不能直接用感应开关、三极管的输出去控制负载比较大的电气元件，在控制线路中使用中间继电器来控制其他负载，可达到扩大控制容量的目的。

中间继电器外形与符号分别如图2-39、图2-40所示。

中间继电器的型号表示方法如图2-41所示。

例如，JZ10-44表示设计序号10、常开触点4、常闭触点4的中间继电器。

图2-42所示为继电器在控制电路中的用法。KM4线圈得电，KM4的常闭触点动作，断开KM2的线圈，KM2主触点断开。KM4线圈得电，KM4的常开触点动作，KM3线圈

得电，KM3 主触点闭合。

图 2-39　中间继电器外形

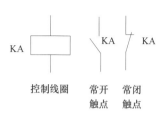

图 2-40　中间继电器符号

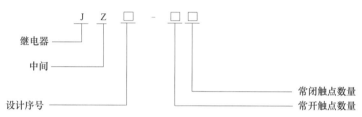

图 2-41　中间继电器型号表示方法

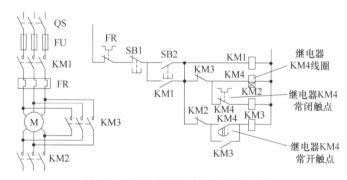

图 2-42　继电器在控制电路中的用法

图 2-43 所示继电器有两组常闭触点和两组常开触点，使用时要注意其端子的排列方法。

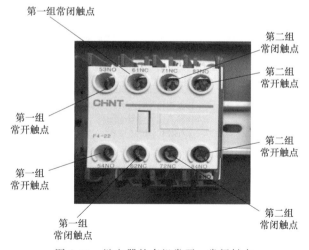

图 2-43　继电器的多组常开、常闭触点

（4）热继电器

热继电器用于电机过载保护，当电机过载时，热继电器触点动作，切断接触器控制回路，使接触器主触点断开。热继电器使用电热元件工作，当通过电热元件的电流超过整定电流时，电热元件中的双金属片动作，带动机械构件运动，使辅助触点动作，实现控制的目的。

热继电器结构示意如图 2-44 所示。电热丝绕在双金属片上，电热丝的一端接电源，另

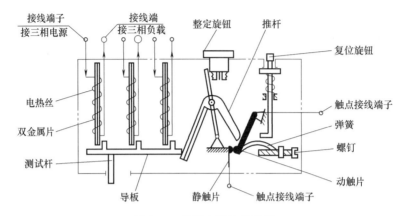

图 2-44　热继电器结构示意

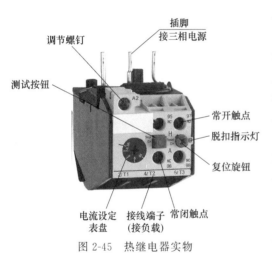

图 2-45　热继电器实物

一端接负载，当电路中电流过大时，双金属片受热弯曲动作，推动导板，导板推动推杆，推杆推动动触片，从而使常闭触点断开。整定旋钮用于设定过载电流。复位旋钮用于使辅助触点回到正常位置。测试杆可以推动导板，从而带动触点动作，用于测试触点是否正常闭合与断开。螺钉用于调节弹簧的张紧程度。图 2-45 所示为热继电器实物，显示了各端子的布置。

热继电器型号表示方法如图 2-46 所示。

例如，JR36-20 表示设计序号 36、基本规格代号（品种代号）20 的热继电器。

热继电器符号如图 2-47 所示。

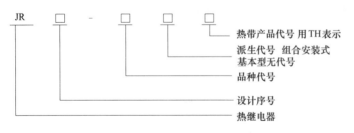

图 2-46　热继电器型号表示方法

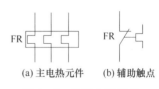

图 2-47　热继电器符号

在电路图中（图 2-48），热继电器串联在主回路中，热继电器上下两排各有三个接线端子，每个电热元件分别接在一上一下两个端子间，共有三个电热元件，分别串联在电机的三

条电源线上。热继电器的辅助触点通常是一常开（NO）、一常闭（NC）触点。一般将常闭触点接在接触的控制回路中，常开触点接在信号（报警信号）回路中，当热继动作时，发出报警指示。当电机过载时，电机电流超过额定电流，热继电器中的电热元件发热使双金属片弯曲，带动常闭触点断开，切断控制回路，使电机停止运转。当电机控制回路在工作时突然断开时，要检查热继电器是否动作，很多情况会引起电机过载，要逐一排除引起过载的故障。

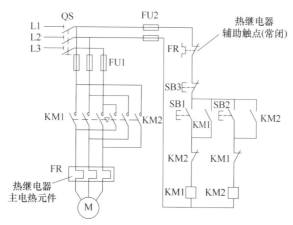

图 2-48　热继电器在控制电路图中的位置

2.1.8　控制变压器

控制变压器是提供各种等级电压的变压器。由于数控机床各部件使用的电压等级不同，所以在数控机床电气控制系统中都配置有控制变压器。控制变压器外形和端子分布分别如图2-49、图 2-50 所示，各厂家成品有所不同。使用时要分清"输入端子""输出端子"和"电压等级"。CNC 数控机床上的变压器是干式变压器。

图 2-49　控制变压器外形

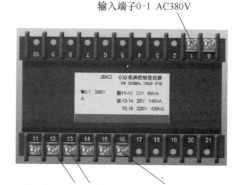

图 2-50　控制变压器端子分布

在电路图中，控制变压器接在主电路之后（图 2-51）。在控制柜中，控制变压器一般布置在控制柜的下方（图 2-52）。

2.1.9　开关电源

开关电源使用电子开关器件（晶体管、场效应管、晶闸管等），通过控制电路，使电子

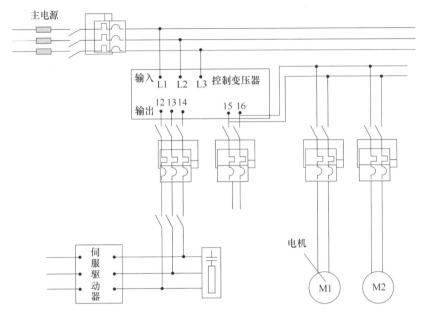

图 2-51　控制变压器在电路图中的位置

开关器件不停地"接通"和"关断"，对输入电压进行脉冲调制，从而实现 DC/AC、DC/DC 电压变换，因为其工作方式不同于一般的变压器电源，所以称为开关电源，注意并不是"电源开关"。

图 2-53 所示为开关电源实物，图 2-54 所示为开关电源接线。

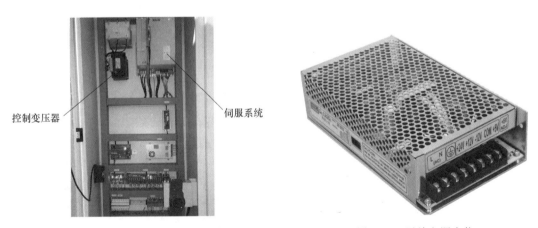

图 2-52　控制变压器在控制柜中的位置　　　　　　图 2-53　开关电源实物

使用开关电源时要注意：输入电压等级，一般是 AC220V；输出电压等级，不同的产品可能有不同的输出电压，如 DC24V、DC12V、DC5V，数控系统主板一般使用 DC24V，而编码器和手轮可能使用 DC5V，必须注意开关电源上的电源端子分布；开关电源上有一电压调节旋钮，可以对输出电压进行调节，曾经发生过使用直流 DC24V 的线路过长而使工作电压下降，导致伺服电机制动器不能正常工作，从而造成电机过热的故障，通过调节电压调节旋钮升高输出电压而排除了故障。

开关电源在控制柜中的位置如图 2-55 所示。

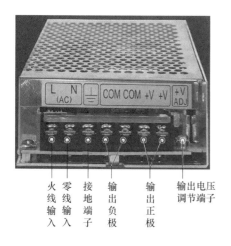

火线输入　零线输入　接地端子　输出负极　输出正极　输出电压调节端子

图 2-54　开关电源接线

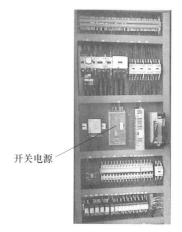

开关电源

图 2-55　开关电源在控制柜中的位置

2.2　典型数控机床电路图设计与识读

现以数控加工中心为例，说明电路图的设计及识读方法。

2.2.1　电源部分

数控加工中心的不同系统使用不同等级的电源（图 2-56）：数控系统使用 DC24V；伺服系统使用三相 AC220V 或三相 AC400V；刀库电机、排屑电机使用 AC380V；冷却电机使用 AC220V 或 AC380V；润滑系统使用 AC220V。

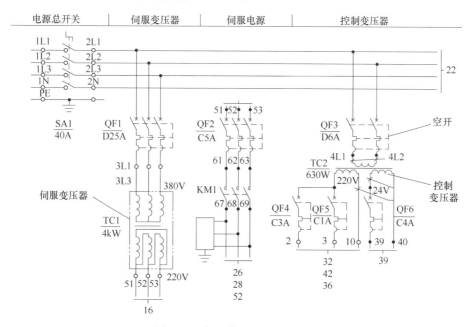

图 2-56　加工中心电源部分电路图

车间的动力电源是 AC380V，要求是三相五线制。这样的配置既安全也能够抗干扰。一般通过一塑壳断路器接入 AC380V 电源。各种品牌的伺服系统所使用的电源等级不同，如果所用伺服系统使用的是三相 AC220V，则必须配置一三相变压器，将三相 AC380V 变为三相 AC220V。注意是三相 AC220V，不是单相 AC220V。在伺服电源回路中，配置有空开 QF2，起控制和短路过载保护作用。由接触器 KM1 控制伺服电源回路通断。控制变压器提供两种等级电源，即 DC24V 和 AC220V。

2.2.2 刀库电机部分

图 2-57 所示为加工中心刀库电机部分电路图。刀库电机使用的电源是 AC380V。刀库电机控制回路中，配置有空开 QF7，起控制和短路过载保护作用。刀库电机必须能够正转和反转，因此使用两个接触器 KM3 和 KM4。主轴电机风机使用的电源是三相 AC220V。伺服电机风机使用的电源是 AC220V。

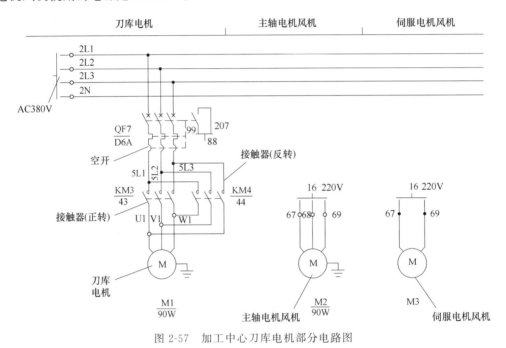

图 2-57　加工中心刀库电机部分电路图

2.2.3 开关电源部分

开关电源是电气控制系统中的重要部分。数控系统和操作面板使用的是 DC24V 电源，开关电源提供 DC24V 电源。如图 2-58 所示，开关电源进线电压是 AC220V，出线电压 DC24V。由开关 SA1 和接触器 KM1 的触点控制开关电源通断，开关电源回路必须在伺服电源回路接通之后才能接通。电柜风机使用单相 AC220V 电源。润滑电机使用单相 AC220V 电源。

2.2.4 控制部分

图 2-59 所示为加工中心控制部分电路图。

(1) 机床启停控制

KM1 是伺服电源接触器。KM1 线圈由 KA1 继电器触点控制。而 KA1 继电器线圈在"启动/停止"回路中。

启动：按下开关 SB1→KA1 继电器线圈得电（同时自锁）→KA1 继电器触点动作→接通"伺服电源"回路→KM1 接触器线圈得电→伺服电源接通。数控系统得电，"伺服系统"

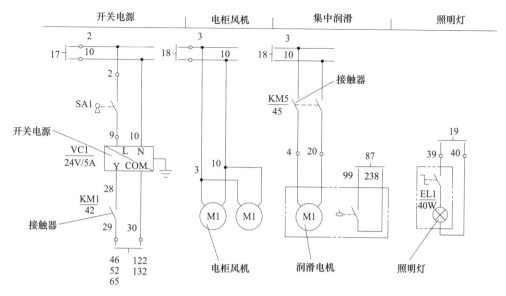

图 2-58　加工中心开关电源部分电路图

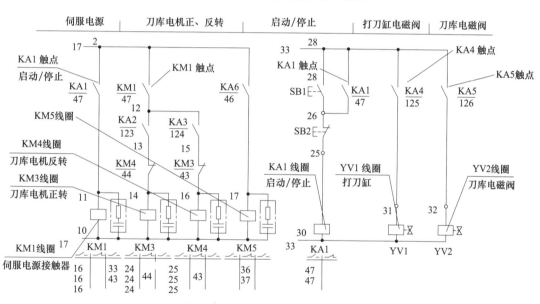

图 2-59　加工中心控制部分电路图

上电，机床可以正常工作。

停止：按下开关 SB2→KA1 继电器线圈断电→KA1 继电器触点动作→断开"伺服电源"回路→KM1 接触器线圈断电→伺服电源断开。

（2）刀库电机正、反转控制

① 正转：KM1 接触器线圈得电→KA2 继电器触点动作→启动 KM3 接触器→刀库电机正转。

② 反转：KM1 接触器线圈得电→KA3 继电器触点动作→启动 KM4 接触器→刀库电机反转。

（3）打刀缸控制

继电器 KA4 触点动作→YV1 继电器线圈得电→打刀缸动作。

（4）刀库进退控制

继电器 KA5 触点动作→YV2 继电器线圈得电→刀库进退电磁阀动作，带动刀库进退。

第3章

PLC应用基础

3.1 软元件类型及功能

为模拟实际的继电器控制电路，在 PLC 内部设计了许多"软元件"，这些"软元件"不是实际的物理元件，是由 CPU 内的存储单元构成的电子软元件。这些"软元件"是 PLC 编程所必需的。本节介绍软元件的种类和用法。

(1) 输入继电器 X

输入继电器 X 是 CPU 单元内置的虚拟继电器。输入继电器 X（图 3-1）对应从 PLC 外部接线端子传来的信号，但要注意，作为软元件，输入继电器 X 不是外部接线端子。输入继电器 X 是光电耦合的电子式继电器，因此有无数常开触点/常闭触点可供使用。

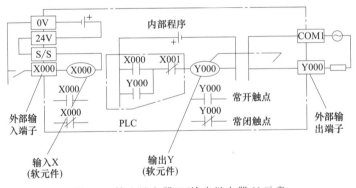

图 3-1　输入继电器 X/输出继电器 Y 示意

(2) 输出继电器 Y

输出继电器 Y 与外部输出端子 Y 相对应，用于将程序运算结果发送到外部输出端子。输出继电器 Y 有无数常开触点/常闭触点。

(3) 辅助继电器 M

辅助继电器 M 相当于实际继电器控制电路中的中间继电器（有线圈有触点可供使用），但辅助继电器 M 只能由内部程序驱动，不能由外部信号直接驱动。辅助继电器 M 有无数常开触点/常闭触点供使用。

(4) 锁存继电器 L

锁存继电器 L 与辅助继电器 M 相同，但工作状态（ON/OFF）可在停电时保持不变。

(5) 链接继电器 B

网络模块与 CPU 模块之间交换刷新位数据时，需要设置一组内部继电器执行数据通信，在 CPU 一侧的软元件称为链接继电器 B。

(6) 报警器 F

报警器 F 是一种内部继电器，专门用于检测"设备异常/故障"。如图 3-2 所示，将报警器置 ON 时，SM62（报警器检测）＝ON，SD62～SD79（报警器编号）中存储发生报警的个数及编号。以便于查找故障。

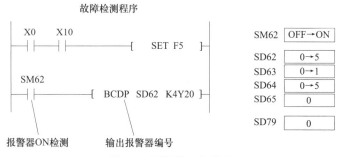

图 3-2　报警器工作程序

使用 SET F 指令，在输入条件为 ON 时报警器置为 ON，此后，即使输入条件变为 OFF，报警器依旧保持 ON 状态。

报警器 ON 时存储在特殊寄存器中的数据如图 3-3 所示：将置为 ON 的报警器编号依次存储至 SD64～SD79 中；将 SD64 中存储的报警器编号存储至 SD62 中；SD63（报警器个数）的内容＋1。

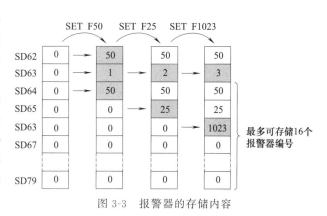

图 3-3　报警器的存储内容

(7) 链接特殊继电器 SB

网络模块与 CPU 模块之间交换刷新位数据时，如果网络模块的通信状态异常，则由一组特殊继电器来表示，这样的一组特殊继电器即链接特殊继电器 SB。

(8) **步进继电器 S**

在步进梯形图指令中，用于表示各步进状态的内部继电器即步进继电器 S。它可视为辅助继电器的一种，有线圈有触点，也有停电保持，但专用于步进编程。

(9) **计时器 T、ST**

可以将计时器理解为时间继电器，有线圈有触点，编程时经常使用计时器触点的动作实现控制要求。

普通计时器 T 是用于计时的软元件。当计时器的线圈为 ON 时开始计时，当"计时时间""＝设定值"时，计时器 T 动作（常开触点 ON，常闭触点 OFF）。将计时器的线圈置为 OFF 时，当前值为 0，（常开触点 OFF，常闭触点 ON）。图 3-4 是普通计时器工作时序图。

其工作过程如下：驱动信号 OFF→计时器线圈 OFF，则计时器当前值＝0，驱动信号重新 ON→计时器线圈 ON，重新计时，原先所计时间被清零。

累计计时器 ST 的工作过程如下：当计时器 T 线圈置 OFF 时，可以保存已计时间，当总计时间达到"设定值"时，计时器动作。通过 RST 指令，可对累计计时器的当前值清零。图 3-5 是累计计时器工作时序图。

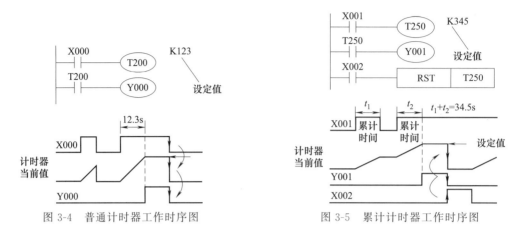

图 3-4　普通计时器工作时序图　　　　图 3-5　累计计时器工作时序图

PLC 所使用的计时器的计时单位有 100ms、10ms、1ms。可通过指令形式来选择不同的计时单位：OUT T0 指令计时单位为 100ms；OUTTH T0 指令计时单位为 10ms；OUTHS T0 指令计时单位为 1ms。

(10) 计数器 C、LC

计数器也可视为继电器。以计数值作为判断条件，当"计数值"＝"设定值"时，计数器的常开触点 ON，常开触点 OFF，从而实现控制要求。计数器工作原理如图 3-6 所示。

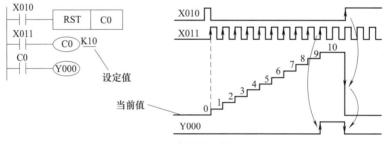

图 3-6　计数器工作原理

普通型计数器在 PLC 电源为 OFF 时，计数值会被清零。计数输入 X011 每驱动一次 C0 线圈，计数器的当前值就加 1，在第 10 次驱动 C0 线圈时，计数器触点动作。此后，即使计数输入 X011 动作，计数器的当前值也不变化。如果复位信号 X010＝ON，执行 RST 指令，计数器的当前值为 0，计数器输出触点 OFF。

对于计数器的"设定值"，可使用常数 K 设置，也可使用数据寄存器设置。例如使用 D10，D10 内的数值是 123，就等同于设置 K123。

停电保持型计数器可保持停电前的计数值，即可进行累计计数。使用停电保持型计数器，计数器的当前值和输出触点的动作、复位状态在停电时都保持不变。

16 位计数器 C 的计数范围为 0～32767。32 位超长计数器 LC 计数范围为 0～4294967295。计数器 C 与超长计数器 LC 为不同的软元件，可分别设置软元件点数。

如图 3-7 所示，计数器的清零使用 RST 指令。

(11) 数据寄存器 D

数据寄存器 D 是保存数值数据用的软元件。一个 16 位数据寄存器可以处理－32768～

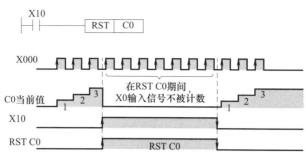

图 3-7　计数器的清零使用 RST 指令

＋32767 的数值，如图 3-8 所示。使用两个相邻的 16 位数据寄存器可以显示 32 位数据，如图 3-9 所示。数据寄存器的高位编号大，低位编号小。32 位数据寄存器可以处理－2，147，483，648～＋2，147，483，647 的数值。

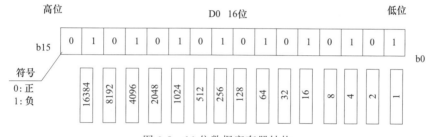

图 3-8　16 位数据寄存器结构

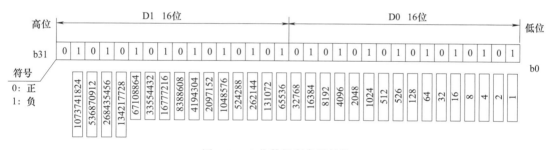

图 3-9　32 位数据寄存器结构

数据寄存器的特性：向数据寄存器写入某一数据后，写入的数据一直不变，直到另一数据被写入；在 RUN→STOP 时以及停电时，普通型数据寄存器的所有数据都被清零；但是如果驱动特殊辅助继电器 M8033＝ON，即使 RUN→STOP 时，普通型数据寄存器的所有数据也能保持；停电保持型数据寄存器，在 RUN/STOP 以及停电时都保持其数据。

指令应用如图 3-10 和图 3-11 所示。

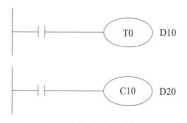

图 3-10　基本指令中的数据寄存器
（作为计时器和计数器的设定值）

(12) 文件寄存器 D

文件寄存器 D 是一种数据寄存器，其功能是对相同软元件编号的数据寄存器设定初始值。文件寄存器一般为 16 位两个文件寄存器组合起来，也可组成 32 位的。

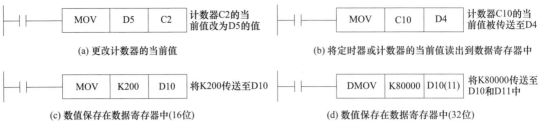

(a) 更改计数器的当前值　　　　　　　　　　(b) 将定时器或计数器的当前值读出到数据寄存器中

(c) 数值保存在数据寄存器中(16位)　　　　　　(d) 数值保存在数据寄存器中(32位)

图 3-11　功能指令中的数据寄存器

(13) 链接寄存器 W

在网络模块与 CPU 模块之间进行字数据的交换时，需要一组数据寄存器来存放刷新的数据，在 CPU 模块侧的这组数据寄存器称为链接寄存器 W。

(14) 变址寄存器 V、Z

变址寄存器也是一种数据寄存器。其功能是在功能指令中与其他操作数组合使用，从而更改软元件的编号和数值。变址寄存器的编号（以 10 进制数分配）：V0（V）~V7，Z0（Z）~Z7。

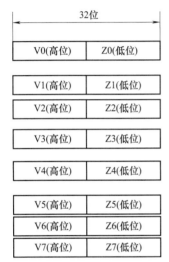

图 3-12　变址寄存器结构

16 位变址寄存器具有和数据寄存器相同的结构。修改 32 位的功能指令中的软元件，或处理超出 16 位范围的数值时必须使用 Z0~Z7。如图 3-12 所示，由于 PLC 将 Z 侧作为 32 位寄存器的低位侧，所以即使指定了高位侧的 V0~V7 也不会执行变址。作为 32 位指定时，会同时参考 V（高位）、Z（低位），所以如果 V 侧中留存有其他数值时，会变成相当大的数值，从而出现运算错误。无论 32 位功能指令中使用的变址值是否超出 16 位数值范围，都必须按照图 3-13 所示在对 Z 写入数值时，使用 DMOV 指令等的 32 位运算指令，同时改写 V（高位）、Z（低位）。

图 3-13　写入 32 位数据

软元件的修改：修改编号（地址）的对象，例如 V0＝K5，执行 D20V0 时，对软元件编号为 D25（D20＋5）执行动作（10 进制数软元件：M、S、T、C、D、R、KnM、KnS、P、K）；修改常数，指定 K30V0 时，K30V0＝K35。

3.2　顺控指令

本节学习编制 PLC 程序所使用的顺控指令，即编制一般顺控程序所使用的指令。实际工作中的大部分控制项目都是顺控程序。

3.2.1　运算开始、串联连接、并联连接

LD、LDI、AND、ANI、OR、ORI 指令的功能及在梯形图中的位置如图 3-14 所示。

(1) LD 指令

LD 指令是常开触点逻辑运算开始指令（在梯形图编程时，LD 指令是与母线连接一个

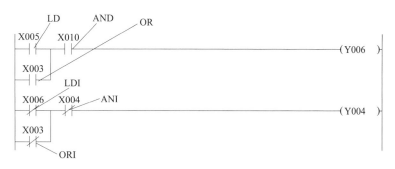

图 3-14　触点指令示意（一）

常开触点）。

（2）LDI 指令

LDI 指令常闭触点逻辑运算开始指令（在梯形图编程时，LDI 指令是与母线连接一个常闭触点）。

（3）AND 指令

AND 指令是在线路上串联连接一个常开触点的指令。

（4）ANI 指令

ANI 指令是在线路上串联连接一个常闭触点的指令。

串联连接触点的数量无限制，串联连接指令可以连续任意次。

（5）OR 指令

OR 指令是并联连接一个常开触点的指令。

（6）ORI 指令

ORI 指令是并联连接一个常闭触点的指令。

并联连接的次数无限制。

在图 3-15 中的点画线框中，是各触点的功能及位置。

3.2.2　OUT 指令

OUT 指令是驱动线圈的指令。驱动对象为输出继电器、辅助继电器、计时器、计数器的线圈，如图 3-16 和图 3-17 所示。

使用 OUT 指令还可以驱动数据寄存器中的某位（bit），如图 3-18 所示。

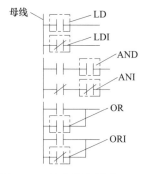

图 3-15　触点指令示意（二）

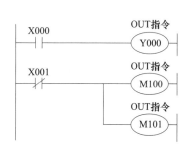

图 3-16　使用 OUT 指令驱动输出
继电器、辅助继电器线圈

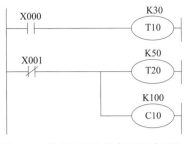

图 3-17 使用 OUT 指令驱动计时器、计数器线圈

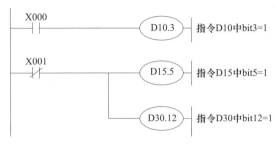

图 3-18 使用 OUT 指令驱动数据寄存器中的某位（bit）

3.3 脉冲型指令

3.3.1 触点脉冲型指令

LDP、LDF、ANDP、ANDF、ORP、ORF 指令示意如图 3-19 所示。

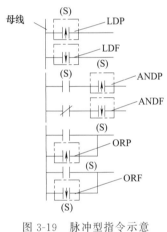

图 3-19 脉冲型指令示意

（1）LDP 指令

LDP 是脉冲型指令，触点与母线连接，上升沿触发。仅在〔S〕中指定的位软元件的上升沿（OFF→ON）时，该位软元件导通一个扫描周期。

（2）LDF 指令

LDF 是脉冲型指令，触点与母线连接，下降沿触发。仅在〔S〕中指定的位软元件的下降沿（ON→OFF）时，该位软元件导通一个扫描周期。

（3）ANDP 指令

ANDP 是脉冲型指令，串联连接型触点，上升沿触发。仅在〔S〕中指定的位软元件的上升沿（OFF→ON）时，该位软元件导通一个扫描周期。

（4）ANDF 指令

ANDF 是脉冲型指令，串联连接型触点，下降沿触发。仅在〔S〕中指定的位软元件的下降沿（ON→OFF）时，该位软元件导通一个扫描周期。

（5）ORP 指令

ORP 是脉冲型指令，并联连接型触点，上升沿触发。仅在〔S〕中指定的位软元件的上升沿（OFF→ON）时，该位软元件导通（一个扫描周期）。

（6）ORF 指令

ORF 是脉冲型指令，并联连接型触点，下降沿触发。仅在〔S〕中指定的位软元件的下降沿（ON→OFF）时，该位软元件导通（一个扫描周期）。

案例 三个开关控制一个灯 ▶▶▶

（1）控制要求

用三个开关控制一个灯，任一开关都可以控制灯的 ON/OFF。

（2）I/O 信号及控制对象分配

I/O 信号及控制对象分配见表 3-1。

表 3-1　I/O 信号及控制对象分配

项目	PLC 软元件	名称
输入	X0	输入开关
	X1	输入开关
	X2	输入开关
输出	Y0	灯

（3）编程分析

本案例中只有一个控制对象，使用脉冲型指令编程。

（4）程序梯形图

根据以上方案编制程序梯形图，如图 3-20 所示。

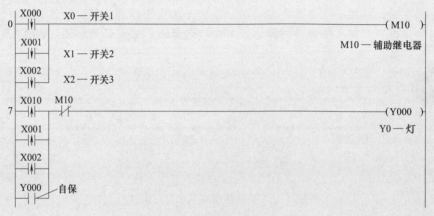

图 3-20　三个开关控制一个灯

（5）说明

① 当任一开关 X0、X1、X2 由 OFF→ON 时，发出上升沿脉冲；驱动 Y0 动作。Y0 自保。

② 当任一开关 X0、X1、X2 由 ON→OFF 时，发出下降沿脉冲，驱动辅助继电器 M10 动作。M10 的常闭触点动作一次，切断回路，使 Y0 = OFF。

这样就达到了控制要求：任一开关 ON（一次），灯亮（ON）；任一开关 OFF（一次），灯熄（OFF）。

3.3.2　上升沿/下降沿输出脉冲型指令

使用 PLS 指令（图 3-21）后，仅在驱动输入 ON 以后的 1 个扫描周期内，对象软元件动作。使用 PLF 指令后，仅在驱动输入 OFF 以后的 1 个扫描周期内，对象软元件动作。

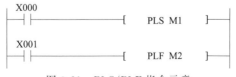

图 3-21　PLS/PLF 指令示意

如图 3-22 所示，PLS、PLF 指令动作如下：X000 OFF→ON，M1 接通 1 个扫描周期；X001 ON→OFF，M2 接通 1 个扫描周期。

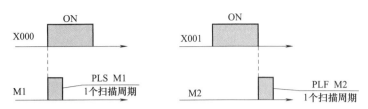

图 3-22 PLS/PLF 指令时序图

案例 多条传送带接力传送 ▶▶▶

(1) 控制要求

一组传送带由三条传送带连接而成,用于传送有一定长度的工件。为了避免传送带在没有工件时空转,在每条传送带终端安装一接近开关用于检测工件。传送带只有检测到工件时才启动,当工件离开传送带时停止。多条传送带工作过程示意如图 3-23 所示。

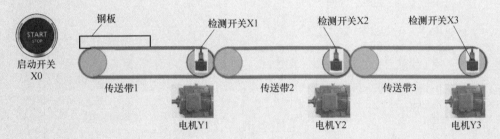

图 3-23 多条传送带工作过程示意

当操作者在传送带 1 前端放一工件,按下启动按钮,则传送带 1 启动。当工件前端到达传送带 1 终端时,接近开关 SQ1 动作,启动传送带 2。当工件的终端离开接近开关 SQ1 时,传送带 1 停止。当工件的前端到达 SQ2 时,启动传送带 3,当工件的终端离开 SQ2 时传送带 2 停止。最后当工件的终端离开 SQ3 时,传送带 3 停止。

(2) I/O 信号及控制对象分配

I/O 信号及控制对象分配见表 3-2。

表 3-2 I/O 信号及控制对象分配

项目	PLC 软元件	名称
输入	X0	启动按钮
	X1	检测开关 1
	X2	检测开关 2
	X3	检测开关 3
输出	Y0	传送带 1 电机
	Y1	传送带 2 电机
	Y2	传送带 3 电机

(3) 编程分析

① 控制方案。本案例的难点主要是检测开关对工件前端信号和终端信号的识别,使用上升沿脉冲信号和下降沿脉冲信号易于解决这个问题。

② 启动及停止条件。使用各检测开关的上升沿信号启动控制对象 Y1~Y3。使用各检测开关的下降沿信号停止控制对象 Y1~Y3。

（4）程序梯形图

根据以上方案编制程序梯形图，如图 3-24 所示。

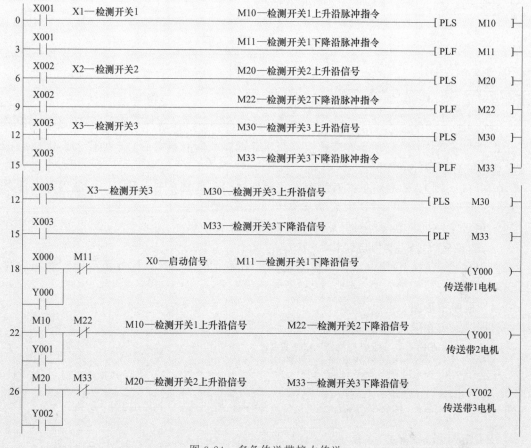

图 3-24　多条传送带接力传送

（5）说明

① 程序 0～15 步，编制检测开关 1～3 的上升沿脉冲指令、下降沿脉冲指令。

② 程序 18～26 步，编制传送带 1～3 启动、停止程序 。

案例　工作台正、反转180° ▶▶▶

（1）控制要求

工作台由电机驱动，按下启动按钮，工作台正转180°然后再反转 180°，一直连续工作，按下正常停止按钮后，工作台旋转180°后碰到限位开关（检测开关）停止，如图 3-25 所示。工作过程中，拍下急停开关立即停止。

（2）I/O信号及控制对象分配

I/O信号及控制对象分配见表 3-3。

（3）编程分析

① 启动及停止条件　控制对象为电机正/反转 Y1/Y2。

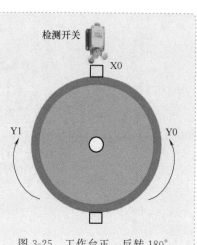

图 3-25　工作台正、反转180°

表 3-3　I/O 信号及控制对象分配

项目	PLC 软元件	名称
输入	X0	启动开关
	X1	停止开关
	X2	急停开关
	X3	0°限位开关(原点开关)
	X4	180°限位开关(180°位置开关)
输出	Y1	电机正转
	Y2	电机反转

　　a. 电机正转 Y1 的启动条件有两个:正常启动;反转回原点后的自动启动。因此编程时启动条件有两条并联回路。

　　b. 电机反转 Y2 的启动条件有两个:正转到达 180°位置后的自动启动;急停后在任意位置的回原点启动。因此编程时启动条件有两条并联回路。

　　c. 用正常停止、急停、回原点信号作为停止信号。

　　d. 正/反转 Y1/Y2 使用自锁和互锁。

　　② 其他　电机必须确保正、反转完全停止后才能换向运行,因此采用计时器给出时间间隔信号。

(4) 程序梯形图

　　根据以上方案编制程序梯形图,如图 3-26 所示。

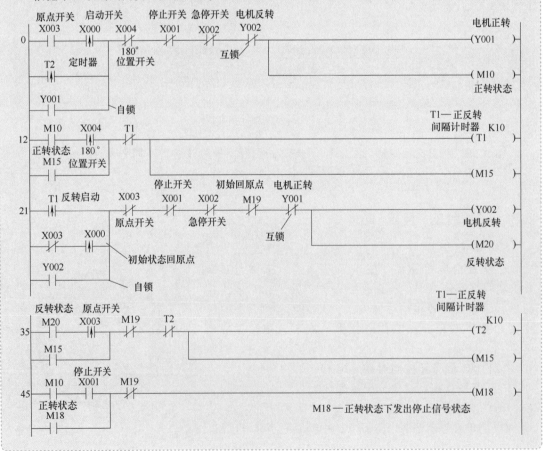

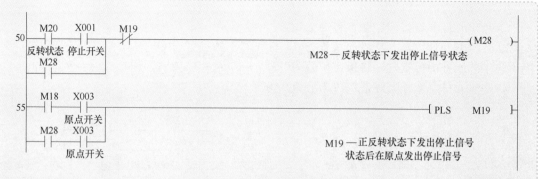

图 3-26 工作台正、反转 180°

(5) 说明

① 程序 0～11 步是对电机正转 Y1 的控制，有两条并联回路表示有两个启动条件。程序 21～34 步 是对电机反转 Y2 的控制，有两条并联回路表示有两个启动条件。

② 程序 12～20 步用于制作正、反转换向时间间隔用计时器 T1，并将 T1 作为换向启动信号启动反转运行 Y2。

③ Y1/Y2 采用自锁及互锁。用"急停"作为安全条件。

④ 编制回原点程序，考虑"急停"后，电机会停在任何位置，具体见程序 45～55 步。

3.4 置位/复位指令

(1) SET 指令——位软元件的置位

当 SET 指令的驱动输入为 ON 时，指令输出继电器（Y）、辅助继电器（M）、状态器（S）以及字软元件的位（bit）（D□.b）为 ON。

特别注意，即使 SET 指令的驱动输入为 OFF，通过 SET 指令置 ON 的软元件也保持 ON。

(2) RST 指令——位软元件的复位

RST 指令对输出继电器（Y）、辅助继电器（M）、状态器（S）、计时器（T）、计数器（C）执行复位。对于用 SET 指令置 ON 的软元件进行复位（OFF）处理。

(3) RST 指令——对字软元件的当前值清零

RST 指令对计时器（T）、计数器（C）、数据寄存器（D）、扩展寄存器（R）和变址寄存器（V、Z）的当前值执行清零。

(4) 指令操作对象的软元件类型

指令操作对象的软元件类型见表 3-4。

表 3-4 指令操作对象的软元件类型

操作数	位元件						字元件										常数	
	X	Y	M	T	C	S	KnX	KnY	KnM	KnS	T	C	D	R	V	Z	K	H
SET		●	●			●												
RST		●	●	●	●	●					●	●	●	●	●	●		

(5) RST 指令的动作

SET/RST 指令示意如图 3-27 所示，时序图如图 3-28 所示。

RST 指令的动作如下。

① 位软元件：将线圈、触点置为 OFF。

② 计时器、计数器：将当前值置为 0，将线圈、触点置为 OFF。

③ 字软元件的位指定：将指定位置为 0。

④ 字软元件、变址寄存器：将内容置为 0。

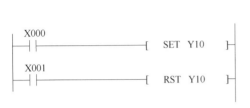 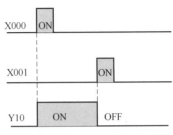

图 3-27　SET/RST 指令示意　　　　　　图 3-28　SET/RST 指令时序图

案例　台车 5 工位往返循环运行 ▶▶▶

(1) 控制要求

直线轨道上有 5 个工位，每个工位均装有位置检测开关（行程开关），台车启动后，到达第 2 工位后返回原点，又继续向 3 工位前进，到达第 3 工位后返回原点，如此往复循环运行，直到 5 工位运行完毕，如图 3-29 所示。

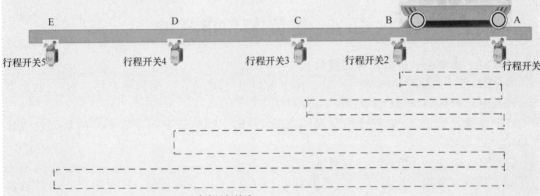

图 3-29　台车 5 工位往返循环运行

(2) I/O 信号及控制对象分配

I/O 信号及控制对象分配见表 3-5。

表 3-5　I/O 信号及控制对象分配

项目	PLC 软元件	名称	项目	PLC 软元件	名称
输入	X0	启动按钮	输入	X24	4 工位检测开关
	X21	1 工位检测开关		X25	5 工位检测开关
	X22	2 工位检测开关	输出	Y10	电机正转（前进）
	X23	3 工位检测开关		Y12	电机反转（后退）

(3) 编程分析

① 编程思路　本案例编程的难点是确定每次前进中的停止条件。因为各工位的检测

开关在台车前进过程中都可能被碰到（生效），所以必须对各次前进动作进行识别。前进状态有1进2、1进3、1进4、1进5四种。只有在相关的状态下，对应工位的检测开关发出的信号才能作为停止信号。

台车的前进指令由"返回到位信号＋延时时间"发出。这样就由"各次启动指令＋前进状态"构成各次前进行程状态。

需要编制台车的回程状态2退1、3退1、4退1、5退1，这是为了利于制作各启动指令。

台车返回动作，由"各停止信号＋延时时间"发出启动信号，由1工位检测开关发出停止信号。

② 控制对象及启停条件

a. 控制对象Y10（前进）启停条件

i. 启动条件：由于台车在原位（1工位）时有向其余4个工位前进的动作，因此有4个启动条件。由于正、反转之间有时间间隔，因此由各计时器信号作为启动条件。故编程时有4条并联回路。

ii. 停止条件：将前进状态1进2、1进3、1进4、1进5加对应工位的检测开关信号作为停止信号。

b. 控制对象Y12（后退）启停条件

i. 启动条件：台车有4次后退动作，启动条件有4个，由各检测开关及计时器构成启动条件，编程时有4条并联回路。

ii. 停止条件及安全保护：由1工位检测开关信号作为停止条件。

c. 其他　电机必须确保正、反转完全停止后才能换向运行，因此采用计时器给出时间间隔信号。

（4）程序梯形图

根据以上方案编制程序梯形图，如图3-30所示。

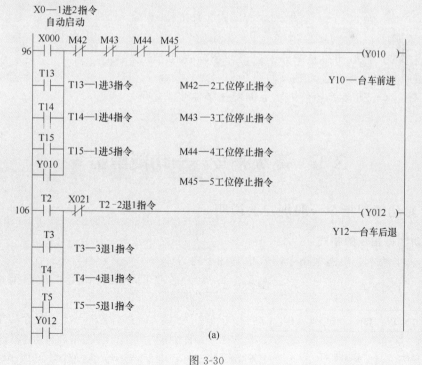

图 3-30

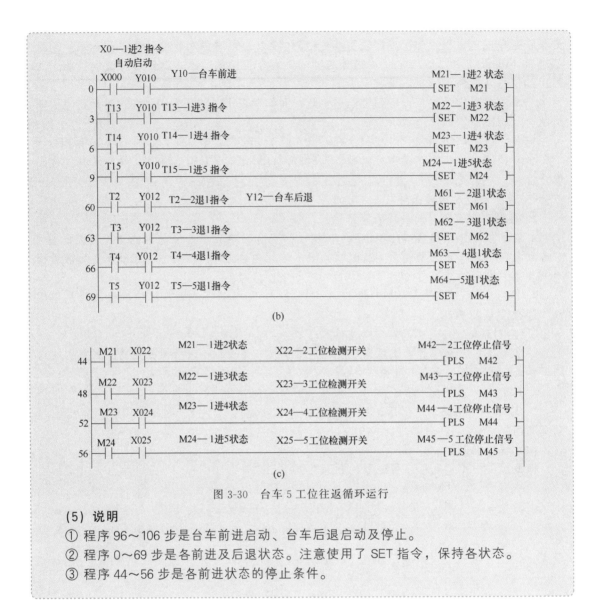

(b)

(c)

图 3-30 台车 5 工位往返循环运行

(5) 说明

① 程序 96～106 步是台车前进启动、台车后退启动及停止。

② 程序 0～69 步是各前进及后退状态。注意使用了 SET 指令，保持各状态。

③ 程序 44～56 步是各前进状态的停止条件。

3.5 高级指令——功能型指令

3.5.1 对功能型指令一般规定的说明

(1) 功能型指令的格式

如图 3-31 所示，功能型指令格式中有如下内容。

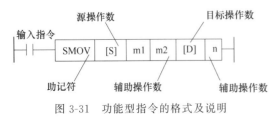

图 3-31 功能型指令的格式及说明

① 助记符：相当于功能型指令的名称代号。

② 源操作数 [S]：执行功能型指令过程中的"来源性数据"，是在执行功能型指令过程中保持不变的操作数。取英文 SOURCE（来源）的首字母，用 [S] 表示，以区别于

软元件状态器 S。

③ 目标操作数〔D〕：存放功能型指令的执行结果软元件。取英文 DESTINATION（目的）的首字母，用〔D〕表示，以区别于数据寄存器 D。

④ 辅助操作数：在执行功能型指令时的一些必要的辅助性数据。

（2）操作数可使用的软元件范围

操作数可使用的软元件有：位元件，如 Y、M、S；字元件，如 KnX、T、D、C；常数 K、H。

每一功能型指令的各操作数都对可使用的软元件范围有所规定，具体使用时要查看其规定。

（3）指令数据处理范围

功能型指令的处理对象数据有 16 位和 32 位之分。在指令助记符前标记。指令助记符前标记"D"即为运算 32 位数据的指令，如图 3-32 所示。

（4）连续执行型和脉冲执行型指令

连续执行型指令即每个扫描周期都执行的指令，脉冲执行型指令即只执行一次的指令。

在指令助记符后标记"P"为脉冲执行型指令，在指令助记符后没有标记"P"为连续执行型指令，如图 3-33 所示。

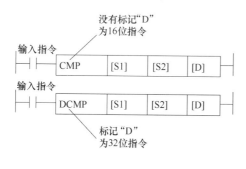

图 3-32　32 位功能型指令

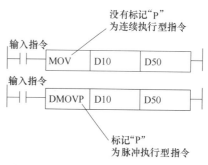

图 3-33　连续执行型和脉冲执行型指令

（5）与功能型指令相关的一些特殊辅助继电器

根据功能型指令的种类不同，标志位的动作举例如下。

M8020——零标志位。

M8021——借位标志位。

M8022——进位标志位。

M8029——指令执行结束标志位。

M8090——块比较标志位。

M8328——指令不执行标志位。

M8329——指令执行异常结束标志位。

各种指令每次执行 ON 时，这些标志位为 ON 或 OFF 动作，但是执行 OFF 时和发生错误时不改变。每次执行功能型指令时，这些代表标志位的特殊辅助继电器会有 ON/OFF 变化。

3.5.2　程序流程相关指令

3.5.2.1　条件跳转指令

（1）功能

CJ、CJP 指令是根据条件进行跳转的指令，跳转的目标位置由指针 P 指定。

（2）指令格式（图 3-34）

（3）指令格式中的操作数说明（表 3-6）

图 3-34　CJ 指令格式

表 3-6　指令格式中的操作数说明

操作数	定义
P	指针

（4）操作数可使用的软元件类型（表 3-7）

表 3-7　操作数可使用的软元件类型

操作数	位元件						字元件										常数	
	X	Y	M	T	C	S	KnX	KnY	KnM	KnS	T	C	D	P	V	Z	K	H
P														●				

（5）动作过程

如图 3-35 所示，如果输入条件指令为 ON，CJ 指令在每个扫描周期都执行跳转；如果输入条件指令为 ON，CJP 指令只执行一次跳转。

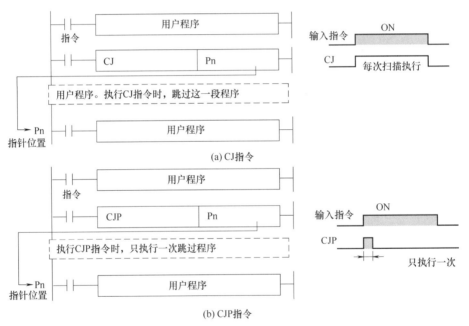

(a) CJ 指令

(b) CJP 指令

图 3-35　条件跳转指令动作过程

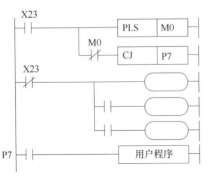

图 3-36　条件跳转指令应用举例

（6）应用举例

OFF 处理后要跳转的情况，如图 3-36 所示。在 X23 从 OFF 变为 ON 的一个扫描周期后，CJ P7 指令有效。

采用这个方法，可以将 CJ P7 指令至标记 P7 之间的输出全部 OFF 后才进行跳转。

3.5.2.2　子程序调用指令

（1）功能

一个复杂的程序可以编制为主程序和多个子程

序。子程序编制在主程序之后。在需要时，从主程序发出子程序调用指令，这时暂不执行主程序，先执行被调用的子程序，待执行完子程序后，再跳转回主程序，跳转回的位置就是子程序调用指令的下一步。

输入指令
┤ ├─┤ CALL │ P │

图 3-37　子程序调用指令格式

（2）指令格式（图 3-37）

（3）指令格式中的操作数说明（表 3-8）

表 3-8　指令格式中的操作数说明

操作数	定义	数据类型
P	指针,用于标记需要调用的子程序位置	BIN16/32 位

（4）操作数可使用的软元件类型（表 3-9）

表 3-9　操作数可使用的软元件类型

操作数	位元件						字元件										常数	
	X	Y	M	T	C	S	KnX	KnY	KnM	KnS	T	C	D	P	V	Z	K	H
P														●				

（5）动作过程

如图 3-38 所示，当指令输入为 ON 时，执行子程序调用 CALL 指令，向指针标记的程序步跳转，执行被调用的子程序。CALL 指令用的标记（P），必须编制在要调用的子程序位置。

SRET 指令是子程序结束指令，在执行完 SRET 指令后，返回到主程序中原 CALL 指令的下一步。

在主程序的结束位置用 FEND

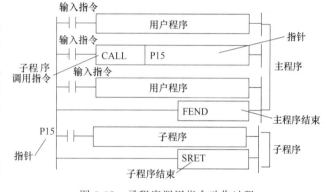

图 3-38　子程序调用指令动作过程

指令编程。子程序必须在 FEND 指令后编程。可以编制多个子程序，因此必须用指针 P 指明需要调用的子程序。

3.5.2.3　循环指令

（1）功能

指令在 FOR～NEXT 之间的程序循环运行。

（2）指令格式

指令助记符 FOR～NEXT。

（3）指令格式中的操作数说明（表 3-10）

表 3-10　指令格式中的操作数说明

操作数	定义
[S]	循环次数　S＝K1～K32767

（4）操作数可使用的软元件类型（表 3-11）

表 3-11　操作数可使用的软元件类型

操作数	位元件						字元件										常数	
	X	Y	M	T	C	S	KnX	KnY	KnM	KnS	T	C	D	R	V	Z	K	H
[S]							●	●	●	●	●	●	●	●	●	●	●	●

（5）动作过程

如图 3-39 所示，在 FOR～NEXT 之间的程序循环运行，循环运行次数由 [S] 指定。

3.5.3 传送比较指令

3.5.3.1 比较指令

（1）功能

比较两个数据，输出比较结果。比较结果为大于、相等、小于，用三个位软元件的 ON/OFF 表示。

（2）指令格式（图 3-40）

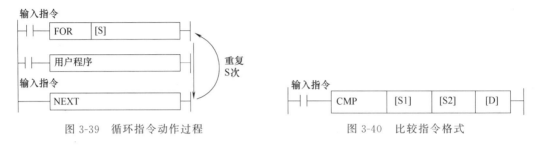

图 3-39 循环指令动作过程　　　图 3-40 比较指令格式

（3）指令格式中的操作数说明（表 3-12）

表 3-12　指令格式中的操作数说明

操作数	定义
[S1]	比较用数据或软元件编号
[S2]	比较用数据或软元件编号
[D]	比较结果是用一组位元件表示的,D 为该组位元件的起始元件号

（4）操作数可使用的软元件类型（表 3-13）

表 3-13　操作数可使用的软元件类型

操作数	位元件						字元件										常数	
	X	Y	M	T	C	S	KnX	KnY	KnM	KnS	T	C	D	R	V	Z	K	H
[S1]							●	●	●	●	●	●	●	●	●	●	●	●
[S2]							●	●	●	●	●	●	●	●	●	●	●	●
[D]		●	●			●												

（5）动作过程

如图 3-41 所示，将 [S1] 和 [S2] 两个数据进行比较，比较的结果由 [D] 为起始编号的三个位元件表示。[S1]＝50，[S2] 不断变化，所以比较结果也不断变化：

[S1]＞[S2] 时，[D]＝ON；

[S1]＝[S2] 时，[D]+1＝ON；

[S1]＜[S2] 时，[D]+2＝ON。

比较结果一直保持，即使输入指令为 OFF，比较结果也保持。

（6）应用举例

如图 3-42 所示，X0 为输入指令，操作数 [S1]＝K100，操作数 [S2]＝C20，存放比较结果的位元件为 M0～M2，当 C20 的数据不断变化时，比较结果也不断变化：

K100＞C20 时，M0＝ON；

K100＝C20 时，M1＝ON；

K100＜C20 时，M2＝ON。

即使输入指令为 OFF，比较结果也会保持。

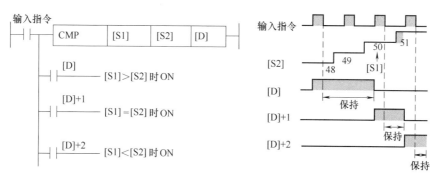

图 3-41　比较指令动作过程

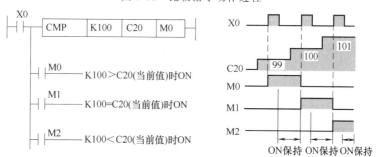

图 3-42　比较指令应用举例

要清除比较结果，必须使用 RST 指令，如图 3-43 所示。

3.5.3.2　区间比较指令

(1) 功能

区间比较指令是将一个比较源数据与一个数据区间进行比较，数据区间由两个数据（数据区间下侧数据，数据区间上侧数据）表示，比较结果为小于数据区间、在数据区间内、大于数据区间，用三个位软元件的 ON/OFF 表示。

(2) 指令格式（图 3-44）

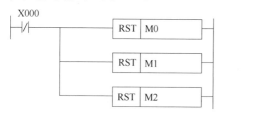

图 3-43　使用 RST 指令清除比较结果

图 3-44　区间比较指令格式

(3) 指令格式中的操作数说明（表 3-14）

表 3-14　指令格式中的操作数说明

操作数	定义
[S1]	数据区间下侧数据
[S2]	数据区间上侧数据
[S]	比较源数据
[D]	比较结果是用一组位元件表示的，D 为该组位元件的起始元件号

（4）操作数可使用的软元件类型（表 3-15）

表 3-15　操作数可使用的软元件类型

操作数	位元件						字元件										常数	
	X	Y	M	T	C	S	KnX	KnY	KnM	KnS	T	C	D	R	V	Z	K	H
[S1]							●	●	●	●	●	●	●	●	●	●	●	●
[S2]							●	●	●	●	●	●	●	●	●	●	●	●
[S]							●	●	●	●	●	●	●	●	●	●	●	●
[D]		●	●			●												

（5）动作过程

在图 3-45 中，由 [S1] 和 [S2] 两个数据表示一个数据区间，将 [S] 与这个数据区间进行比较，比较的结果由 [D] 为起始编号的三个位元件表示。图 3-45 中 [S1] 和 [S2] 构成的数据区间不变，而比较源数据 [S] 可不断变化，所以比较结果也不断变化：

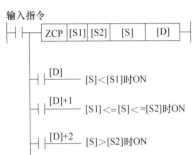

图 3-45　区间比较指令动作过程

$[S] < [S1]$ 时，$[D] = ON$；

$[S1] \leqslant [S] \leqslant [S2]$ 时，$[D]+1 = ON$；

$[S] > [S2]$ 时，$[D]+2 = ON$。

比较结果一直保持，即使输入指令为 OFF，比较结果也保持。

（6）应用举例

如图 3-46 所示，X0 为输入指令，操作数 [S1] = K100，[S2] = K120，[S1]、[S2] 构成了一个数据区间，比较数据源为 [S]，[S] = C30，存放比较结果的位元件为 M3、M4、M5，当 C30 的数据不断变化时，比较结果也不断变化：

C30 < K100 时，M3 = ON；

K100 ≤ C30 ≤ K120 时，M4 = ON；

C30 > K120 时，M5 = ON。

而且，即使输入指令 OFF，比较结果也会保持。

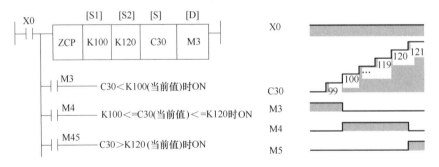

图 3-46　区间比较指令应用举例

3.5.3.3　传送指令

（1）功能

将数值数据传送到一个软元件。

（2）指令格式（图 3-47）

（3）指令格式中的操作数说明（表 3-16）

表 3-16　指令格式中的操作数说明

操作数	定义
[S]	数据或保存数据的软元件编号
[D]	存放数据的目标软元件编号

图 3-47　传送指令格式

（4）操作数可使用的软元件类型（表 3-17）

表 3-17　操作数可使用的软元件类型

操作数	位元件						字元件										常数	
	X	Y	M	T	C	S	KnX	KnY	KnM	KnS	T	C	D	R	V	Z	K	H
[S]							●	●	●	●	●	●	●	●	●	●	●	●
[D]							●	●	●	●	●	●	●	●	●	●		

（5）动作过程

在图 3-48 中，是对由位元件构成的数据进行传送，在图 3-49 中，是直接传送数据寄存器内容。

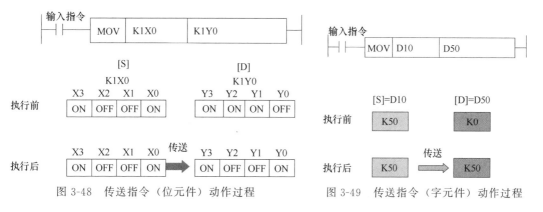

图 3-48　传送指令（位元件）动作过程　　图 3-49　传送指令（字元件）动作过程

（6）应用举例

如图 3-50 所示，直接将计时器 T0 当前值传送到数据寄存器 D20，将计数器 C20 当前值传送到数据寄存器 D30。

3.5.3.4　成批传送指令

（1）功能

点对点的数据传送，点数可以设置。

（2）指令格式（图 3-51）

图 3-50　读出计时器 T0 的当前值　　图 3-51　成批传送指令格式

（3）指令格式中的操作数说明（表 3-18）

表 3-18　指令格式中的操作数说明

操作数	定义
[S]	源数据或保存数据的软元件编号
[D]	存放传送结果的软元件或数据寄存器
n	传送数据的总点数

（4）操作数可使用的软元件类型（表 3-19）

表 3-19　操作数可使用的软元件类型

操作数	位元件						字元件										常数	
	X	Y	M	T	C	S	KnX	KnY	KnM	KnS	T	C	D	R	V	Z	K	H
[S]							●	●	●	●	●	●	●	●	●	●		
[D]								●	●	●	●	●	●	●	●	●		
n													●				●	●

（5）动作过程

如图 3-52 所示，执行数据的成组传送，简称多对多传送。

3.5.3.5　多点传送指令 FMOV

（1）功能

一对多数据传送，即将一个数据传送到多点数据寄存器，点数可以指定。

（2）指令格式（图 3-53）

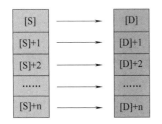

图 3-52　成批传送指令动作过程

图 3-53　多点传送指令格式

（3）指令格式中的操作数说明（表 3-20）

表 3-20　指令格式中的操作数说明

操作数	定义
[S]	源数据或保存数据的软元件编号
[D]	存放传送结果的软元件或数据寄存器
n	传送数据的总点数

（4）操作数可使用的软元件类型（表 3-21）

表 3-21　操作数可使用的软元件类型

操作数	位元件						字元件										常数	
	X	Y	M	T	C	S	KnX	KnY	KnM	KnS	T	C	D	R	V	Z	K	H
[S]							●	●	●	●	●	●	●	●	●	●	●	●
[D]								●	●	●	●	●	●	●	●	●		
n													●				●	●

（5）动作过程

如图 3-54 所示，将一个数据传送到多个数据寄存器中，数据寄存器的点数由 n 设定。

（6）应用举例

如图 3-55 所示，[S]＝K0，传送的目标位置为 D0～D4，点数 n＝5，传送前，D0～D4 的数据是随机的，执行 FMOV 指令后，D0～D4 全部为 K0。

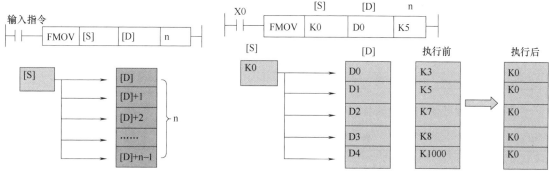

图 3-54 多点传送指令动作过程　　　　图 3-55 多点传送指令应用举例

3.5.3.6 交换指令

(1) 功能

将两个数据寄存器的内容进行交换。

图 3-56 交换指令格式

(2) 指令格式（图 3-56）

(3) 指令格式中的操作数说明（表 3-22）

表 3-22　指令格式中的操作数说明

操作数	定义
[D1]	数据或软元件编号
[D2]	数据或软元件编号

(4) 操作数可使用的软元件类型（表 3-23）

表 3-23　操作数可使用的软元件类型

操作数	位元件						字元件										常数	
	X	Y	M	T	C	S	KnX	KnY	KnM	KnS	T	C	D	R	V	Z	K	H
[D1]								●	●	●	●	●	●	●	●	●		
[D2]								●	●	●	●	●	●	●	●	●		

(5) 动作过程

在图 3-57 中，执行 XCHP 指令后，[D1] 与 [D2] 中的数据进行了交换。

3.5.3.7 BIN-BCD 转换传送指令

(1) 功能

将数据元件中的 BIN 数据转换成 BCD 数据再进行传送。

(2) 指令格式（图 3-58）

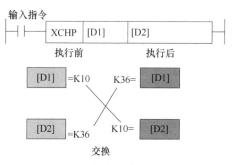

图 3-57　交换指令动作过程

图 3-58　BIN-BCD 转换传送指令格式

（3）指令格式中的操作数说明（表 3-24）

表 3-24　指令格式中的操作数说明

操作数	定义
[S]	转换源数据或软元件编号
[D]	软元件编号

（4）操作数可使用的软元件类型（表 3-25）

表 3-25　操作数可使用的软元件类型

操作数	位元件						字元件										常数	
	X	Y	M	T	C	S	KnX	KnY	KnM	KnS	T	C	D	R	V	Z	K	H
[S]							●	●	●	●	●	●	●	●	●	●		
[D]								●	●	●	●	●	●					

（5）动作过程

在图 3-59 中，执行 BCD 指令的过程是先将 [S] 中的数据（BIN 数据）转换成（BCD 数据），然后再传送到 [D] 中，BCD 码是用四位二进制码表示一个十进制数的编码方法。

在图 3-59 中，K4Y0 为 BCD 码时：

Y0～Y3 一组二进制码表示个位的十进制数，如 1001 表示"9"；

Y4～Y7 一组二进制码表示十位的十进制数，如 0011 表示"3"；

Y10～Y13 一组二进制码表示百位的十进制数，如 1000 表示"8"；

Y14～Y17 一组二进制码表示千位的十进制数，如 0110 表示"6"。

因此 BCD 指令经常用作七段码的显示指令。

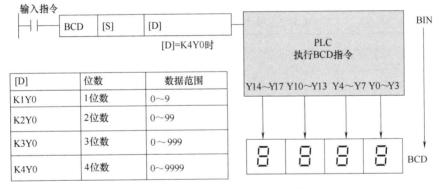

图 3-59　BIN-BCD 转换传送指令动作过程

（6）应用举例

在图 3-60 中，D0 中的数值可能大于 10，但转换为 BCD 码后，只将个位数部分传送到

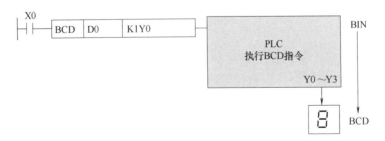

图 3-60　BIN-BCD 转换传送指令应用举例（一）

K1Y0。在图 3-61 中，D0 中的数值转换为 BCD 码后，将全部 16 位数据传送到 K4Y0，所以可显示出 0~9999 范围内的十进制数。

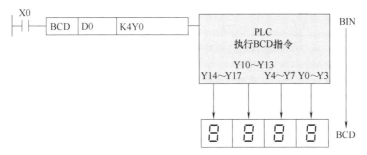

图 3-61　BIN-BCD 转换传送指令应用举例（二）

3.5.3.8　BCD-BIN 转换传送指令

（1）功能

将数据元件中的 BCD 数据转换为 BIN 数据再进行传送。

（2）指令格式（图 3-62）

（3）指令格式中的操作数说明（表 3-26）

图 3-62　BCD-BIN 转换传送指令格式

表 3-26　指令格式中的操作数说明

操作数	定义
［S］	存放源数据的软元件编号
［D］	保存转换后数据的软元件编号

（4）操作数可使用的软元件类型（表 3-27）

表 3-27　操作数可使用的软元件类型

操作数	位元件						字元件										常数	
	X	Y	M	T	C	S	KnX	KnY	KnM	KnS	T	C	D	R	V	Z	K	H
［S］							●	●	●	●	●	●	●	●	●	●		
［D］							●	●	●	●	●	●	●	●	●	●		

（5）动作过程

在图 3-63 中，数字开关接入输入信号，其中：

X0~X3 接入个位数的数字开关信号；

X4~X7 接入十位数的数字开关信号；

X10~X13 接入百位数的数字开关信号；

X14~X17 接入千位数的数字开关信号。

执行 BIN 指令后，X0~X17 以 BCD 码表示的数字先转换成 BIN 码，再传送到［D］指定的数据寄存器中。

（6）应用举例

在图 3-64 中，X0 为输入指令信号。数字开关接入输入信号，其中：

X0~X3 接入个位数的数字开关数据"9"（1001）；

X4~X7 接入十位数的数字开关数据"7"（0111）；

X10~X13 接入百位数的数字开关数据"5"（0101）；

X14~X17 接入千位数的数字开关数据"3"（0011）。

X0~X17 构成的 BCD 码为 0011010101111001，执行 BIN 指令后，X0~X17 的 BCD 码

先转换成 BIN 码，再传送到 [D] 指定的数据寄存器 D20 中。D20＝0000110111111011。

这仅仅是用不同的编码方式表示一个数据，在工作现场需要将几种编码方法互换。

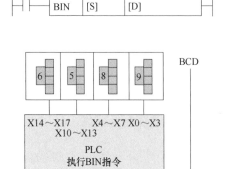

图 3-63　BCD-BIN 转换传送指令动作过程

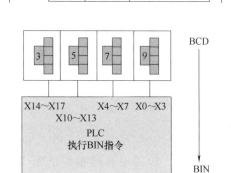

图 3-64　BCD-BIN 转换传送指令应用举例

3.5.4　四则运算、逻辑运算指令

3.5.4.1　加法指令

（1）功能

将两个数据进行加法运算。

（2）指令格式（图 3-65）

图 3-65　加法指令格式

（3）指令格式中的操作数说明（表 3-28）

表 3-28　指令格式中的操作数说明

操作数	定义
[S1]	加法运算数据或字元件编号
[S2]	加法运算数据或字元件编号
[D]	保存运算结果的软元件编号

（4）操作数可使用的软元件类型（表 3-29）

表 3-29　操作数可使用的软元件类型

操作数	位元件						字元件										常数	
	X	Y	M	T	C	S	KnX	KnY	KnM	KnS	T	C	D	R	V	Z	K	H
[S1]							●	●	●	●	●	●	●	●	●	●	●	●
[S2]							●	●	●	●	●	●	●	●	●	●	●	●
[D]							●	●	●	●	●	●	●	●	●	●		

（5）动作过程

如图 3-66 所示。

① 将 [S1] 和 [S2] 的内容进行加法运算后传送到 [D] 中。

图 3-66　加法指令动作过程

② 各数据的最高位为正（0）、负（1）的符号位，这些数据以代数方式进行加法运算，如 5＋（－8）＝－3。

③ [S1] 和 [S2] 中指定常数（K）时，会自动进行 BIN 转换及运算。

（6）各标志位的动作

标志位是 PLC 内的一些特殊的辅助继电器，在执行功能型指令时，会根据运算结果变为 ON/OFF，因此可以直接利用这些标志位的 ON/OFF 状态进行判断和编程。

标志位的动作如表 3-30 和图 3-67 所示。

表 3-30 标志位的动作条件

标志位元件	名称	条件
M8020	零位	ON—运算结果等于 0 时 OFF—运算结果不等于 0 时
M8021	借位	ON—运算结果小于 −32768 时 OFF—运算结果不小于 −32768 时
M8022	进位	ON—运算结果大于 32767 时 OFF—运算结果不大于 32767 时

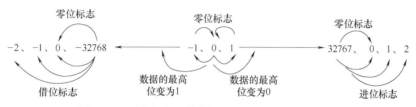

图 3-67 零位标志、借位标志、进位标志动作示意

注意，特殊标志位"进位"和"借位"与普通加减法中的"进位"和"借位"定义不一样，不要混淆。这种标志位在每一功能型指令工作时都起作用，不仅仅是在加法指令或四则运算指令中起作用。

3.5.4.2 减法指令

(1) 功能

将两个数据进行减法运算。

(2) 指令格式（图 3-68）

图 3-68 减法指令格式

(3) 指令格式中的操作数说明（表 3-31）

表 3-31 指令格式中的操作数说明

操作数	定义
[S1]	减法运算数据或字元件编号
[S2]	减法运算数据或字元件编号
[D]	保存运算结果的软元件编号

(4) 操作数可使用的软元件类型（表 3-32）

表 3-32 操作数可使用的软元件类型

操作数	位元件						字元件										常数	
	X	Y	M	T	C	S	KnX	KnY	KnM	KnS	T	C	D	R	V	Z	K	H
[S1]							●	●	●	●	●	●	●	●	●	●	●	●
[S2]							●	●	●	●	●	●	●	●	●	●	●	●
[D]								●	●	●	●	●	●	●	●	●		

(5) 动作过程

如图 3-69 所示。

① 将 [S1] 和 [S2] 的内容进行减法运算后传送到 [D] 中。

图 3-69 减法指令动作过程

② 各数据的最高位为正（0）、负（1）的符号位，这些数据以代数方式进行减法运算，如 5−（−8）=13。

③ ［S1］和［S2］中指定常数（K）时，会自动进行 BIN 转换及运算。

3.5.4.3 乘法指令

（1）功能

将两个数据进行乘法运算。

（2）指令格式（图 3-70）

（3）指令格式中的操作数说明（表 3-33）

表 3-33 指令格式中的操作数说明

操作数	定义
［S1］	数据或软元件编号
［S2］	数据或软元件编号
［D］	保持运算结果的起始软元件编号

（4）操作数可使用的软元件类型（表 3-34）

表 3-34 操作数可使用的软元件类型

操作数	位元件						字元件										常数	
	X	Y	M	T	C	S	KnX	KnY	KnM	KnS	T	C	D	R	V	Z	K	H
［S1］							●	●	●	●	●	●	●	●	●	●	●	●
［S2］							●	●	●	●	●	●	●	●	●	●	●	●
［D］							●	●	●	●	●	●	●	●	●			

（5）动作过程

如图 3-71 所示。

图 3-70 乘法指令格式

图 3-71 乘法指令动作过程

① 将［S1］和［S2］的内容进行乘法运算后传送到［D］+1，［D］中。注意，对于两个 BIN16 位的数据的乘法运算，规定使用双字寄存器保存运算结果。对于两个 32 位数据的乘法运算，规定使用四个数据寄存器保存运算结果。

② 各数据的最高位为正（0）、负（1）的符号位，这些数据以代数方式进行乘法运算，如 5×（−8）=−40。

③ ［S1］和［S2］中指定常数（K）时，会自动进行 BIN 转换及运算。

（6）应用举例

图 3-72 所示为 16 位乘法运算。

图 3-73 所示为 32 位乘法运算。

图 3-72 16 位乘法运算

图 3-73 32 位乘法运算

3.5.4.4 除法指令

（1）功能

对两个数据进行除法运算。

（2）**指令格式**（图 3-74）

（3）**指令格式中的操作数说明**

表 3-35　指令格式中的操作数说明

操作数	定义
[S1]	数据或软元件编号（被除数）
[S2]	数据或软元件编号（除数）
[D]	保持运算结果的起始软元件编号（商、余数）

（4）**操作数可使用的软元件类型**

表 3-36　操作数可使用的软元件类型

操作数	位元件						字元件										常数	
	X	Y	M	T	C	S	KnX	KnY	KnM	KnS	T	C	D	R	V	Z	K	H
[S1]							●	●	●	●	●	●	●	●	●	●	●	●
[S2]							●	●	●	●	●	●	●	●	●	●	●	●
[D]							●	●	●	●	●	●	●	●	●	●		

（5）**动作过程**

如图 3-75 所示。

① [S1] 的内容作为被除数，[S2] 的内容作为除数，商传到 [D] 中，余数传到 [D]+1 中。

② 各数据的最高位为正（0）、负（1）的符号位，这些数据以代数方式进行除法运算，如 $36 \div (-5) = -7$（商），余数 1。

③ 运算结果（商，余数），会占用 [D] 指定开始合计两点的软元件，注意不能再用于其他用途。

④ [S1] 和 [S2] 中指定常数（K）时，会自动进行 BIN 转换。

图 3-74　除法运算指令格式　　　　　　图 3-75　除法指令动作过程

（6）**应用实例**

图 3-76 所示为 16 位除法运算。

图 3-77 所示为 32 位除法运算。

图 3-76　16 位除法运算　　　　　　图 3-77　32 位除法运算

3.5.4.5　加 1 指令

（1）**功能**

对指定的字元件进行"＋1"计算的指令。

（2）**指令格式**（3-78）

（3）**指令格式中的操作数说明**（表 3-37）

表 3-37　指令格式中的操作数说明

操作数	定义	数据类型
[D]	保存计算结果的字元件编号	BIN16/32 位

（4）操作数可使用的软元件类型（表 3-38）

表 3-38　操作数可使用的软元件类型

操作数	位元件						字元件										常数	
	X	Y	M	T	C	S	KnX	KnY	KnM	KnS	T	C	D	R	V	Z	K	H
[D]							●	●	●	●	●	●	●	●	●	●		

（5）动作过程

如图 3-79 所示，将 [D] 的内容"加 1"运算后，传送回 [D] 中。

① 对于连续执行型指令，每个扫描周期都执行"加 1"运算，务必注意。

② 有关标志位的动作：16 位运算＋32，767 加 1 后变为－32，768，但是标志位（零、借位、进位）不动作；32 位运算＋2，147，483，647 上加 1 后，变为－2，147，483，648，但是标志位（零、借位、进位）不动作。

图 3-78　加 1 指令格式　　　　　　图 3-79　加 1 指令动作过程

（6）应用举例

如图 3-80 所示。

① 用 X10 或 M1 对 Z 清零。

② 将 C0Z（变址）的数据进行 BCD 转换后送到 K4Y0，同时指令 Z 加 1；比较 K10 和 Z 的大小，如果相等，就对 Z 清零。这样就实现了将 C0～C9 的值顺序传送到 K4Y0。

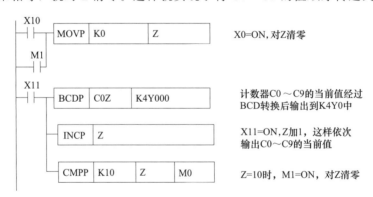

图 3-80　加 1 指令应用举例

3.5.4.6　减 1 指令

（1）功能

对指定的字元件进行"－1"计算的指令。

图 3-81　减 1 指令格式

（2）指令格式（图 3-81）

（3）指令格式中的操作数说明（表 3-39）

表 3-39　指令格式中的操作数说明

操作数	定义	数据类型
[D]	保存计算结果的字元件编号	BIN16/32 位

（4）操作数可使用的软元件类型（表 3-40）

表 3-40　操作数可使用的软元件类型

操作数	位元件						字元件										常数	
	X	Y	M	T	C	S	KnX	KnY	KnM	KnS	T	C	D	R	V	Z	K	H
[D]							●	●	●	●	●	●	●	●	●	●		

（5）动作过程

将 [D] 的内容"减 1"运算后，传送回 [D] 中。

① 对于连续执行型指令，每个扫描周期都执行"减 1"运算，务必注意。

② 有关标志位的动作：16 位运算－32，767 上减 1 后变为＋32，768，但是标志位（零、借位、进位）不动作；32 位运算－2，147，483，647 上减 1 后，变为＋2，147，483，648，但是标志位（零、借位、进位）不动作。

3.5.5　触点比较指令

3.5.5.1　LD 型触点比较指令

（1）功能

将两个数据进行比较运算，运算的结果作为触点 ON/OFF，LD 型比较指令是该触点直接接在母线上，相当于 LD X10 指令。

（2）指令格式（图 3-82）

（3）指令格式中的操作数说明（表 3-41）

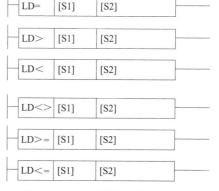

图 3-82　LD 型触点比较指令格式

表 3-41　指令格式中的操作数说明

操作数	定义
[S1]	字元件编号
[S2]	字元件编号

（4）操作数可使用的软元件类型（表 3-42）

表 3-42　操作数可使用的软元件类型

操作数	位元件						字元件										常数	
	X	Y	M	T	C	S	KnX	KnY	KnM	KnS	T	C	D	R	V	Z	K	H
[S1]							●	●	●	●	●	●	●	●	●	●	●	●
[S2]							●	●	●	●	●	●	●	●	●	●	●	●

（5）动作过程

LD 型比较指令的触点 ON/OFF 条件见表 3-43，动作过程可在应用举例（图 3-83）中看到。

表 3-43　LD 型比较指令的触点 ON/OFF 条件

指令	导通（ON）	不导通（OFF）	指令	导通（ON）	不导通（OFF）
LD＝	[S1]＝[S2]	[S1]≠[S2]	LD＜＞	[S1]≠[S2]	[S1]＝[S2]
LD＞	[S1]＞[S2]	[S1]＜＝[S2]	LD＜＝	[S1]＜＝[S2]	[S1]＞[S2]
LD＜	[S1]＜[S2]	[S1]＞＝[S2]	LD＞＝	[S1]＞＝[S2]	[S1]＜[S2]

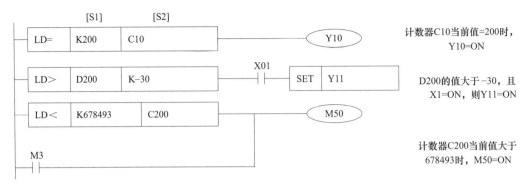

图 3-83   LD 型触点比较指令应用举例

3.5.5.2   AND 型触点比较指令

(1) 指令格式（图 3-84）

(2) 动作过程

AND 型触点比较指令与 LD 型指令基本相同，差别仅仅是在梯形图中的编程位置不同。

3.5.5.3   OR 型触点比较指令

(1) 指令格式（图 3-85）

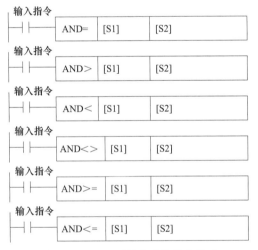

图 3-84   AND 型触点比较指令格式

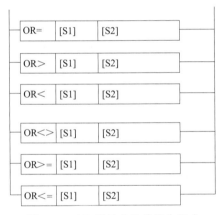

图 3-85   OR 型触点比较指令格式

(2) 动作过程

OR 型触点比较指令与 LD 型指令基本相同，差别仅仅是在梯形图中的编程位置不同。

3.5.6   数据处理指令

3.5.6.1   循环右移指令

(1) 功能

指令字元件中的 n 个位数据循环右移。字元件可以是 16 位或 32 位。

(2) 指令格式

指令助记符 ROR，RORP 为 16 位脉冲型指令（图 3-86），DRORP 为 32 位脉冲型指令。

图 3-86　16 位循环右移指令格式　　　　　图 3-87　32 位循环右移指令格式

(3) 指令格式中的操作数说明（表 3-44）

表 3-44　指令格式中的操作数说明

操作数	定义
[D]	字元件(编号)。准备移位操作的数据存放在该字元件中,移位操作完成后的数据也存放在该字元件中
n	移动位数(每执行一次指令移动的位数)

(4) 操作数可使用的软元件类型（表 3-45）

表 3-45　操作数可使用的软元件类型

操作数	位元件						字元件									常数	
	X	Y	M	T	C	S	KnX	KnY	KnM	KnS	T	C	D	R	V	Z	K	H
[D]								●	●	●	●	●	●	●	●	●		
n								●	●								●	●

(5) 动作过程

16 位循环右移指令动作过程如图 3-88 所示,每执行一次指令,在设定的字元件 [D] 内,所有位数据以 n 位数据为单位,执行一次循环右移。循环右移时,n 位数据的最后一位除了参加右移外,其状态（ON/OFF）还存放在进位标志寄存器 M8022 中。32 位循环右移指令动作过程与 16 位的相同。

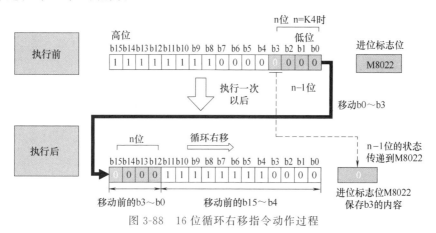

图 3-88　16 位循环右移指令动作过程

3.5.6.2 循环左移指令

(1) 功能

指令字元件中的 n 个位数据循环左移。字元件可以是 16 位或 32 位。

(2) 指令格式

指令助记符 ROL。ROLP 为 16 位脉冲型指令 （图 3-89）,DROLP 为 32 位脉冲型指令。

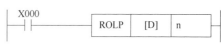

图 3-89　16 位循环左移指令格式

(3) 指令格式中的操作数说明（表 3-46）

表 3-46　指令格式中的操作数说明

操作数	定义
[D]	字元件(编号)。准备移位操作的数据存放在该字元件中,移位操作完成后的数据也存放在该字元件中
n	移动位数(每执行一次指令移动的位数)

（4）操作数可使用的软元件类型（表 3-47）

表 3-47　操作数可使用的软元件类型

操作数	位元件						字元件										常数	
	X	Y	M	T	C	S	KnX	KnY	KnM	KnS	T	C	D	R	V	Z	K	H
[D]								●	●	●	●	●	●	●	●	●		
n													●	●			●	●

（5）动作过程

指令动作过程与循环右移相同，只是移动方向不同，如图 3-90 所示。

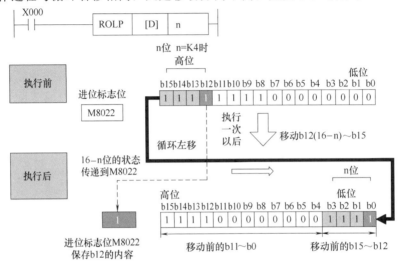

图 3-90　16 位循环左移指令动作过程

3.5.6.3　带进位标志循环右移指令

（1）功能

指令字元件中的 n 个位数据循环右移，而且在数据循环右移时，进位标志寄存器 M8022 参加移动，并且作为最前面的一位，所以称为带进位标志循环右移。字元件可以是 16 位或 32 位。

图 3-91　16 位带进位标志循环右移指令格式

（2）指令格式

指令助记符 RCR，RCRP 为 16 位脉冲型指令（图 3-91），DRCRP 为 32 位脉冲型指令。

（3）指令格式中的操作数说明（表 3-48）

表 3-48　指令格式中的操作数说明

操作数	定义
[D]	字元件（编号）。准备移位操作的数据存放在该字元件中，移位操作完成后的数据也存放在该字元件中
n	移动位数（每执行一次指令移动的位数）

（4）操作数可使用的软元件类型（表 3-49）

表 3-49　操作数可使用的软元件类型

操作数	位元件						字元件										常数	
	X	Y	M	T	C	S	KnX	KnY	KnM	KnS	T	C	D	R	V	Z	K	H
D											●	●	●	●	●	●		
n													●	●			●	●

（5）动作过程

数据循环右移时，n 位数据右移。进位标志寄存器 M8022 参加移动，并且作为最前面的一位。如图 3-92 所示。特别注意，n－1 位的数据移动到进位标志寄存器 M8022 中。

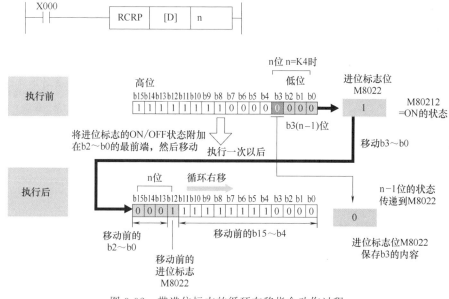

图 3-92　带进位标志的循环右移指令动作过程

3.5.6.4　带进位标志循环左移指令

（1）功能

指令字元件中的 n 个位数据循环左移，而且在数据循环左移时，进位标志寄存器 M8022 参加移动，并且作为最前面的一位，所以称为带进位标志循环左移。字元件可以是 16 位或 32 位。

（2）指令格式

指令助记符 RCL，RCLP 为 16 位（图 3-93）脉冲型指令，DRCLP 为 32 位脉冲型指令。

图 3-93　16 位带进位标志循环左移指令格式

（3）指令格式中的操作数说明（表 3-50）

表 3-50　指令格式中的操作数说明

操作数	定义
[D]	字元件(编号)。准备移位操作的数据存放在该字元件中,移位操作完成后的数据也存放在该字元件中
n	移动位数(每执行一次指令移动的位数)

（4）操作数可使用的软元件类型（表 3-51）

表 3-51　操作数可使用的软元件类型

操作数	位元件						字元件										常数	
	X	Y	M	T	C	S	KnX	KnY	KnM	KnS	T	C	D	R	V	Z	K	H
[D]								●	●	●	●	●	●	●	●	●		
n											●	●			●	●	●	●

（5）动作过程

数据循环左移时，n 位数据左移。进位标志寄存器 M8022 参加移动，并且作为最前面的一位。如图 3-94 所示。特别注意，16－n 位的数据移动到进位标志寄存器 M8022 中。

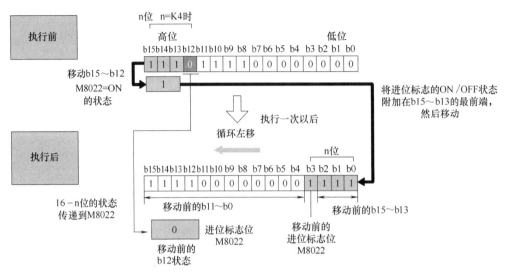

图 3-94　带进位标志循环左移指令动作过程

3.5.6.5　位软元件右移指令

(1) 功能

对于一组由位元件组成的数据组，指定数据组内的位元件右移，每次右移的位数可以设置。右移之后，低位的数据溢出，在高位空出的数据位，由设定的外部数据位移入。

位软元件移位与循环移位动作的区别是：循环移位是移位体中的数据在移位体中循环移动；位软元件移位则是移位体中的数据会溢出，由外部数据补充移入。

图 3-95　位软元件右移指令格式

(2) 指令格式

指令助记符 SFTR（图 3-95），SFTRP 为脉冲型指令。

(3) 指令格式中的操作数说明（表 3-52）

表 3-52　指令格式中的操作数说明

操作数	定义
[S]	外部位数据组的起始编号
[D]	需要移位的位数据组的起始编号。准备移位操作的数据存放在该位数据组中
n1	[D]所表示的需要移位的位数据组的长度，用 n1 指定
n2	[S]所表示的外部位数据组的长度，用 n2 表示

(4) 操作数可使用的软元件类型（表 3-53）

表 3-53　操作数可使用的软元件类型

操作数	位元件						字元件										常数	
	X	Y	M	T	C	S	KnX	KnY	KnM	KnS	T	C	D	R	V	Z	K	H
[S]	●	●	●			●												
[D]		●	●			●												
n1																	●	●
n2													●				●	●

(5) 动作过程

如图 3-96 所示。

① 执行 SFTRP 指令，位数据组全部数据右移。最右边的 [D]+2～[D](共 n2 位) 溢出。

② [S] 设定的外部位数据组移动到位数据组的高位区（[S] 称为传送源）。

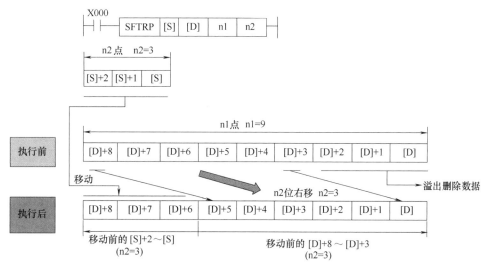

图 3-96 位软元件右移指令动作过程

3.5.6.6 位软元件左移指令

(1) 指令格式

指令助记符 SFTL 指令（图 3-97），SFTLP 为脉冲型指令。

图 3-97 位软元件左移指令格式

(2) 动作过程

SFTL 指令与 SFTR 指令动作过程相同，但方向相反，如图 3-98 所示。

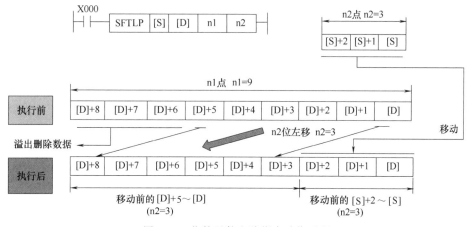

图 3-98 位软元件左移指令动作过程

案例 7 灯循环点亮 ▶▶▶

(1) 控制要求

如图 3-99 所示，用一个开关控制 7 个灯，每秒亮一灯，从左到右依次点亮，循环往复。

(2) I/O 信号及控制对象分配

I/O 信号及控制对象分配见表 3-54。

表 3-54 I/O 信号及控制对象分配

项目	PLC 软元件	名称
输入	X0	启动按钮
输出	Y0~Y6	灯 1~7

图 3-99 7 灯循环点亮

(3) 编程分析

本案例采用位软元件左移指令 SFTL 来实现。其中关键是要求移位指令中 S 数据按要求变化，即：第 1 次移位中 S=1，在第 2~7 次移位中 S=0；下个循环时仍然是第 1 次移位中 S=1，在第 2~7 次移位中 S=0。

方案 1

① 零位标志的功能　一种方法是采用三菱 PLC 系统提供的零位标志。特殊辅助继电器 M8020 即为零位标志。零位标志 M8020 的功能是在功能指令中：如果运算结果等于 0，则零位标志动作，M8020=1；如果运算结果不等于 0，则 M8020=0。
根据 M8020 这一特殊功能，可以应用在本项目中，作为"移位指令的传送源"。

② 零位标志的使用　在图 3-100（a）中的第 2 步，SUM 指令是求 K2Y0（Y0~Y7）中为 ON 的个数。在初始状态，Y0~Y7 全部为 0，则 M8020=1，在其他状态，Y0~Y7 中有一个为 ON，则 M8020=0。在第 3 步的移位指令中，以 M8020 为传送源，就满足了 第 1 次传送时，M8020=1，其他状态 M8020=0，将 M8020 的 ON/OFF 状态通过移位指令送入 K2Y0，就满足了 K2Y0 中只有 1 位为 ON，而且连续移动。当从 Y6 位溢出时，K2Y0=0，M8020=1，又可以重复循环动作。满足了项目的要求。

方案 2

第 2 种方案是采用计时器对移位指令中的传送源进行处理。如图 3-100（b）所示，采用计数器 C10 对 M8013 进行计数：计数器当前值等于 1，M10=ON；计数器当前值不等于 1，M10=0；计数器当前值等于 7，对计数器清零（RST 指令）。

方案 3

第 3 种方案是直接根据计数器当前值驱动 Y0~Y6，在控制对象比较少时，这种方案简明易懂，易于编程及分析。如图 3-100（c）所示：C10=1，Y0=1；C10=7，Y6=1。

(4) 程序梯形图

7 灯循环点亮梯形图如图 3-100 所示。

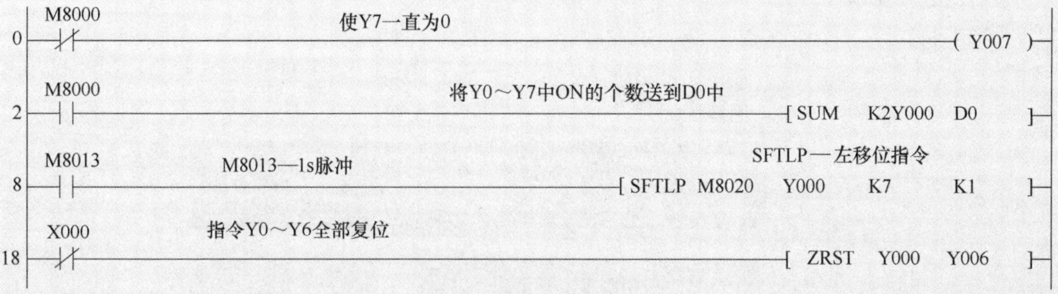

（a）7灯移位顺序循环点亮

行	触点	说明	指令

0 ─┤/├─ M8000 ─── 使Y7一直为0 ──────────────────(Y007)

2 ─┤├─ M8000 ─── 将Y0～Y7中ON的个数送到D0中 ──────[SUM K2Y000 D0]

8 ─┤├─ M8013 ── M8013—1s脉冲 ── SFTLP—左移位指令 ──[SFTLP M8020 Y000 K7 K1]

18 ─┤├─ X000 ── 指令Y0～Y6全部复位 ────────[ZRST Y000 Y006]

（a）7灯移位顺序循环点亮

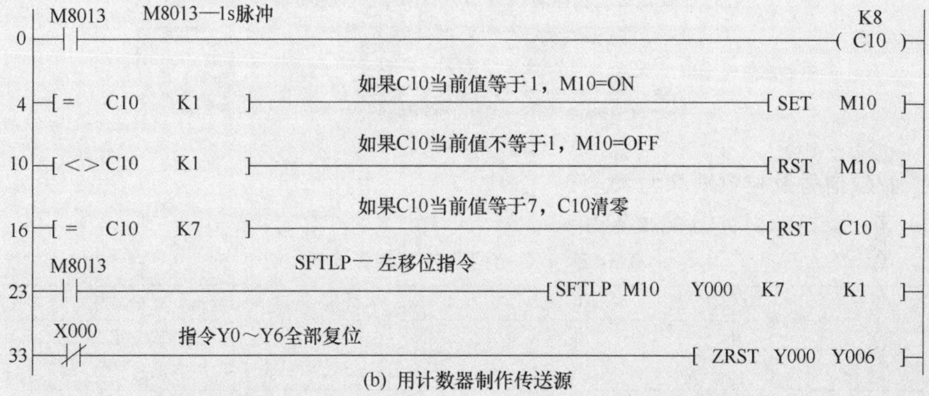

0 ─┤├─ M8013 M8013—1s脉冲 ──────────── K8 (C10)

4 ─[= C10 K1]── 如果C10当前值等于1，M10=ON ──[SET M10]

10 ─[<> C10 K1]── 如果C10当前值不等于1，M10=OFF ──[RST M10]

16 ─[= C10 K7]── 如果C10当前值等于7，C10清零 ──[RST C10]

23 ─┤├─ M8013 ── SFTLP—左移位指令 ──[SFTLP M10 Y000 K7 K1]

33 ─┤/├─ X000 ── 指令Y0～Y6全部复位 ──[ZRST Y000 Y006]

（b）用计数器制作传送源

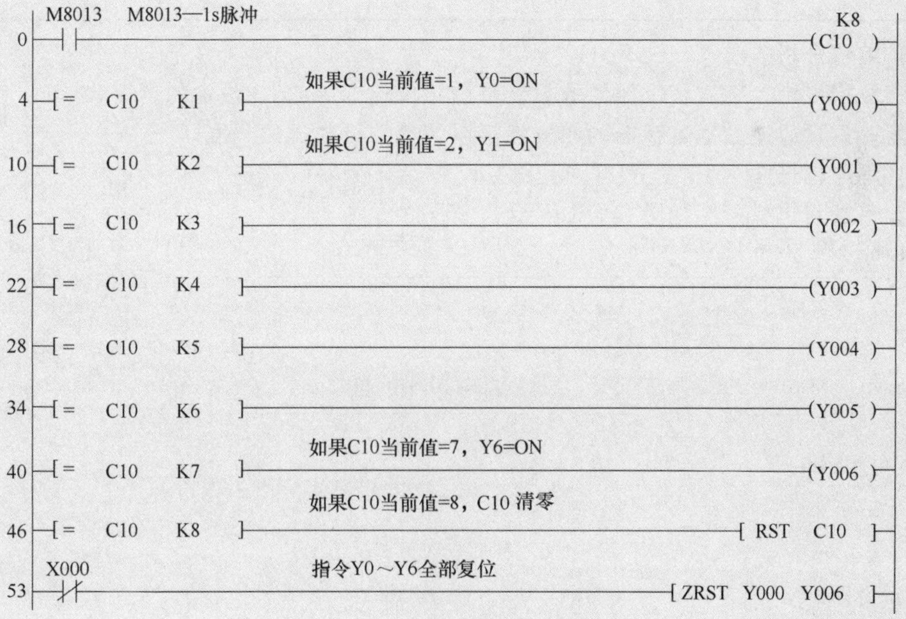

0 ─┤├─ M8013 M8013—1s脉冲 ──────────── K8 (C10)

4 ─[= C10 K1]── 如果C10当前值=1，Y0=ON ──(Y000)

10 ─[= C10 K2]── 如果C10当前值=2，Y1=ON ──(Y001)

16 ─[= C10 K3]──────────(Y002)

22 ─[= C10 K4]──────────(Y003)

28 ─[= C10 K5]──────────(Y004)

34 ─[= C10 K6]──────────(Y005)

40 ─[= C10 K7]── 如果C10当前值=7，Y6=ON ──(Y006)

46 ─[= C10 K8]── 如果C10当前值=8，C10清零 ──[RST C10]

53 ─┤/├─ X000 ── 指令Y0～Y6全部复位 ──[ZRST Y000 Y006]

（c）根据计数器当前值直接驱动Y0～Y6

图3-100　7灯循环点亮梯形图

案例 移动点数可调的移位控制 ▶▶▶

(1) 控制要求

控制多个灯，移动点数可调，循环动作，如图 3-101 所示。

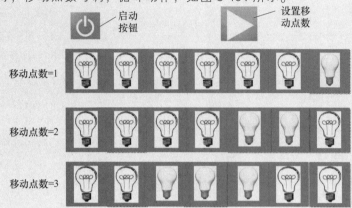

图 3-101 移动点数可调

(2) I/O 信号及控制对象分配

I/O 信号及控制对象分配见表 3-55。

表 3-55 I/O 信号及控制对象分配

项目	PLC 软元件	名称
输入	X0	灯数设定
	X1	启动按钮
输出	Y0～Y15	灯 1～16

(3) 编程分析

在移位指令中，每次移位器件的数量是由移位指令中的 n2 设定的，而 n2 可以使用数据寄存器。只要改变数据寄存器的数据就可以调节移位数据的长度。

(4) 程序梯形图

移动点数可调梯形图如图 3-102 所示。

图 3-102 移动点数可调梯形图

(5) 说明

① 程序 20 步是移位指令，其中 n2 = D10，即由 D10 内的数据确定移动点数。

② 程序 0～3 步，使用加 1 指令设置 D10。

③ 程序 14～19 步，使用左移位指令，移位本体 Y0～Y15，外部移位源 M20～M35，预置 K4M20 = HFFFF，即 M20～M35 各位全部为 1，这样即使外部移位源 M20～M35 的长度发生变化，也总是全部为 1 的效果。

案例 8 彩灯顺序往复循环点亮 ▶▶▶

（1）控制要求

控制一组 8 个彩灯，启动时，从右到左逐个点亮，全部点亮后，从左到右逐个熄灯，全部熄灯后，再从左到右逐个点亮，全部点亮后，从右到左逐个熄灯，重复以上过程，如图 3-103 所示。

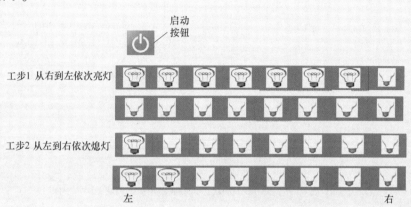

图 3-103 控制 8 彩灯顺序往复循环点亮

（2）I/O 信号及控制对象分配

I/O 信号及控制对象分配见表 3-56 所示。

表 3-56 I/O 信号及控制对象分配

项目	PLC 软元件	元件名称
输入	X0	启动按钮
输出	Y0～Y7	灯 1～8

（3）编程分析

① 采用位左移和位右移指令，逐个点亮时设置传送源 = 1，逐个熄灯时设置传送源 = 0。

② 切换条件是 Y0～Y7 全部 ON、Y0～Y7 全部 OFF。

③ 在系统提供的特殊辅助继电器中，上电后，M8000 = 1，M8001 = 0，因此可作为传送源 [S]。M8013 为 1s 脉冲，作为移位指令驱动条件。

（4）程序梯形图

8 彩灯顺序往复循环点亮梯形图如图 3-104 所示。

（5）说明

① 程序 36～70 步，编制 4 个移位指令，完成工步 1～4 的动作：工步 1，Y0～Y7 从右向左依次 ON；工步 2，Y0～Y7 从左向右依次 OFF；工步 3，Y0～Y7 从左向右依次 ON；工步 4，Y0～Y7 从右向左依次 OFF。

② 程序 0～27 步，编制各工步的切换条件：在工步 1（X0）= ON，如 Y0～Y7 全 ON，则进入工步 2；在工步 2（M22）= ON，如 Y0～Y7 全 OFF，则进入工步 3；在工步 3（M23）= ON，如 Y0～Y7 全 ON，则进入工步 4；在工步 4（M24）= ON，如 Y0～Y7 全 OFF，则进入工步 1。

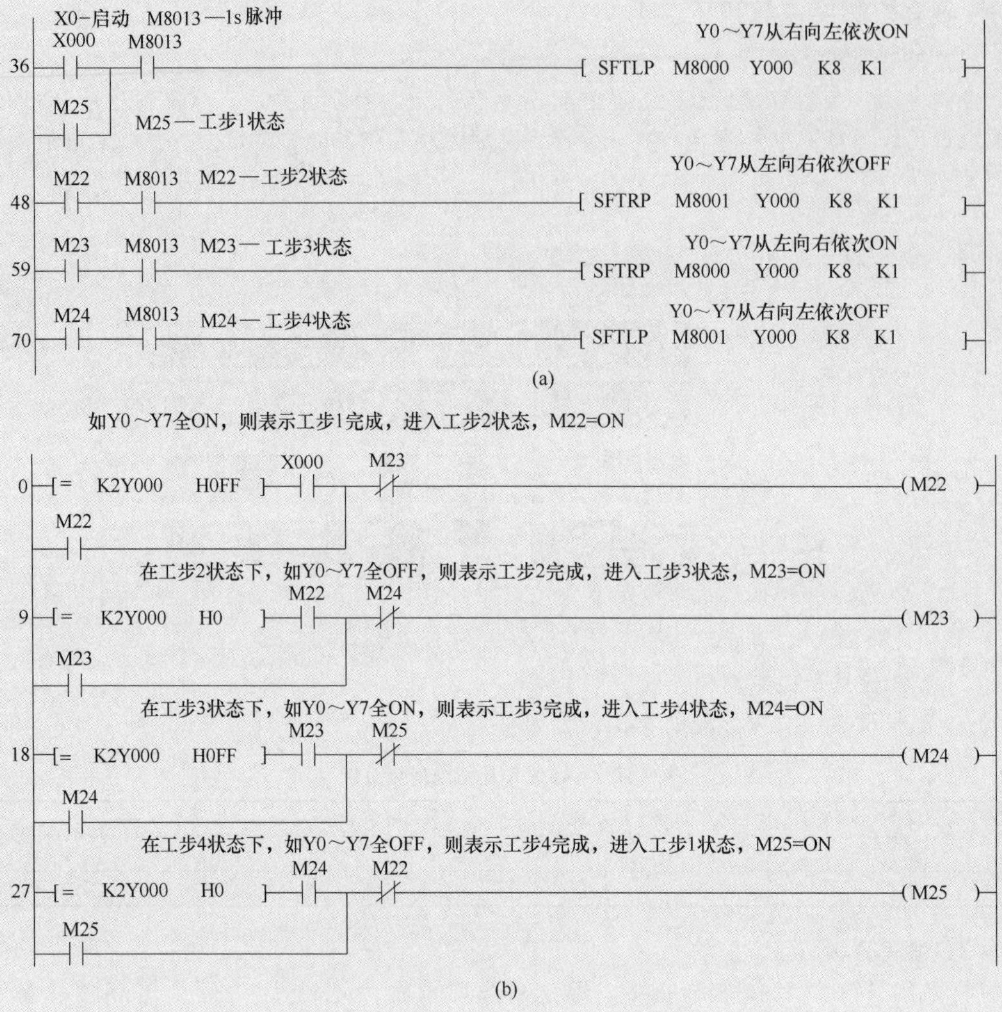

```
     X0-启动  M8013—1s脉冲                              Y0～Y7从右向左依次ON
     X000    M8013
36 ├──┤ ├────┤ ├───────────────────────────[ SFTLP  M8000  Y000  K8  K1 ]──┤
     M25      M25—工步1状态
   ├──┤ ├──
     M22    M8013  M22—工步2状态                        Y0～Y7从左向右依次OFF
48 ├──┤ ├────┤ ├───────────────────────────[ SFTRP  M8001  Y000  K8  K1 ]──┤
     M23    M8013  M23—工步3状态                        Y0～Y7从左向右依次ON
59 ├──┤ ├────┤ ├───────────────────────────[ SFTRP  M8000  Y000  K8  K1 ]──┤
     M24    M8013  M24—工步4状态                        Y0～Y7从右向左依次OFF
70 ├──┤ ├────┤ ├───────────────────────────[ SFTLP  M8001  Y000  K8  K1 ]──┤
```

(a)

```
         如Y0～Y7全ON,则表示工步1完成,进入工步2状态,M22=ON
                              X000    M23
0 ──[= K2Y000  H0FF ]──┤ ├────┤/├─────────────────────────────( M22 )──
     M22
   ├──┤ ├──
         在工步2状态下,如Y0～Y7全OFF,则表示工步2完成,进入工步3状态,M23=ON
                              M22     M24
9 ──[= K2Y000  H0 ]────┤ ├────┤/├─────────────────────────────( M23 )──
     M23
   ├──┤ ├──
         在工步3状态下,如Y0～Y7全ON,则表示工步3完成,进入工步4状态,M24=ON
                              M23     M25
18 ──[= K2Y000  H0FF ]──┤ ├────┤/├─────────────────────────────( M24 )──
     M24
   ├──┤ ├──
         在工步4状态下,如Y0～Y7全OFF,则表示工步4完成,进入工步1状态,M25=ON
                              M24     M22
27 ──[= K2Y000  H0 ]────┤ ├────┤/├─────────────────────────────( M25 )──
     M25
   ├──┤ ├──
```

(b)

图 3-104　8彩灯顺序往复循环点亮梯形图

案例　传送带次品检测 ▶▶▶

(1) 控制要求

一传送带传送的产品按等间距排列,如图 3-105 所示。传送带入口处,每进一产品,

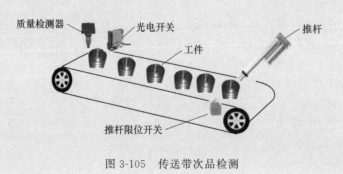

图 3-105　传送带次品检测

光电开关发出一脉冲，同时，质量检测器对该产品进行检测，如果该产品合格，输出信号"0"，如果产品不合格，输出信"1"，要求将不合格产品记忆下来。当不合格产品运动到电磁推杆位置（第6工位）时，电磁推杆动作，将不合格产品推出，当产品推出到位时，推杆限位开关动作，使电磁铁断电，推杆返回到原位。

（2）I/O信号及控制对象分配

I/O信号及控制对象分配见表3-57。

表 3-57　I/O信号及控制对象分配

项目	PLC软元件	名称
输入	X0	质量检测器
	X1	光电开关
	X2	限位开关
输出	Y0	推杆电磁阀

（3）编程分析

本案例的难点是对工件次品的记忆。要求次品运行到推杆位置时，推杆动作。由于传送带上的工件是等距离排列，每移动一次，可由光电开关计数，这样就可以由移位指令来模拟传送带工作。将传送带固定位置编为一组移位体，关键是以质量检测信号X0作为外部移动源信号，这样，检验结果就随移位指令移动，在推杆位置进行比较即可。

SFTR指令中各操作数说明见表3-58。

表 3-58　SFTR指令中各操作数说明

操作数	定义	操作数	定义
[S]	S＝X0　质量检测器数据	n1	n1＝6　传送带长度
[D]	D＝M0　移位体起始编号	n2	n1＝1　每次移位数

（4）程序梯形图

传送带次品检测梯形图如图3-106所示。

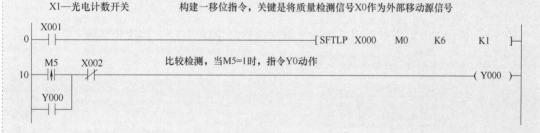

图 3-106　传送带次品检测梯形图

（5）说明

① 编制位元件左移指令。其中以质量检测信号X0作为外部移动源信号，这是程序的关键。这样，质量检测信号就被送到移位体M0～M5中，定义M5对应推杆位置。

② 判断M5的ON/OFF，只要M5＝ON，表示当前产品为次品，指令推杆将其推出。

3.5.6.7 字数据右移指令

(1) 功能

对于一组由字元件组成的数据组，指定数据组内的字元件右移，每次右移的字元件数可以设置。右移之后，低位的字元件数据溢出，在高位空出的数据位，由设定的外部字元件数据位移入。

图 3-107 字数据右移指令格式

(2) 指令格式

指令助记符 WSFR（图 3-107），WSFRP 为脉冲型指令。

(3) 指令格式中的操作数说明（表 3-59）

表 3-59 指令格式中的操作数说明

操作数	定义
[S]	[S]为外部字数据组的起始编号
[D]	[D]为需要移位的字数据组的起始编号。准备移位操作的数据存放在该字数据组中
n1	[D]所表示的字数据组的长度用 n1 指定
n2	[S]所表示的外部字数据组长度用 n2 表示

(4) 操作数可使用的软元件类型（表 3-60）

表 3-60 操作数可使用的软元件类型

操作数	位元件						字元件										常数	
	X	Y	M	T	C	S	KnX	KnY	KnM	KnS	T	C	D	R	V	Z	K	H
[S]							●	●	●	●	●	●	●	●				
[D]								●	●	●	●	●	●	●				
n1																	●	●
n2												●	●				●	●

(5) 动作过程

如图 3-108 所示。

① 执行 WSFRP 指令，字数据组全部数据右移。最右边的 [D]+2～[D]（共 n2 位，设定 n2=3）溢出。

② [S] 指定的外部字数据组移动到字数据组的高位区（[S] 称为传送源）。

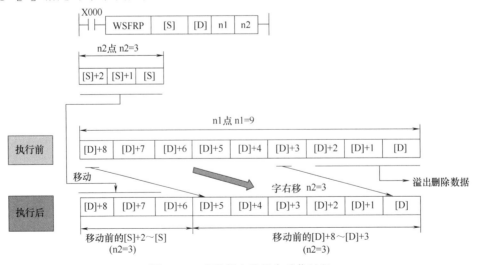

图 3-108 字数据右移指令动作过程

(6) 应用举例

图 3-109 是 WSFRP 指令应用举例。

[S]＝K1X0　[D]＝K1Y0　n1＝4　n2＝2

即：需要移位的字数据组起始编号 [D] ＝ K1Y0；外部字数据组起始编号 [S] ＝ K1X0；需要移位的字数据组长度 n1＝4；每次移位的字数据组长度 n2＝2。

移动过程中每次执行指令：Y7～Y0 状态数据溢出；Y17～Y10 状态数据移动到 Y7～Y0 位置；X7～X0 状态数据移动到 Y17～Y10 位置。

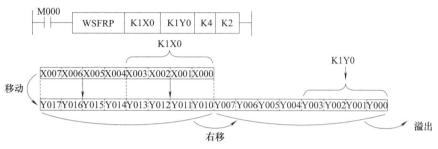

图 3-109　字数据右移指令应用举例

3.5.6.8　字数据左移指令

字数据左移指令的功能定义与字数据右移指令相同，只是方向相反。指令助记符 WSFL（图 3-110），WSFLP 为脉冲型指令。

WSFLP 指令的动作过程如图 3-111 所示。

图 3-110　字数据左移指令格式

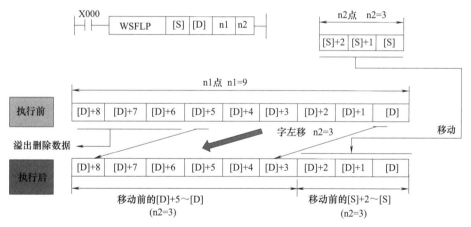

图 3-111　字数左移指令动作过程

3.5.6.9　移位写入指令

(1) 功能

对于一组由字元件构成的数据组（数据组长度由 n 设置，数据组起始编号 [D]），将外部字元件数据 [S] 依次写入数据组，并由 [D] 对执行次数进行（加）计数。这是经常用于先入先出和先入后出控制的指令。

(2) 指令格式

指令助记符 SFWR（图 3-112），SFWRP

图 3-112　移位写入指令格式

为脉冲型指令。

（3）指令格式中的操作数说明（表 3-61）

表 3-61　指令格式中的操作数说明

操作数	定义
[S]	[S]为字元件编号。[S]中的数据将被写入[D]表示的字数据组中
[D]	[D]为被写入数据的字数据组的起始编号。被写入的数据存放在该字数据组中
n	[D]所表示的字数据组的长度用 n 指定

（4）操作数可使用的软元件类型（表 3-62）

表 3-62　操作数可使用的软元件类型

操作数	位元件						字元件									常数	
	X	Y	M	T	C	S	KnX	KnY	KnM	KnS	T	C	D	R	V	Z	K	H
[S]							●	●	●	●	●	●	●	●			●	●
[D]								●	●	●	●	●	●	●				
n																	●	●

（5）动作过程

如图 3-113 所示，每执行一次 SFWR 指令，[S] 中的数据依次写入 [D] ＋1、[D] ＋2 直至 [D] ＋n 中，而在 [D] 中存放执行次数。

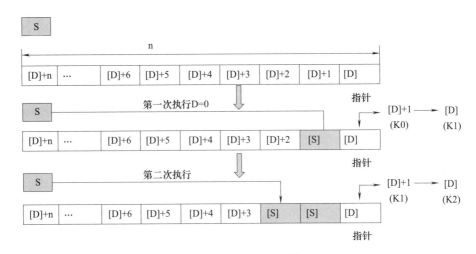

图 3-113　移位写入指令动作过程

3.5.6.10　移位读出指令

（1）功能

对于一组由字元件构成的数据组（数据组长度由 n 设置，数据组起始编号 [S]），依次将数据组数据向右移位，溢出的数据写入外部字元件数据 [D]，并由 [S] 对执行次数进行（减）计数。这是与移位写入指令 SFWR 相对应的指令，是经常用于先入先出和先入后出控制的指令。

图 3-114　移位读出指令格式

（2）指令格式

指令助记符 SFRD（图 3-114），SFRDP 为脉冲型指令。

(3) 指令格式中的操作数说明（表 3-63）

表 3-63 指令格式中的操作数说明

操作数	定义
[S]	[S]为一"字数据组"的起始编号。需要读出的数据存放在该"字数据组"中
[D]	[D]为"字元件"编号。D 存放被读出的数据
n	[S]所表示的"字数据组"的长度用 n 指定

(4) 操作数可使用的软元件类型（表 3-64）

表 3-64 操作数可使用的软元件类型

操作数	位元件						字元件										常数	
	X	Y	M	T	C	S	KnX	KnY	KnM	KnS	T	C	D	R	V	Z	K	H
[S]								●	●	●	●	●	●	●				
[D]								●	●	●	●	●	●	●	●	●		
n																	●	●

(5) 动作过程

如图 3-115 所示，每执行一次 SFRD 指令，字元件数据组中的数据向右移位（溢出），[S]+1、[S]+2 直至[S]+n 中的数据依次写入 [D] 中，而在 [S] 中执行减计数。

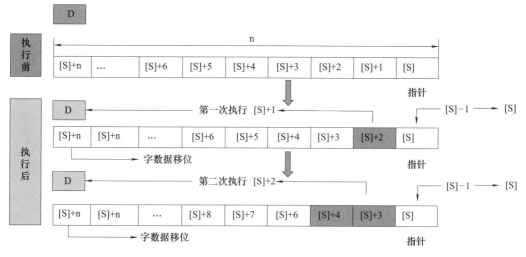

图 3-115 移位读出指令动作过程

3.5.6.11 成批复位指令

(1) 功能

成批复位指令使同一种类的软元件全部复位。

图 3-116 成批复位指令格式

(2) 指令格式（图 3-116）

(3) 指令格式中的操作数说明（表 3-65）

表 3-65 指令格式中的操作数说明

操作数	定义
[D1]	需要执行成批复位的字数据组或位数据组的起始元件编号
[D2]	需要执行成批复位的字数据组或位数据组的终点元件编号

(4) 操作数可使用的软元件类型（表 3-66）

表 3-66　操作数可使用的软元件类型

操作数	位元件						字元件										常数	
	X	Y	M	T	C	S	KnX	KnY	KnM	KnS	T	C	D	R	V	Z	K	H
[D1]		●	●			●					●	●	●	●				
[D2]		●	●			●					●	●	●	●				

(5) 动作过程

① D1～D2 为位软元件时，D1～D2 范围的位元件全部 OFF，如图 3-117 所示。

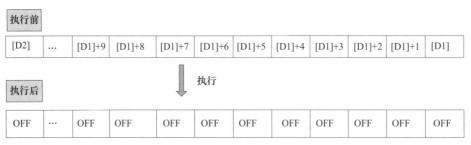

图 3-117　位软元件的成批复位指令动作过程

② D1～D2 为字软元件时，D1～D2 之间的软元件全部被写入 K0，如图 3-118 所示。

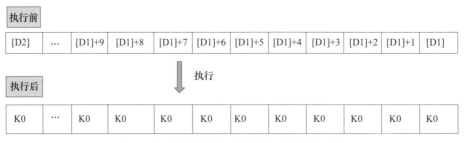

图 3-118　字软元件的成批复位指令动作过程

3.5.7　位软元件输出取反指令

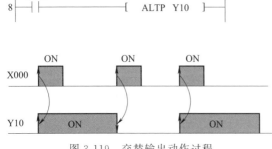

图 3-119　交替输出动作过程

位软元件输出取反指令 ALT（P）是如果输入变为 ON，对位软元件进行取反（ON←→OFF）的指令。

（1）交替输出

指令输入每次由 OFF→ON 变化时，驱动对象的位软元件 ON 和 OFF 状态反向变化（取反），如图 3-119 所示。

（2）分频输出

将多个 ALTP 指令组合使用，可进

行分频输出，如图 3-120 所示。

在图 3-120 中，假设 X0 的频率＝N，则 M0 的频率＝N/2，M1 的频率＝N/4，这样就实现了降低频率的功能，即分频。

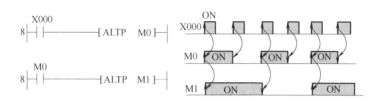

图 3-120　分频输出动作过程

案例　机床操作面板的控制 ▶▶▶

（1）控制要求

在数控机床的操作面板上，有一部分是启动不同的模式及功能，在图 3-121 所示的区域中，有以下功能：单节运行功能；M01 选择停止功能；机床锁定功能；Z 轴锁定功能；开冷却液功能；照明功能。

对调用这些功能的操作方法是：第一次按键，该功能生效（ON），第二次按键，该功能关闭（OFF）。

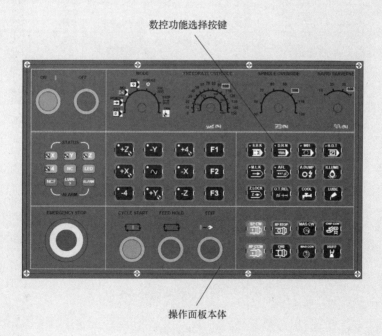

图 3-121　数控机床操作面板

（2）I/O 信号及控制对象分配

I/O 信号及控制对象分配见表 3-67。

表 3-67 I/O 信号及控制对象分配

信号	按键	编号	功能
X10	单节运行	M110	单步运行功能
X11	M01 选择停止	M112	M01 选择停止功能
X12	机床锁定	M113	机床锁定功能
X13	Z 轴锁定	M114	Z 轴锁定功能
X14	开冷却液	M115	开冷却液功能
X15	照明	M116	照明功能

(3) 编程分析

对于这种控制要求，看似简单，但是仔细思考，又觉得比较复杂。如果纯粹用触点型指令编程，分析起来不容易理解。这里提供了三种编程方法供参考。

① 第一种方法——计数器方式。这种方法的思路是，对按键的动作进行计数，计数器当前值＝1，控制对象＝ON，计数器当前值＝2，控制对象＝OFF，同时对计数器进行清零操作。这样，计数器的计数值只在 1 和 2 之间变化，由此实现控制对象的 ON/OFF。

② 第二种方法——使用功能型指令 ALT，如图 3-122 所示。

③ 第三种方法——使用触点型指令编程。这种方法请读者自行思考完成。

(4) 程序梯形图

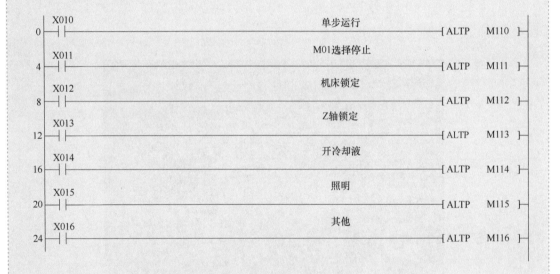

图 3-122 调用数控功能的梯形图

(5) 说明

图 3-122 是使用交替输出功能编制的 PLC 程序，程序 0～24 步、对应每一按键使用一 ALT 指令，ALT 指令恰好满足了操作面板的使用要求。

3.6 编制 PLC 程序的一般方法

在学习了基本的触点型指令和 OUT 指令后，可以编制一般的控制程序。

现以图 3-123 为例，说明编程的基本步骤，即使对于看似很复杂的控制程序，其基本编程思路也是一样的。

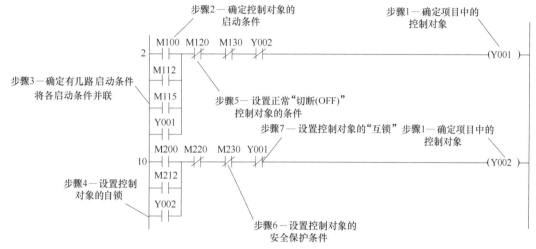

图 3-123 编程基本步骤

图 3-123 中的 I/O 信号及控制对象分配见表 3-68。

表 3-68 I/O 信号及控制对象分配

项目	PLC 软元件	名称
输出	Y1～Y2	输出
输入	M100～M115	启动信号
	M200～M215	启动信号
	M120、M220	正常停止信号
	M130、M230	安全保护条件

步骤 1 确定项目中的控制对象。

首先分析确定控制项目中有多少个控制对象，由输出信号 Y 代表控制对象，如图 3-123 中 Y1、Y2。

步骤 2 确定控制对象的启动条件。

确定控制对象的启动条件，图 3-123 中 M100、M200 都是启动条件。

步骤 3 对多个启动条件进行并联处理。

如果启动条件有多个，在梯形图中，必须对各启动条件进行并联处理。图 3-123 中与 M100 并联的启动信号有 M112、M115，与 M200 并联的启动信号有 M212。简而言之，有多少个启动条件就编制多少条并联回路。

步骤 4 对控制对象进行自锁处理。

如果有必要，最好对控制对象进行自锁处理，以便后续对控制对象的切断处理。

步骤 5 编制控制对象的正常停止条件。

必须编制正常切断控制对象的条件（如正常关灯、停机），图 3-123 中 M120、M220 都是正常切断信号。

步骤 6 编制控制对象的安全保护条件。

必须编制对控制对象的安全保护条件。控制对象在异常情况（急停、限位、温度过高、缺润滑油）下必须立即停机，因此编制控制对象的安全保护条件是必不可少的工作。图 3-123 中 M130、M230 都是安全保护条件。

步骤 7 编制控制对象的互锁条件。

互锁是安全保护条件的一种。在排他性的场合必须设置互锁。

案例 用信号灯显示三台电机运行状态 ▶▶▶

（1）控制要求

用红、黄、绿三种信号灯显示三台电机运行状态，要求：无电机运行时，红灯亮；任一电机运行时，黄灯亮；两台及两台以上电机运行时，绿灯亮。

（2）I/O 信号及控制对象分配

I/O 信号及控制对象分配见表 3-69。

表 3-69　I/O 信号及控制对象分配

项目	PLC 软元件	名称
输出	Y1	电机 1
	Y2	电机 2
	Y3	电机 3
	Y4	红灯
	Y5	黄灯
	Y6	绿灯

（3）编程分析

确定控制对象为 Y4（红灯）、Y5（黄灯）、Y6（绿灯），各自的启动条件为：无电机运行时，Y1 = OFF、Y2 = OFF、Y3 = OFF，红灯亮；任一电机运行时，Y1 = ON 或 Y2 = ON 或 Y3 = ON，黄灯亮；两台及两台以上电机运行时，Y1 = ON 且 Y2 = ON，或 Y1 = ON 且 Y3 = ON，或 Y3 = ON 且 Y2 = ON，绿灯亮。

（4）程序梯形图

用信号灯显示三台电机运行状态梯形图如图 3-124 所示。

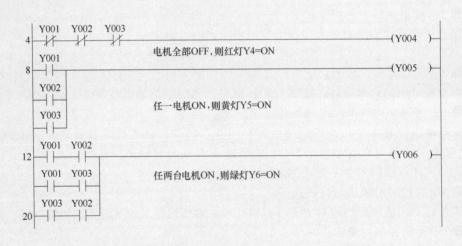

图 3-124　用信号灯显示三台电机运行状态梯形图

(5) 说明

① 程序 4~7 步，当 Y1~Y3 全部 OFF，则红灯亮（用常闭触点串联）。

② 程序 8~11 步，当 Y1~Y3 任一 ON，则黄灯亮（用三条并联回路）。

③ 程序 12~20 步，Y1~Y3 其中任两个或两个以上 ON，则绿灯亮（用三条并联回路）。

案例 负压车间换气扇工作 ▶▶▶

(1) 控制要求

如图 3-125 所示，负压车间要求车间内的空气压力不能高于大气压，使用进气扇和排气扇调节气压，排气扇和进气扇都配置有检测器，只有在排气扇运转后，进气扇才能工作，只有在检测信号正常时，进气扇才能工作。如果在排气扇或进气扇工作 5s 后，排气扇或进气扇的检测信号不正常，则停止工作。

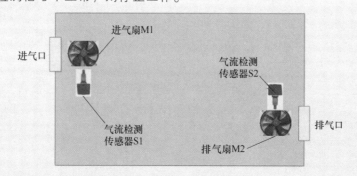

图 3-125 负压车间换气扇工作示意

(2) I/O 信号及控制对象分配

I/O 信号及控制对象分配见表 3-70。

表 3-70 I/O 信号及控制对象分配

项目	PLC 软元件	名称
输入	X0	启动
	X1	停止
	X2	排气扇检测
	X3	进气扇检测
输出	Y0	排气扇电机
	Y1	进气扇电机
	Y2	排气扇工作指示灯
	Y3	进气扇工作指示灯

(3) 编程分析

根据本案例的控制要求，可以直接使用触点型指令编程。

① 控制对象排气扇 Y0 启停条件

a. 启动条件：只有 X0 一个启动条件，采用自锁，保持 Y0 = ON，编程时有两条并联回路。

b. 停止条件及安全保护：X1 为停止指令，M30 为异常停止信号。

② 控制对象进气扇 Y1 启停条件

a. 启动条件: 以排气扇正常工作检测 X2 为启动条件, 采用自锁, 保持 Y1 = ON, 编程时有两条并联回路。

b. 停止条件及安全保护: X1 为停止指令, M30、M40 为异常停止信号。

(4) 程序梯形图

负压车间换气扇工作梯形图如图 3-126 所示。

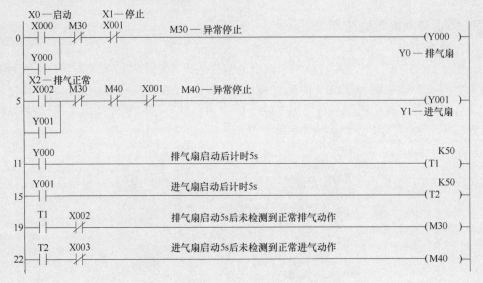

图 3-126 负压车间换气扇工作梯形图

(5) 说明

① 程序 0～10 步, 排气扇、进气扇启动及停止。

② 程序 11～18 步, 计时程序。

③ 程序 19～22 步, 异常检测程序。排气扇启动 5s 后未检测到正常排气动作, 则 M30 = ON。进气扇启动 5s 后未检测到正常进气动作, 则 M40 = ON。

案例　三台电机顺序启动、逆序停止 ▶▶▶

(1) 控制要求

如图 3-127 所示。

① 每间隔 6s, 顺序启动电机 1 至电机 3。

② 停止时, 每间隔 6s 逆序停止电机 3 至电机 1。

(2) I/O 信号及控制对象分配

I/O 信号及控制对象分配见表 3-71。

(3) 编程分析

考虑使用计时器, 用计时器的当前值作为启动条件和停止条件。

(4) 程序梯形图

三台电机顺序启动、逆序停止梯形图如图 3-128 所示。

电机1　电机3

启动　电机2　停止　电机2

电机3　电机1

图 3-127　三台电机顺序启动、逆序停止示意

表 3-71　I/O 信号及控制对象分配

项目	PLC 软元件	名称
输入	X0	启动按钮
	X1	停止按钮
输出	Y0	电机 1
	Y1	电机 2
	Y2	电机 3

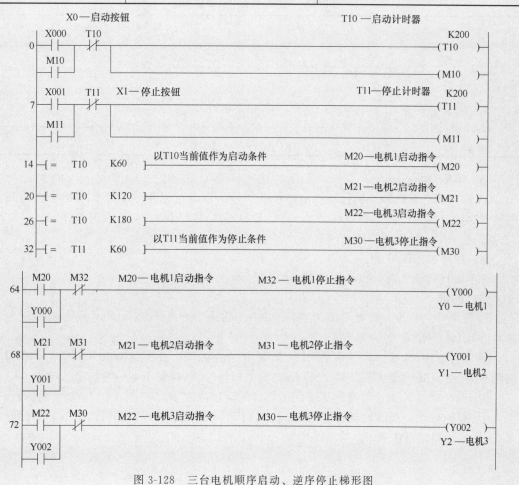

图 3-128　三台电机顺序启动、逆序停止梯形图

(5) 说明

① 程序 0～13 步，使用两个计时器，T10 作为启动计时器，T11 作为停止计时器。

② 程序 14～32 步，使用计时器的当前值作为启动条件和停止条件。

③ 程序 64～72 步，三台电机的启动和停止。

案例　用一个按钮控制三盏灯 ▶▶▶

(1) 控制要求

① 亮灯　用一个按钮控制三盏灯。每按一次按钮，增加一盏灯亮。

② 熄灯

a. 三盏灯全部亮后，为使每盏灯亮的时间相同，以先亮先灭的要求，每按一次，灭一盏灯。

b. 如果按下按钮时间超过 3s，全部灯熄灭。

(2) I/O 信号及控制对象分配

I/O 信号及控制对象分配见表 3-72。

表 3-72　I/O 信号及控制对象分配

项目	PLC 软元件	元件名称
输入	X1	按钮开关
输出	Y1	灯 1
	Y2	灯 2
	Y3	灯 3

(3) 编程分析

① 输出状态有六种，但只有一个按钮开关，所以考虑采用一个计数器记录按钮开关的动作次数，根据计数值驱动输出 Y。当计数器到达设定值后，对计数器清零。

② 用一个计时器对按钮动作时间计时，用计时信号发出全部停止信号。

(4) 程序梯形图

一个按钮控制三盏灯梯形图如图 3-129 所示。

(5) 说明

① 程序 0～40 步，设置 C10 对按钮开关 X1 的动作进行计数，C10 ＝ 1～6 时分别发出脉冲信号 M11～M16。

② 程序 54～74 步，用于驱动 Y1～Y3 及其组合状态。发出脉冲信号 M14～M16 用于切断 Y1～Y3 及其组合状态。用 Y1～Y3 进行 "自保"，这样便于各脉冲指令的动作。

③ 程序 47 步，当计数器到达设定值后，对计数器清零。使 C10 在 1～6 之间计数。

④ 程序 75 步，用计时器 T1 对按钮动作 X1 时间计时，当计时时间达到 2s，用计时信号 T1 发出全部停止信号。

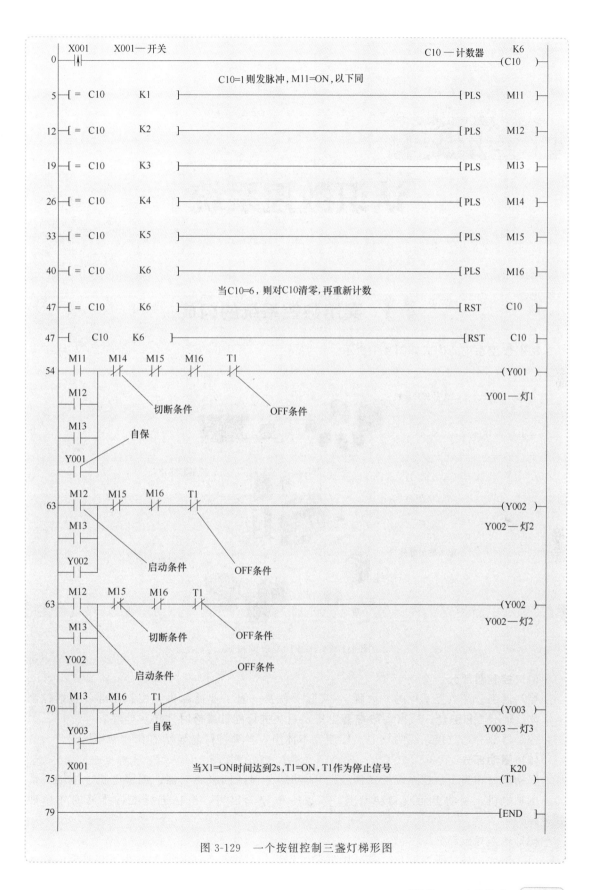

图 3-129　一个按钮控制三盏灯梯形图

第4章
认识数控系统

4.1 实用数控系统的构成

实用数控系统的构成如图 4-1 所示。

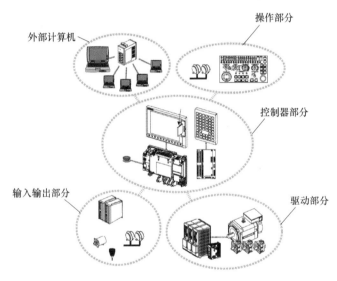

图 4-1　实用数控系统的构成

(1) 控制器部分

控制器部分是数控系统的"大脑",实际上就是一套工业计算机。控制器部分包括控制器本体、显示器和键盘。厂家一般整套出售,只在进行配件维修时才单独处理。

控制器部分是数控系统的核心。控制器本体上有各种接口与显示器和键盘相连。

(2) 驱动部分

驱动部分相当于数控系统的"四肢"。驱动部分包括伺服驱动器、伺服电机、主轴驱动器、主轴电机、制动单元或制动电阻。厂家一般整套出售,只在进行配件维修时才单独处理。

(3) 输入输出部分

由于工作机械的千变万化,其外围的输入输出信号也是各不相同的。为了将外围的输入输出信号接入控制器，必须使用输入输出单元。输入输出单元是由控制器厂家生产的，用户按照需要使用的输入输出信号的多少进行选配。输入输出单元是选配件，不是必配件。

（4）操作部分

操作部分包括操作面板、手轮、其他操作盒。操作面板用于向数控系统控制器发出操作指令。目前这部分部件属于数控系统附件，数控系统厂家一般不生产这类附件，有专业的厂家生产这类附件，用户可自行选择这些附件。

（5）外部计算机

计算机是客户调试数控系统时编制 PLC 程序、设置参数、进行 DNC 加工所必需的设备。由客户自行配置。

4.2　数控系统各部分的功能

（1）控制器

加工程序的编制及运行、PLC 程序的编制及运行、参数的设置、系统工作状态的显示都是在控制器上实现的。

（2）伺服驱动器

伺服驱动器是为伺服电机提供特殊电源的电源装置。伺服驱动器将普通市电转换成电流、频率可以改变的电源。同时接收从 NC 控制器发出的指令和伺服电机反馈的脉冲信号，经过各计算环节后控制伺服电机运行。伺服驱动器类似于变频器。伺服驱动器也称伺服放大器。伺服驱动器＋伺服电机称为伺服系统，如图 4-2 所示。伺服系统是数控系统的执行机构。

（3）伺服电机

伺服电机具备恒转矩功能。伺服电机在零转速和额定转速区间具有恒定转矩。数控系统配置的伺服电机在零转速时的转矩高于额定状态下的转矩。

闭环反馈控制和恒转矩功能是伺服电机与普通电机的主要区别。图 4-3 所示为常规的伺服电机。

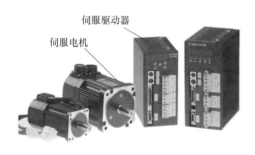

图 4-2　伺服系统

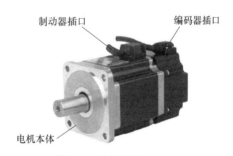

图 4-3　常规的伺服电机

（4）输入输出单元

输入输出单元简称 I/O 单元。I/O 单元的功能就是接收外部输入信号和发出输出信号。一台数控机床有很多外部输入信号，例如操作面板上的各种按键信号、机床的限位信号、急停信号、各种报警检测信号。

数控机床上有各种外围设备，如冷却设备、液压设备，都需要 NC 控制器发出输出信号控制。输入输出单元就是 NC 控制器与外围设备的信息交换界面。输入输出单元相当于 PLC 上的一个模块，根据需要进行选配。

(5) 供电单元

供电单元是驱动系统的一个部件，其功能是将外部电源转换为伺服驱动器使用的电源。有些品牌数控系统的供电单元还能将电机制动时产生的电能返回电网称为电能回馈单元。

伺服驱动器的工作原理简单的表述是，将交流电转换成直流电，然后通过计算机控制将直流电转换成电流和频率可以控制的交流电，这个过程就是逆变。可以认为伺服驱动器是特殊的电源装置。现在常用的伺服驱动器有两种类型：直接使用普通三相交流电源（驱动器内含有整流环节）；只有直流变交流的逆变部分，而没有交流变直流的整流部分。

交流变直流的整流环节由独立的专门模块实现，这种专门模块就是供电单元。实用的供电单元集合了以下两种功能：提供直流电；将制动过程的再生电流反馈回电网。

供电单元在实际驱动系统中的位置如图4-4所示。

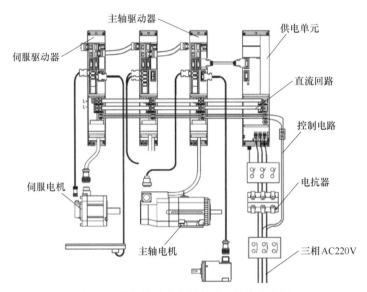

图4-4　供电单元在实际驱动系统中的位置

(6) 制动单元

制动单元是伺服系统中的一个部件。制动单元的作用是将伺服电机在制动时产生的电能消耗掉，提高伺服系统的制动能力。一般伺服系统都需要配置制动单元或制动电阻。

伺服电机的回生制动的实质是，伺服电机从额定转速制动到零转速时，其工作在发电状态（额定状态下的机械能转换为电能），这部分能量消耗在制动电阻（回生电阻）上（转换成热能）。回生电阻的功能在于消耗伺服电机从工作转速制动到零转速时转换的能量。工作机械对定位频率是有要求的（每次定位就有一次减速过程）。为了要达到定位频率的要求，必须要求回生制动单元具备一定的功率（转换能量的能力）。回生制动单元就像一个水池，每一次制动过程就像往水池中注水，定位频率就像每分钟的注水次数，要保证单位时间内注入的水量不超过水池的容量。或者说要保证每分钟的注水次数，就必须保证水池容量足够大。回生制动也称再生制动。图4-5所示为常用的制动电阻。

(7) 电抗器

伺服驱动器会发出高次谐波，严重时会影响周边设备的动作。为了减少伺服系统高次谐波的影响，常常在主电源部分加装电抗器。电抗器的作用就是要抑制电噪声的影响。

电抗器是数控系统伺服电源一侧的抗干扰部件。既可以抑制从电网传入的干扰信号，也可以抑制从供电单元反馈回电网的高次谐波。伺服驱动器的逆变环节会产生高次谐波，这些高次谐波经供电单元内再生电能反馈环节反馈回电网时就产生大量干扰，同时也污染了电网，所以在市电电源与供电单元之间安装电抗器，是抗干扰的必要配置。凡是配置有供电单元的伺服系统都必须配置电抗器，电抗器的容量依据供电单元的容量选定。

电抗器在系统中的安装位置参见图 4-4。电抗器如图 4-6 所示。

图 4-5　常用的制动电阻

图 4-6　电抗器

4.3　数控系统用外围部件

(1) 操作面板

几乎每一台数控机床都配置有操作面板。操作面板上有很多按键开关和旋转开关。这些开关对应不同的操作功能。操作面板的信号实际上是通过输入输出卡进入到控制器的。

(2) 手轮

手轮（MPG）也称手动脉冲发生器，如图 4-7 所示。用于发出脉冲。手轮发出的脉冲经过 NC 控制器送入驱动器驱动电机运行。在调试阶段及"对刀""修边加工"中经常使用。一般的手轮上都配有轴选择旋钮和脉冲倍率选择旋钮。轴选择旋钮用于选择所驱动的轴（如X 轴、Y 轴）。脉冲倍率选择旋钮用于将脉冲进行放大（×10、×100、×1000）。

在手轮工作模式下，手轮发出的脉冲驱动伺服系统，每一脉冲即一最小指令单位。在实际操作中常常需要用手轮快速移动工作台，这就需要将脉冲数放大，即

$$指令脉冲数 = 实际脉冲数 \times 放大倍率$$

实际的手轮放大倍率通常为 3 挡（"×10""×100""×1000"）。

(3) 同期进给编码器

同期进给编码器是安装在机械主轴头一侧，直接检测主轴旋转速度的编码器，如图 4-8 所示。其用途为：同期进给运行；攻螺纹；车螺纹；提供主轴转速的信号。

如果主轴电机与机械主轴头直连，则可以直接使用主轴电机编码器的反馈信号，无需同期进给编码器。如果主轴电机与机械主轴头不是直连的，又要执行上述操作时，必须配置同期进给编码器。

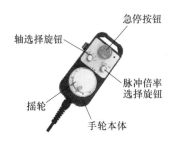
急停按钮
轴选择旋钮
脉冲倍率选择旋钮
摇轮
手轮本体
图 4-7　手轮

图 4-8　同期进给编码器

4.4 相关技术名词的解释

(1) 伺服电机转矩

① 额定转矩是伺服电机在额定转速下的转矩。

② 静态转矩是伺服电机在零转速下的转矩。

③ 最大转矩是伺服电机在短时工作状态下可以发出最大转矩（主要为了满足加减速工作状态的要求）伺服电机的各种工作转矩是选型时的重要参数指标。

(2) 伺服电机额定输出功率

伺服电机在额定转速下发出额定转矩的做功能力称为额定输出功率，是选型时的重要参数指标。

(3) 旋转惯量

① 电机惯量是电机轴不带负载时本身的旋转惯量。

② 负载惯量是电机所带工作负载的旋转惯量，实际代表了电机所带负载的大小。

(4) 负载惯量比

负载惯量比是负载惯量与电机惯量之和与电机惯量之比。这一指标表示了伺服电机所带工作负载的大小，也称为伺服系统稳定性指标。这是极其重要的指标，必须在设计阶段计算确定。

(5) 电机编码器分辨率

编码器装在电机尾部轴上，衡量编码器的指标是编码器每旋转一圈发出的脉冲数。编码器的分辨率就是每转脉冲数，一般用每转千脉冲表示。脉冲数越大精度越高。

(6) 主轴电机短时间额定输出功率和主轴电机连续额定输出功率

主轴电机在连续 30min 内可以发出的额定输出功率称为短时间额定输出功率。这是主轴电机选型时的一个指标。

主轴电机在连续工作状态下可以发出的额定输出功率称为连续额定输出功率。它是主轴电机选型时的一个主要指标。

对于模具加工类机床，主轴电机连续工作时间很长，所以必须按连续额定输出功率指标选型。

(7) NC 轴

在数控系统中，可以由加工程序控制其运动的伺服轴称为 NC 轴。

根据数控系统档次的高低，数控系统可以控制的 NC 轴的数量不同。这是选型的重要指标。

(8) 主轴

一般机床中，提供加工动力的电机轴称为主轴。例如车床中带动工件旋转的轴；铣床中带动刀具旋转的轴。因此主轴功率一般比伺服轴功率大。

(9) PLC 轴

在数控系统中，只能由 PLC 程序控制其运动的伺服轴称为 PLC 轴，如图 4-9 所示。PLC 轴的启动、停止、运行速度、运行位置都需要编制 PLC 程序，这是 PLC 轴与 NC 轴的区别。

当一台工作机械所需要的伺服轴数量超过数控系统的 NC 轴数量时，可以使用 PLC 轴。

(10) 辅助轴

辅助轴指由专用的伺服驱动器控制的电机轴。辅助轴多用于刀库旋转分度和驱动机械手。其运动（位置、速度）由 PLC 程序控制，类似于通用伺服系统。

图 4-9　PLC 轴示意

辅助轴的伺服驱动器和电机的性能不如 NC 轴要求高，所以成本低些。在进行数控系统总体配置时，如果有辅助动作的控制要求，可以考虑配置辅助轴。

（11）插补轴数

在数控系统中，能够联动运行走出工件轮廓曲线的伺服轴数量称为插补轴数，也称轮廓加工轴数。

插补轴数是描述一个数控系统技术等级的最重要指标。如"3 轴插补"表示该系统可以控制 3 个伺服轴联动运行。"5 轴插补"表示该系统可以控制 5 个伺服轴联动运行。

（12）系统数和多系统控制

在高档的数控系统硬件内，配置有多路通道，每路通道可以控制一组伺服轴和主轴，每路通道可以运行独立的加工程序，就相当于一套独立的控制系统，所以也称为多通道控制、多系统控制。

常见的双刀塔车床就是双系统控制。

（13）前置 CF 卡运行

数控系统的加工程序、参数以及 PLC 程序可以存储在 CF 卡中。在系统调试初期可以将参数直接装入控制器中。在自动运行时可以调用 CF 卡中的程序。目前中高档数控系统都配置有 CF 卡接口。因为 CF 卡接口一般布置在显示器前面，所以就称为前置 CF 卡。可以使用市售的 CF 卡。

（14）最小指令单位

在加工程序中，可以写入的最小运行距离单位称为最小指令单位，例如 μm、nm。

加工程序 G01X2000F2000 中，X2000 可以是 2000mm、$2000\mu m$、2000nm，可以通过参数进行选择。

最小指令单位也是表示数控系统性能的重要指标。

（15）输入设定单位

输入设定单位是设置参数或刀具补偿值等时使用的数值单位，是 NC 控制器内部计算处理所使用的单位。高档数控系统可以设置的单位为 μm、nm。

（16）控制单位

控制单位是指 NC 控制器内部的位置数据、NC 与驱动器的通信数据以及伺服移动数据所使用的数值单位。另外，螺距误差和反向间隙等部分参数的单位也使用控制单位。控制单位是决定 NC 内部运算精度的单位。

（17）最大程序记忆容量

最大程序记忆容量指在 NC 控制器的存储器内存放加工程序的容量大小。

（18）最大 PLC 程序容量

PLC 程序用梯形图编制，每一触点指令为一步。复杂的功能指令可能占用几步。最大PLC 程序容量指允许编制的 PLC 程序的总步数。

第5章

数控系统的连接和设置

5.1 数控系统的连接

根据图 5-1 和图 5-2，现以 M80 数控系统为例说明数控系统的连接。

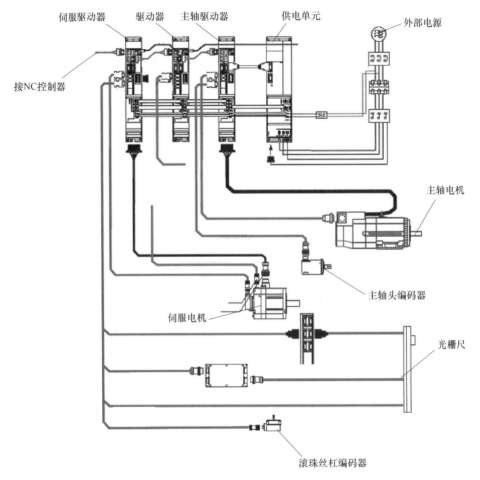

图 5-1 M80 数控系统连接总图（一）

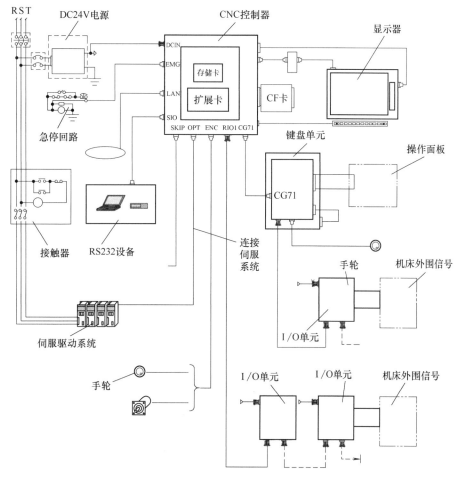

图 5-2 M80 数控系统连接总图（二）

5.2 控制单元的连接

控制单元连接图如图 5-3 所示。

控制单元有以下 12 个接口。

① 基本 I/O 单元接口 CG71。用于连接基本 I/O 单元。

② RS 232 设备接口 SIO。用于连接 RS 232 设备如计算机传送 PLC 程序和参数等。

③ ENC 接口。用于连接手轮或同期编码器。手轮可直接连接到控制器上，还可连接到操作面板 I/O 的 MPG 接口。同步编码器也可以接在 ENC 接口上。

④ LCD 接口。

⑤ INV 接口。

⑥ 显示器连接接口 MENU。

在出厂前，控制器与显示器已由厂家装配在一起，各电缆已连接完毕。其中 LCD 接口与显示器主体连接。INV 接口与显示器光源连接。MENU 接口与键盘连接。

⑦ SKIP 信号接口。SKIP 信号是跳跃信号。当 SKIP 信号＝ON，中断正在运行的程序，跳入下一行。

⑧ OPT 接口。控制器主要的控制对象是伺服驱动系统，现在大多数数控系统与伺服驱

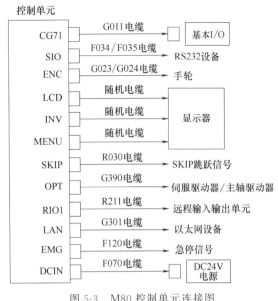

图 5-3 M80 控制单元连接图

动系统之间为光缆连接，接口为 OPT。

⑨ 远程 I/O 单元接口 RIO1。远程 I/O 单元可直接连接到控制器上。在控制器上连接远程 I/O 单元的通道为 RIO1，即 1♯通道，与 2♯通道、3♯通道有所区别。

⑩ 以太网接口 LAN。用于进行以太网通信连接。

⑪ 急停信号接口。由于急停信号的功能是立即停机操作，是重要的安全性操作，因此在控制器上有急停信号接口 EMG。可将操作面板上的急停按钮信号直接连到该接口。

⑫ 电源接口 DCIN。控制器使用 DC24V 电源，电源接口为 DCIN。

5.3 操作面板 I/O 单元的连接

操作面板 I/O 单元连接图如图 5-4 所示。

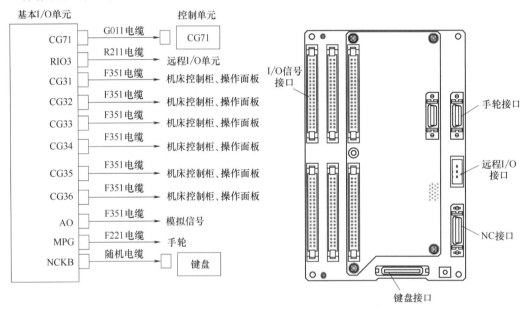

图 5-4 操作面板 I/O 单元连接图

操作面板 I/O 单元预装在键盘后面，主要功能是接收机床操作面板的信号，也称基本 I/O 单元。操作面板 I/O 单元比其他 I/O 单元多一些功能接口。

操作面板 I/O 单元有以下 11 个接口。

① CG71 接口。用于与控制单元连接。

② RIO3 接口。可以在操作面板 I/O 单元上连接其他 I/O 单元。由于操作面板 I/O 单元一般装于操作箱上，如果要在操作箱内再装其他 I/O 单元，可以直接连在操作面板 I/O

单元之后，使配线方便易行。接口是 RIO3，表示是第 3 I/O 连接通道。

③～⑧ 外部信号接口。CG31～CG36 都是连接 I/O 信号的接口。

⑨ 模拟信号接口 AO。用于模拟量输出，可以用于控制变频主轴。

⑩ 手轮接口 MPG。一般手轮都在操作箱一侧。MPG 接口可以直接连接手轮，方便配线，因为手轮的一些其他信号如轴选择、放大倍率需要接入 I/O 单元。

⑪ 键盘连接接口 NCKB。用于连接键盘。

5.4 输入输出信号的连接

输入输出信号连接图如图 5-5 所示。

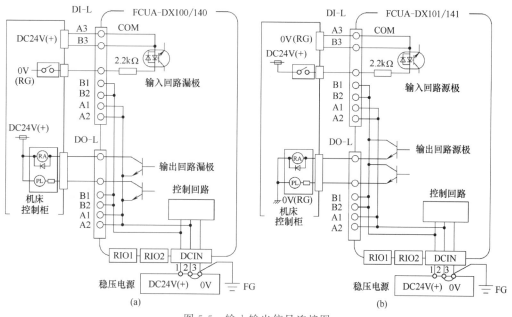

图 5-5 输入输出信号连接图

输入输出信号是通过 I/O 单元接入的，使用时首先要分清漏型接法和源型接法。每一 I/O 单元都规定了漏型接法和源型接法，如果接错会导致烧损 I/O 单元。

5.5 MDS-D 系列伺服驱动系统的连接

MDS-D 系列伺服驱动系统连接图如图 5-6 所示。

MDS-D 型驱动器的特点是供电单元与伺服驱动器分离。

① CNC 的控制信号经过光缆传送给伺服驱动器。

② 供电单元将直流电供给伺服驱动器，同时又起到电能回馈单元的功能（TE2 端子）。

③ 供电单元的 TE2 端子将控制电源送到伺服驱动器。

④ 外部急停信号经过供电单元的 CN23A 端子接入。

⑤ 供电单元的 TE3 端子接入外部工作电源。

⑥ 供电单元的 CN23B 端子是供电单元的保护端子，接入外部接触器的线圈回路，如果供电单元发生故障，就可断开外部接触器，保证主回路安全。

⑦ 伺服电机连接在伺服驱动器上。

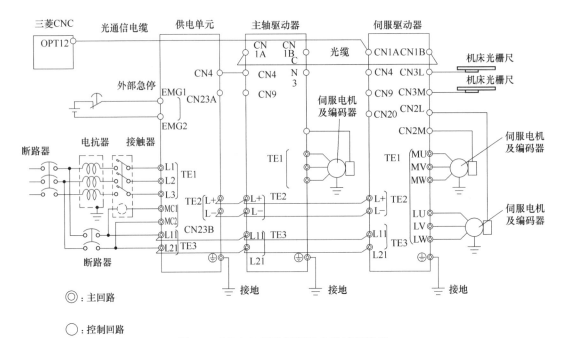

图 5-6　MDS-D 系列伺服驱动系统连接图

⑧ 光栅尺信号可以接到伺服驱动器的 CN3L 和 CN3M 接口上。

5.6　MDS-D-SVJ3 伺服驱动系统的连接

MDS-D-SVJ3 伺服驱动系统连接图如图 5-7 所示。

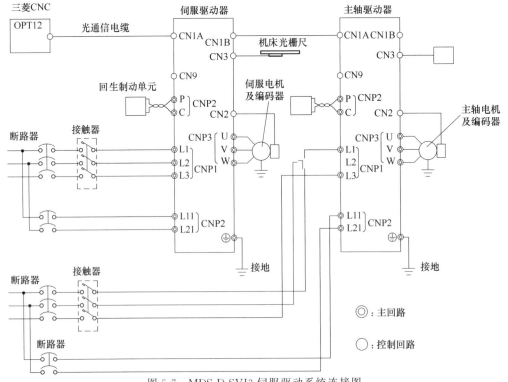

图 5-7　MDS-D-SVJ3 伺服驱动系统连接图

MDS-D-SVJ3 型驱动器的特点是伺服驱动单元内置了电源单元。

① CNC 的控制信号经过光缆传送给伺服驱动器。

② 外部工作电源和控制电源直接接入伺服驱动器。

③ 伺服电机连接到伺服驱动器的 CNP2 接口上。

④ 制动电阻接到伺服驱动器上。

⑤ 机床光栅尺信号可以接到伺服驱动单元的 CN3 接口上。

第6章

认识数控机床操作面板

6.1 操作面板

　　操作面板是数控系统的附件。一般所有的数控机床都配置有操作面板。如图 6-1 所示，操作面板集合了一系列操作旋钮、按键和指示灯，通过电缆接入数控系统的输入输出单元。操作面板上各按键的功能需要通过编制 PLC 程序实现。

　　一般操作面板上的旋钮、按键如下。

　　① 工作模式选择旋钮。可选择 JOG、手轮、回原点、自动等工作模式。

　　② 各轴的点动/主轴启动/主轴停止/主轴定位/自动启动/自动停止按钮和按键。

　　③ 进给倍率、快进倍率、主轴倍率等速度调节旋钮。

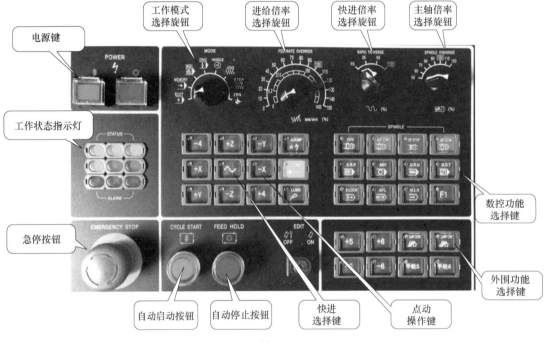

(a)

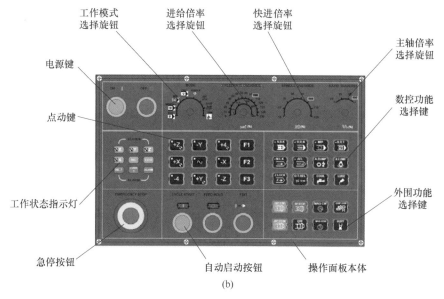

工作模式
选择旋钮

进给倍率
选择旋钮

快进倍率
选择旋钮

主轴倍率
选择旋钮

电源键

数控功能
选择键

点动键

工作状态指示灯

外围功能
选择键

急停按钮

自动启动按钮

操作面板本体

(b)

图 6-1　操作面板

④ 各数控功能选择按键。

⑤ 急停按钮及各外围设备动作按键。

⑥ 各运行状态指示灯。

⑦ 自定义按键。

目前国内有专业厂家生产操作面板。

6.2　工作模式选择

　　一般数控系统具备以下工作模式（图 6-2）:
点动模式（JOG 模式）；自动模式；手轮模式；
回原点模式；MDI 模式；步进模式；手动定位模
式；DNC 模式。

　　在操作面板上一般配置有工作模式选择旋
钮，用于选择工作模式。在 PLC 程序中必须编
制相关的 PLC 程序以实现工作模式选择。

6.2.1　点动模式（JOG 模式）

　　JOG 模式是数控系统的一种手动工作模式，
在这种工作模式下，当进给轴启动信号 = ON
时，电机轴运动，当进给轴启动信号 = OFF 时，
电机轴运动停止，简言之就是点动。在通常的操

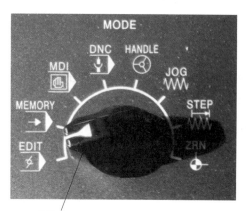

工作模式选择旋钮

图 6-2　工作模式选择旋钮

作面板上进给轴信号（X+，Y−，Z 等）都是点动信号，按下按键电机旋转，松开按键电
机停止。

　　有些操作面板和数控系统显示器的操作界面上将其称为"连续模式"不妥，极易造成
误解。

6.2.2　自动模式

数控系统在自动模式下只执行存储在控制器内存里的加工程序。只要给出自动启动指令，就开始自动运行，直到程序结束。"记忆模式""内存模式"的称谓不妥。

6.2.3　手轮模式

手轮模式的实质是在手轮模式下，数控系统只接收到手轮发出的脉冲信号，就按手轮脉冲信号驱动伺服电机工作。这种工作模式是一种手动工作模式，是一种由手轮脉冲驱动的工作模式。

6.2.4　回原点模式

回参考点模式（回原点模式）源于英文 REFERENCE POSITION RETURN，直译为参考点返回模式。但是数控系统中的参考点有很多，如"第 1 参考点""第 2 参考点""刀具交换参考点"等。而每一轴上由机床制造厂家确定的机床原点只有一个，在笛卡儿坐标系中，也称为原点，所以称为回原点模式。

回原点模式的实质是，在回原点模式下，只要发出各轴的启动信号，各轴就执行回原点操作，直至在机床原点位置停下。回原点操作是数控系统中最重要的操作之一。由回原点操作建立起数控机床的坐标系。回原点操作要预先对速度、方向等参数进行设定。

6.2.5　MDI 模式

MDI 模式就是手动数据输入模式，以手工方式写入加工程序。MDI 是自动模式的一种，在调试时常用。对于长距离运行尤为合适。

6.2.6　步进模式

步进模式源于英文 INCREMENTAL MODE。现在有很多操作面板和数控系统显示器的操作界面上也将其称为"增量模式"。

在这种工作模式下，每给出一个启动信号例如 X＋，电机就移动一固定距离，所以称为步进。每给出一个启动信号，例如 X＋，系统就发出一系列脉冲，在数控系统中还可以对脉冲进行乘积放大，相当于手轮的放大倍率，因此可用放大倍率数值调节运行距离，起到与手轮相似的作用。

6.2.7　手动定位模式

手动定位模式源于英文 MANUAL RANDOM FEED，直译为手动随机进给模式。这一工作模式的工作实质是，只要给出启动信号，被指定的轴就会移动一段预先设定的距离。这是一种手动状态下的定位模式。由于是定位模式，所以必须预先编制相关的 PLC 程序，在PLC 程序中设定坐标系、运动速度、移动距离。这种工作模式可以用于实现一键定位的工作要求。

6.2.8　DNC 模式

DNC 模式即外部程序加工模式，其实质是，数控系统读取存储在系统外部的加工程序，根据读取的外部程序进行自动加工。

早期数控系统的大容量加工程序是存储在外部的穿孔纸带上，加工时纸带机将纸带送入数控系统进行加工。现在纸带加工方式已经消失，纸带存储加工程序的方式被计算机存储方式所取代。加工方式为加工程序存储在 PC 机内，通过 RS232 方式或以太网传送加工程序，因此本模式也称为在线加工模式。

还有一种方式是将加工程序存储在大容量 CF 卡内，然后将 CF 卡插入数控系统接口，由于现在 CF 卡的容量越来越大，CF 卡价格便宜，携带方便，使用安全，不像使用 PC 机时会受到外部干扰，可以肯定今后会成为一种主流的加工方式。

6.3 操作功能选择

6.3.1 自动启动/自动停止

(1) 自动启动按钮

一般操作面板上都有自动启动按钮，如图 6-3 所示。自动启动源于英文 CYCLE START，直译为循环启动，但其工作实质并不是循环启动，即并不是发出该信号后机床就不停地循环工作。

自动启动信号的功能是，只要该信号＝ON，自动程序就开始执行，一直执行到程序结束，并不循环动作（图 6-4）。

现在一些数控系统的英文操作手册对于该功能的描述也是 AUTO OPERATION START COMMAND。可译为自动操作启动指令。

图 6-3 自动启动和自动停止按钮

(2) 自动停止按钮

一般操作面板上都有自动停止按钮，或称为进给保持按钮，名词源于英文 FEED HOLD，直译为进给保持。这是中英文意义相差最大，最容易引起误解的一个词。中文的进给保持从字面意义来讲是保持进给状态，而实际这个信号的功能是暂时停止自动程序的运行，特别是停止进给运行。

FEED HOLD 的实际动作是，系统在接收到该信号后，正在自动运行的加工程序立即停止，但并不退出自动运行状态，只要再接收到自动启动信号，仍然可以从停止位置继续运行（图 6-5）。

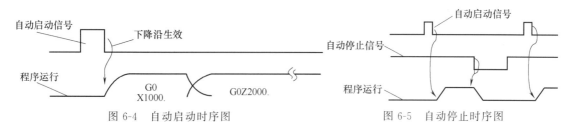

图 6-4 自动启动时序图　　　　　　　图 6-5 自动停止时序图

现在一些数控系统的英文操作手册对于该功能的描述是 AUTO OPERATION PAUSE COMMAND，可译为自动操作暂停指令。

将该功能命名为自动停止比进给保持要确切得多。

6.3.2 快进倍率

快进不是一种工作模式，仅仅只是点动、步进、回原点模式选择以高速运行，可以认为是速度选择模式，快进速度由参数设定。快进操作按键和旋钮如图 6-6 所示。

快进倍率选择旋钮

快进选择键

图 6-6　快进操作按键和旋钮

图 6-7 为快进时序图，在自动运行中，G0 定位运行的速度即快进速度。快进速度可以用快进倍率旋钮调节。在操作面板上一般配置有快进选择键和快进倍率选择旋钮。

6.3.3　进给倍率

进给倍率选择旋钮如图 6-8 所示。

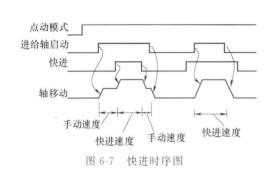

图 6-7　快进时序图

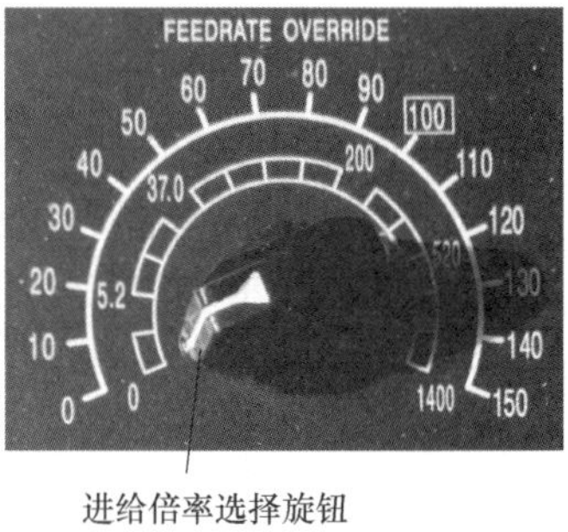

图 6-8　进给倍率选择旋钮

$$实际进给速度＝指令进给速度×进给倍率$$

程序 G1X3000.F4000 中 F4000 为指令进给速度，如果操作面板上进给倍率选择旋钮设置的倍率为 50，则实际进给速度为 $4000×50\%＝2000$。

注意，不要将进给倍率和进给速率搞混，进给速率就是进给速度，即切削进给速度或 G1 指令速度。

6.3.4　主轴倍率

主轴倍率选择旋钮如图 6-9 所示。

$$实际主轴速度＝指令主轴速度（S）×主轴倍率$$

在操作面板上一般设置有主轴倍率选择旋钮，分为 7 挡（50%～120%）。在 PLC 程序中要进行编程处理。

6.3.5 复位

复位是一种使 NC 控制器回到初始正常状态的功能,源于英文 RESET,也译为重置。复位的工作状态如下。

① 运动中的轴减速停止。

② 如果 NC 在自动模式下,则正在运行的程序被取消,回到当前程序的起始步,等待从头运行。

③ 不可进行自动和手动运行。

④ 保留 G 指令的模态连续性。

⑤ 保留刀具补偿值。

⑥ 清除错误/报警信息。

⑦ M/S/T 输出信号=ON。

⑧ M 指令的独立输出信号(M00/M01/M02/M30)=OFF。

在处理 M02/M30 的选通信号时,必须用 M02/M30 的选通信号启动复位,如图 6-10 所示。

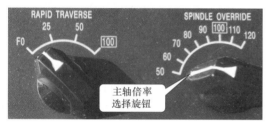

图 6-9 主轴倍率选择旋钮

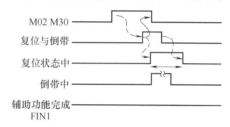

图 6-10 M02/M30 驱动复位信号时序图

6.3.6 程序数据保护

一般操作面板上都配置有钥匙型数据保护开关。程序数据保护是 NC 系统的一项功能。可以保护下列数据:刀具补偿数据和坐标系偏置数据;用户参数和公共变量;加工程序。

数据保护功能必须通过编制 PLC 程序实现。

6.4 数控功能选择

6.4.1 单节运行

"单节运行"是操作面板上常见的一个功能键,如图 6-11 所示。单节运行源于英文 SINGLE BLOCK。

单节运行功能的实际含义是,加工程序不是连续运行,而是每运行一个单节就停止,一个单节一个单节地执行加工程序,如图 6-12 所示。程序单节结束以分号";"为标志。

图 6-11 "单节运行"功能键

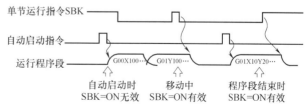

图 6-12 单节运行时序图

单节运行功能常常用于程序试验，刚编制完成的加工程序，可能尚不完善，为安全起见，需要一个单节一个单节地进行试验。这一功能必须在 PLC 程序中编程处理。

6.4.2　M01 选择停

一般的加工程序中，M01 是程序停止指令（与 M0 指令功能相同）。但为了提高加工程序的适应性，有时需要 M01 停止指令无效。因此许多操作面板上有一"M01 选择停"按键，如图 6-13 所示，用以选择 M01 的停止功能是否生效。这一功能必须在 PLC 程序中编程处理。

6.4.3　程序越过

"程序越过"功能键在操作面板上的位置如图 6-14 所示。

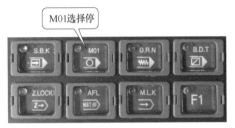
图 6-13　"M01 选择停"功能键

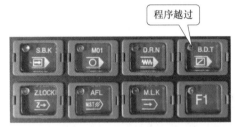
图 6-14　"程序越过"功能键

程序越过源于英文 OPTIONAL BLOCK SKIP。程序越过这一功能的动作是，当程序越过信号＝ON 时，不执行加工程序中带有"/"的程序段，遇到带有"/"的程序段就越过而执行下一段程序。

N10 G90 G1X100. Y100. F290；
N20 G91 G1X300. Y489. F390；
/N30 G91 G1X400. Y689. F390；（带有斜线的程序段）
/N40 G90 G1X200. Y789. F390；（带有斜线的程序段）
N50 G91 G1X300Y489 F390；
N60 M30；
在以上程序段中，当程序越过信号＝ON 时，不执行
/N30 G91 G1X400. Y689. F390；
/N40 G90 G1X200. Y789. F390；
而直接执行
N50 G91 G1X300Y489 F390；
N60 M30；

6.4.4　空运行

"空运行"功能键在操作面板上的位置如图 6-15 所示。

空运行源于英文 DRY RUN，该功能的工作实质是，自动程序不以程序中 F 指令指定的速度运行，而是以设定的高速运行。

空运行功能主要用于对刚编制完成的自动加工程序进行测试运行。如果按照实际加工程序规定的速度运行，可能会需要很长时间（一个大的模具加工程序可能需要几天时间），而进行程序测试的目的是检查加工程序是否准确，加工对象的尺寸要素是否到位，程序测试时，不进行实际切削，所以就以很快的速度运行以节约测试时间。因为不实际加工工件，所以称为空运行。

6.4.5 机床锁定

"机床锁定"功能键在操作面板上的位置如图 6-16 所示。

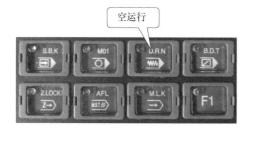

图 6-15 "空运行"功能键

图 6-16 "机床锁定"功能键

机床锁定源于英文 MACHINE LOCK，其功能就是机床各轴的运动被锁停而加工程序可运行及显示。在调试机床时，常常只需检查加工程序而不需机床运动。机床锁定功能分为自动模式下的机床锁定和手动方式下的机床锁定。这一功能必须在 PLC 程序中编程处理。

6.4.6 Z轴锁定

"Z 轴锁定"功能键在操作面板上的位置如图 6-7 所示。

机床锁定是所有运动轴的实际运动被锁定，Z 轴锁定是只锁定 Z 轴。在钻孔加工时，如果先要验证加工程序的在 X-Y 平面的定位准确性，而不实际执行钻孔动作，就可以使用 Z 轴锁定功能。

6.4.7 M/S/T 锁定

"M/S/T 锁定"功能键在操作面板上的位置如图 6-18 所示。

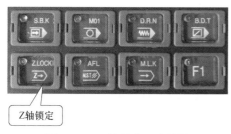

图 6-17 "Z 轴锁定"功能键

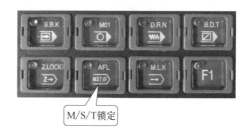

图 6-18 "M/S/T 锁定"功能键

M/S/T 锁定也称为辅助功能锁定，源于英文 MISCELLANEOUS FUNCTION LOCK。在对加工程序进行试验检查时，有时不希望辅助功能（M/S/T）起作用（例如喷水），这时启动辅助功能锁定功能，程序中的 M/S/T 指令即不起作用。这个功能必须在 PLC 程序中编程处理。

6.5 外围信号控制

6.5.1 照明

机床加工区和电控柜一般都要安装照明灯，因此在操作面板上有一个按键是"照明"，如图 6-19 所示，用于控制加工区和电控柜的照明灯。

6.5.2 冷却

机床都要配置冷却液控制开关，因在操作面板上有一个按键是"冷却"，如图 6-20 所示，用于手动控制冷却液。

图 6-19 "照明"功能键

图 6-20 "冷却"功能键

6.5.3 刀库正转/刀库反转

所有的加工中心都是有刀库的。在调试初期及维修状态下，要求能够在操作面板上驱动刀库正转或反转，因此一般在操作面板上设置"刀库正转/刀库反转"按键，如图 6-21 所示。

6.5.4 排屑机正转/排屑机反转

一般中大型切削机床都配置排屑机，用以将加工切屑排到外面。排屑机既可以在加工程序中用 M 指令操作自动运行，也需可以手动操作，因此在操作面板上一般配置"排屑机正转/排屑机反转"按键，如图 6-22 所示。

图 6-21 "刀库正转/刀库反转"功能键

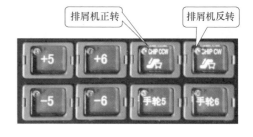

图 6-22 "排屑机正转/排屑机反转"功能键

6.6 工作状态显示

在操作面板上有一个区域是工作状态显示区，如图 6-23 所示。

(1) 回原点完成

工作机械在上电后首先要执行回原点动作，而且每个轴都要执行回原点动作，如果任一轴回原点动作执行完毕，其对应的指示灯点亮（ON）。

(2) JOG 状态

如果机床当前处于 JOG 状态，则对应的指示灯点亮（ON）。

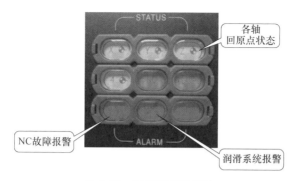

图 6-23　工作状态显示区

（3）回原点状态

如果机床当前正在执行回原点动作，则对应的指示灯点亮（ON）。

（4）快进状态

如果机床当前正在执行快进动作，则对应的指示灯点亮（ON）。

6.7　工作机床常用外部信号

（1）急停按钮

操作面板上的急停按钮如图 6-24 所示。

在 NC 系统中有硬急停和软急停信号。NC 控制器上有一急停接
口，接外部急停按钮常闭触点，该触点断开，NC 立即进入急停状
态，通常称为硬急停。如果通过 PLC 程序，启动内部接口 EMG＝
ON，系统也进入急停状态，通常称为软急停。

急停按钮

图 6-24　急停按钮

进入硬急停后，所有操作停止，驱动器＝OFF，驱动系统动态制动
停止，但硬急停对其他外围设备（冷却、润滑）不起作用。软急停信
号则可以控制外围设备停止运行。必须根据设备的用途及安全条件编制 PLC 程序进行控制。

（2）行程限位开关

工作机床的每一轴都装有行程限位开关，安装在每一轴行程的终端。行程限位开关信号
必须为常闭信号。

（3）松刀到位/锁刀到位开关

一般加工刀具都装在主轴头上，用强力弹簧锁紧刀具，松刀时用气动机构将弹簧压紧执
行松刀。由于换刀是一连串自动执行的动作，所以必须有检测开关，检测松刀是否到位和锁
刀是否到位。松刀到位/锁刀到位开关就是起这样作用的检测开关。

（4）压力开关

在工作机床上经常配置气动机构用以执行换刀等动作，如果气压不足则换刀过程中会停
顿而引起故障，因此必须检查气压是否符合标准。因此，机床上配置一个硬件开关进行压力
检测。称为压力开关。

（5）液位开关

工作机床上润滑系统是很重要的部分，必须时时保证润滑正常。检测润滑油液位是否在
正常范围内也用一个硬件开关，称为液位开关。

（6）换刀接近开关

刀库中为了对刀具的旋转动作进行计数，配置了接近开关，开关的信号送入 NC 控制
器。此开关一般由刀库生产厂家配置。

第7章
认识数控系统显示器各操作界面

数控系统显示器一级操作界面有六个，即运行及监控界面、设置界面、编辑界面、诊断界面、参数设置及维护界面、NC 文件操作界面。

7.1 运行及监控界面

图 7-1 所示为运行及监控界面，运行及监控界面下的二级菜单见表 7-1。

运行及监控界面

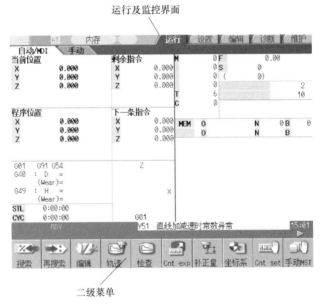

二级菜单

图 7-1 运行及监控界面

表 7-1 运行及监控界面下的二级菜单

菜单名称	功能
搜索	查找加工程序并调用
再搜索	在程序中断处重新启动
编辑	对已调用的程序进行修改编辑
轨迹	显示自动程序运行轨迹
检查	在不启动自动程序的情况下对程序的运动轨迹进行图形描绘
Cnt exp	显示各轴的相对位置、机械位置、在工件坐标系(G54)中的位置等

菜单名称	功能
补正量	(刀具补偿)设定与显示刀具补偿值
坐标系	(坐标系设置)设置各坐标系相对位置 G54~G56、EXT、G92
Cen set	(相对位置设置)设置或修改各轴的相对位置
手动 MST	使用手动方式发出 M/S/T 指令
模块	显示当前运行程序的指令模态
程序树	显示当前运行程序的主程序号/子程序号、顺序号、单节号、存储位置
积时间	显示和设置时钟及各工作时间
公共 VAR	显示和设置公共变量
局部 VAR	显示和设置局部变量
PRG 修改	修改当前运行程序
PLC 开关	对 PLC 开关进行 ON/OFF 操作
G92 设定	设置 G92 坐标系
比较停	设定加工程序的停止程序段位置,系统边运行边比较,到达该位置时停止运行
负载表	显示主轴/Z 轴的负载
主轴-待	显示主轴刀具号和待机刀号
全主轴	显示全部主轴的指令转速和实际转速

7.1.1 运行→搜索

运行→搜索界面下的三级菜单见表 7-2。

表 7-2 运行→搜索界面下的三级菜单

菜单名称	功能	菜单名称	功能
存储器	显示在 NC 内存中的程序一览表	最终行跳转	光标跳转到程序一览表中的最后一行
串口	显示在外部 RS232 设备中的程序一览表	关闭	关闭窗口回到上一级菜单
存储卡	显示在外部 CF 卡中的程序一览表	一览更新	刷新加工程序一览表
开头行跳转	光标跳转到程序一览表中的第一行	排序切换	对程序一览表进行重新排序

"搜索"即"调用程序",某些数控系统也称"呼叫"。搜索的工作内容是调用某一加工程序。

操作方法(图 7-2):进入运行→搜索界面;选择程序存储区域,如选择"存储器"(NC 内存);查看存储器内的程序号;将所需的程序号输入屏幕;按执行键,调用程序完成。

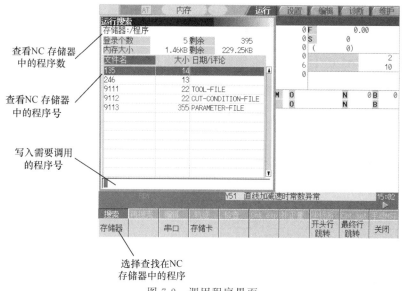

图 7-2 调用程序界面

7.1.2 运行→再搜索

运行→再搜索界面下的三级菜单见表7-3。

表7-3 运行→再搜索界面下的三级菜单

菜单名称	功能
搜索执行	弹出断点位置查找窗口,根据程序号、顺序号、单节号、单节执行次数进行查找
类型1	选择断点重启的类型
类型2	选择断点重启的类型
文件设定	弹出程序一览表窗口,选择加工程序
MSTB履历	弹出MSTB各指令使用记录窗口。光标移动至该指令,按INPUT后,可执行该指令

7.1.3 运行→编辑

运行→编辑界面下的三级菜单见表7-4。

表7-4 运行→编辑界面下的三级菜单

菜单名称	功能
文字列搜索	按输入的字符串查找程序段
文字列置换	使用"/",输入要查找的字符串和欲更换字符串,按INPUT后,执行字符串更换
行号码跳转	输入程序段号,光标跳转到该程序段
行拷贝	选定程序段并复制
行粘贴	将复制的程序段粘贴到选定的行位置
行清除	删除选定的程序段

7.1.4 运行→检查

运行→检查界面下的三级菜单见表7-5。

表7-5 运行→检查界面下的三级菜单

菜单名称	功能	菜单名称	功能
检查连续	连续进行程序校验	描画坐标系	选择坐标系,在不同的坐标系中显示程序运行轨迹
检查步幅	以单步方式进行程序校验		
检查复位	取消程序校验功能		

7.1.5 运行→Cnt exp

运行→Cnt exp界面下的三级菜单见表7-6。

表7-6 运行→Cnt exp界面下的三级菜单

菜单名称	功能
相对位置	显示执行程序的当前位置(含刀具补偿、工件坐标系补偿)
工件位置	显示在工件坐标系中的位置
机械位置	显示在基本机床坐标系中的位置
残余指令	显示当前执行程序段中尚未执行的指令部分
次指令	显示程序中的下一条加工指令
手动百分量	显示自动加工过程中使用手动方式移动某一轴的移动量
程序位置	显示纯粹加工程序中的位置
工具轴移动	显示手轮驱动的轴移动量

程序位置显示的是伺服轴当前处于加工程序中的位置，不包含工件坐标系偏置、刀具补偿等其他因素。相对位置表示伺服轴当前在基本机床坐标系中的实际位置，包含了工件坐标系偏置、刀具补偿、外部坐标系偏置等因素。

相对位置＝程序位置＋工件坐标系偏置＋外部坐标系偏置＋刀具补偿

工件坐标系位置＝程序位置＋外部坐标系偏置＋刀具补偿

相对位置与程序位置、工件坐标系偏置、外部坐标系偏置、刀具补偿的关系如图 7-3 所示。

相对位置、工件位置、机械位置的显示界面分别如图 7-4～图 7-6 所示。

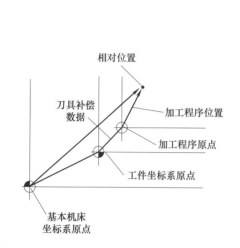

图 7-3　相对位置与程序位置、工件坐标系偏置、
外部坐标系偏置、刀具补偿的关系

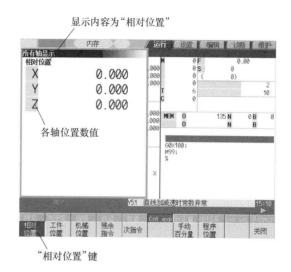

图 7-4　相对位置显示界面

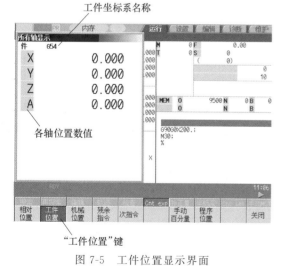

图 7-5　工件位置显示界面

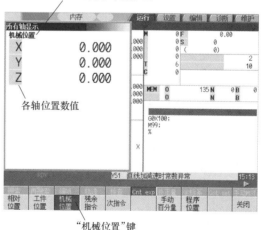

图 7-6　机械位置显示界面

7.1.6　运行→补正量

运行→补正量界面下的三级菜单见表 7-7。

图 7-7 所示为刀具补偿值设置界面。

7.1.7 运行→坐标系

运行→坐标系界面下的三级菜单见表 7-8。图 7-8 所示为各坐标系相对位置（偏置）设置界面。

表 7-7 运行→补正量界面下的三级菜单

菜单名称	功能	菜单名称	功能
=输入（绝对位置数据输入）	执行绝对数据输入	补正编号（选择刀具编号）	选定刀具编号
+输入（相对位置数据输入）	执行相对数据输入	取消	取消写入的刀具补偿数据
		绝对/加法	绝对位置/相对位置切换

表 7-8 运行→坐标系界面下的三级菜单

菜单名称	功能
简易设定	以机床当前位置为工件坐标系原点直接设置
G54-G59	显示并设置 G54～G59 工件坐标系偏置
G54.1P	显示并设置 G54.1P 系列的工件坐标系偏置
坐标系 G92/G52	
ALL 清除	除 G92 和外部坐标系外的所有坐标系偏置数据全部清除
全部轴清除	只清除光标所在坐标系的全部偏置数据
下一轴	选择轴号。6 轴以上有效

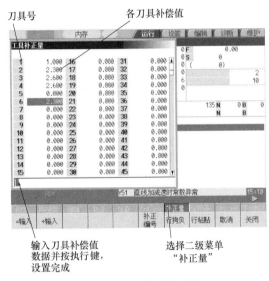

图 7-7 刀具补偿值设置界面

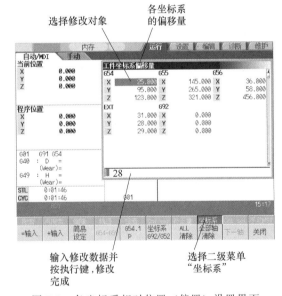

图 7-8 各坐标系相对位置（偏置）设置界面

7.1.8 运行→公共 VAR

运行→公共 VAR 界面下的三级菜单见表 7-9。图 7-9 所示为公共变量设置界面。

7.1.9 运行→局部 VAR

运行→局部 VAR 界面下的三级菜单见表 7-10。

7.1.10 运行→PLC 开关

运行→PLC 开关界面下的三级菜单见表 7-11。图 7-10 所示为 PLC 开关设置界面。

表 7-9 运行→公共 VAR 界面下的三级菜单

菜单名称	功能	菜单名称	功能
变量编号	选定变量号	粘贴	对已经复制的数据进行粘贴
取消	取消对变量数据输入的操作	变量清除	清除光标所在行的变量
拷贝	变量数据复制	变量名清除	清除光标所在行的变量名称

表 7-10 运行→局部 VAR 界面下的三级菜单

菜单名称	功能	菜单名称	功能
显示水平−(递减显示)	递减显示局部变量的级别	显示水平＋(递增显示)	递增显示局部变量的级别

表 7-11 运行→PLC 开关界面下的三级菜单

菜单名称	功能	菜单名称	功能
设定有效	设定是否启用 PLC 开关	ON	PLC 开关＝ON
		OFF	PLC 开关＝OFF

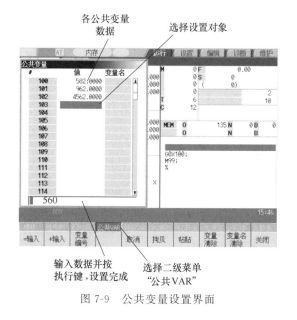

图 7-9 公共变量设置界面

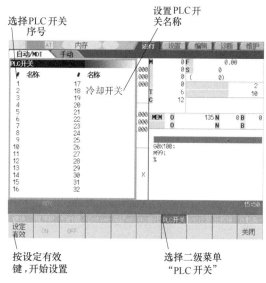

图 7-10 PLC 开关设置界面

7.2 设置界面

设置界面下的二级菜单见表 7-12。

7.2.1 设置→T 测量

设置→T 测量界面下的三级菜单见表 7-13。

刀具长度测量是数控系统的一项基本功能。通过执行刀具长度测量，可以获得每一把刀具的刀补。刀具长度测量是数控系统的一种测量工作模式，有对应的 PLC 接口 YC20，通过 PLC 编程使其动作，一般可在操作面板上设置一开关控制其 ON/OFF，在实际测量时，只要使测量开关 ON，就进入了刀具长度测量状态。

表 7-12　设置界面下的二级菜单

菜单名称	功能
补正量（刀具补偿）	设定与显示刀具补偿值
T 测量（刀具测量）	测量刀具长度及半径
T 登录（刀库设定）	设定刀库及主轴刀具号
T 寿命（刀具寿命管理）	刀具使用时间管理
坐标系（坐标系设置）	设置各坐标系相对位置 G54～G56，EXT，G92
W 测量（工件测量）	测量工件数据
用户 PRM（用户参数）	显示和设置用户参数
MDI 编辑	以 MDI 方式编制自动程序
Cen set（相对位置设定）	设置或修改各轴的相对位置
手动 MST	在手动模式下发出 M/S/T 指令
T 指令（T 指令显示及查找）	查找指定程序中的 T 指令并列表显示

表 7-13　设置→T 测量界面下的三级菜单

菜单名称	功能	菜单名称	功能
写入补正量（写入刀具补偿值）	将测量数据写入刀具补偿值	基准面高度	设定基准面高度数据
		工具长测定	进入刀具长度测量
补正编号（刀具号选择）	在刀具补偿值界面选择刀具号	工具径测定	进入刀具半径测量

刀具长度测量示意如图 7-11。刀具长度测量流程如图 7-12 所示。图 7-13 所示为刀具长度测量界面。图 7-14 所示为刀库设置界面。

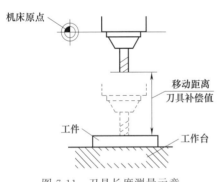

图 7-11　刀具长度测量示意

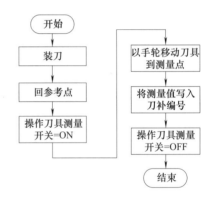

图 7-12　刀具长度测量流程

7.2.2　设置→T 登录

设置→T 登录界面下的三级菜单见表 7-14。

表 7-14　设置→T 登录界面下的三级菜单

菜单名称	功能	菜单名称	功能
端口编号（刀号设定）	选择刀库中的刀座号并在各刀座中设定相应的刀具号	工具盘清除（刀库清零）	清除刀库中的所有刀具号
主轴待机（主轴及待机刀号设定）	设定主轴及待机位置刀具号	工具盘 1（刀库号显示）	显示刀库编号
		PLC 指令	设定 PLC 相关指令

图 7-14 所示为刀库界面。

7.2.3　设置→坐标系

设置→坐标系界面下的三级菜单见表 7-15。

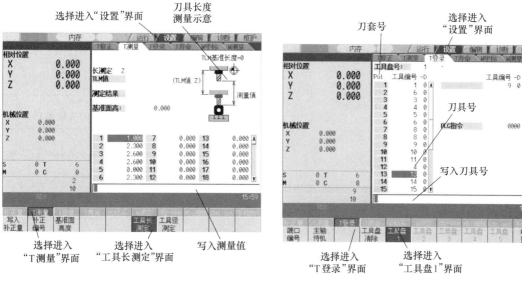

图 7-13 刀具长度测量界面

图 7-14 刀库设置界面

表 7-15 设置→坐标系界面下的三级菜单

菜单名称	功能
简易设定	以机床当前位置为工件坐标系原点直接输入
G54-G59	显示并设置 G54～G59 工件坐标系偏置
G54.1P	显示并设置 G54.1P 系列的工件坐标系偏置
坐标系 G92/G52	
ALL 清除（全清零）	除 G92 和外部坐标系外的所有坐标系偏置数据全部清除

7.2.4 设置→W 测量

设置→W 测量界面下的三级菜单见表 7-16 所示。

表 7-16 设置→W 测量界面下的三级菜单

菜单名称	功能
写入坐标系（写入坐标系偏置值）	将测量计算结果写入坐标系偏置值
坐标系 G54～G59	选择工件坐标系 G54～G59
坐标系 G54.1P	选择工件坐标系 G54.1P
坐标系 EXT	切换到外部坐标系 EXT
取得临界值（读取测量数据）	读取测量位置的数据
面测量	进入面测量模式
洞测量（孔测量）	进入孔测量模式
宽度测量	进入宽度测量模式
旋转测量	进入旋转测量模式
中心 SHIFT（设置中心偏移量）	设定中心偏移量
旋转中心（设置旋转中心）	设定旋转中心
旋转角度（设置旋转角度）	设定旋转角度

7.3 编 辑 界 面

编辑界面用于执行程序编辑。编辑界面下的二级菜单见表 7-17。编辑→编辑界面下的三级菜单见表 7-18。图 7-15 所示为编辑程序界面。

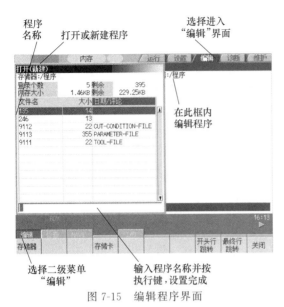

程序名称　打开或新建程序　选择进入"编辑"界面

在此框内编辑程序

选择二级菜单"编辑"　输入程序名称并按执行键,设置完成

图 7-15　编辑程序界面

表 7-17　编辑界面下的二级菜单

菜单名称	功能
编辑	新建和编辑程序
检查(程序校验)	对已编程序进行校验
I/O(程序文件输入输出)	在 NC 内存和外部存储设备之间进行程序文件的输入输出

表 7-18　编辑→编辑界面下的三级菜单

菜单名称	功能
打开	打开 NC 内部存储器、外部存储卡中的程序一览表并选择程序
新建	打开 NC 内部存储器、外部存储卡中的程序一览表并选择程序或新建一程序
MDI	以 MDI 方式编制程序
行号码跳转	跳转到选择的程序段
MDI 登记	对以 MDI 方式编制的程序进行登记
文件删除	删除选定的程序

7.4　诊断界面

诊断界面用于监视 NC 及伺服系统工况、IF 界面及报警信息。诊断界面下的二级菜单见表 7-19。图 7-16 所示为硬件构成界面。

表 7-19　诊断界面下的二级菜单

菜单名称	功能
S/W、H/W 构成(软、硬件构成)	显示软件版本和硬件结构
I/F 诊断	显示各元件的 ON/OFF 及数值
驱动器监视(伺服系统监视)	监视主轴和伺服电机及供电单元的工作状态
报警信息	显示报警信息
自诊断(NC 工况)	显示 NC 工作状态
NC 取样	进入 NC 取样设置、取样启动/结束菜单

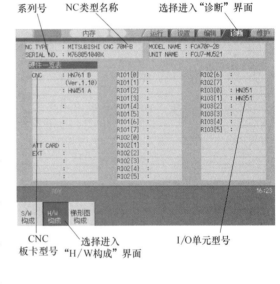

系列号　NC类型名称　选择进入"诊断"界面

CNC 板卡型号　选择进入"H/W构成"界面　I/O单元型号

图 7-16　硬件构成界面

7.4.1　诊断→I/F 诊断

诊断→I/F 诊断用于显示或强制各软元件的 ON/OFF、显示或设置软元件的数值。诊断→I/F 诊断界面下的三级菜单见表 7-20。

表 7-20　诊断→I/F 诊断界面下的三级菜单

菜单名称	功能
模式输出(持续 ON)	对软元件强制 ON/OFF,并保持 ON/OFF 状态
单拍输出(单次输出)	对软元件强制 ON/OFF,仅一个扫描周期有效

诊断→I/F诊断界面是反映PLC程序中所使用的软元件工作状态的界面。在I/F诊断界面中可以观察输入输出软元件的ON/OFF状态，可以观察数据寄存器的数据。这是在调试阶段使用最多的界面之一。I/F诊断界面如图7-17所示。

7.4.2 诊断→驱动器监视

诊断→驱动器监视用于显示主轴和伺服电机及供电单元的工作状态。诊断→驱动器监视界面下的三级菜单见表7-21。

表7-21 诊断→驱动器监视界面下的三级菜单

菜单名称	功能
伺服模块（伺服系统监视）	显示各伺服电机工作状态
主轴模块（主轴监视）	显示主轴电机工作状态
电源单位（供电单元监视）	显示供电单元工作状态

伺服系统监视界面是专门用于监视各伺服电机工作状态的界面。在本界面内可以监视位置环增益、转速、电流、最大电流、负载惯量比、共振频率、报警号。在调试阶段或发生报警时，可以进入本界面观察各电机负载电流、最大电流、报警号。它是监视分析伺服电机工作状态的有力工具。伺服系统监视界面如图7-18所示。监视界面的内容见表7-22。

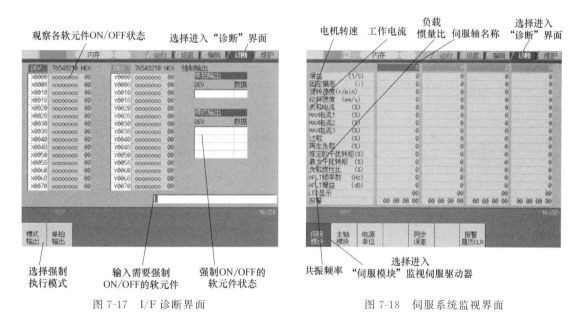

图7-17 I/F诊断界面   图7-18 伺服系统监视界面

表7-22 监视界面的内容

显示项目	内容
增益	位置回路增益 位置回路增益＝进给速度（mm/s）/位置误差（mm）
位置误差（mm）	实际机械位置与指令位置之差。与进给速度成正比
转速（r/min）	电机实际转速
进给速度（mm/s）	工作台移动速度（由工作台侧编码器检测）
负载电流（%）	电机反馈（FB）电流
最大电流1（%）	工作期间最大指令电流绝对值（以静态电流为基准）

显示项目	内容
最大电流2(%)	最近2s内最大指令电流绝对值(以静态电流为基准)
最大电流3(%)	最近2s内最大反馈(FB)电流绝对值(以静态电流为基准)
过载(%)	电机工作负载相对于额定负载的百分比
再生负载(%)	供电单元的再生负载数据
外部干扰转矩(%)	(以静态转矩为基准)显示外部干扰转矩
最大外部干扰转矩(%)	(以静态转矩为基准)显示最近2s内的最大外部干扰转矩
负载惯量比	显示负载惯量比(重要数据)
AFLT频率(Hz)	自适应滤波器的当前工作频率(即共振频率)(重要数据)
AFLT增益(dB)	自适应滤波器当前的滤波深度
LED显示	驱动器上的LED显示数据
报警	除驱动器报警以外的报警和警告
循环计数器	显示在编码器一圈内的位置。以Z相脉冲点为"0"点
栅格间隔	回原点时,两个Z相脉冲点之间的距离
栅格量	回原点时,脱挡点到Z相脉冲点之间的距离
机械位置	在基本机床坐标系中的位置
电机端FB	电机编码器的反馈值
机床端FB	机床编码器的反馈值
FB误差	电机端反馈值与机床端反馈值之差
DFB补偿量	双反馈补偿量
剩余指令	一个程序段内,以当前点为基准,指令移动量减去实际移动量的数值
当前位置(2)	显示不包含刀补的当前位置
手动插入量	在手动绝对计数器=OFF状态下,手动插入移动的数值
绝对位置指令	不包含机械误差补偿的绝对位置坐标
机械补偿	显示机械补偿值
控制输入	来自NC的控制输入信号(在系统中使用)
控制输出	发送到NC的控制输出信号(在系统中使用)
检测系统 (显示驱动器配置的 检测器类型)	检测器类型 ES—半闭环编码器 EC—滚珠丝杠端编码器 LS—线性光栅尺 MP—MP光栅尺 ESS—半闭环高速串行编码器 ECS—滚珠丝杠端高速串行编码器 INC—增量型编码器
电源关闭位置	显示在电源=OFF时,电机轴在基本机床坐标系中的位置(指令值)
电源开启位置	显示在电源=ON时,电机轴在基本机床坐标系中的位置(指令值)
当前位置	在基本机床坐标系中的位置(指令值)
R0	基准点设定时,编码器的旋转圈数
P0	基准点设定时,编码器一圈中的位置
E0	基准点设定时的绝对位置误差
Rn	当前位置点编码器的旋转圈数
Pn	当前位置点编码器一圈中的位置
En	电源=OFF时的绝对位置误差
ABS0	绝对位置基准计数器
ABSn	当前绝对位置
MPOS	电源=ON时,MP光栅尺的偏置量
驱动器信号	显示驱动器型号
驱动器生产序号	显示驱动器生产序号
软件版本	显示伺服驱动器软件版本

显示项目	内容
控制方式	SEMI—半闭环 CLOSED—闭环 DUAL—双路反馈
电机编码器	显示电机编码器型号
电机编码器生产序号	显示电机编码器生产序号
机床端检测装置	显示机床检测装置型号 控制方式为 CLOSED 或 DUAL 时显示型号,控制方式为 SEMI 时显示 *
机床端检测装置生产序号	显示机床检测装置生产序号
电机	显示电机型号
工作时间	显示 READY ON 的累计时间(单位:h)
报警历史记录	按以下形式显示发生的伺服报警编号 时间:发生报警时的工作时间 报警编号:发生伺服报警的编号
维护历史记录	显示维护日期 年:公元的个位 月:1~9,X(10 月),Y(11 月),Z(12 月)
维护状态	显示用于维护的状态信息

主轴系统监视界面是专门用于监视主轴电机工作状态的界面。在本界面内可以监视位置环增益、转速、电流、最大电流、负载惯量比、共振频率、报警号。在调试阶段或发生报警时,可以进入本观察负载电流、最大电流、报警号。它是监视分析主轴电机工作状态的有力工具。

主轴系统监视界面如图 7-19 所示。

主轴系统监视界面的监视内容大部分与伺服系统监视界面的相同。

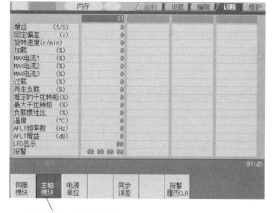

选择进入"主轴模块",
监视主轴驱动器

图 7-19 主轴系统监视界面

7.4.3 诊断→报警信息

诊断→报警信息界面下的三级菜单见表 7-23。

表 7-23 诊断→报警信息界面下的三级菜单

菜单名称	功能
NC 信息(NC 报警)	显示 NC 系统报警
PLC 信息(PLC 报警)	显示由 PLC 程序发出的报警
警告历史(报警记录)	显示所有报警记录
历史开始(报警记录采集启动)	启动采集报警记录
历史停止(报警记录采集停止)	停止采集报警记录
历史更新(报警记录更新)	更新报警记录
历史清除(报警记录清除)	清除报警记录

报警信息界面用于显示报警信息,报警历史记录界面如图 7-20 所示,当前报警信息界面如图 7-21 所示。

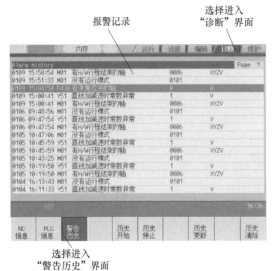

图 7-20　报警历史记录界面

图 7-21　当前报警信息界面

7.5　参数设置及维护界面

　　参数设置及维护界面用于启动有关系统维护操作，进行参数设置等功能。参数设置及维护界面下的二级菜单见表 7-24。参数设置及维护界面如图 7-22 所示。

表 7-24　参数设置及维护界面下的二级菜单

菜单名称	功能
维护	启动备份，格式化，初始设定等功能
参数	设定及显示参数
I/O（程序输入输出）	用于各存储设备（NC 内存、外部 CF 卡、以太网、RS232 设备）间的程序文件输入输出

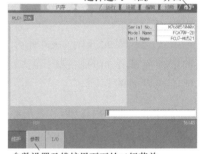

图 7-22　参数设置及维护界面

7.5.1　维护→维护

　　维护→维护界面下的三级菜单见表 7-25。图 7-23 所示为维护→维护界面。图 7-24 所示备份操作界面。

表 7-25　维护→维护界面下的三级菜单

菜单名称	功能
密码输入	输入进入维护界面的密码（密码＝MPARA）
PLC STOP	启动或停止 PLC 程序运行
所有备份（NC 数据备份）	将 NC 内存中的数据全部备份到外设（存储卡）中。也可将外设（存储卡）中的数据全部传回 NC 内存中

菜单名称	功能
系统设定(初始参数设置)	在调机时,利用本功能设定最少的基本初始参数后,NC 自动设定各伺服参数和主轴参数(相当于 M60 系列的♯1060 前的参数设定)
绝对位置(设置绝对原点)	设置绝对原点
伺服诊断(伺服报警记录)	显示伺服报警记录
收集设定(设置采样内容)	设定及显示采样的内容
格式化(NC 内存格式化)	对 NC 内存进行格式化
参数设定	进入参数设定菜单

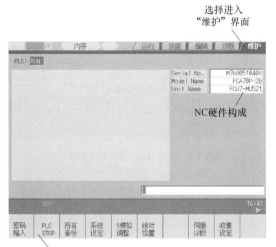

图 7-23 维护→维护界面

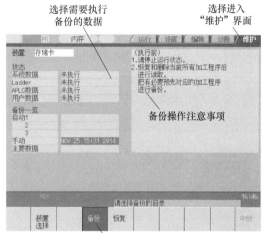

图 7-24 备份操作界面

7.5.2 维护→参数

维护→参数界面下的三级菜单见表 7-26。

表 7-26 维护→参数界面下的三级菜单

菜单名称	功能	菜单名称	功能
加工参数	显示设定相关参数	原点复位参数	显示设定相关参数
控制参数 1	显示设定相关参数	绝对位置参数	显示设定相关参数
控制参数 2	显示设定相关参数	伺服参数	显示设定相关参数
轴参数	显示设定相关参数	主轴规格参数	显示设定相关参数
栅栏数据	显示设定相关参数	主轴参数	显示设定相关参数
参数编号	按参数编号选择参数	PLC 计时器	显示设定相关参数
I/O 参数	显示设定相关参数	PLC 累积计时器	显示设定相关参数
以太网参数	显示设定相关参数	PLC 计数器	显示设定相关参数
连接参数	显示设定相关参数	PLC 常数	显示设定相关参数
子程序保存	显示设定相关参数	BIT 选择	显示设定相关参数
操作参数	显示设定相关参数	误差补正参数	显示设定相关参数
基本系统参数	显示设定相关参数	误差数据	显示设定相关参数
基本轴参数	显示设定相关参数	宏一览	显示设定相关参数
基本公用参数	显示设定相关参数	位置开关	显示设定相关参数
轴规格参数	显示设定相关参数	PLC 轴计算参数	显示设定相关参数

图 7-25 所示为基本系统参数界面，图 7-26 所示为基本公用参数界面，图 7-27 所示为轴规格参数界面，图 7-28 所示为伺服参数界面。

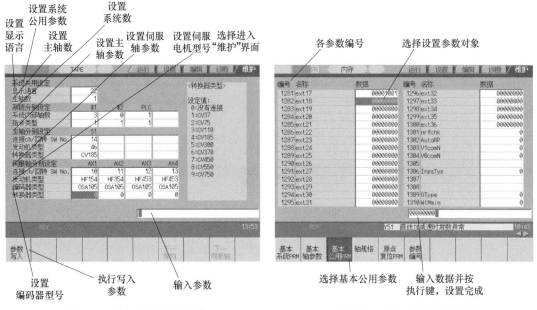

图 7-25　基本系统参数界面

图 7-26　基本公用参数界面

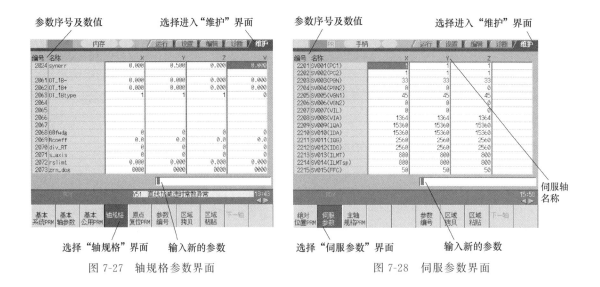

图 7-27　轴规格参数界面

图 7-28　伺服参数界面

7.5.3　维护→I/O

维护→I/O 界面下的三级菜单见表 7-27。

表 7-27　维护→I/O 界面下的三级菜单

菜单名称	功能
区域切换	切换屏幕上下工作区域
装置选择(选择存储设备)	选择存储设备或通信方式

菜单名称	功能
目录(数据类型)	选择程序、变量、参数等数据类型
文件名	选择及设置程序文件名
更新一览表	刷新程序一览表
转送 A→B	将 A 中的文件数据送入 B 中
比较 A→B	将 A 中的文件数据与 B 中的文件数据比较
削去 A(删除)	将 A 中的文件数据删除
削去 B(删除)	将 B 中的文件数据删除
重命名 A→B	将 A 程序名赋予 B
合并 B→A	将 B 程序与 A 程序合并
存储卡格式化	对存储卡进行格式化
警告解除	解除本界面出现的报警

7.6 NC 文件操作界面

NC 文件操作界面即 F0 界面。F0 界面用于执行 PLC 编程,该界面下的二级菜单见表 7-28。

表 7-28 F0 界面下的二级菜单

菜单名称	功能
NC FILE(NC 文件操作)	对 NC 内部的文件进行操作。有如下功能:PLC 程序列表,打开,PLC 程序写入 ROM,文件删除,文件格式化,PLC 运行/停止,密码
EXT. FILE OPERATION(外设文件操作)	外部设备的文件→NC,NC→外部设备的文件,文件比较,文件删除
LADDER 运行(梯形图监视)	对 PLC 梯形图进行监视
LADDER EDIT(梯形图编辑)	编辑 PLC 梯形图
DEVICE(软元件监视)	对 PLC 梯形图中的软元件成批监视
PARAM(多程序设置)	对多个 PLC 程序进行排序、插入、删除等处理
PLC 诊断 OSIS(PLC 程序检查)	检查 PLC 程序是否有错误
ENVIRON SETTING(设置 PLC 梯形图显示方式)	设置 PLC 梯形图显示方式(PLC 梯形图每行触点数,显示区域大小,是否显示软元件数据,以及注释的相关显示设置)
HELP(帮助)	

7.6.1 F0→NC FILE

F0→NC FILE 界面下的三级菜单见表 7-29。

表 7-29 F0→NC FILE 界面下的三级菜单

菜单名称	功能
LIST(PLC 程序列表)	对 PLC 程序、信息程序、分类程序列表
OPEN(打开)	选择并打开 PLC 程序
ROM WRITE	将 PLC 程序写入 ROM(调机时常用操作)
DELETE(删除)	删除 PLC 程序
FORMAT(格式化)	对 NC 内存的 PLC 程序进行格式化
PLC RUN/STOP	PLC 程序运行/停止切换
KEYWORD(密码)	输入密码

7.6.2 F0→LADDER 运行

F0→LADDER 运行界面下的三级菜单见表 7-30。

表 7-30 F0→LADDER 运行界面下的三级菜单

菜单名称	功能
START/STOP 运行(监视 启动/停止)	监视、启动、停止切换
ENTRY DEVEICE(软元件监视及查找)	弹出软元件登记及查找窗口
ENTRY LADDER 运行(梯形图运行监视)	弹出 PLC 多程序监视窗口(如信息程序)
DEVICE TEST(软元件测试)	对位元件强制 ON/OFF,对字元件强制设置数值
FIND(查找)	查找软元件和指令
FIND STEP NO(按步序号查找)	按步序号查找
COMMENT ON/OFF(注释显示/关闭)	显示或关闭程序中的注释
MOVEMENT ON SPLIT SCREEN(分屏切换)	切换屏幕中的显示区域
PROGRAM CHANGE(程序选择)	选择需要监视的程序(如主程序或信息程序)
ZOOM DISPLAY(显示比例切换)	对显示比例进行切换

7.6.3 F0→DEVICE

F0→DEVICE 界面下的三级菜单见表 7-31。

表 7-31 F0→DEVICE 界面下的三级菜单

菜单名称	功能
DEVICE BATCH(软元件成批监视)	对设定的软元件进行成批监视
SAMPLING TRACE(采样跟踪)	打开采样跟踪设置菜单

第8章

使数控机床动起来

8.1 手轮模式运行

对于新机床，有很多不明因素。所以最初的操作必须用手轮模式。这是因为在手轮模式下可以随时停止发脉冲，停止伺服电机的运行。其操作步骤如下。

① 选择手轮模式。将操作面板上的工作模式旋钮转到手轮图标（图 8-1）。在显示器上会出现"手轮"字样。

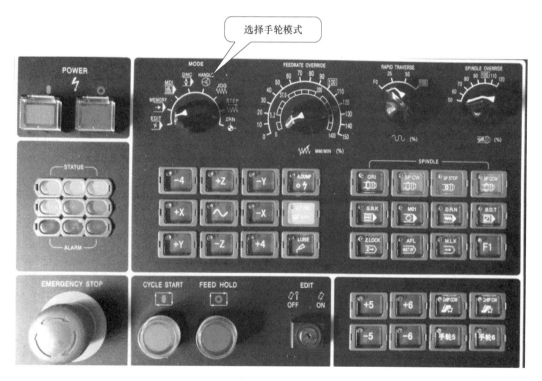

图 8-1　在操作面板上选择手轮模式

② 手持手轮，选择运行轴（先选择水平运行的 X 轴）。

③ 选择放大倍数。在手轮（图 8-2）上有×10、×100、×1000 的放大倍数可以选择。

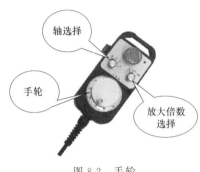

軸选择

手轮

放大倍数
选择

图 8-2　手轮

初始运行应选择最小的放大倍数。

④ 观察 X 轴的运行区域应无障碍物。

⑤ 检查各轴的润滑油加注状态，应在各轴轨道上强制加注润滑油。

⑥ 摇动手轮，观察 X 轴的实际运行，同时观察在显示器上 X 轴的位置数据变化。往复运行。注意要在行程限制范围内运行。

⑦ 依次选择放大倍数×100、×1000，摇动手轮，观察 X 轴的实际运行情况，同时观察在显示器上 X 轴的位置数据变化。注意速度的变化。

⑧ 依次对 Y 轴、Z 轴进行第②至⑦项操作。

⑨ 对 Z 轴操作必须特别注意，因为是垂直载荷，Z 轴一般带有制动器（抱闸）。要等待系统正常后，抱闸打开，再用手轮操作 Z 轴，注意防止 Z 轴的突然坠落。

8.2　JOG 模式运行

JOG 模式就是点动模式。点动模式下，按住按键，电机轴运行，松开按键，电机轴运行停止。其操作步骤如下。

① 选择 JOG 模式。将操作面板上的工作模式旋钮转到 JOG 图标（图 8-3）。

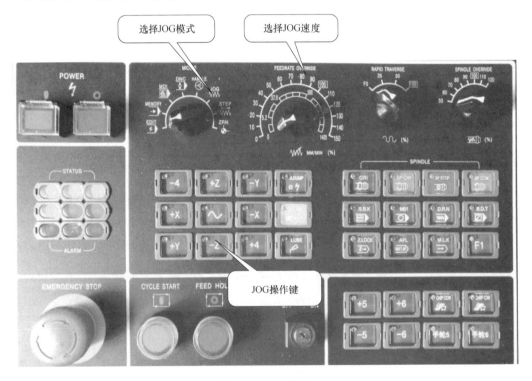

图 8-3　JOG 操作

② 选择运行速度，在操作面板上有速度倍率选择旋钮，一般有 15 挡。先选择 10% 挡。

③ 选择运行轴，先选择水平运行的 X 轴；在操作面板上有 X＋、X－、Y＋、Y－、

Z＋、Z－按键，以点动方式操作 X＋、X－按键，观察 X 轴的实际运行，同时观察在显示器上 X 轴的位置数据变化。注意运行方向是否与按键一致。往复运行。注意要在行程限制范围内运行。

④ 以同样方式操作 Y 轴和 Z 轴。

⑤ 逐步将速度倍率调高到 100％挡。观察各轴运动状态。

8.3　快进模式运行

快进是指在手动模式下，以设定的高速运行。快进的速度由参数设置。快进速度一般分为 4 挡，在操作面板上有对应的按键，如图 8-4 所示。快进操作如下。

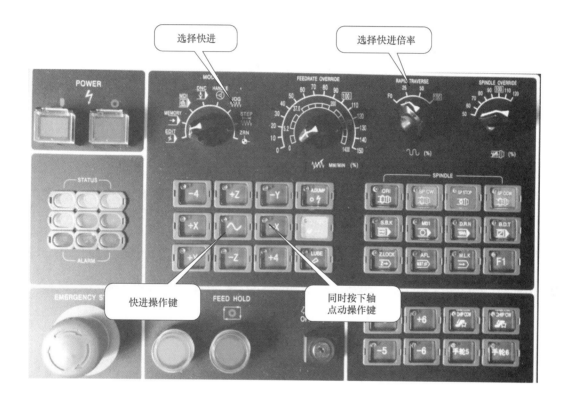

图 8-4　快进操作

① 选择 JOG 模式。

② 选择"快进倍率"，先选择 10％挡（人为设定）。

③ 一手按下 X＋ 按键，一手按下快进按键，观察 X 轴运行状态（为了保证安全，操作时必须要求 X＋按键和快进按键同时 ON 才有效）。

④ 逐步加大快进倍率一直到 100％挡，观察速度是否有明显加快。由于速度加快，必须注意安全。

⑤ 以同样的方式操作 Y 轴和 Z 轴。注意必须在各轴的行程范围内运行。

8.4 主轴运行操作

① 设置主轴速度。通过手动 MST 功能，在显示器窗口中设置主轴速度，如"S2000"即 2000r/min。

② 选择主轴倍率。在操作面板上，主轴倍率一般有 7 挡（50%～120%），如图 8-5 所示。先选择 50% 挡。

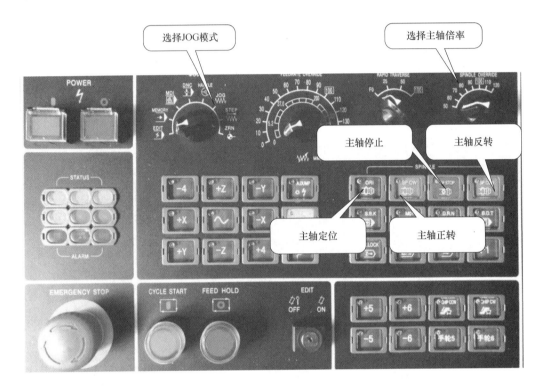

图 8-5 主轴运行操作

③ 观察主轴上是否有刀具，如主轴上有刀具应先卸下，这也是出于安全考虑，同时关闭机床防护门。

④ 按下主轴正转键，观察主轴运行状态。

⑤ 逐步将主轴倍率调高到 100%～120%。

⑥ 观察主轴运行状态，同时在显示器上观察主轴速度是否达到指令要求。

⑦ 按下主轴反转键，观察主轴运行方向。

⑧ 按下主轴停止键，观察主轴运行是否停止。

⑨ 重新设置主轴速度。如设置"S6000"，即 6000r/min。观察主轴运行状态。

8.5 回原点模式运行

回原点模式是操作各轴回到原点。其执行步骤如下。

① 用 JOG 动作，使各轴到达回原点前的适当位置。

② 在操作面板上选择回原点模式，如图 8-6 所示。

图 8-6　回原点操作

③ 按下 X+ 键（或 X- 键），X 轴开始执行回原点操作。在这期间不要停止 X 轴动作，一直到 X 轴回原点完成。在操作面板和显示器上会出现 X 轴回原点完成提示。

④ 同样操作 Y 轴和 Z 轴，执行全部轴的回原点操作。

8.6　自动模式运行

自动模式就是运行加工程序的模式。其执行步骤如下。

① 编制加工程序。在编辑窗口编制程序：

程序号　100

G90　G1　X100.　F1000；

② 选择工作模式为自动模式。将操作面板上的工作模式旋钮旋转到自动（图 8-7）在显示器上会显示"自动"。

③ 选择加工程序号 。这里程序号为 100。

④ 按下自动启动按钮，观察 X 轴是否启动运行，是否移动到程序规定的位置。

⑤ 在运行中按下自动停止按钮，观察 X 轴是否停止运行。

⑥ 在运行中保持对急停按钮的控制，保证安全性，以免出现危险。

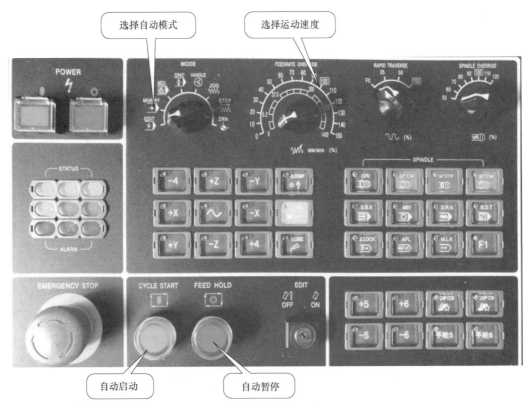

图 8-7　自动模式运行

第9章

常用PLC基本接口

9.1 PLC程序基础

调试 NC 系统时，经常提到 PLC 程序和加工程序。这是两种不同类型和用途的程序。PLC 程序用于建立外部操作信号与 NC 内部的各项功能之间的逻辑关系（例如在操作面板上用某一按键选择自动工作模式等）。所有 NC 功能的激活都必须通过 PLC 程序编制。NC 的各项功能都有规定的接口，NC 的工作状态也由规定的信号表示。PLC 程序可以在计算机上编制完成后送入 NC 控制器。

PLC 程序梯形图如图 9-1 所示。

图 9-1　PLC 程序梯形图

各种品牌的 NC 系统都有自己的软件用于编制 PLC 程序。编制完成的 PLC 程序可以使用计算机传入 NC 控制器，也可以在 NC 控制器上直接编制 PLC 程序。

编制 PLC 程序必须依据各 NC 生产厂家提供的技术手册。各品牌数控系统都有：PLC 接口手册及 PLC 指令说明书。PLC 接口手册是对 NC 系统的各功能接口、状态信号接口、专用文件寄存器的说明。要启用 NC 的何种功能必须查找相关的接口手册。PLC 指令说明书是对可以使用的指令进行说明，如基本指令、功能指令、数据处理指令、刀库专用指令。

9.2 最基本的接口

9.2.1 激活 NC 系统功能的接口——Y 接口

以三菱 NC 系统为例，其已将各种 NC 功能固化为 PLC 接口，在 PLC 程序中只需要驱动某一接口，其对应的 NC 功能就生效。这里解释各接口的功能定义、使用方法。要求 NC 系统各种功能生效是编制 PLC 程序最主要和最大量的工作，因此首先介绍功能接口——Y 接口。

由于每一功能接口在三菱不同型号的数控系统中其地址号（编号）不同，为了便于阅读，对同一功能接口列出了不同系统的地址号（编号）。现以 M80 系统为主解释其功能。

虽然各系统中同一功能接口的地址号（编号）都不相同，但同一功能接口英文简称相同，利用英文简称可直接确定功能接口。

序号	名称	简称	E60/M60 元件号	M800/M80 元件号	C70 元件号
1	解除第 N 轴数控轴功能 CONTROL AXIS DETACH	DTCH	Y180～Y187	Y780～Y787	Y400～Y6D0

功能说明

对指定的轴解除其数控轴功能。

Y780＝ON，第 1 轴被解除数控轴控制。

Y787＝ON，第 8 轴被解除数控轴控制。

使用说明

① 当本信号＝ON 时，其指定的轴被解除数控控制功能。

② 指定的轴不受任何定位功能的控制。

③ 在指定的轴上，伺服报警、超程报警和其他报警无效。

④ 在指定的轴上，互锁信号仍然有效。

⑤ 指定的轴在显示器上仍然可以显示。

⑥ 设置基本规格参数♯1070 和 加工参数♯8201 可起同样作用（解除数控轴控制）。

实际工作中，一个带旋转工作台的铣床如果暂时卸下旋转工作台时，经常使用此功能。

序号	名称	简称	E60/M60 元件号	M800/M80 元件号	C70 元件号
2	切断第 N 轴伺服功能 SERVO OFF	SVF1	Y188～Y18F	Y7A0～Y7A7	Y401～Y6D1

功能说明

在伺服关断功能生效时，指定的轴不能进行定位控制，但仍然可以进行位置检测（这样可以读出外力引起的位移误差）。伺服轴刀库经常使用这一功能。SVF1～SVF8 对应第 1 轴到第 8 轴。

使用说明

SVFn＝OFF，被指定的轴进入伺服关断状态。在伺服关断条件下，如果由于外力使该伺服轴产生位移，当 SVFn＝ON 时，其位移误差如何补偿由参数决定。

① 在绝对值运动指令校正位移误差模式下，即使伺服关断信号被解除，SVFn＝ON，机械仍保持在偏离位置，直到下一个绝对值运动指令发出后（在手动状态下，当手动绝对值信号发出后），其当前位置由位置计数器读出，控制器发出一个与位移误差相等的运动指令，位移误差变为零，机械位置即被校正。

② 在立即校正模式下，只要伺服关断信号被解除，SVFn＝ON，机械位置立即被校正。

图 9-2 表明，当伺服切断 SVFn＝OFF 时，在运动中的轴立即减速停止。伺服 READY 信号＝OFF（控制器内部锁停伺服轴使其不能运行）。

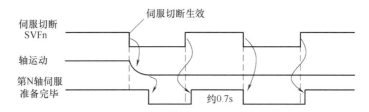

图 9-2　伺服切断信号与伺服轴准备完毕信号的关系

注意，SVF 信号是 B 接点信号，即 SVFn＝OFF，伺服切断功能立即生效。

B 接点就是如果不进行 PLC 处理时，该接点一直保持 ON 状态（常闭），如果在 PLC 程序中编制了该接点的相关程序，就由 PLC 程序控制该接点的 ON/OFF 状态。在 PLC 程序中必须进行 B 接点处理。

序号	名称	简称	E60/M60 元件号	M800/M80 元件号	C70 元件号
3	第 N 轴正向 外部减速信号 EXTERNAL DECELERATION ＋nTH AXIS	EDT	Y198～Y19F	Y7E0～Y7E7	Y403～Y6D3

功能说明

EDTn＝OFF 时，正向运行的伺服轴速度立即减至外部减速速度。外部减速速度可以通过参数♯1216 设定。本功能只是使指定轴减速到某一速度，但并不停止。EDT1～EDT8 对应于第 1 轴～第 8 轴。

使用说明

① 在手动模式下，EDTn＝OFF，每一轴独立减速。

② 在自动模式下，EDTn 任一信号＝OFF，而且轴的移动方向与该轴的外部减速信号方向相同时，全部轴都以相同速度减速。外部减速速度可用参数♯1216 设定。

③ 当控制轴的移动速度小于设定的减速速度时，其运动不受本信号影响。

④ 如果控制轴的运行速度大于设定的减速速度时，则自动减速速度是一个组合速度。

⑤ 当控制轴朝相反方向运动时，其速度立即回到原来的速度。

⑥ 在自动模式中，对于 G28、G29、G30 指令，其控制轴的运行速度将变为外部减速速度。

⑦ 在同步攻螺纹时，快进速度变为外部减速速度。

序号	名称	简称	E60/M60 元件号	M800/M80 元件号	C70 元件号
4	第 N 轴负向 外部减速信号 EXTERNAL DECELERATION —nTH AXIS	—EDT	Y1A0～Y1A7	Y800～Y807	Y404～Y6D4

功能说明

同第 N 轴正向外部减速信号功能。仅方向不同。

使用说明

图 9-3 显示了当本信号＝OFF 时，轴运动速度的变化。

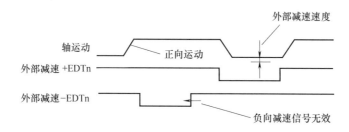

图 9-3　外部减速信号的功能

序号	名称	简称	E60/M60 元件号	M800/M80 元件号	C70 元件号
5	自动模式第 N 轴正向停止 AUTO INTERLOCK	AIT	Y1A8～Y1AA	Y820～Y827	Y405～Y6D5

功能说明

在自动工作模式（自动、MDI、DNC）中，当指定的轴在正方向运动而本信号＝OFF，则所有轴都减速并停止。

使用说明

① 在自动工作模式中，当指定的轴在正方向运动且触发本信号＝OFF 时，则系统所有轴都减速停止，显示器上显示 M01 004 报警。

② 如果开始就设置本信号＝OFF，则系统只进行轴移动的计算，而保持轴的停止状态并且显示器上显示 M01 004 报警。

③ 在任一状态下使本信号＝ON，则轴恢复运动。

④ 本信号为 B 接点信号，必须进行 B 接点处理。如果不使用本功能，则不需在 PLC 程序内编程。

序号	名称	简称	E60/M60 元件号	M800/M80 元件号	C70 元件号
6	自动模式第 N 轴负向停止 AUTO INTERLOCK	−AIT	Y1B0～Y1B7	Y840～Y847	Y406～Y6D6

功能说明

与第 N 轴正向自动停止功能相同，只是方向相反。

使用说明

与第 N 轴正向自动停止一致。

序号	名称	简称	E60/M60 元件号	M800/M80 元件号	C70 元件号
7	手动模式第 N 轴正向停止 MANUAL INTERLOCK	MIT	Y1B8～Y1BF	Y860～Y867	Y407～Y6D7

功能说明

在手动工作模式（点动、手轮、手动定位、回原点）中，当指定的轴在正向运动且触发本信号＝OFF 时，则该轴减速并停止。

使用说明

① 在手动工作模式中，当指定的轴在正方向运动且触发本信号＝OFF 时，则该轴减速并且停止，显示器上显示 M01　004 报警。

② 如果开始就设置本信号＝OFF，则系统只进行轴移动的计算，保持轴的停止状态并且显示器上显示 M01　004 报警；在任一状态下使本信号＝ON，则该轴恢复运动。

③ 本信号必须进行 B 接点处理。如果不使用本功能，则不需在 PLC 程序内编程。

序号	名称	简称	E60/M60 元件号	M800/M80 元件号	C70 元件号
8	手动模式第 N 轴负向停止 Manual interlock-Nst axis	−MIT	Y1C0～Y1C7	Y880～Y887	Y408～Y6D8

功能说明

与手动模式第 N 轴正向停止功能相同，只是方向相反。

使用说明

与手动模式第 N 轴正向停止一致。

序号	名称	简称	E60/M60 元件号	M800/M80 元件号	C70 元件号
9	自动模式第 N 轴机械运动锁停 AUTO MACHINE LOCK	AMLK	Y1C8～Y1CF	Y8A0～Y8A7	Y409～Y6D9

功能说明

当本信号＝ON 时，电机轴的实际运动被锁停，当前位置计数器继续计数，即程序继续运行，而电机轴不进行实际运动。如果在自动运行的某一程序段的中间本信号＝ON，则在该程序段执行完毕后，从下一程序段起执行轴运动锁停。

使用说明

可利用本功能实现 Z 轴锁停、机械轴运动锁停功能。操作面板上经常配置这一功能。

序号	名称	简称	E60/M60 元件号	M800/M80 元件号	C70 元件号
10	手动模式第 N 轴机械运动锁停 MANUAL MACHINE LOCK	MMLK	Y1D0～Y1D7	Y8C0～Y8C7	Y40A～Y6DA

功能说明

在手动模式下，当本信号＝ON 时，电机轴的实际运动被锁停，当前位置计数器继续计数，即显示器上显示程序运行，而电机轴不进行实际运动。

使用说明

可利用本功能实现机械轴运动锁停。

序号	名称	简称	E60/M60 元件号	M800/M80 元件号	C70 元件号
11	手动模式第 N 轴正向启动 FEED AXIS SELECT	J	Y1D8～Y1DF	Y8E0～Y8E7	Y40B～Y6DB

功能说明

当本信号＝ON 时，指定第 N 轴在手动（点动、步进、回原点）模式下正向运动。

使用说明

① 在 JOG 模式下，该信号是一点动信号。该信号＝ON 时，电机轴运动，该信号＝OFF 时，轴运动停止。

② 在步进模式下，只要该信号＝ON（即使随后＝OFF），电机轴就运行一设定距离，该距离为 R140 数值。

③ 在回原点模式下，只要该信号＝ON（即使随后＝OFF），就将回原点过程执行完毕。

④ 如果正向启动信号和负向启动信号同时＝ON，则该信号不起作用。

⑤ 如果本信号在点动、步进、回原点模式选择之前＝ON，则本信号无效。

⑥ 如果本信号＝ON，复位信号有效，则本信号无效。在复位有效时，本信号＝ON，本信号也无效。

⑦ 在轴运动减速时，本信号无效。

序号	名称	简称	E60/M60 元件号	M800/M80 元件号	C70 元件号
12	手动模式第 N 轴负向启动 FEED AXIS SELECT	—J	Y1E0～Y1E7	Y900～Y907	Y40C～Y6DC

功能说明

其功能与手动模式第 N 轴正向启动相同，方向相反。

使用说明

与手动模式第 N 轴正向启动一致。

序号	名称	简称	E60/M60 元件号	M800/M80 元件号	C70 元件号
13	选择手轮模式 HANDLE MODE	H	Y209	YC01	Y701～YC41

功能说明

本信号用于选择手轮模式。

使用说明

当本信号＝ON时，选择手轮模式。在手轮模式下，还必须选定手轮进给轴，设定手轮脉冲放大倍率。摇动手轮，选定的轴就可运行。

序号	名称	简称	E60/M60 元件号	M800/M80 元件号	C70 元件号
14	选择步进模式 INCREMENTAL MODE	S	Y20A	YC02	Y702～YC42

功能说明

本信号用于选择步进模式。步进模式也称增量模式。

使用说明

当本信号＝ON时，选择步进模式。步进模式的工作过程是，每发出一启动信号，被选定的轴就运行一设定的距离。

启动信号为手动正向启动或手动负向启动指令。

运行距离由放大倍数（MP1～MP4 或 R140）确定（相当于每一启动指令只发一脉冲，经过放大后就是指令脉冲数，即运行距离）。因此，这种模式也可视为脉冲模式。如果快进模式（RT）＝ON，速度为快进速度；如果快进模式（RT）＝OFF，速度为手动运行速度（JV1～JV16 或 R136）。

序号	名称	简称	E60/M60 元件号	M800/M80 元件号	C70 元件号
15	选择手动定位模式 MANUAL RANDOM FEED	PTP	Y20B	YC03	Y703～YC43

功能说明

本信号用于选择手动定位模式。手动定位模式也称手动随机进给模式。

使用说明

本模式的工作实质是手动定位。因此以下与定位有关的条件必须设定：手动操作站及各定位轴的选定（类似于手轮，系统内可设置三个操作站）；移动（定位）距离的设置；坐标系的设定；运动速度的设定等。

序号	名称	简称	E60/M60 元件号	M800/M80 元件号	C70 元件号
16	回原点模式 REFERENCE POSITION RETURN MODE	ZRN	Y20C	YC04	Y704～YC44

功能说明

本信号用于选择回原点模式。

使用说明

当本信号＝ON，且手动正向启动或手动负向启动指令＝ON时，被指定的轴执行回原点动作，直到回原点完成。有关"回原点"的速度、方向等由♯2025等相关参数设置。

序号	名称	简称	E60/M60 元件号	M800/M80 元件号	C70 元件号
17	DNC 模式 TAPE MODE	T	Y211	YC09	

功能说明

本信号用于选择DNC模式。在本模式下，系统根据存储在外部存储设备内的加工程序自动运行。

外部存储设备包括：纸带；PC机的内存（通过RS232口输入，故该模式也称在线加工）；大容量CF卡。

使用说明

当本信号＝ON时，选择DNC模式。

① 用自动启动指令启动自动程序运行。

② 用自动暂停指令暂停自动程序运行。

如果在本信号＝ON时又输入了手动模式信号，系统会报警（手动自动同时有效方式除外）。

序号	名称	简称	E60/M60 元件号	M800/M80 元件号	C70 元件号
18	MDI 模式 Manual Data Input	D	Y213	YC0B	Y70B～YC4B

功能说明

本信号用于选择MDI模式。MDI模式也称手动数据输入模式。

MDI模式是自动模式中的一种。在此模式下，系统根据在MDI屏幕上编制的程序运行。

使用说明

当本信号＝ON时，选择MDI运行模式。

① 用自动启动指令启动MDI程序运行。

② 用自动暂停指令暂停MDI程序运行。

③ 如果本工作模式与其他工作模式同时被选择，或者没有工作模式被选择，系统会发出M01 0101报警。

如果在本信号＝ON时又输入了手动信号，系统会报警（手动自动同时有效方式除外）。

MDI模式多用于调试阶段。

序号	名称	简称	E60/M60 元件号	M800/M80 元件号	C70 元件号
19	点动模式 JOG MODE	JOG	Y208	YC00	Y700～YC40

功能说明

本信号用于选择点动模式。

使用说明

如果本信号＝ON，选择点动模式。

当本信号＝ON时，而且选定手动运行速度（JV1～JV16或R136），发出了正向启动或负向启动指令，被选定的轴就开始点动运行。

如果要启动快进模式，快进信号（RT）必须与本信号同时＝ON。

序号	名称	简称	E60/M60 元件号	M800/M80 元件号	C70 元件号
20	自动模式 MEMORY MODE	MEN	Y210	YC08	Y708～YC48

功能说明

本信号用于选择自动模式。在此模式下，系统根据存储在系统内存的加工程序自动运行。

使用说明

当本信号＝ON时，选择自动模式。

① 用自动启动指令启动自动程序运行。

② 用自动暂停指令暂停自动程序运行。

如果在自动模式＝ON时又输入了手动模式信号，系统会报警（手动自动同时有效方式除外）。

序号	名称	简称	E60/M60 元件号	M800/M80 元件号	C70 元件号
21	自动启动 AUTO OPERATION "START" COMMAND(Cycle start)	ST	Y218	YC10	Y710～YC50

功能说明

本信号用于在自动模式、MDI模式、DNC模式中发出自动程序启动指令。

使用说明

本信号下降沿有效。本信号接通时间要求大于100ms（在PLC程序中用内部脉冲信号驱动本接口时，必须特别注意接通时间的要求）。

在下列情况下，本信号无效：自运行启动时；自动暂停信号（Y219）＝OFF；在复位状态中；在报警状态中；在调用程序时。

在下列情况下，自动运行停止，暂停。自动暂停信号（Y219）＝OFF；进入复位状态；进入报警状态；自动模式转变为手动模式；转变为其他自动模式而且程序执行完毕；选择单节运行（SBK）功能，而且当前程序段执行完毕；机械锁停信号＝ON，而且当前程序段执行完毕；在MDI模式下，其选定的程序执行完毕。

序号	名称	简称	E60/M60 元件号	M800/M80 元件号	C70 元件号
22	自动暂停 AUTO OPERATION "PAUSE" COMMAND (Feed hold)	SP	Y219	YC11	Y711～YC51

功能说明

本信号用于在自动模式、MDI模式、DNC模式中发出自动暂停指令，本指令使各运动轴减速运行并停止。

使用说明

① 本信号为B接点信号。本信号＝OFF时，自动运行停止（只要本信号＝OFF一次，自动暂停就生效，本信号一般用点动开关控制）。

② 先使本信号＝ON，再发出自动启动ST指令，自动程序又启动运行。

③ 在下列情况下，自动运行不能立即停止。

a. 攻螺纹：在本信号＝OFF时，攻螺纹循环要执行完毕后，刀具退回R点。然后自动运行停止。

b. 螺纹加工：本信号＝OFF时，在非螺纹加工程序段执行完毕后，自动运行停止；如果本信号保持＝OFF，则一进入非螺纹加工程序段，自动运行停止。

④ 用户在宏程序中设置了控制变量自动暂停无效时，如果自动暂停无效在某一程序段被解除，则在该程序段自动运行停止。

⑤ 在机械锁停＝ON的状态下，本信号也有效。

序号	名称	简称	E60/M60 元件号	M800/M80 元件号	C70 元件号
23	单节运行 SINGLE BLOCK	SBK	Y21A	YC12	Y712～YC52

功能说明

当本信号＝ON时，则程序每一单节运行完毕就停止一次（对M0、M01的处理就是驱动本信号）。这是检验加工程序的重要功能，在调试时经常使用。

使用说明

① 如果本信号＝ON，自动程序运行时，当前程序段执行完毕，自动运行停止。要重新启动程序，必须发出自动启动指令。

② 如果本信号＝ON，再发出了自动启动信号，则每执行一个程序段后停止。这样就实现了程序每次执行一个程序段。

③ 如果在程序段结束时本信号＝ON，则程序立即停止。但对于某些固定循环则停止的位置有所不同，要参考相关的编程手册。

单节运行功能的时序图如图9-4所示。

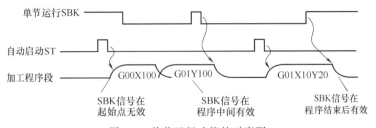

图9-4 单节运行功能的时序图

序号	名称	简称	E60/M60 元件号	M800/M80 元件号	C70 元件号
24	空运行 DRY RUN	DRN	Y21D	YC15	Y715～YC55

功能说明

当本信号＝ON 时，则自动加工程序中的进给速度（F）被手动设置的速度值所取代，主要用于对程序进行高速运行以检查程序的正确性。空运行源自英文 DRY RUN，是没有实际加工工件的运行。

使用说明

在切削进给时，本信号为 ON：若快进模式（RT）＝ON，则程序运行速度为最大切削速度，此时进给倍率和快进倍率无效；若快进模式（RT）＝OFF，则手动运行速度（JV1～JV16）有效；若手动倍率调节有效（OVSL）＝ON，则进给倍率有效。

在快进时，本信号＝ON，必须设置参数使空运行在快进时有效（G0、G27、G28、G29、G30）；如果快进模式（RT）＝ON，则空运行信号无效；如果快进模式（RT）＝OFF，则运行速度＝手动运行速度；空运行在手动模式下无效；即使在 G84 或 G74 指令运行时，空运行也有效。

序号	名称	简称	E60/M60 元件号	M800/M80 元件号	C70 元件号
25	复位和倒带 RESET & REWIND	RRW	Y222	YC1A	Y71A～YC5A

功能说明

如图 9-5 所示，本信号使控制器复位。同时使当前加工程序返回到起始步。键盘上的复位键信号为 X2F0，在 PLC 程序中应用 X2F0 直接驱动 YC1A（M 功能中的 M30、M02 应直接驱动本信号）。

使用说明

当本信号＝ON 时：运动中的轴减速停止；轴移动停止后，NC 系统被复位，NC 系统复位 0.5s 后，状态信号"在复位中"＝ON，"在倒带中"＝ON；在自动模式下，调出当前加工程序的起始步（即正在运行的程序被取消，回到当前程序的起始步，等待从头

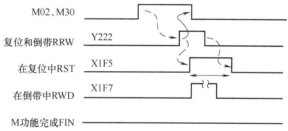

图 9-5 M02、M30 指令的执行过程

运行）；不可进行自动和手动运行；G 指令的模态被初始化；刀具补偿被删除；错误/报警被复位；M、S、T 选通信号＝OFF；M 指令的独立输出信号（M00、M01、M02、M30）＝OFF。

图 9-5 是 M02、M30 指令的执行过程，当 M02、M30 执行时，其完成状态不驱动 FIN，而驱动 RRW，使系统进入复位和倒带状态。这与其他的 M 指令处理不同。

序号	名称	简称	E60/M60 元件号	M800/M80 元件号	C70 元件号
26	加工程序自动重启 AUTO RESTART	ARST	Y224	YC1C	Y71C～YC5C

功能说明

如果在加工程序结束后本信号＝ON，则同一程序重新启动。

使用说明

如图 9-6 所示。

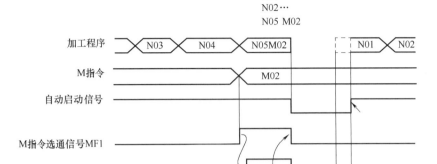

图 9-6 加工程序自动重启时序图

① 本信号解除 G 指令的模态连续性。

② 本指令仅在自动启动时有效。

③ 本指令在自动模式和 MDI 模式下有效。

④ 一般用 M02、M30 指令驱动本信号，在此状态下，不能用 M02、M30 指令驱动 FIN1、FIN2 信号。

⑤ 如果自动暂停指令生效，则本信号无效。

⑥ 本指令在单节停止时无效。

⑦ 如果用除 M02、M30 的其他 M 指令驱动本信号，则当前程序停止，当前程序回到起始步，同一程序重新启动。

⑧ 如果在本信号＝ON 时，复位和倒带信号＝ON，则本信号无效。

序号	名称	简称	E60/M60 元件号	M800/M80 元件号	C70 元件号
27	M 功能完成 1 M FUNCTION FINISH 1	FIN1	Y226	YC1E	Y71E～YC5E

功能说明

如图 9-7 所示，这是 NC 中最重要的信号之一。当自动加工程序中出现 M、S、T 指令时，M 指令多用于驱动一些外围设备动作，S 指令用于设定主轴速度，T 指令用于换刀。当

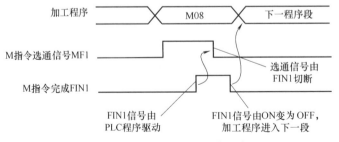

图 9-7 FIN1 指令的动作时序图

PLC 程序检测到这些指令要求的动作完成时，就驱动本信号，本信号再切断 M/S/T 指令的选通信号，加工程序就进入下一行。由此构成了步进式程序。

使用说明

① 当自动加工程序中出现 M、S、T 指令时，其选通信号（MF1～MF4、SF1、TF）＝ON，并发出相应的代码。PLC 程序根据 M 指令驱动相关设备，根据 S 指令进行主轴换挡调速，根据 T 指令换刀。

② 当 PLC 程序检测到这些指令要求的动作完成时，就驱动本信号为 ON（由编程者编制 PLC 程序）。

③ NC 控制器检测到本信号＝ON，则切断相应的选通信号（MF1～MF4、SF1、TF）使其＝OFF（控制器自动处理）。

④ 当 PLC 程序检测到每一选通信号均为 OFF 时，就使本信号＝OFF。

⑤ 当 NC 控制器检测到本信号＝OFF 时，就使加工程序进入下一行（控制器自动处理）。

对 M、S、T 指令，本功能的作用相同。本功能与 Y1885 相同，也是确认主轴速度的信号。如果 M、S、T 指令确定的代码尚未发出就接通了本信号，必须将本信号 OFF 一次，才能获得相应代码。M02、M30 应该驱动复位和倒带信号，如果用 M02、M30 驱动本信号，则发生 P36 报警。

序号	名称	简称	E60/M60 元件号	M800/M80 元件号	C70 元件号
28	M 功能完成 2 M FUNCTION FINISH 2	FIN2	Y227	YC1F	Y71F～YC5F

功能说明

如图 9-8 所示。本信号功能与 YC1E 相同。

使用说明

加工程序在 Y226 的下降沿进入下一程序段，而加工程序在本信号的上升沿进入下一程序段。

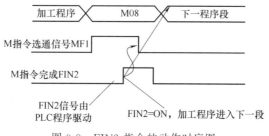

图 9-8　FIN2 指令的动作时序图

序号	名称	简称	E60/M60 元件号	M800/M80 元件号	C70 元件号
29	打开机床门 DOOR OPEN		Y380	Y768	

功能说明

当本信号＝ON 时，表示打开机床防护门，所有轴停止运动并且切断接触器电源。

使用说明

① 当本信号为 ON 时，NC 执行下列动作：所有轴（伺服轴和主轴）减速停止；所有轴

减速停止后，系统处于 READY OFF 状态，每一驱动器的接触器电源被断开。

② 当本信号＝OFF 时，NC 执行下列动作：所有轴进入伺服 ON 状态，系统进入 READY ON 状态。

③ 模拟主轴处理。当连接模拟主轴时，由于 NC 不能完全确认模拟主轴的停止状态，所以必须在开门之前用 PLC 程序使模拟主轴停止。由于主轴可能在门关闭后立即启动旋转，所以必须在本信号为 ON 时，切断主轴正转和反转信号。

序号	名称	简称	E60/M60 元件号	M800/M80 元件号	C70 元件号
30	程序重新启动 PROGRAM RESTART	PRST	Y22B	YC23	

功能说明

程序重新启动功能是通过手动模式使轴返回到重新开始位置时，检查轴移动方向并使轴在重新开始位置停止，如图 9-9 所示。

```
[重新开始位置  (G54) ]  [ 重新开始剩余距离]
X  -130.000   RP    X    0.000
Y   -10.000   RP    Y    0.000
Z    0.000    RP    Z    0.000
```

图 9-9　重新开始位置

使用说明

当本信号为 ON，并以手动方式向重新开始位置方向移动时，系统会在重新开始位置自动停止。此时，程序重启界面的剩余距离变为零，而且重新开始位置中显示 RP。如果其移动方向相反，则出现操作错误。

序号	名称	简称	E60/M60 元件号	M800/M80 元件号	C70 元件号
31	快进 RAPID TRAVERSE	RT	Y22E	YC26	Y726～YC66

功能说明

当本信号＝ON，在点动、步进、回原点模式下的轴运动速度变为快进速度。快进不是一种工作模式，而是一种速度选择模式，如图 9-10 所示。

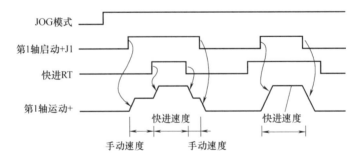

图 9-10　快进功能的时序图

使用说明

① 当本信号＝ON 时，点动和步进模式的运动速度变为快进速度（快进速度优先。快进速度由参数♯2001 设置），在回原点模式下，直到碰上 DOG 信号前的速度可设置成快进速度。

② 当本信号＝ON 时，速度或进给率同时改变。

③ 如果手动正向启动或手动负向启动＝ON，本信号（RT）＝OFF，则快进速度变为原来的手动速度。

④ 当本信号为 ON 时，在点动、步进、回原点模式下的速度变为快进速度。

⑤ 当本信号为 ON 时，快进倍率（ROV1、ROV2）生效。

⑥ 快进信号不是模式信号。在点动、步进、回原点模式中作为中断信号使用（快进优先）。

⑦ 快进信号在机械锁停时也有效。

序号	名称	简称	E60/M60 元件号	M800/M80 元件号	C70 元件号
32	手动移动量是否计入绝对位置寄存器 MANUAL ABSOLUTE	ABS	Y230	YC28	Y728～YC68

功能说明

在自动加工程序中如果有手动插入的移动量时，用本信号选择该移动量是计入还是不计入控制器的绝对位置寄存器。

使用说明

① 若本信号＝OFF，则动作如图 9-11 所示。

手动插入的移动量并未计入控制器的绝对位置寄存器。自动加工程序（不管是绝对指令还是相对指令）不受手动插入移动量的影响，仍然按程序规定的数据移动。

② 若本信号＝ON，则动作如图 9-12 所示。

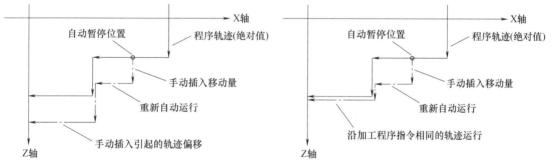

图 9-11　手动插入的移动量不计入绝对位置寄存器　　图 9-12　手动插入的移动量计入绝对位置寄存器

手动插入的移动量计入控制器的绝对位置寄存器。在手动插入后的自动加工程序要计入手动插入移动量，再按程序规定的数据移动。

序号	名称	简称	E60/M60 元件号	M800/M80 元件号	C70 元件号
33	数据保护 1 DATA PROTECT KEY 1	KEY1	Y238	Y708	Y318

功能说明

本信号用于保护（禁止修改）刀具数据和坐标系数据。

使用说明

本信号是 B 接点信号。当本信号＝OFF 时，禁止修改和设置刀具数据和坐标系数据。如果进行数据设置，在屏幕上就显示"数据保护"。

序号	名称	简称	E60/M60 元件号	M800/M80 元件号	C70 元件号
34	数据保护 2 DATA PROTECT KEY 2	KEY2	Y239	Y709	Y319

功能说明

本信号用于保护（禁止修改）用户参数和公共变量。

使用说明

本信号是 B 接点信号。当本信号＝OFF 时，禁止修改和设置用户参数和公共变量。如果进行数据设置，在屏幕上就显示"数据保护"。

序号	名称	简称	E60/M60 元件号	M800/M80 元件号	C70 元件号
35	数据保护 3 DATA PROTECT KEY 3	KEY3	Y23A	Y70A	Y31A

功能说明

本信号用于保护（禁止修改）加工程序。

使用说明

本信号是 B 接点信号。当本信号＝OFF 时，禁止编辑加工程序。如果编辑加工程序，在屏幕上就显示"数据保护"。

序号	名称	简称	E60/M60 元件号	M800/M80 元件号	C70 元件号
36	不执行带斜线的程序段 OPTIONAL BLOCK SKIP	BDT	Y23F	YC37	Y72D～YC6D

功能说明

若本信号＝ON，则不执行加工程序中带有斜线 "/" 的程序段。

使用说明

若本信号＝ON，则加工程序中带有斜线的程序段被跳过（即不执行带有斜线的程序段）。若本信号＝ON 时处于带有斜线程序段的中间，则该程序段被继续执行。若本信号＝OFF，则程序照常执行。

N10　　G90 G0 X1000；

N20　　G0 Y4999；

/ N30　　G1 Y3000　F3000；（带斜线程序段）

/ N40　　G1 X4800；（带斜线程序段）

N50　　M2；

这一功能的实质是系统不读取带有斜线的程序段。

利用本功能，可用一个程序加工两种零件。

序号	名称	简称	E60/M60 元件号	M800/M80 元件号	C70 元件号
37	主轴倍率选择 SPINDLE SPEED OVERRIDE	SP	Y288～Y28A	Y1888～ Y188A	

功能说明

本信号对自动模式、MDI 模式、DNC 模式下的 S 指令进行调速。

使用说明

当本信号为 OFF，用本信号组合编码选择主轴倍率，见表 9-1。在下列情况不可进行主轴调速：主轴停止信号＝ON；在攻螺纹循环中；在螺纹切削中。

表 9-1　编码信号与主轴倍率的对应关系

SP4	SP2	SP1	主轴倍率
1	1	1	50%
0	1	1	60%
0	1	1	70%
1	1	0	80%
1	0	0	90%
0	0	0	100%
0	0	1	110%
1	0	1	120%

序号	名称	简称	E60/M60 元件号	M800/M80 元件号	C70 元件号
38	主轴倍率选择方式 SPINDLE OVERRIDE METHOD SELECT	SPS	Y28F	Y188F	

功能说明

对主轴速度的调速有两种方式，其一是用 SP1～SP4 的编码信号，其二是用文件寄存器（R148）中的数据作为主轴倍率。本信号用于选择调速方式。

使用说明

当本信号＝OFF 时，选择用 SP1～SP4 的编码信号确定主轴倍率。

当本信号＝ON 时，选择用文件寄存器中的数据作为主轴倍率。

序号	名称	简称	E60/M60 元件号	M800/M80 元件号	C70 元件号
39	进给倍率取消 OVERRIDE CANCEL	OVC	Y298	YC58	

功能说明

本信号用于使进给倍率调节无效。

使用说明

当本信号＝ON 时，进给倍率调节（FV1～FV16）无效。本信号对手动倍率调节和快进倍率调节无效。

序号	名称	简称	E60/M60 元件号	M800/M80 元件号	C70 元件号
40	手动倍率调节 MANUAL OVERRIDE VALID	OVSL	Y299	YC59	

功能说明

在点动和步进模式下运行时，如果希望对手动速度也进行倍率调节，就使用本信号。若本信号＝ON，则手动倍率调节有效，如图 9-13 所示。

图 9-13　手动倍率调节有效

使用说明

当本信号＝ON 时，则手动倍率调节有效。倍率的设置有编码法（FV1～FV16）和文件寄存器法。

序号	名称	简称	E60/M60 元件号	M800/M80 元件号	C70 元件号
41	MST 功能锁停 MISCELLANEOUS FUNCTION LOCK	AFL	Y29A	YC5A	

功能说明

在检查加工程序时，有时不希望启动辅助功能（MST 功能），当本信号＝ON 时，M、S、T 辅助指令的选通信号被切断，M、S、T 辅助指令不起作用。

使用说明

① 当本信号＝ON 时，M、S、T 辅助指令的代码数据及选通信号被切断（MF1～MF4、TF1、SF1、BF1 均被切断），M、S、T 辅助指令不起作用。

② 即使本信号＝ON，M01、M02、M30 指令仍然有效，其选通信号仍然有效，仅仅只在控制器内部使用而不向外部输出的 M 指令如 M98、M99 仍然有效。

序号	名称	简称	E60/M60 元件号	M800/M80 元件号	C70 元件号
42	丝锥回退 TAP RETRACT	TRV	Y29C	YC5C	

功能说明

在攻螺纹循环因故中断或遇紧急停止状态，启动本信号。

使用说明

当本信号＝ON 时，可将丝锥退出。

序号	名称	简称	E60/M60 元件号	M800/M80 元件号	C70 元件号
43	返回参考位置 REFERENCE POSITION RETRACT	RTN	Y29D	YC2D	

功能说明

系统的参考点有很多，如果需要在自动模式下回到某一参考点位置，就使用本信号。当本信号＝ON 时，系统开始返回某一参考点位置（由 Y200、Y201 指定第 N 参考点）。本功能多用于紧急回原点的功能要求，如图 9-14 所示。

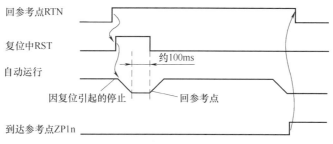

图 9-14　返回参考点动作的时序图

使用说明

① 当本信号＝ON 时，在本信号上升沿，自动模式下，程序首先被自动复位，然后执行返回参考点操作。

② 当本信号＝ON 时，如果在攻螺纹循环时，程序首先执行攻螺纹回退，返回攻螺纹初始点，然后执行返回参考点操作。

③ 当本信号＝ON 时，如果有两个轴以上，由参数♯2019 进行选择返回顺序。

④ 到达参考点时，系统会发出参考点到达信号。

⑤ 本信号必须一直保持到参考点到达，若本信号＝OFF，则返回参考点操作中断并停止。

⑥ 返回参考点操作速度控制与正常回原点方式相同。

⑦ 在切削螺纹循环中，本信号无效。

序号	名称	简称	E60/M60 元件号	M800/M80 元件号	C70 元件号
44	急停 PLC EMERGENCY STOP	QEMG	Y29F	YC2C	

功能说明

当本信号＝ON 时，系统立即处于急停状态。伺服就绪（SA）信号断开。本急停信号比外部硬急停要慢约一个程序扫描周期＋100ms。

使用说明

若本信号为 ON，则系统急停。

序号	名称	简称	E60/M60 元件号	M800/M80 元件号	C70 元件号
45	进给倍率设定方式选择 CUTTINGFEEDRATE OVERRIDE METHOD SELECT	FVS	Y2A7	YC67	

功能说明

在加工程序中，系统提供了两种调节切削进给速度（F）的方法：一种方法是用 FV1～FV16 组成的编码来确定倍率（百分数）；另一种方法是向文件寄存器 R2500 设定数值来确定倍率（百分数）。本信号用于选择其中的一种，如图 9-15 所示。

使用说明

当本信号＝ON 时，选择文件寄存器方法。

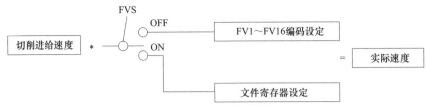

图 9-15　进给倍率设定方式选择

当本信号＝OFF 时，选择编码方法。

序号	名称	简称	E60/M60 元件号	M800/M80 元件号	C70 元件号
46	快进倍率设定方式选择 RAPID TRAVERSE SPEED OVERRIDE METHOD SELECT	ROVS	Y2AF	YC6F	

功能说明

系统提供了两种调节快进速度（G0）的方法：一种方法是用 ROV1、ROV2 组成的编码来确定倍率（百分数）；另一种方法是向文件寄存器设定数值来确定倍率（百分数）。本信号用于选择使用何种方法，如图 9-16 所示。

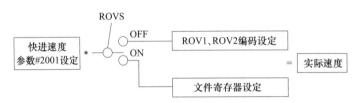

图 9-16　快进倍率设定方式选择

使用说明

当本信号＝ON 时，选择文件寄存器方法。

当本信号＝OFF 时，选择编码方法。

序号	名称	简称	E60/M60 元件号	M800/M80 元件号	C70 元件号
47	手动速度设定方式选择 MANUAL FEEDRATE METHOD SELECT	JVS	Y2B7	YC77	

功能说明

系统提供了两种设定手动速度的方法：一种方法是用 JV1～JV16 组成的编码来确定手动速度；另一种方法是向文件寄存器设定数值来确定手动速度。本信号用于选择两种方法之一，如图 9-17 所示。

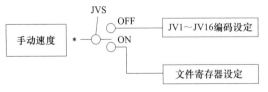

图 9-17　手动速度设定方式选择

使用说明

当本信号＝ON 时，选择文件寄存器方法。

当本信号＝OFF 时，选择编码方法。

序号	名称	简称	E60/M60 元件号	M800/M80 元件号	C70 元件号
48	设定手动速度最小单位 FEEDRATE LEAST INCREMENT	PCF	Y2B8, Y2B9	YC78, YC79	

功能说明

当选定用文件寄存器方式（R2504）设定手动速度时，必须规定 R2504 中的数值所定义的实际速度。由本信号的组合编码确定速度最小单位。

使用说明

本信号的组合编码确定速度最小单位，即 R2504＝1 时的实际速度值（表 9-2）。

表 9-2　信号的组合编码与速度最小单位的关系

PCF2	PCF1	速度最小单位	实际值
0	0	10	文件寄存器设置为 1 时，为 10mm/min(10in/min)
0	1	1	文件寄存器设置为 1 时，为 1mm/min(1in/min)
1	0	0.1	文件寄存器设置为 1 时，为 0.1mm/min(0.1in/min)
1	1	0.01	文件寄存器设置为 1 时，为 0.01mm/min(0.01in/min)

一般在 PLC 程序的开始阶段要进行设置。

序号	名称	简称	E60/M60 元件号	M800/M80 元件号	C70 元件号
49	JOG/手轮同时工作模式 JOG・HANDLE SYNCHRONOUS	JHAN	Y2BB	YC7B	

功能说明

为了方便执行 JOG 动作和手轮动作，系统提供了本工作模式，在此模式下，JOG 模式和手轮模式同时有效。

使用说明

JOG/手轮同时工作模式与快进模式的关系见表 9-3。

表 9-3　JOG/手轮同时工作模式与快进模式的关系

工作模式	JOG/手轮同步信号（Y2BB）	快进信号(Y22E)	JOG 操作	手轮进给
JOG	ON	ON	快进倍率	可运行
		OFF	手动进给率	可运行
	OFF	ON	快进倍率	不可运行
		OFF	手动进给率	不可运行

序号	名称	简称	E60/M60 元件号	M800/M80 元件号	C70 元件号
50	手轮倍率设定方式选择 HANDLE/INCREMENTAL FEED MULTIPLICATION METHOD SELECT	MPS	Y2C7	YC87	

功能说明

系统提供了两种设定手轮倍率的方式：一种方法是用 MP1～MP4 组成的编码来确定手轮倍率；另一种方法是向文件寄存器 R2508 设定数值来确定手轮倍率。本信号用于选择两种方法之一，如图 9-18 所示。

图 9-18 手轮倍率设定方式选择

使用说明

当本信号＝ON 时，选择文件寄存器方法。

当本信号＝OFF 时，选择编码方法。

序号	名称	简称	E60/M60 元件号	M800/M80 元件号	C70 元件号
51	主轴正转 SPINDLE FORWARD RUN START	SRN	Y2D0	Y1898	

功能说明

当本信号＝ON 时，主轴正转。

使用说明

① 当本信号＝ON 时，主轴正转，主轴以 S 指令规定的速度运行；当本信号＝OFF 时，主轴停止旋转。

② 如果主轴正转信号与主轴反转信号同时＝ON，则系统认定信号出错，必须将两信号全部切断，再单独发出主轴正转信号。

③ 在遇到急停、主轴报警、复位信号时，将本信号切断，在伺服就绪（SA）信号发出后，再接通本信号。

④ 主轴定位指令与主轴正转指令同时接通时，主轴定位指令优先。

序号	名称	简称	E60/M60 元件号	M800/M80 元件号	C70 元件号
52	主轴反转 SPINDLE REVERSE RUN START	SRI	Y2D1	Y1899	

功能说明

同主轴正转信号，只是方向相反。

使用说明

与主轴正转一致。

序号	名称	简称	E60/M60 元件号	M800/M80 元件号	C70 元件号
53	主轴正转（分度）定位 SPINDLE FORWARD RUN INDEX	WRN	Y2D4	Y189C	

功能说明

本信号用于发出主轴正转定位指令。当要求对主轴实行多点定位时就使用本指令，主轴定位必须设定定位位置、旋转方向、旋转速度，最后发出启动指令，本信号就是正转定位启动指令。其功能如图 9-19 所示。

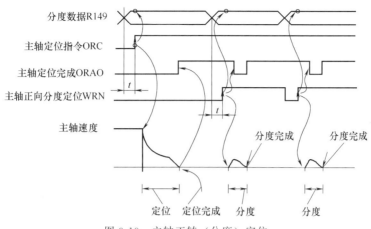

图 9-19　主轴正转（分度）定位

使用说明

① 本指令必须在主轴回原点（ORC）＝ON 并且主轴回原点完成（ORAO）后才可执行。

② 在本指令执行前，必须向 R7009 输入新的位置数据，在本指令的上升沿读取该位置数据。

③ 如果在执行分度定位或停止时，主轴回原点（ORC）＝OFF，则解除主轴伺服锁停状态。电机会停止或滑行。再次进行分度定位时，必须重新执行主轴回原点操作。

序号	名称	简称	E60/M60 元件号	M800/M80 元件号	C70 元件号
54	主轴反向(分度)定位 SPINDLE REVERSE RUN INDEX	WRI	Y2D5	Y189D	

功能说明

同主轴正向（分度）定位。

使用说明

同主轴正向（分度）定位。

序号	名称	简称	E60/M60 元件号	M800/M80 元件号	C70 元件号
55	主轴准停 SPINDLE ORIENT COMMAND	ORC	Y2D6	Y189E	

功能说明

本信号仅仅对高速串行主轴驱动器有效。主轴准停功能实际上就是主轴回原点，主轴准停必须指定定位位置、旋转方向、旋转速度，必须确定一个原点（才能建立坐标系），为后续定位确定基准，如图 9-20 所示。

使用说明

① 主轴直连时使用主轴电机编码器。

主轴原点位置由编码器的 Z 相脉冲确定；定位位置可用参数♯3027 和送入 R7009 的数值加以调整。

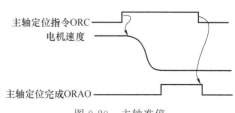

图 9-20　主轴准停

② 主轴非直连时，主轴定位使用接近开关进行定位。

③ 如果在主轴旋转或主轴停止时本信号＝ON，即执行主轴回原点操作，本信号指令优先于主轴其他运行指令。当主轴回原点完成，系统输出主轴回原点完成（ORAO）信号；

④ 主轴回原点完成后，即处于主轴伺服锁停状态，当本信号＝OFF时，就解除主轴伺服锁停状态。因此，要保持主轴伺服锁停状态，就必须保持本信号＝ON。这在换刀和镗孔时是必须注意的。

9.2.2 输入型数据接口的定义、功能和使用方法

数控系统的 PLC 与 NC 之间不仅有单纯的指令型接口，也有数据型接口，即如果需要在 PLC 程序与 NC 之间交换数据例如设定进给倍率、快进倍率、手动速度、主轴多点定位位置时，必须（向这些数据型接口）输入数据。

三菱 CNC 使用文件寄存器 R 作为数据接口。规定系统内的某部分文件寄存器专门作为数据接口。并对每一数据接口的功能和使用方法进行了说明。

数据接口有输入型和输出型。由 PLC 程序向 NC 控制器传送数据的数据接口称为输入型数据接口，而表征 NC 工作状态的称为输出型数据接口。

按照使用习惯，现介绍输入型数据接口的功能和使用方法。这里介绍的输入型数据接口在实际编制 PLC 程序时有较多的应用。

序号	名称	简称	E60/M60 元件号	M80/M800 元件号	C70 元件号
1	模拟输出 Analog output	AO	R100～R103	R200～R207	

功能说明

如果系统需要有模拟信号输出时，其 D/A 转换对应的数字量就存放在本寄存器中。在 I/O 模块 DX120 上有一接点是模拟量输出，范围为 −10V～＋10V。本文件寄存器内数字量就对应 DX120 上的模拟电压信号。

使用说明

当 I/O 模块的站号不同时，其模拟量输出点对应的 R 寄存器地址是不同的，见表 9-4。R 寄存器内数字量与模拟输出的关系如图 9-21 所示。

表 9-4 在不同 I/O 模块上模拟信号输
出点与 R 寄存器号的关系

通道	文件寄存器	I/O 单元 DX120 对应的输出点
A01	R100	站号＝1，B04，A04（共用）
A02	R101	站号＝3，B04，A04（共用）
A03	R102	站号＝5，B04，A04（共用）
A04	R103	站号＝7，B04，A04（共用）

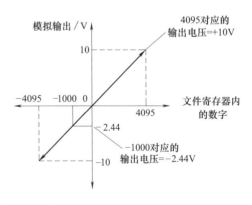

图 9-21 R 寄存器内数字量与模拟输出的关系

序号	名称	简称	E60/M60 元件号	M80/M800 元件号	C70 元件号
2	主轴转速指令 Spindle command rotation speed output		R108,R109	R7000,R7001	

功能说明

本寄存器存放的是主轴转速指令值。通过 PLC 程序向本寄存器设置数据可以指定主轴转速。

使用说明

通过 PLC 程序向本寄存器设置数据以指定主轴转速，这一设置优先于在手动模式和自动模式下发出的 S 指令。

序号	名称	简称	E60/M60 元件号	M80/M800 元件号	C70 元件号
3	进给倍率 1st cutting feedrate override		R132	R2500	

功能说明

本寄存器用于存放切削速度的倍率，其数值是 G1 切削速度的百分比，用于改变实际切削速度 F。

在操作面板上基本都有进给倍率调节旋钮，其功能就是改变切削速度。

使用说明

通过 PLC 程序向本寄存器送入不同的数据，可以获得不同的进给倍率。这是最常用的功能之一。

序号	名称	简称	E60/M60 元件号	M80/M800 元件号	C70 元件号
4	快进倍率 Rapid traverse override		R134	R2502	

功能说明

本寄存器用于存放快进倍率。注意，倍率的定义是百分数，但送入倍率寄存器内的数值是百分数的分子。

使用说明

通过 PLC 程序向本寄存器送入不同的数据，可以获得不同的快进倍率。操作面板上通常有快进倍率调节旋钮，用于调节快进速度。

序号	名称	简称	E60/M60 元件号	M80/M800 元件号	C70 元件号
5	手动速度 Manual feedrate		R136,R137	R2504,R2505	

功能说明

本寄存器用于存放手动速度的具体数值（注意不是倍率）。速度的单位由 Y 接口 Y2B8、Y2B9 确定。

使用说明

通过 PLC 程序向本寄存器送入不同的数据，可以获得不同的手动速度。在操作面板上基本都有速度调节旋钮，其功能就是改变切削速度和手动速度。

序号	名称	简称	E60/M60 元件号	M80/M800 元件号	C70 元件号
6	手轮/步进倍率 Handle/Incremental feed multiplication		R140,R141	R2508,R2509	

功能说明

本寄存器用于存放手轮脉冲或步进距离的放大倍数。

手轮一个脉冲的移动量和步进模式下单步的移动量由参数♯1003设定（一般设定为$1\mu m$）。

使用说明

在手轮或操作面板上有"×10""×100""×1000"三挡放大倍数，在 PLC 程序上，可以向本寄存器送入相应的数据以获得相应的放大倍数。在步进模式下，对步进距离也可以进行相应的放大。

序号	名称	简称	E60/M60 元件号	M80/M800 元件号	C70 元件号
7	主轴倍率 S analog override		R148	R7008	

功能说明

本寄存器用于存放主轴倍率。

使用说明

通过 PLC 程序向本寄存器送入不同的数据，可以获得不同的主轴倍率。操作面板上一般配备主轴倍率调节旋钮。

序号	名称	简称	E60/M60 元件号	M80/M800 元件号	C70 元件号
8	主轴多点定位数据 Multi-point orientation position data		R149	R7009	

功能说明

本寄存器用于存放主轴多点定位数据。

使用说明

当需要对主轴进行多点定位时，只需要送入不同的目标位置数据，就可实现主轴的多点定位。

序号	名称	简称	E60/M60 元件号	M80/M800 元件号	C70 元件号
9	解除行程限位功能 OT ignored		R156	R248	

功能说明

通过向本寄存器设置规定数据，可以解除各轴行程限位功能，如图9-22所示。

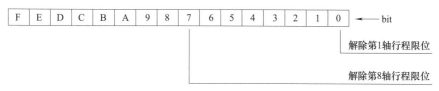

图 9-22　解除行程限位功能

使用说明

在机床调试期间，需要暂时解除各轴行程限位功能时，各轴对应的位（bit）为 1，则其行程限位功能被解除。

在正常工作时，尽量避免使用本功能。

序号	名称	简称	E60/M60 元件号	M80/M800 元件号	C70 元件号
10	报警信息接口 Alarm message I/F		R158～R161	R2556～R2559	

功能说明

本寄存器存放的是报警信息的序号。

序号	名称	简称	E60/M60 元件号	M80/M800 元件号	C70 元件号
11	操作信息接口 Operator message		R162	R2560	

功能说明

本寄存器存放的是操作信息的序号。

序号	名称	简称	E60/M60 元件号	M80/M800 元件号	C70 元件号
12	调用及启动程序号 Search & start program No.		R170	R2562	

功能说明

本寄存器存放执行调用及启动功能时的程序号。

使用说明

参看 YC31 接口。

序号	名称	简称	E60/M60 元件号	M80/M800 元件号	C70 元件号
13	宏程序变量♯1132 对应接口(CNC→PLC) User macro output		R172,R173	R6436,R6437	

功能说明

CNC 宏程序一侧的♯1132 变量对应 PLC 梯形图中的寄存器 R6436、R6437。

使用说明

如果 CNC 宏程序要与 PLC 程序交换信息，方法是在宏程序内使用规定的变量，而这些规定的变量与 PLC 接口规定的 R 寄存器相对应。

在 E60 NC 中　　　　　　　　　　　♯1132→R172，R173

在 M80 NC 中　　　　　　　　　　　♯1132→R6436，R6437

必须特别注意信息的传递方向，这是从 CNC 宏程序向 PLC 程序传送信息。应该先在宏程序中设置♯1132 变量，则在 PLC 程序中的 R6436 寄存器中，就是与宏程序中的♯1132 变量相同的数值。可以根据 R6436 寄存器中的数值进行判断和动作。

序号	名称	简称	E60/M60 元件号	M80/M800 元件号	C70 元件号
14	宏程序变量♯1133 对应接口(CNC→PLC) User macro output		R174，R175	R6438，R6439	

功能说明

CNC 宏程序一侧的♯1133 变量对应 PLC 梯形图中的寄存器 R6438、R6439。

序号	名称	简称	E60/M60 元件号	M80/M800 元件号	C70 元件号
15	宏程序变量♯1134 对应接口(CNC→PLC) User macro output		R176，R177	R6440，R6441	

功能说明

CNC 宏程序一侧的♯1134 变量对应 PLC 梯形图中的寄存器 R6440、R6441。

序号	名称	简称	E60/M60 元件号	M80/M800 元件号	C70 元件号
16	宏程序变量♯1135 对应接口(CNC→PLC) User macro output		R178，R179	R6442，R6443	

功能说明

CNC 宏程序一侧的♯1135 变量对应 PLC 梯形图中的寄存器 R6442、R6443。

序号	名称	简称	E60/M60 元件号	M80/M800 元件号	C70 元件号
17	外部坐标系补偿数据 Ext. machine coordinate system compensation data		R560～R562	R5700～R5715	

功能说明

本寄存器用于设定外部坐标系补偿数据。如果需要对基本机床坐标系进行调整，使用外部坐标系补偿是一种方法。该方法相当于使基本机床坐标系发生移动。移动量就是本寄存器设定的数据。在数控系统使用的术语中，"补偿"意味着"必须增加的因素"。

如果设置了外部坐标系补偿数据，则移动轴执行完毕程序规定的在基本坐标系中的行程后，还需要再移动外部坐标系补偿数据设定的行程。外部坐标系补偿数据可以为正、负值。

序号	名称	简称	E60/M60 元件号	M80/M800 元件号	C70 元件号
18	参数设定解锁接口		R1896	R364	

功能说明

当设定参数♯1222 bit3＝1时，NC系统的禁止参数设置功能生效，即不能进行参数的设定。本寄存器是参数设定解锁接口。通过向本寄存器设置规定数值，可以解除禁止参数设置功能。如图9-23所示。

图9-23 参数设定解锁接口

使用说明

若R364 bit0＝1，则参数可设定，显示" M90 报警　参数可设定"。

若R364 bit1＝1，则M90报警解除。

9.2.3　表示NC工作状态的X接口的定义、功能和使用方法

数控系统中表示其工作状态的固定接口为X接口。这里介绍E60/M60系统和M80系统中主要X接口的定义、功能和使用方法。

序号	名称	简称	E60/M60 元件号	M800/M80 元件号	C70 元件号
1	伺服系统第N轴准备完成 SERVO READY nTH AXIS	RDY1～RDY8	X180～X187	X780～X787	

功能说明

当本信号＝ON时，表示NC的伺服系统第N轴准备完毕，可以开始工作。

序号	名称	简称	E60/M60 元件号	M800/M80 元件号	C70 元件号
2	第N轴进入正向运动状态 In plus motion	MVP1～MVP8	X190～X197	X7C0～X7C7	

功能说明

当本信号＝ON时，表示第N轴处于正向（＋）运动状态中。

序号	名称	简称	E60/M60 元件号	M800/M80 元件号	C70 元件号
3	第N轴进入负向运动状态 In minus motion	MVM1～MVM8	X198～X19F	X7E0～X7E7	

功能说明

当本信号＝ON时，表示第N轴处于负向（－）运动状态中。

序号	名称	简称	E60/M60 元件号	M800/M80 元件号	C70 元件号
4	第 N 轴到达第 1 参考点 1st reference position reached N st axis	ZP11~ZP18	X1A0~X1A7	X800~X807	

功能说明

在手动回原点模式和自动模式的 G28 指令下，第 N 轴到达第 1 参考点时，第 N 轴对应的信号为 ON。

序号	名称	简称	E60/M60 元件号	M800/M80 元件号	C70 元件号
5	第 N 轴到达第 2 参考点 2nd reference position reached N st axis	ZP21~ZP28	X1A8~X1AF	X820~X827	

功能说明

在手动回原点模式和自动模式的 G28 指令下，第 N 轴到达第 2 参考点时，第 N 轴对应的信号＝ON。

序号	名称	简称	E60/M60 元件号	M800/M80 元件号	C70 元件号
6	主轴定位完成 INDEX POSITIONING COMPLETE		X1D7	X189F	

功能说明

在执行主轴定位功能时，当正转定位完成或反转定位完成时，本信号＝ON。

序号	名称	简称	E60/M60 元件号	M800/M80 元件号	C70 元件号
7	NC 进入 JOG 模式中 In jog mode	JO	X1E0	XC00	

功能说明

当本信号＝ON 时，表示 NC 工作模式已经进入点动模式。

使用说明

当 NC 系统从其他模式转为 JOG 模式，而且 NC 系统检测到全部轴停止运动信号后，本信号＝ON。

序号	名称	简称	E60/M60 元件号	M800/M80 元件号	C70 元件号
8	NC 进入手轮模式中 In handle mode	HO	X1E1	XC01	

功能说明

当本信号＝ON 时，表示 NC 工作模式已经进入手轮模式。

使用说明

当 NC 系统从其他模式转为手轮模式，而且 NC 系统检测到全部轴停止运动信号后，本信号＝ON。

序号	名称	简称	E60/M60 元件号	M800/M80 元件号	C70 元件号
9	NC 进入步进模式中 In incremental mode	SO	X1E2	XC02	

功能说明

当本信号＝ON 时，表示 NC 工作模式已经进入步进模式。

使用说明

当 NC 系统从其他模式转为步进模式，而且 NC 系统检测到全部轴停止运动信号后，本信号＝ON。

序号	名称	简称	E60/M60 元件号	M800/M80 元件号	C70 元件号
10	NC 系统进入手动定位模式中 In manual random feed mode	PTPO	X1E3	XC03	

功能说明

当本信号＝ON 时，表示 NC 工作模式已经进入手动定位模式

使用说明

当 NC 系统从其他模式转为手动定位模式，而且 NC 系统检测到全部轴停止运动信号后，本信号＝ON。

序号	名称	简称	E60/M60 元件号	M800/M80 元件号	C70 元件号
11	NC 进入回原点模式中 In reference position return mode	ZRNO	X1E4	XC04	

功能说明

当本信号＝ON 时，表示 NC 工作模式已经进入回原点模式。

使用说明

当 NC 系统从其他模式转为回原点模式，而且 NC 系统检测到全部轴停止运动信号后，本信号＝ON。

序号	名称	简称	E60/M60 元件号	M800/M80 元件号	C70 元件号
12	NC 进入自动模式中 In memory mode	MEMO	X1E8	XC08	

功能说明

当本信号＝ON 时，表示 NC 工作模式已经进入自动模式。

使用说明

当 NC 系统从其他模式转为自动模式，而且 NC 系统检测到全部轴停止运动信号后，本信号＝ON。

序号	名称	简称	E60/M60 元件号	M800/M80 元件号	C70 元件号
13	NC 进入 DNC 模式中 In tape mode	TO	X1E9	XC09	

功能说明

当本信号＝ON时，表示NC工作模式已经进入DNC模式。

使用说明

当NC系统从其他模式转为DNC模式，而且NC系统检测到全部轴停止运动信号后，本信号＝ON。

序号	名称	简称	E60/M60 元件号	M800/M80 元件号	C70 元件号
14	NC进入MDI模式中 In MDI mode	DO	X1EB	XC0B	

功能说明

当本信号＝ON时，表示NC工作模式已经进入MDI模式。

使用说明

当NC系统从其他模式转为MDI模式，而且NC系统检测到全部轴停止运动信号后，本信号＝ON。

序号	名称	简称	E60/M60 元件号	M800/M80 元件号	C70 元件号
15	控制器准备完成 Controller ready complete	MA	X1F0	XC10	

功能说明

当本信号＝ON时，表示控制器准备完成，可以正常工作。可以用本信号驱动指示灯等装置。

序号	名称	简称	E60/M60 元件号	M800/M80 元件号	C70 元件号
16	伺服系统准备完成 Servo ready complete	SA	X1F1	XC11	

功能说明

当控制器上电后，NC系统自诊断完成，如果伺服系统正常，本信号＝ON。可以用本信号驱动制动器等装置。

序号	名称	简称	E60/M60 元件号	M800/M80 元件号	C70 元件号
17	NC进入自动运行状态 In auto operation "run"	OP	X1F2	XC12	

功能说明

当NC进入自动运行状态，本信号＝ON。可以用本信号驱动指示灯等装置。

序号	名称	简称	E60/M60 元件号	M800/M80 元件号	C70 元件号
18	NC进入自动启动运行状态 In auto operation "start"	STL	X1F3	XC13	

功能说明

当自动模式下，NC 系统进入启动运行状态，本信号＝ON。本信号与 OP 信号的区别在于，OP 信号包括启动和自动暂停态，而本信号不包括自动暂停状态。可以用本信号驱动指示灯等装置。

序号	名称	简称	E60/M60 元件号	M800/M80 元件号	C70 元件号
19	NC 进入自动暂停状态 In auto operation "pause"	SPL	X1F4	XC14	

功能说明

当 NC 系统进入自动暂停状态时，本信号＝ON。可以用本信号驱动指示灯等装置。

序号	名称	简称	E60/M60 元件号	M800/M80 元件号	C70 元件号
20	NC 进入复位状态 In "reset"	RST	X1F5	XC15	

功能说明

当本信号＝ON 时，表示 NC 系统进入复位状态。

序号	名称	简称	E60/M60 元件号	M800/M80 元件号	C70 元件号
21	NC 进入手动定位进给运行状态 In manual random feed	CXN	X1F6	XC16	

功能说明

当 NC 系统进入手动定位进给状态时，本信号＝ON。

序号	名称	简称	E60/M60 元件号	M800/M80 元件号	C70 元件号
22	NC 系统进入倒带状态 In rewind	RWD	X1F7	XC17	

功能说明

当 NC 系统进入倒带状态时，本信号＝ON。

序号	名称	简称	E60/M60 元件号	M800/M80 元件号	C70 元件号
23	指令运动执行完毕 Motion command complete	DEN	X1F8	XC18	

功能说明

当本信号为 ON 时，表示在加工程序中指令运动已经完成。在加工程序中，如果运动指令和 M、S、T 写在同一程序段中，用本信号可以规定 M、S、T 指令是与运动指令同时执行还是在运动指令执行完毕以后再执行（在 PLC 程序中处理）。这是一个重要的接口信号。

序号	名称	简称	E60/M60 元件号	M800/M80 元件号	C70 元件号
24	全部轴定位完成 All axes in-position	TIMP	X1F9	XC19	

功能说明

当全部轴都进入指令规定的位置（定位完成）时，本信号＝ON。这是一个重要的接口信号。

序号	名称	简称	E60/M60 元件号	M800/M80 元件号	C70 元件号
25	全部轴平滑减速为零速 All axes smoothing zero	TSMZ	X1FA	XC1A	

功能说明

当 NC 系统内全部的轴按指令减速为零时，本信号＝ON。

序号	名称	简称	E60/M60 元件号	M800/M80 元件号	C70 元件号
26	手动定位进给完成 Manual random feed complete	CXFIN	X1FC	XC1C	

功能说明

在手动定位模式下手动定位进给完成时，本信号＝ON。

序号	名称	简称	E60/M60 元件号	M800/M80 元件号	C70 元件号
27	NC 系统进入快进状态 In rapid traverse	RPN	X200	XC20	

功能说明

在自动模式（自动、MDI、DNC）下，NC 系统进入快进（G0）运行状态时，本信号＝ON。

序号	名称	简称	E60/M60 元件号	M800/M80 元件号	C70 元件号
28	NC 系统进入切削进给状态 In cutting feed	CUT	X201	XC21	

功能说明

在自动模式（自动、MDI、DNC）下，NC 系统进入切削进给（G1）运行状态时，本信号＝ON。

序号	名称	简称	E60/M60 元件号	M800/M80 元件号	C70 元件号
29	NC 系统进入攻螺纹状态 In tapping	TAP	X202	XC22	

功能说明

在自动模式（自动、MDI、DNC）下，NC系统进入攻螺纹状态时，本信号＝ON。

序号	名称	简称	E60/M60 元件号	M800/M80 元件号	C70 元件号
30	NC系统进入螺纹切削状态 In thread cutting	THRD	X203	XC23	

功能说明

当NC系统在执行螺纹切削指令时，本信号＝ON。

序号	名称	简称	E60/M60 元件号	M800/M80 元件号	C70 元件号
31	NC系统进入执行回原点运行中 In reference position return	ZRNN	X207	XC27	

功能说明

当NC系统执行手动回原点运行，或执行G28、G30指令时，本信号＝ON。

序号	名称	简称	E60/M60 元件号	M800/M80 元件号	C70 元件号
32	NC报警1 NC alarm 1	AL1	X210	XC98	

功能说明

当本信号＝ON时，表示NC控制器发生系统错误，如"看门狗"错误。

序号	名称	简称	E60/M60 元件号	M800/M80 元件号	C70 元件号
33	伺服系统报警 NC alarm 2(Servo alarm)	AL2	X211	XC99	

功能说明

当伺服系统发生错误报警时，本信号＝ON。

序号	名称	简称	E60/M60 元件号	M800/M80 元件号	C70 元件号
34	程序错误报警 NC alarm 3(Program error)	AL3	X212	XC9A	

功能说明

当加工程序出现编程错误时，本信号＝ON。

序号	名称	简称	E60/M60 元件号	M800/M80 元件号	C70 元件号
35	操作错误报警 NC alarm 4(Operation error)	AL4	X213	XC9B	

功能说明

当出现操作错误时，本信号＝ON。

序号	名称	简称	E60/M60 元件号	M800/M80 元件号	C70 元件号
36	M0 指令独立输出 M code independent output M00	DM00	X220	XC40	

功能说明

当加工程序中执行 M0 指令时，本信号＝ON。由于 M0 指令很重要而且常用，所以有单独的输出信号。

序号	名称	简称	E60/M60 元件号	M800/M80 元件号	C70 元件号
37	M1 指令独立输出 M code independent output M01	DM01	X221	XC41	

功能说明

当加工程序中执行 M1 指令时，本信号＝ON。

序号	名称	简称	E60/M60 元件号	M800/M80 元件号	C70 元件号
38	M2 指令独立输出 M code independent output M02	DM02	X222	XC42	

功能说明

当加工程序中执行 M2 指令时，本信号＝ON。

序号	名称	简称	E60/M60 元件号	M800/M80 元件号	C70 元件号
39	M30 指令独立输出 M code independent output M30	DM30	X223	XC43	

功能说明

当加工程序中执行 M30 指令时，本信号＝ON。

序号	名称	简称	E60/M60 元件号	M800/M80 元件号	C70 元件号
40	第 1 位置 M 指令选通信号 M function strobe 1	MF1	X230	XC60	

功能说明

在加工程序中，执行程序段第 1 位置的 M 指令时，本信号＝ON。三菱 NC 系统可在加工程序的一行中写 4 个 M 指令，本信号是第 1 位置的 M 指令选通信号。

序号	名称	简称	E60/M60 元件号	M800/M80 元件号	C70 元件号
41	第 2 位置 M 指令选通信号 M function strobe 2	MF2	X231	XC61	

功能说明

在加工程序中，执行程序段第 2 位置的 M 指令时，本信号＝ON。

序号	名称	简称	E60/M60 元件号	M800/M80 元件号	C70 元件号
42	第 3 位置 M 指令选通信号 M function strobe 3	MF3	X232	XC62	

功能说明

在加工程序中，执行程序段第 3 位置的 M 指令时，本信号＝ON。

序号	名称	简称	E60/M60 元件号	M800/M80 元件号	C70 元件号
43	第 4 位置 M 指令选通信号 M function strobe 4	MF4	X233	XC63	

功能说明

在加工程序中，执行程序段第 4 位置的 M 指令时，本信号＝ON。

序号	名称	简称	E60/M60 元件号	M800/M80 元件号	C70 元件号
44	主轴 S 指令选通信号 S function	SF1～SF4	X234～X237	XC64～XC67	

功能说明

在自动或手动模式下，如果发出 S 指令，本信号＝ON。这时表示 NC 系统有 S 指令发出的信号。

序号	名称	简称	E60/M60 元件号	M800/M80 元件号	C70 元件号
45	T 功能选通信号 T function	TF1～TF4	X238～X23B	XC68～XC6B	

功能说明

在自动或手动模式下，如果发出 T 指令，本信号＝ON。本信号是 T 指令的选通信号，在车床中常使用本信号控制换刀程序。

序号	名称	简称	E60/M60 元件号	M800/M80 元件号	C70 元件号
46	主轴定位完成 Spindle in-position	ORAO	X246	X188E	

功能说明

在执行主轴定位运行时，当主轴定位完成时，本信号＝ON。

序号	名称	简称	E60/M60 元件号	M800/M80 元件号	C70 元件号
47	主轴准备完毕 Spindle ready-ON	SMA	X248	X1890	

功能说明

当本信号＝ON 时，表示主轴准备完毕。

序号	名称	简称	E60/M60 元件号	M800/M80 元件号	C70 元件号
48	主轴伺服 ON Spindle servo-ON	SSA	X249	X1891	

功能说明

当本信号＝ON 时，表示主轴已经进入伺服控制状态（同步攻螺纹状态，C 轴状态）。

序号	名称	简称	E60/M60 元件号	M800/M80 元件号	C70 元件号
49	主轴进入正转状态 Spindle forward run	SSRN	X24B	X1893	

功能说明

当本信号＝ON 时，表示主轴进入正转状态。

序号	名称	简称	E60/M60 元件号	M800/M80 元件号	C70 元件号
50	主轴进入反转状态 Spindle reverse run	SSRI	X24C	X1894	

功能说明

当本信号＝ON 时，表示主轴进入反转状态。

序号	名称	简称	E60/M60 元件号	M800/M80 元件号	C70 元件号
51	主轴 Z 相信号检测完成 Z-phase passed	SZPH	X24D		

功能说明

在主轴进行 C 轴控制，从速度控制转换到位置控制时，如果检测到编码器的 Z 相信号后，本信号＝ON。

序号	名称	简称	E60/M60 元件号	M800/M80 元件号	C70 元件号
52	位置开关 Position switch 1	PSW1～ PSW8	X270～ X278	X1D00～ X1D17	

功能说明

在 NC 系统中，通过参数可以设置位置开关，当被控制轴的实际位置进入参数设定的区域时，本信号＝ON。本信号常用于换刀位置限制。

9.2.4 输出型数据接口的定义、功能和使用方法

三菱 CNC 中表征 NC 工作状态的数据接口称为输出型数据接口。这里介绍输出型数据

接口的功能和使用方法。

序号	名称	简称	E60/M60 元件号	M80/M800 元件号	C70 元件号
1	主轴 S 指令 Spindle command rotation speed input		R8,R9	R6500,R6501	

功能说明

本寄存器存放在自动模式和手动模式下发出的 S 指令数据。在加工程序中发出的 S 指令数据，首先存放在 R28、R29 中，当 PLC 程序中 FIN＝ON 后，S 指令数据又被存放在 R6500、R6501 中，用此寄存器数据可监视主轴 S 指令数据。

序号	名称	简称	E60/M60 元件号	M80/M800 元件号	C70 元件号
2	主轴实际转速 Spindle command final data(rotation speed)		R10	R6502,R6503	

功能说明

本寄存器存放的数据是主轴的实际转速数值。主轴转速虽然由 S 指令指定，但最终实际转速必须经过主轴倍率、主轴齿轮选择、主轴停止、主轴换挡、主轴定位各操作条件的调节，如图 9-24 所示。

使用说明

主轴实际转速是已经计算了主轴倍率、主轴齿轮选择、主轴停止、主轴换挡、主轴定位各运行条件后的实际主轴转速。本寄存器数据专门用于监视主轴实际转速。

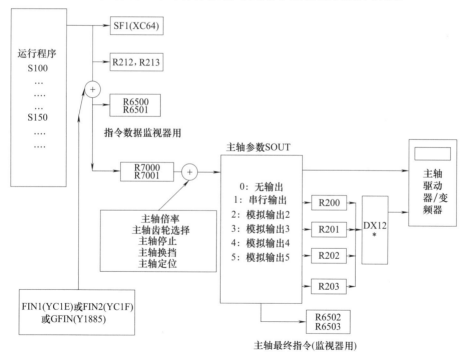

图 9-24　主轴转速处理流程

主轴转速有四种：由 S 指令直接发出的，由 R8、R9 进行检测；对 S 指令进行处理后（主轴倍率、挡位等）的主轴转速，由 R10 进行检测；（经过机械变速后）由主轴同步编码器检测到的转速（R18、R19）；从 PLC 程序发出的主轴转速（R108、R109）。

主轴转速处理流程（图 9-24）：在加工程序中发出 S 指令，如 S100、S150；控制器立即发出选通信号 SF1，并把 S 指令值送入 R28、R29；在 PLC 程序处理并发出 FIN 信号后，S 指令的数据被放入 R8、R9，用此数据作为主轴转速监视数据；如果从 PLC 程序中向 R108、R109 输入数据，该数据优先作为主轴转速指令；R28、R29（R108、R109）中的数据再经过主轴倍率、主轴齿轮选择、主轴停止、主轴换挡、主轴定位各操作条件的处理，根据参数♯3024 的规定将最终数据送入主轴驱动器，或送入变频器（R100 模拟信号），同时也将最终数据送入 R10 中，R10 中的数据可以用于监视。

序号	名称	简称	E60/M60 元件号	M80/M800 元件号	C70 元件号
3	主轴(同步编码器检测的)实际转速 Spindle actual speed		R18,R19	R6506,R6507	

功能说明

当系统使用的主轴有机械变速箱，需要用编码器来检测主轴实际转速时，将编码器反馈的实际转速值存储在 R18、R19 中（是指由同步编码器检测的主轴转速）。

使用说明

主轴的实际转速是由编码器的反馈信号确定的。其数据乘以 1000，然后存储在本寄存器中。

序号	名称	简称	E60/M60 元件号	M80/M800 元件号	C70 元件号
4	M 指令代码(第 1 位置) M code data 1		R20,R21	R504,R505	

功能说明

本寄存器存放的是同一行加工程序中第 1 位置 M 指令的指令数据。若在同一行加工程序发出 M5、M8、M9、M10 指令，则 R20＝H5。R20 内数据为 BCD 码。

序号	名称	简称	E60/M60 元件号	M80/M800 元件号	C70 元件号
5	M 指令代码(第 2 位置) M code data 2		R22,R23	R506,R507	

功能说明

本寄存器存放的是同一行加工程序中第 2 位置 M 指令的指令数据。若在同一行加工程序发出 M5、M8、M9、M10 指令，则 R22＝H8。

序号	名称	简称	E60/M60 元件号	M80/M800 元件号	C70 元件号
6	M 指令代码(第 3 位置) M code data 3		R24 ,R25	R508,R509	

功能说明

本寄存器存放的是同一行加工程序中第 3 位置 M 指令的指令数据。若在同一行加工程序发出 M5、M8、M9、M10 指令，则 R24＝H9。

序号	名称	简称	E60/M60 元件号	M80/M800 元件号	C70 元件号
7	M 指令代码(第 4 位置) M code data 4		R26,R27	R510,R511	

功能说明

本寄存器存放的是同一行加工程序中第 4 位置 M 指令的指令数据。若在同一行加工程序发出 M5、M8、M9、M10 指令，则 R26＝H10。

序号	名称	简称	E60/M60 元件号	M80/M800 元件号	C70 元件号
8	S 代码数据 1 S code data 1		R28,R29	R512,R513	

功能说明

本寄存器是用于存放主轴转速指令 S 具体数据的寄存器。如果在自动或手动状态下发出 S3500 指令，则 R512＝3500。R512 内是二进制数据，这与 M 代码、T 代码、B 代码不同。

使用说明

在一个加工单节内只能发出 1 个 S 指令。

在 M80 系统中，S 指令数据 1 寄存器＝R512，R513；S 指令数据 2 寄存器＝R514，R515；S 指令数据 3 寄存器＝R516，R517；S 指令数据 4 寄存器＝R518，R519。

因为 M80 一个系统内可以使用 4 个主轴，所以必须区分各主轴的 S 指令。

序号	名称	简称	E60/M60 元件号	M80/M800 元件号	C70 元件号
9	T 代码 数据 1 T code data 1		R36,R37	R536,R537	

功能说明

本寄存器是用于存放选刀指令 T 具体数据的寄存器。如果在自动或手动状态下发出 T20 指令，则 R536＝H20。在 PLC 程序内运算时要注意 R536 内是 BCD 码。

使用说明

在 M80 系统中，在一个加工单节内可以发出 4 个 T 指令，在不同位置（1～4）上的 T 指令数据由对应的寄存器存放，如图 9-25 所示。T 指令数据 1 寄存器＝R536，R537；T 指令数据 2 寄存器＝R538，R539；T 指令数据 3 寄存器＝R540，R541；T 指令数据 4 寄存器＝R542，R543。

图 9-25　T 指令的位置

其用法与 M 指令相同。

序号	名称	简称	E60/M60 元件号	M80/M800 元件号	C70 元件号
10	警告轴号（WARNING） Load 运行 warning axis		R52	R564	

功能说明

在负载监视操作时，可以监视到某一轴发生警告（WARNING）。发生警告的轴号存放在本寄存器内。警告（WARNING）是比较轻微的故障。

序号	名称	简称	E60/M60 元件号	M80/M800 元件号	C70 元件号
11	报警轴号（ALARM） Load 运行 alarm axis		R53	R565	

功能说明

在负载监视操作时，可以监视到某一轴发生报警（ALARM）。发生报警的轴号存放在本寄存器内。报警（ALARM）是比警告（WARMING）严重的故障。

序号	名称	简称	E60/M60 元件号	M80/M800 元件号	C70 元件号
12	CNC 待机状态原因 CNC complete standby status output		R60	R572	

功能说明

在自动状态下，如果 NC 没有报警发生但表面上看起来也不运行，这是系统处于待机状态。系统处于待机状态的相关信息存放在本寄存器内。

其定义参看图 9-26。

R572

图 9-26　NC 待机的原因

bit0—M、S、T、B 指令未执行完毕（系统还处于 M、S、T、B 指令执行过程中）；

bit1—快进的减速检查中（系统还处于快进的减速检查执行过程中）；

bit2—切削进给减速检查中；

bit3—等待主轴回原点（orientation）（系统处于检查主轴回原点是否完成过程中）；

bit4—等待主轴定位（position loop）完成；

bit7—门已打开；

bit8—在暂停状态（In executing dwell）；

bitB—等待非限制信号（Waiting for unclamp signal）。

序号	名称	简称	E60/M60 元件号	M80/M800 元件号	C70 元件号
13	急停原因 Emergency stop cause		R69	R69	

功能说明

本寄存器的各位（bit）对应引起 NC 急停的各种原因（表 9-5）。在 PLC 程序中可以监视本寄存器以查看急停原因。

表 9-5　急停原因

F	E	D	C	B	A	9	8	7	6	5	4	3	2	1	0
伺服驱动单元急停	主轴驱动单元急停	门互锁.DOG或OT分配错误	PLC高速处理异常	用户PLC有错误代码		LINE	接触器阻断测试		内置PLC急停YC2C=1	电源单元的紧急停止	EMG紧急停止	外部PLC通信异常	外部PLC准备未完成	外部PLC内FROMTO指令未执行	内置PLC停止状态

使用说明

本寄存器各位（bit）为 0，表示 NC 出现了引起急停的对应故障。

序号	名称	简称	E60/M60元件号	M80/M800元件号	C70元件号
14	宏程序♯1032 变量接口 PLC→NC 宏程序 User macro output		R72,R73	R6436,R6437	

功能说明

本接口对应宏程序变量♯1032。由 PLC 程序向 R6436、R6437 设定数据，其对应的就是用户宏程序中的变量♯1032。注意这是从 PLC 程序一侧设定宏程序变量，与从宏程序一侧设定变量值通知 PLC 程序是相反的过程。例如换刀前对刀号相同的判断，就是从 PLC 程序一侧设定宏程序变量。

使用说明

本接口与宏程序变量的对应关系见表 9-6～表 9-8。

表 9-6　寄存器接口与宏程序变量的关系（一）

系统变量	点	接口输出信号	系统变量	点	接口输出信号
♯1000	1	寄存器 R6436　bit 0	♯1008	1	寄存器 R6436　bit 8
♯1001	1	寄存器 R6436　bit 1	♯1009	1	寄存器 R6436　bit 9
♯1002	1	寄存器 R6436　bit 2	♯1010	1	寄存器 R6436　bit 10
♯1003	1	寄存器 R6436　bit 3	♯1011	1	寄存器 R6436　bit 11
♯1004	1	寄存器 R6436　bit 4	♯1012	1	寄存器 R6436　bit 12
♯1005	1	寄存器 R6436　bit 5	♯1013	1	寄存器 R6436　bit 13
♯1006	1	寄存器 R6436　bit 6	♯1014	1	寄存器 R6436　bit 14
♯1007	1	寄存器 R6436　bit 7	♯1015	1	寄存器 R6436　bit 15

表 9-7　寄存器接口与宏程序变量的关系（二）

系统变量	点	接口输出信号	系统变量	点	接口输出信号
♯1016	1	寄存器 R6437　bit 0	♯1024	1	寄存器 R6437　bit 8
♯1017	1	寄存器 R6437　bit 1	♯1025	1	寄存器 R6437　bit 9
♯1018	1	寄存器 R6437　bit 2	♯1026	1	寄存器 R6437　bit 10
♯1019	1	寄存器 R6437　bit 3	♯1027	1	寄存器 R6437　bit 11
♯1020	1	寄存器 R6437　bit 4	♯1028	1	寄存器 R6437　bit 12
♯1021	1	寄存器 R6437　bit 5	♯1029	1	寄存器 R6437　bit 13
♯1022	1	寄存器 R6437　bit 6	♯1030	1	寄存器 R6437　bit 14
♯1023	1	寄存器 R6437　bit 7	♯1031	1	寄存器 R6437　bit 15

表 9-8　寄存器接口与宏程序变量的关系（三）

系统变量	点	接口输出信号	系统变量	点	接口输出信号
♯1032	32	寄存器 R6436,R6437	♯1034	32	寄存器 R6440,R6441
♯1033	32	寄存器 R6438,R6439	♯1035	32	寄存器 R6442,R6443

　　实际编制 PLC 程序时，通过向本寄存器送入不同的数值，宏程序中的变量♯1032 就对应为不同的数值，从而可以进行不同的计算和判断。

序号	名称	简称	E60/M60 元件号	M80/M800 元件号	C70 元件号
15	宏程序♯1033 变量接口 User macro output		R74,R75	R6438,R6439	

功能说明

　　本接口对应用户宏程序变量♯1033。由 PLC 程序向 R6438、R6439 设定数据，而其对应的就是用户宏程序中的变量♯1033。

使用说明

　　图 9-27 中在 PLC 程序中设定 R6438＝1000（M80 系统），则用户宏程序中的变量♯1033＝1000。

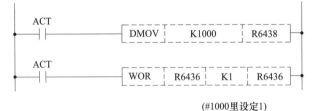

用户宏程序
IF [#1000 EQ 0] GOTO 100
#100=#1033
N100
#1000 不等于零时，
把#1033(R6438，6439)的值赋给#100

(#1000里设定1)

图 9-27　PLC 程序与其对应的宏程序变量

序号	名称	简称	E60/M60 元件号	M80/M800 元件号	C70 元件号
16	宏程序♯1034 变量接口 User macro output		R76,R77	R6440,R6441	

功能说明

　　本接口对应用户宏程序变量♯1034。由 PLC 程序向 R6440、R6441 设定数据，而其对应的就是用户宏程序中的变量♯1034。

序号	名称	简称	E60/M60 元件号	M80/M800 元件号	C70 元件号
17	宏程序♯1035 变量接口 User macro output		R78,R79	R6442,R6443	

功能说明

本接口对应用户宏程序变量 ♯1035。由 PLC 程序向 R6442、R6443 设定数据，而其对应的就是用户宏程序中的变量 ♯1035。

序号	名称	简称	E60/M60 元件号	M80/M800 元件号	C70 元件号
18	时钟数据 Clock data		R460～R462	R11～R13	

功能说明

本寄存器存放当前时钟数据，如图 9-28 所示。

使用说明

① 时钟数据以在累计时间界面设定的时间为基准。

② 在 R11～R13 中的数据是二进制数据。

③ 以 24h 为计时基准。

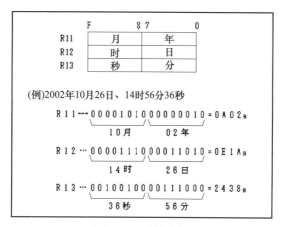

图 9-28　时钟数据

序号	名称	简称	E60/M60 元件号	M80/M800 元件号	C70 元件号
19	加工工件的当前值和最大值 No. of work machining(current)		R2896～R2899	R606～R609	

功能说明

① 在加工参数 ♯8001 中设定用作工件计数的 M 指令代码（该 M 指令通常在加工程序的最后，表示工件加工完毕。每出现一次，表示一个工件加工完毕。通常用 M30）。

② 在加工参数 ♯8002 中设定初始加工工件数。

③ 在加工参数 ♯8003 中设定最大加工工件数。

④ 在 R606、R607 中输出的是当前加工工件数。

⑤ 在 R608、R609 中输出的是最大加工工件数。

第 10 章

常用G指令

10.1 G90/G91指令

G90 是绝对位置指令。G91 是相对位置指令。

(1) 绝对位置指令

绝对位置指令（图 10-1）是以坐标系的原点为基准，移动到加工程序指定的位置。

N1　G90 G0 X50.Y150.；（移动到 N1 点）

N2　G90 G0 X200.Y50.F1000；（移动到 N2 点）

(2) 相对位置指令

相对位置指令（图 10-2）是以当前位置点为基准，移动量为加工程序设定的距离。

N3 G91　G0 X－100.Y50.；（移动到 N3 点）

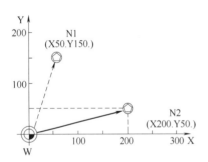

图 10-1　G90 绝对位置指令

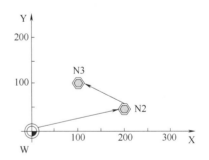

图 10-2　G91 相对位置指令

10.2 G指令模式

　　G 指令模式 指加工程序中，某一类型 G 指令的连续有效性。例如指定 G1 指令后，系统会一直保持 G1 指令功能，无需在后续的每个程序段或每个单节写 G1 指令。直到有其他 G 指令将 G1 指令模式取消。以下是部分具有模态功能的 G 指令：G21 公制单位模式；G94 非同期进给；G40 取消刀具半径补偿；G49 取消刀具长度补偿；G05.1Q1 高速高精度模式。

　　如果复位后，G 指令的模态会被取消。因此对于断点重启功能，断电后需要在断点处重新启动的功能的处理必须特别注意。

图 10-3 所示为显示器上的 G 指令工作模态显示区。

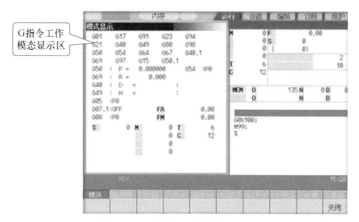

图 10-3　G 指令工作模态显示区

10.3　插　　补

插补是 CNC 控制多个伺服轴联动运行，按最小移动单位行走出曲线或曲面的过程，简言之就是 CNC 执行多轴联动。插补就是联动，是 CNC 性能的重要指标。平常经常提到的 2 轴插补、5 轴联动，实际是指 CNC 能够以 2 轴联合运动或 5 轴联合运动走出规定的运动轨迹。

CNC 控制多个伺服轴做直线运动称为直线插补。CNC 控制多个伺服轴做圆弧运动称为圆弧插补。

10.4　G0 指令

G0 指令又称快进指令。G0 指令的定义是，在（G90/G91）规定的坐标系内，从当前点运行到加工程序指定点。

指令格式

G0 Xx Yy Zz

Xx Yy Zz——在 G90 指令中为下一定位点的绝对坐标，在 G91 指令中为移动量。

程序样例

G91　G0　X−270.Y300.Z150.；

运行轨迹如图 10-4 所示。因为 G0 指令的运行速度是快进速度，所以称为快进指令。快进速度由参数设置。快进倍率可以调节，一般在操作面板上有快进倍率调节旋钮。

10.4.1　定位方式

G0 指令表示的定位过程，可以是插补型（多轴联动），也可以是各轴独立

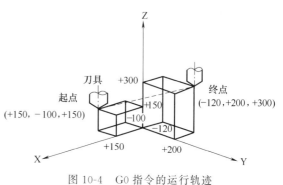

图 10-4　G0 指令的运行轨迹

型。由参数选择这两种类型。在三菱 NC 系统中的指令描述如下。

（1）G0 插补型

程序样例

G0 X300. Y200. （快进速度由参数♯2001 设置）

参数♯1086＝0，插补型定位，运行轨迹如图 10-5 所示。

（2）G0 各轴独立型

参数♯1086＝1，各轴独立型定位，运行轨迹如图 10-6 所示。

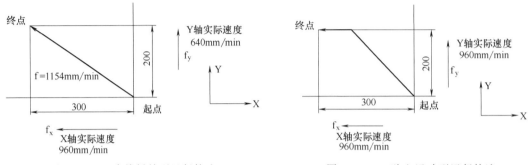

图 10-5　G0 直线插补型运行轨迹　　　　图 10-6　G0 独立运动型运行轨迹

在组合机床工作时，多使用各轴独立型定位方式。

10.4.2　快进速度

快进速度不仅对 G0 指令有效，G27、G28、G29、G30、G60 指令都使用快进速度，各轴的快进速度可由参数分别设置。

10.5　G01指令

G01 指令的定义是，以直线插补轨迹从当前点运行到程序指定点。运行速度用 F 指令设置，这是与快进指令不同之处。

由于运行速度可以用 F 指令任意设置，G01 指令被用于切削运行，所以 G01 指令也称为切削运行指令。

指令格式

G01 Xx Yy Zz　Ff

Xx Yy Zz ——在 G90 指令中为下一定位点的绝对坐标，在 G91 指令中为移动量；

Ff——运行速度（mm/min），运行速度为合成速度。

程序样例

参见图 10-7。

G91 G0 X20. Y20. ；（P0→P1）

G01 X20. Y30. F3000；（P1→P2）

X30. ；（P2→P3）

X−20. Y−30. ；（P3→P4）

X−30. ；（P4→P1）

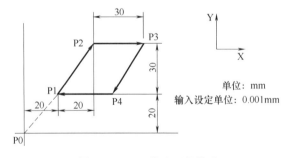

图 10-7　G01 指令运行轨迹

10.6 G02/G03 指令

G2/G03 指令是圆弧插补指令。G02 指令是顺时针（CW）圆弧插补指令。G03 指令是逆时针（CCW）圆弧插补指令。

指令格式

G02 X_ Y_ I_ J_ F_

G03 X_ Y_ I_ J_ F_

X_ Y_——圆弧终点坐标；

I_ J_——圆弧中心坐标；

F_——进给速度。

圆弧插补轨迹如图 10-8 所示。

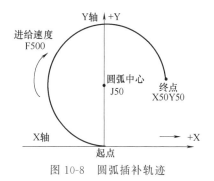

图 10-8 圆弧插补轨迹

10.7 G09 指令

当伺服轴进给速度急剧变化，为抑制机械振动，另外为防止转角切削时有圆角发生，需要在每一单节确认定位精度或减速时间后再执行下一单节。准确定位检查 G09 就是这样的检查功能。

通过参数♯1193 选择是进行定位精度检查还是减速时间检查：♯1193＝0，进行减速时间检查；♯1193＝1，进行定位精度检查。

G09 是在一个单节内进行准确定位检查。G61 是在所有的单节内进行准确定位检查。直到 G61 指令被解除。

G09 指令的功能如图 10-9 所示。

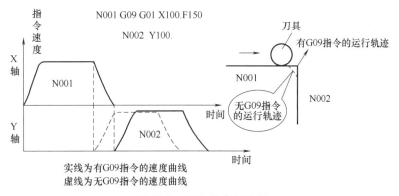

图 10-9 G09 指令的功能

10.8 G64 指令

G64 是切削模式指令。在切削模式下，切削进给的单节与单节之间不进行减速停止检查，而是连续执行下一单节，这样在单节之间是平滑过渡，与 G09 指令是不同的。开机初始状态为切削模式。

10.9　G63指令

G63是攻螺纹模式指令。G63指令只是建立一种攻螺纹工作模式，并不指定实际的攻螺纹动作。在攻螺纹模式下，下列功能有效。

① 进给倍率固定为100%。

② 不执行加工单节之间的减速检查。

③ 自动暂停指令无效。

10.10　G04指令

在程序的单节与单节之间，如果需要停顿一段时间，例如换刀时，需要机械手卡稳刀具，就需要停顿一段时间，在这种情况下就使用G04暂停指令。其时序图如11-10所示。

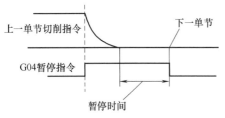

图10-10　G04指令动作时序图

指令格式

G04 Xx

Xx——暂停时间，单位为s，可以使用小数点形式设置。

例如G04 X23.5表示暂停时间为23.5s。

G04 Pp

Pp——暂停时间，单位为ms。

例如G04 P250000表示暂停时间为250000ms。

10.11　辅　助　指　令

10.11.1　M指令

M指令也称辅助功能指令。M指令编制在加工程序中。M指令就相当于一开关，这一开关可放在加工程序的任何位置，主要用于控制外围设备的动作，例如主轴正/反转、换刀、喷冷却液。组合机床及磨床的动作程序多使用M指令。M指令动作时序图如图10-11所示。

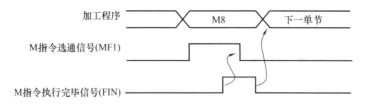

图10-11　M指令动作时序图

M指令如何控制外部设备动作必须通过编制PLC程序实现。相关PLC程序如图10-12所示。由M指令可以构成顺序动作的程序。在加工程序中或手动状态下可以发出M指令。

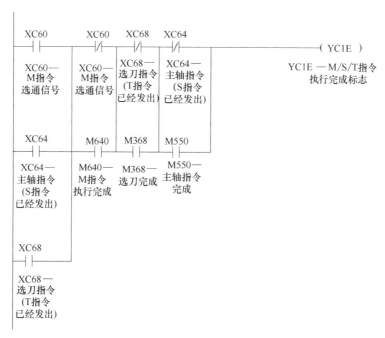

图 10-12　对 M 指令动作处理的 PLC 程序

10.11.2　S 指令

S 指令用于设定主轴转速并用于控制主轴换挡。S 指令编制在加工程序中。S 指令也必须在 PLC 程序中处理，参见图 10-12。主轴换挡的动作也必须通过 PLC 程序处理。

程序样例

G91 G1 X789；

S8000 M3；（设定主轴转速为 8000r/min）

10.11.3　T 指令

在自动加工程序中和手动状态下，T 指令用于指定刀号，即指定要使用的刀具号。T 指令也有选通信号和完成条件，T 指令也需要在 PLC 程序中处理。其刀号数据存储在 R 寄存器中。在车床中，常用 T 指令直接启动换刀程序，参见图 10-12。

第11章

参数功能及设置

11.1 初始参数设置

① 选择语言：设置参数♯1043＝22——选择简体中文。

② 选择 NC 系统类型：设置参数♯1007＝0——选择加工中心；设置参数♯1007＝1——选择车床。

③ 断电→上电。

11.2 快捷系统设置

三菱 M80 系统提供了快捷系统设置功能。只需经过简单的设置，系统就进入正常工作状态，可以进行基本调试。快捷系统设置的操作方法如下。

① 选择维护→系统设定，如图 11-1 所示。

图 11-1 系统设置选择

② 进入快捷系统设置界面，如图 11-2 所示。在显示语言区设定语言编号，22 为简体中文，15 为繁体中文。

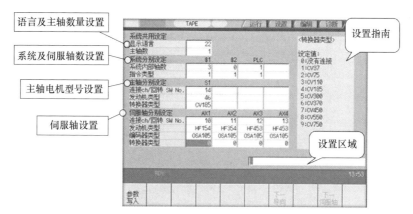

图 11-2 快捷系统设置界面

③ 设定系统使用的主轴数，对应参数♯1039。

④ 各系统分别设定如下项目。

a. 系统内部轴数设定各系统伺服轴数及 PLC 轴数，对应参数♯1002。

b. 指令类型：设定各系统的指令类型，对应参数♯1037。

⑤ 设定主轴参数。

a. 使用两位数字设定各主轴连接通道及轴号开关号，对应参数♯3031。

高位：连接通道。

低位：轴号开关号。

b. 主轴电机型号根据设置指南显示区的数值进行设置。

c. 设定各主轴驱动单元使用的供电单元型号，根据设置指南显示区的数值进行设置，输入的数值变换为供电单元型号，"0" 表示无连接。

⑥ 设置伺服轴。

a. 使用两位数字设定各伺服驱动单元的连接通道及轴号开关号，对应参数♯1021。

高位：伺服 I/F 连接通道。

低位：轴号开关号。

b. 伺服电机型号根据设置指南显示区的数值进行设置，输入的数值变换为电机型号显示。

c. 设定各伺服电机的编码器型号，根据设置指南显示区的数值进行设置，输入的数值变换为编码器型号显示。

d. 各伺服驱动单元使用的供电单元型号根据设置指南显示区的数值进行设置，输入的数值变换为供电单元型号。"0" 表示无连接。

⑦ 写入参数设定及格式，如图 11-3 所示。

a. 选择参数写入。

b. 显示是否执行参数设定（Y/N），按下 "Y"。

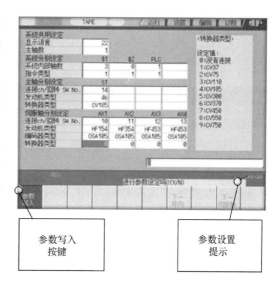

图 11-3 系统设置界面的参数写入选择

⑧ 显示参数设定完成，是否执行格式化（Y/N），按下"Y"（图11-4），格式化完成，则显示格式化完成信息。

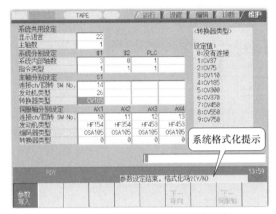

图11-4　系统设置界面的格式化选择

⑨ 重启电源。

11.3　基本开机参数设置

(1) 基本系统参数

基本系统参数设置界面如图11-5所示。

(2) 基本轴参数

基本轴参数设置界面如图11-6所示：♯1013 axisname（轴名称）。

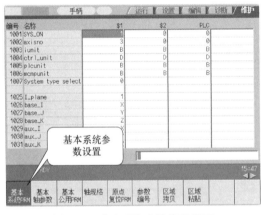

图11-5　基本系统参数设置界面

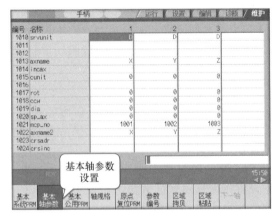

图11-6　基本轴参数设置界面

(3) 轴规格参数

轴规格参数设置界面如图11-7所示：♯2001 rapid（快进速度）；♯2002 clamp（切削进给限制速度）；♯2003 smgst（加减速模式）；♯2004 G0tL（G0 时间常数）；♯2007 G1tL（G1 时间常数）。

(4) 伺服参数

伺服参数设置界面如图11-8所示：♯2201 SV001（PC1 电机侧齿轮比）；♯2202 SV002（PC2 机械侧齿轮比）；♯2218 SV018（PIT 滚珠丝杠螺距）。

(5) 主轴规格参数

主轴规格参数设置界面如图11-9所示：＃3001 slimt1〔极限转速（齿轮00）〕；＃3002 slimt2〔极限转速（齿轮01）〕；＃3003 slimt3〔极限转速（齿轮10）〕；＃3004 slimt4〔极限转速（齿轮11）〕；＃3005 smax1〔最高转速（齿轮00）〕；＃3006 smax2〔最高转速（齿轮01）〕；＃3007 smax3〔最高转速（齿轮10）〕；＃3008 smax4〔最高转速（齿轮11）〕；＃3023 smini（最低转速）；＃3109 zdetspd（Z相检测速度）。

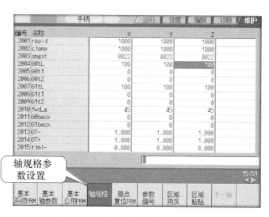

图11-7　轴规格参数设置界面

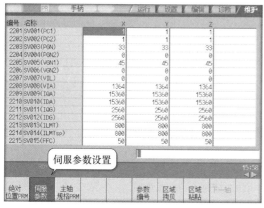

图11-8　伺服参数设置界面

图11-9　主轴规格参数设置界面

11.4　日期/时间设置

① 在运转界面中选择累积时间，如图11-10所示。

② 在累积时间界面中选择时间设定，如图11-11所示。

③ 在"＃1日期"与"＃2时间"中设定日期及时间。

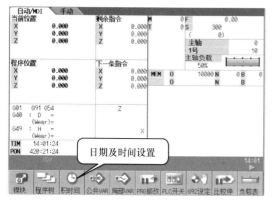

图11-10　在运转界面中选择累积时间

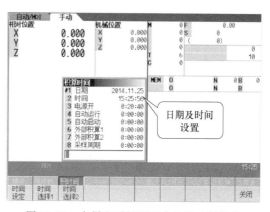

图11-11　在累积时间界面中选择时间设定

第12章

对PLC接口的进一步学习

12.1 表示 NC 功能的接口——Y 接口

序号	名称	简称	E60/M60 元件号	M800/M80 元件号	C70 元件号
1	第 N 轴镜像 MIRROR IMAGE	MI	Y190～Y197	Y7C0～Y7C7	Y402～Y6D2

功能说明

镜像加工是指改变每个单节移动量的符号，进行对称形状的加工。本指令是指对第 N 轴发出镜像功能指令。

使用说明

对于自动及 MDI 运行，通过镜像指令可以改变指令值的符号，使其可以进行对称形状的加工。无论加工指令是增量指令还是绝对指令，镜像指令都把应执行增量指令发给控制轴。

序号	名称	简称	E60/M60 元件号	M800/M80 元件号	C70 元件号
2	往复运动 CHOPPING	CHPS	Y1E8	YC30	

功能说明

CHOPPING 运动是一种往复运动。当本信号＝ON 时，CHOPPING 轴快进到上限点，然后开始从上限点到下限点往复运行，直到接到停止信号。本功能多用于磨床。

序号	名称	简称	E60/M60 元件号	M800/M80 元件号	C70 元件号
3	第 N 轴手动/自动模式同时有效 MANUAL/AUTO SIMULTANEOUS VALID	MAE	Y1F0～Y1F7	Y920～Y927	Y40D～Y6DD

功能说明

第 N 轴同时具备手动模式和自动模式功能。第 N 轴手动模式（点动、手轮、回原点、增量）和自动模式（自动、MDI、DNC）可被同时选择。在自动模式下可以执行手动操作。

使用说明

手动模式和自动模式被同时选择时才能进入手动/自动同时有效模式。当本信号＝ON时，就选定了在手动/自动同时有效模式下的手动轴，该轴在自动运行时可进行手动操作。本功能用于在自动运行时对某一轴进行手动操作。

① 如果从自动程序内向本信号选定轴发出自动指令，则会出现错误报警 M01 0005。自动操作会停止直到解除错误报警。

② 在自动模式中（未选择手动模式也未进入手动/自动同时有效模式），本信号无效，也不进行自动锁停。

③ 在手动/自动同时有效模式下，如果对正执行自动指令的轴使本信号＝ON，则该轴被锁停，立即减速并停止，出现错误报警 M01 0005。在轴运动停止后，可以进行手动操作。

④ 在手动/自动同时有效模式和自动模式下，本信号＝OFF 的轴，其手动指令无效。

⑤ 自动指令轴和手动指令轴的进给率是不同的，快进和进给模式的加减速方式也是独立的。

⑥ 快进倍率、进给倍率对自动轴和手动轴同时有效。

⑦ 对于手动轴，手动锁停功能有效。对于自动轴，自动互锁功能有效。

⑧ 手动轴的移动不受单段运行和自动暂停信号的控制。

序号	名称	简称	E60/M60 元件号	M800/M80 元件号	C70 元件号
4	调用和启动 SEARCH & START	RSST	Y1FA	YC31	Y7B2～YCF2

功能说明

在自动模式下和自动启动时，当本信号为 ON 时，则调用某一程序号并启动该程序。该程序号预置在文件寄存器 R170、R171 中，如图 12-1 所示。

如果在某一自动程序运行时本信号＝ON，则正在运行的自动程序先被复位，在复位完成后，再执行调用和启动程序，如图 12-2 所示。

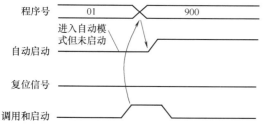

图 12-1　调用和启动——进入自动模式但尚未启动

正在运行01号程序，又发出"调用和启动900号程序"指令

图 12-2　自动程序已经运行下的调用和启动

使用说明

① 本信号仅在自动模式下有效。

② 如果没有指定加工程序号或指定的程序号超范围（0～9999），则会出现错误报警。

③ 本信号在上升沿有效。

序号	名称	简称	E60/M60 元件号	M800/M80 元件号	C70 元件号
5	选择回第 N 参考点 REFERENCE POSITION SELECT	ZSL1	Y200,Y201	YC90,YC91	Y730/Y731～ YC70/YC71

功能说明

本系统可设置多个参考点。在手动回原点模式下，通过本信号的组合编码，可以选择回第 N 参考点，通常本信号＝OFF，执行回第 1 参考点（表 12-1、图 12-3）。

使用说明

当回原点模式＝ON、手动启动条件＝ON 时，本信号有效。

表 12-1 信号的组合编码

Y201	Y200	返回位置
0	0	第 1 参考点
0	1	第 2 参考点
1	0	第 3 参考点
1	1	第 4 参考点

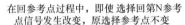
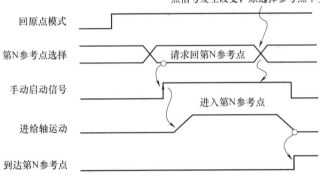

图 12-3 选择回第 N 参考点

序号	名称	简称	E60/M60 元件号	M800/M80 元件号	C70 元件号
6	选择第 N 参考点的方式 REFERENCE POSITION SELECT METHOD		Y207	YC97	

功能说明

当本信号＝ON 时，用 Y200、Y201 编码信号选择第 N 参考点。

当本信号＝OFF 时，用 R120 指定的数值选择第 N 参考点。

序号	名称	简称	E60/M60 元件号	M800/M80 元件号	C70 元件号
7	禁止下一程序段启动 BLOCK START INTERLOCK	BSL	Y21B	YC13	Y713～YC53

功能说明

在自动工作模式（自动、MDI、DNC）中，本信号＝OFF 时，禁止下一程序段启动。本信号是 B 接点信号。

使用说明

当本信号＝OFF 时，自动运行时的下一程序段被禁止执行。如果该信号是在某程序段执行当中发出，则在该程序段执行完毕后，下一程序段被禁止执行。本信号不使自动加工程序停止或暂停，因此当本信号＝ON后，自动程序继续运行。本信号对所有程序包括固定循环程序均有效。本信号在上电后＝ON，如果不使用该信号就不要在PLC程序中编程。

序号	名称	简称	E60/M60 元件号	M800/M80 元件号	C70 元件号
8	禁止切削程序段启动 CUTTING BLOCK START INTERLOCK	CSL	Y21C	YC14	Y714～YC54

功能说明

在自动工作模式（自动、MDI、DNC）中，本信号＝OFF时，禁止切削程序段（G1）启动。

使用说明

本信号是常闭接点。当本信号＝OFF时，禁止执行自动程序中的切削程序段（G1）。如果本信号是在某程序段执行当中发出，则在该程序段执行完毕后，禁止执行下一切削程序段。本信号对所有程序包括固定循环程序均有效。

序号	名称	简称	E60/M60 元件号	M800/M80 元件号	C70 元件号
9	单节定位精度检测 ERROR DETECT	ERD	Y21F	YC17	Y717～YC57

功能说明

本功能启动对定位精度的检查，与G09功能相同，一般推荐使用G09。

序号	名称	简称	E60/M60 元件号	M800/M80 元件号	C70 元件号
10	换挡完成 Gearshift complete	GFIN	Y225	Y1885	YD26～YE46

功能说明

本信号的功能类似于FIN1，当本信号＝ON时，表明用S指令指定的换挡动作已经完成，主轴以S指令指定的速度运行。

使用说明

本信号的作用是使发出的S指令得到认可，使主轴按指令速度运行（图12-4～图12-7）。

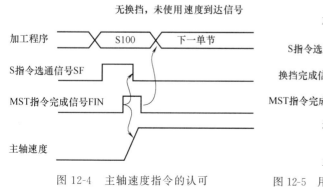

图 12-4　主轴速度指令的认可　　图 12-5　用主轴速度到达信号实现对主轴速度指令的认可

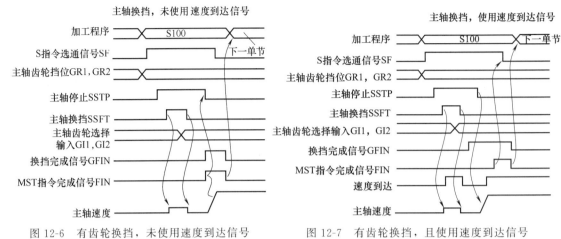

图 12-6　有齿轮换挡，未使用速度到达信号　　　图 12-7　有齿轮换挡，且使用速度到达信号

如果使用了速度到达信号，必须用速度到达信号驱动 FIN1 信号。

序号	名称	简称	E60/M60 元件号	M800/M80 元件号	C70 元件号
11	刀具长度测量 TOOL LENGTH MEASUREMENT	TLM	Y228	YC20	Y720～YC60

功能说明

当本信号＝ON 时，选择刀具长度手动测量功能。在铣床系统中，本信号＝ON，选择刀具长度手动测量功能 1 和刀具长度手动测量功能 2。

使用说明

在执行刀具测量时，如本信号＝ON，系统自动计算需要测量的刀具长度数据。

注意，必须进入刀具长度设置屏幕，否则本信号无效；按下 INPUT 键可读出刀具长度数据的测量计算值。

序号	名称	简称	E60/M60 元件号	M800/M80 元件号	C70 元件号
12	刀具长度测量 2（车床系统） TOOL LENGTH MEASUREMENT 2（L system）	TLMS	Y229	YC21	Y721～YC61

功能说明

当本信号＝ON 时，选择刀具长度手动测量 2 功能（图 12-8）。

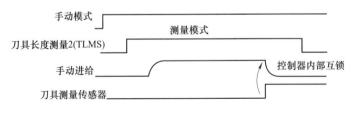

图 12-8　刀具长度测量功能

使用说明

当本信号＝ON 时，NC 系统进入刀具长度测量模式，在刀具长度测量过程中，如果有 SKIP 信号输入，系统就自动计算出刀具长度数值。

注意，必须在手动模式下使用本功能，否则不能建立刀具长度测量模式；本测量可以使用刀具测量仪；测量数据在控制器内部自动读出；被测量的刀具号存储在 R2970 中（T—4 位 BCD 码）。

序号	名称	简称	E60/M60 元件号	M800/M80 元件号	C70 元件号
13	同步修正模式 SYNCHRONIZATION CORRECTION MODE		Y22A	YC22	Y722～YC62

功能说明

当本信号＝ON 时，进入同步误差的修正模式。

序号	名称	简称	E60/M60 元件号	M800/M80 元件号	C70 元件号
14	手动轨迹生成加工程序功能 PLAYBACK	PB	Y22C	YC24	

功能说明

当本信号＝ON 时，手动状态下轴的移动轨迹可以被记录到控制器内并生成一新程序。

使用说明

当本信号＝ON 时，在屏幕上显示自学习（PLAYBACK）模式。以点动、快进或手轮模式驱动轴移动或停止，其移动轨迹可以被记录到控制器内并生成一新程序。

序号	名称	简称	E60/M60 元件号	M800/M80 元件号	C70 元件号
15	中断主程序执行宏程序 MACRO INTERRUPT	UIT	Y22D	YC25	Y725～YC65

功能说明

当自动加工程序处于程序中断有效范围时，若本信号＝ON，则执行中断处理，或在当前程序段执行完毕后中断程序。这是数控系统中的一项很重要的功能。

使用说明

在自动加工程序中，用 M96 和 M97 指定允许程序中断范围；在允许程序中断范围内，本信号为 ON，系统停止执行当前程序，转而执行预先编制的中断程序。

本信号在下列条件下有效。

① 选择了自动、MDI、DNC 模式。

② 自动运行已经启动（STL＝ON）。

③ 未执行其他用户宏程序。

④ 本信号有连续运行和单次运行两种方式，用参数♯1112 设定。

a. 在连续运行有效时，当本信号保持 ON 时，中断程序被反复执行。

b. 在单次运行有效时，本信号由 OFF→ON 时，中断程序仅执行一次。

序号	名称	简称	E60/M60 元件号	M800/M80 元件号	C70 元件号
16	屏幕显示值锁定 DISPLAY LOCK	DLK	Y231	YC29	

功能说明

当本信号＝ON 时，无论是手动还是自动模式，显示器上的当前位置被锁定（即不发生变化）。本信号可以用于特殊功能要求时确定某一轴的特殊点位置坐标。

使用说明

① 本信号在任何时候都有效，可以瞬间 ON 或 OFF。

② 本信号在机械锁停下仍有效。

可以利用本功能标定某些特殊位置坐标，在调试初期很有用。

序号	名称	简称	E60/M60 元件号	M800/M80 元件号	C70 元件号
17	累积时间输入 1 INTEGRATION TIME INPUT 1	RHD1	Y234	Y704	Y314

功能说明

由 PLC 程序所指定的输入信号的累积时间可以被计时和显示。

使用说明

当本信号＝ON 时，由 PLC 程序所指定输入信号的累积时间可以被计时和以时、分、秒显示。该累积时间可以被保持，断电也不会消失。

序号	名称	简称	E60/M60 元件号	M800/M80 元件号	C70 元件号
18	累积时间输入 2 INTEGRATION TIME INPUT 2	RHD2	Y235	Y705	Y315

功能说明

功能与累积时间输入 1 相同。

序号	名称	简称	E60/M60 元件号	M800/M80 元件号	C70 元件号
19	PLC 中断指令 PLC INTERRUPT	PIT	Y236	YC2E	

功能说明

在自动模式下的单段停止或手动模式下，当本信号＝ON 时，则程序中断功能生效，NC 开始执行一中断程序，中断程序号预置在指定的 R 寄存器内。该功能对手动模式下的保护也很有效。

使用说明

在自动模式下的单段停止或手动模式下在本信号的上升沿开始执行中断程序（中断程序号也由本信号检测）。中断程序的最后一行必须以 M99 结束。在中断程序结束后，其工作模式将回到执行中断程序前的模式，对于自动或 MDI 模式，如果是处于自动启动状态，则执行中断开始时的下一程序段。

① 在自动模式下的单段停止状态下执行中断（图 12-9）

在 O100 加工程序的 N10 程序段结束时，若 YC2E＝ON，则预置的中断程序 O9900 被调出执行，在中断程序的 M99 程序段，PLC 中断结束。而要执行主程序 O100 的 N20 程序段，必须重新发出启动信号。

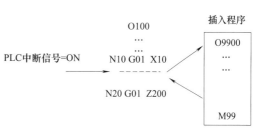

图 12-9　自动模式下的单段停止
状态下执行 PLC 中断处理

② 在 MDI 模式下的单段停止状态下执行中断（图 12-10）

在 O100 加工程序的 N10 程序段结束时，若 YC2E＝ON，则预置的中断程序 O9900 被调出执行，在中断程序的 M99 程序段，PLC 中断结束。MDI 主程序的程序段停止。其 N20 程序段和后续的程序被删除，故 MDI 运行停止。

③ 在手动模式下的单段停止状态下执行中断（图 12-11）

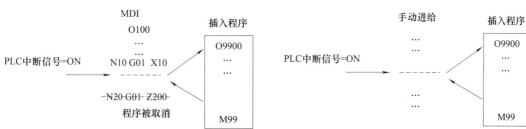

图 12-10　MDI 模式下的单段停止
状态下执行 PLC 中断处理

图 12-11　手动模式下的单段停止
状态下执行 PLC 中断处理

在手动模式下，若 YC2E＝ON，则预置的中断程序 O9900 被调出执行，在中断程序的 M99 程序段，PLC 中断结束。通过中断程序的复位指令，NC 回到手动模式。

如果 PLC 中断程序仅仅用于除自动模式以外的模式，可以用 M30 代替 M99 作复位指令。这一指令提供了在手动模式下做自动运行的方法。

序号	名称	简称	E60/M60 元件号	M800/M80 元件号	C70 元件号
20	程序显示 PROGRAM DISPLAY DURING OPERATION	PDISP	Y23C	Y70C	

功能说明

当本信号为 ON 时，则运行程序可以显示在字编辑屏幕上。

序号	名称	简称	E60/M60 元件号	M800/M80 元件号	C70 元件号
21	第1手轮各移动轴选择 1ST HANDLE AXIS NO.	HS11～HS116	Y248～Y24C	YC40～YC44	Y740/Y744～YC80/YC84

功能说明

对大型设备而言可能会装备多个手轮。本系统最多可装 3 个手轮，如图 12-12 所示。本信号用于对第 1 手轮各移动轴的选择。

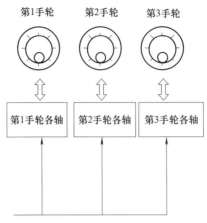

图 12-12　系统最多可装 3 个手轮

使用说明

在手轮模式中，移动轴的操作如下（表 12-2）。

① 选择手轮工作模式。

② 选择要移动的轴（本信号功能）。

③ 选择放大倍率。

④ 在 PLC 程序内驱动"第 1 手轮有效信号"。

⑤ 摇动手轮使轴移动。

表 12-2　用 HS11～HS116 信号组合选择第 1 手轮各移动轴

手轮轴号	HS1S	HS116	HS18	HS14	HS12	HS11
1 轴选定	1	0	0	0	0	1
2 轴选定	1	0	0	0	1	0
3 轴选定	1	0	0	0	1	1
4 轴选定	1	0	0	1	0	0

注：HS1S＝1，第 1 手轮有效，用 YC40～YC44 编码组合选择第 1 手轮驱动轴。

序号	名称	简称	E60/M60 元件号	M800/M80 元件号	C70 元件号
22	第 1 手轮有效 1ST HANDLE VALID	HS1S	Y24F	YC47	Y747～YC87

功能说明

本信号用于使第 1 手轮有效。

使用说明

在确定要使用第 1 手轮时必须在 PLC 程序中先使本信号＝ON，这样才可以使用第 1 手轮驱动各轴。

序号	名称	简称	E60/M60 元件号	M800/M80 元件号	C70 元件号
23	第 2 手轮各移动轴选择 2ND HANDLE AXIS NO.	HS21～ HS216	Y250～ Y254	YC48～ YC4C	

功能说明

本信号用于对第 2 手轮各移动轴的选择（表 12-3）。

表 12-3　用 HS21～HS216 信号组合选择第 2 手轮各移动轴

手轮轴号	HS2S	HS216	HS28	HS24	HS22	HS21
1 轴选定	1	0	0	0	0	1
2 轴选定	1	0	0	0	1	0
3 轴选定	1	0	0	0	1	1
4 轴选定	1	0	0	1	0	0

注：HS2S＝1，第 2 手轮有效，用 YC48～YC4C 编码组合选择第 2 手轮驱动轴。

序号	名称	简称	E60/M60 元件号	M800/M80 元件号	C70 元件号
24	第 2 手轮有效 2ND HANDLE VALID	HS2S	Y257	YC4F	

功能说明

本信号用于使第 2 手轮有效。

使用说明

在确定要使用第 2 手轮时必须在 PLC 程序中先使本信号＝ON，这样才可以使用第 2 手轮驱动各轴。

序号	名称	简称	E60/M60 元件号	M800/M80 元件号	C70 元件号
25	第 3 手轮各移动轴选择 3RD HANDLE AXIS NO.	HS31～HS316	Y258～Y25C	YC50～YC54	

功能说明

本信号用于对第 3 手轮各移动轴的选择（表 12-4）。

表 12-4　用 HS31～HS316 信号组合选择第 3 手轮各移动轴

手轮轴号	HS3S	HS316	HS38	HS34	HS32	HS31
1 轴选定	1	0	0	0	0	1
2 轴选定	1	0	0	0	1	0
3 轴选定	1	0	0	0	1	1
4 轴选定	1	0	0	1	0	0

注：HS35＝1，第 3 手轮有效，用 Y258～Y25C 编码组合选择第 3 手轮驱动轴。

序号	名称	简称	E60/M60 元件号	M800/M80 元件号	C70 元件号
26	第 3 手轮有效 3RD HANDLE VALID	HS3S	Y25F	YC57	

功能说明

本信号用于使第 3 手轮有效。

使用说明

在确定要使用第 3 手轮时必须在 PLC 程序中先使本信号＝ON，这样才可以使用第 3 手轮驱动各轴。

序号	名称	简称	E60/M60 元件号	M800/M80 元件号	C70 元件号
27	第 N 轴手动进给速度 B 有效 MANUAL FEEDRATE B VALID nTH AXIS	FBE	Y260～ Y267	Y940～ Y947	

功能说明

如果需要使用第 N 轴手动进给速度时，驱动本信号为 ON，还需要在相关的寄存器内设置第 N 轴手动进给速度数值。

使用说明

① 全部轴使用同一手动进给速度 B。

a. 选择点动模式。

b. 驱动本信号＝ON。

c. 向手动进给速度 B 寄存器 R2506、R2507 设定数据。

d. 点动运行各轴。

② 各轴独立运行手动进给速度 B。

a. 选择点动模式。

b. 驱动本信号＝ON。

c. 向各轴手动进给速度 B 寄存器 R5764、R5779 设定数据。

d. 点动运行各轴。

序号	名称	简称	E60/M60 元件号	M800/M80 元件号	C70 元件号
28	手动定位第 1 站各轴选择 MANUAL RANDOM FEED 1ST AXIS NUMBER	CX11～ CX116	Y268～ Y26C	YCA0～ YCA4	

功能说明

本系统可配备 3 个手动定位操作站，就如同使用 3 个手轮一样（表 12-5）。本功能用 CX11～CX116 信号组合编码选择使用第 1 操作站时要驱动的第 N 轴。

使用说明

① 本信号必须在启动信号（CXS8）＝ON 之前设定，在轴移动中设置本信号无效。

② 当手动定位第 1 操作站有效信号＝ON 时，本信号选定轴有效。

表 12-5　用 CXn1～CXn16 信号组合选择第 n 手动定位操作站各移动轴

轴号	CXnS	CXn16	CXn8	CXn4	CXn2	CXn1
1 轴选定	1	0	0	0	0	1
2 轴选定	1	0	0	0	1	0
3 轴选定	1	0	0	0	1	1
4 轴选定	1	0	0	1	0	0

注：CXnS＝1，第 n 操作站有效，用编码组合选择第 n 操作站驱动的各轴，n＝1～3。

序号	名称	简称	E60/M60 元件号	M800/M80 元件号	C70 元件号
29	手动定位第 1 操作站有效 MANUAL RANDOM FEED 1ST AXIS VALID	CX1S	Y26F	YCA7	

功能说明

当本信号＝ON 时，手动定位第 1 操作站生效。

使用说明

在 PLC 程序中，在手动定位第 1 操作站选定了驱动轴后，要驱动本信号＝ON，即指定手动定位第 1 操作站有效。

序号	名称	简称	E60/M60 元件号	M800/M80 元件号	C70 元件号
30	手动定位第 2 站各轴选择 MANUAL RANDOM FEED 2ND AXIS NUMBER	CX21～ CX216	Y270～ Y274	YCA8～ YCAC	

功能说明

同手动定位第 1 站各轴选择。

序号	名称	简称	E60/M60 元件号	M800/M80 元件号	C70 元件号
31	手动定位第 2 操作站有效 MANUAL RANDOM FEED 2ND AXIS VALID	CX2S	Y277	YCAF	

功能说明

同手动定位第 1 操作站有效。

序号	名称	简称	E60/M60 元件号	M800/M80 元件号	C70 元件号
32	手动定位第 3 站各轴选择 MANUAL RANDOM FEED 3RD AXIS NUMBER	CX31～ CX316	Y278～ Y27C	YCB0～ YCB4	

功能说明

同手动定位第 1 站各轴选择。

序号	名称	简称	E60/M60 元件号	M800/M80 元件号	C70 元件号
33	手动定位第 3 操作站有效 MANUAL RANDOM FEED 3RD AXIS VALID	CX3S	Y27F	YCB7	

功能说明

同手动定位第 1 操作站有效。

序号	名称	简称	E60/M60 元件号	M800/M80 元件号	C70 元件号
34	高速加减速 SMOOTHING OFF	CXS1	Y280	YCB8	

功能说明

当本信号＝ON时，手动定位模式下的加减速与加减速时间为0的情况相同，不能平滑加减速。

使用说明

一般手动定位只用于低速，在高速时会发生报警（一般设置本信号＝OFF）。

序号	名称	简称	E60/M60 元件号	M800/M80 元件号	C70 元件号
35	各轴独立定位运行 AXIS INDEPENDENT	CXS2	Y281	YCB9	

功能说明

在手动定位模式下，如果同时驱动3轴运动，可使3轴联动，也可使3轴独立运行，不联动。若本信号＝ON，则选择各轴独立运行，如图12-13所示。

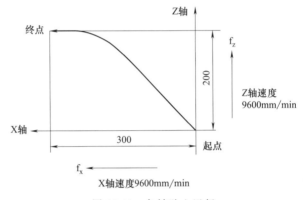

图12-13　各轴独立运行

序号	名称	简称	E60/M60 元件号	M800/M80 元件号	C70 元件号
36	选择手动速度/F指令速度	CXS3	Y282	YCBA	

功能说明

选择手动定位模式的运行速度（图12-14）。

当（CXS4）信号＝ON时（如后所述），手动定位模式的运行速度有两种选择：手动运行速度；自动程序中F指令速度。用本信号（CXS3）对这两种速度进行选择。

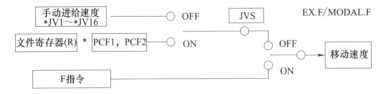

图12-14　手动定位模式的运行速度选择

使用说明

当（CXS4）信号＝ON时系统选择G1模式运行。

① 若本信号＝OFF，则选择手动运行速度。

a. 若手动进给倍率（JVS）＝OFF，则手动运行速度由 JV1～JV16 确定（常规方式）。

b. 若手动进给倍率（JVS）＝ON，则手动运行速度由相关的 R 寄存器确定（参阅手动速度的设定方法）。

② 若本信号＝ON，则选择 G1 运行速度。

手动定位模式的运行速度为自动运行时的 F 指令速度，但是在此前没有运行自动程序，则手动定位不能执行。

序号	名称	简称	E60/M60 元件号	M800/M80 元件号	C70 元件号
37	选择手动速度/快进速度 G0/G1	CXS4	Y283	YCBB	

功能说明

在手动定位模式中，本信号用于选择运行速度是手动运行速度还是快进速度（或者说是选择 G0 还是 G1 模式）。

使用说明

当本信号＝OFF 时，选择 G0 模式。

① 各轴的运行速度为快进速度，快进倍率也有效；多轴同时运行也是快进速度。参阅各轴独立运行信号（CXS2）。

② 当本信号＝ON 时，选择 G1 模式。

各轴的运行速度为手动运行速度或自动运行程序中 F 运行速度。参阅手动速度/F 指令速度选择（CXS3）。

序号	名称	简称	E60/M60 元件号	M800/M80 元件号	C70 元件号
38	选择坐标系 MC/WK	CXS5	Y284	YCBC	

功能说明

本信号用于选择手动定位模式的坐标系是机床坐标系还是工件坐标系。

使用说明

本信号在 CXS6＝OFF 时（如后所述）才有效。手动定位在绝对值方式下必须选择坐标系。

当本信号＝OFF 时，选择机床坐标系。

当本信号＝ON 时，选择工件坐标系。

序号	名称	简称	E60/M60 元件号	M800/M80 元件号	C70 元件号
39	选择绝对值/相对值 ABS/INC	CXS6	Y285	YCBD	

功能说明

本信号用于选择手动定位模式下的轴移动量是采用绝对值还是相对值。如果采用相对值，不需选择坐标系。

使用说明

当本信号＝OFF 时，定位位置按绝对值指令执行。

当本信号＝ON 时，定位位置按相对值指令执行。

序号	名称	简称	E60/M60 元件号	M800/M80 元件号	C70 元件号
40	手动定位停止 STOP	CXS7	Y286	YCBE	

功能说明

在手动定位模式下，用本信号使移动轴停止运动。本信号等效于手动锁停信号（MIT）。本信号是 B 接点信号。

使用说明

若本信号＝OFF，则手动定位模式下正在运动的轴减速并停止；准备运动的轴保持停止。

对于处于停止状态的轴，当本信号从 OFF→ON 时，该轴立即重新启动（这点要充分注意，突然启动容易造成安全事故）。

序号	名称	简称	E60/M60 元件号	M800/M80 元件号	C70 元件号
41	手动定位运行启动 STROBE	CXS8	Y287	YCBF	

功能说明

如图 12-15 所示，在手动定位模式中，用本信号发出运行启动指令。这是手动定位模式中最重要的信号。

使用说明

本信号要在手动定位模式下的各运行条件都设置完毕后才可发出。

① 选定手动定位模式。

② 选定操作站及移动轴。

③ 设定轴定位数据（R142～R147）。

④ 设定加减速方式信号（CXS1）为 OFF。

⑤ 设定多轴运行是否联动信号（CXS2）。

⑥ 选定运行速度是手动速度还是自动程序 F 指令速度（CXS3）。

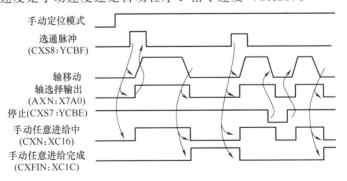

图 12-15　手动定位模式的运行启动

⑦ 选定运行速度是手动速度还是快进速度。

⑧ 选定坐标系是机床坐标系还是工件坐标系。

⑨ 选定运行指令模式是绝对值还是相对值。

下列功能在本信号＝ON 时仍然有效：手动速度设定；快进倍率；停止信号。

序号	名称	简称	E60/M60 元件号	M800/M80 元件号	C70 元件号
42	主轴变速齿轮挡位选定 SPINDLE GEAR SELECT 1,2	GI1,GI2	Y290,Y291	Y1890,Y1891	

功能说明

由 GI1、GI2 组成的编码信号指明当前主轴变速齿轮挡位。如果主轴配有齿轮减速箱，一般有 1～4 个挡位，每一挡位的减速比不同。一般在外部装有开关，用该开关信号驱动 GI1、GI2，即表示了当前主轴变速齿轮挡位（表 12-6）。

表 12-6 编码信号与主轴挡位的对应关系

齿轮挡位	主轴齿轮选择信号		主轴速度限制值
	GI2	GI1	
1	0	0	Slimit 1
2	0	1	Slimit 2
3	1	0	Slimit 3
4	1	1	Slimit 4

使用说明

在与主轴有关的参数中，♯3001 表示主轴电机在最大速度时（模拟量输出为 10V）对应的主轴转速。

若主轴配有减速齿轮箱，则不同挡位的最大速度为 $♯3001 \times Z_n$，Z_n 为减速比。

序号	名称	简称	E60/M60 元件号	M800/M80 元件号	C70 元件号
43	主轴速度置零 SPINDLE STOP	SSTP	Y294	Y1894	

功能说明

本信号通常在主轴换挡过程中使用，其功能是对主轴模拟信号置零。本信号一般不单独使用，通常与主轴换挡信号一起使用。

使用说明

当本信号＝ON 时，对应于主轴速度的模拟量为零。

当本信号＝OFF 时，原主轴模拟量数据被还原。

当主轴换挡信号 SSFT＝ON，且本信号＝ON 时，主轴以换挡速度运行，换挡速度由参数 ♯3008～♯3011 确定。

当本信号＝ON 时，主轴调速信号（SP1～SP4）无效。

序号	名称	简称	E60/M60 元件号	M800/M80 元件号	C70 元件号
44	主轴换挡速度生效 SPINDLE GEAR SHIFT	SSFT	Y295	Y1895	

功能说明

主轴换挡必须在适当的低速下运行，而换挡速度由参数♯3008～♯3011设定。若本信号＝ON，则主轴以参数♯3008～♯3011设定的换挡速度运行。

使用说明

① 在本信号＝ON之前，必须使主轴速度置零（SSTP）信号＝ON。

② 主轴换挡过程的速度变化如下。

a. SSTP＝ON，指令原主轴速度为零。

b. SSFT＝ON，指令主轴以参数♯3008～♯3011设定的换挡速度运行。

c. 换挡完成，指令SSTP＝OFF，恢复正常主轴速度。

d. SSFT＝OFF，换挡速度无效。

因此，SSTP、SSFT这两个信号控制了主轴换挡过程中的速度变化。

序号	名称	简称	E60/M60 元件号	M800/M80 元件号	C70 元件号
45	主轴定位速度有效 ORIENTED SPINDLE SPEED COMMAND	SORC	Y296	Y1896	

功能说明

主轴定位必须在适当的低速下运行，定位速度由参数♯3021设定。若本信号＝ON，则指定主轴以参数♯3021设定的定位速度运行。

使用说明

在本信号＝ON之前，必须使主轴速度置零（SSTP）信号＝ON。其用法类似于SSFT信号。该信号可以用于使主轴以一恒定速度运行。

序号	名称	简称	E60/M60 元件号	M800/M80 元件号	C70 元件号
46	转矩限制1 TORQUE LIMIT 1	TL1	Y2D2	Y189A	

功能说明

本信号对高速串行主轴有效。若本信号＝ON，则主轴转矩被限制在一规定数值上。本信号功能多被应用于主轴定位的停止和换挡（图12-16）。

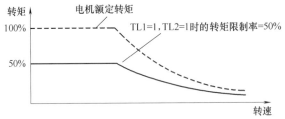

图12-16 转矩限制

序号	名称	简称	E60/M60 元件号	M800/M80 元件号	C70 元件号
47	转矩限制2 TORQUE LIMIT 2	TL2	Y2D3	Y189B	

功能说明

本信号与转矩限制 1 功能相同，但其转矩限制比例值可以用参数设定，其范围是 0～120％。本信号仅仅对高速串行主轴有效（图 12-16）。

12.2　表示 NC 工作状态的接口——X 接口

序号	名称	简称	E60/M60 元件号	M800/M80 元件号	C70 元件号
1	调用和启动出错 Search & start（error）	SSE	X1C2	XC8A	

功能说明

在执行调用和启动操作时，如果输入的程序号不存在或不正确，本信号＝ON。

序号	名称	简称	E60/M60 元件号	M800/M80 元件号	C70 元件号
2	进入"调用和启动"状态 Search & start（search）	SSG	X1C3	XC8B	

功能说明

当本信号＝ON 时，表示 NC 已经进入调用和启动状态。

序号	名称	简称	E60/M60 元件号	M800/M80 元件号	C70 元件号
3	主轴速度检测 2 Speed detect 2	SD2	X1D5	X189D	

功能说明

当主轴速度低于参数＃3258 设定值时，本信号＝ON。

序号	名称	简称	E60/M60 元件号	M800/M80 元件号	C70 元件号
4	NC 系统进入同步进给状态 In synchronous feed	SYN	X204	XC24	

功能说明

当 NC 系统在执行同步进给指令（G95）时，本信号＝ON。

序号	名称	简称	E60/M60 元件号	M800/M80 元件号	C70 元件号
5	NC 系统进入恒定表面速度控制状态 In constant surface speed	CSS	X205	XC25	

功能说明

当 NC 系统在执行 G96 指令，系统进入恒定表面速度控制状态时，本信号＝ON。

序号	名称	简称	E60/M60 元件号	M800/M80 元件号	C70 元件号
6	NC 系统执行跳跃指令 In skip	SKIP	X206	XC26	

功能说明

当 NC 系统执行跳跃（SKIP）指令时，本信号＝ON。

序号	名称	简称	E60/M60 元件号	M800/M80 元件号	C70 元件号
7	NC 系统选定英制单位 In inch unit select	INCH	X208	XC28	

功能说明

当为 NC 系统选定英制单位时，本信号＝ON。

序号	名称	简称	E60/M60 元件号	M800/M80 元件号	C70 元件号
8	NC 系统进入"显示锁定"状态 In display lock	DLNK	X209	XC29	

功能说明

当显示锁定 Y231＝ON 时，本信号＝ON。

序号	名称	简称	E60/M60 元件号	M800/M80 元件号	C70 元件号
9	主轴速度超过上限值 Spindle speed upper limit over	SUPP	X20C	X1880	

功能说明

当主轴速度超过参数规定的上限值时，本信号＝ON。

序号	名称	简称	E60/M60 元件号	M800/M80 元件号	C70 元件号
10	主轴速度低于下限值 Spindle speed lower limit over	SLOW	X20D	X1881	

功能说明

当主轴速度低于参数规定的下限值时，本信号＝ON。

序号	名称	简称	E60/M60 元件号	M800/M80 元件号	C70 元件号
11	电池电压过低报警 Battery alarm	BATAL	X20F	X70F	

功能说明

当电池电压过低（低于 2.6V）时，本信号＝ON。

序号	名称	简称	E60/M60 元件号	M800/M80 元件号	C70 元件号
12	S 指令超出设定范围 S-analog max. /min. command value over	SOVE	X215	X1883	

功能说明

主轴的最大速度和最小速度由参数设置，在手动或加工程序中发出了超出最大速度或最小速度的指令时，本信号＝ON。

序号	名称	简称	E60/M60 元件号	M800/M80 元件号	C70 元件号
13	主轴挡位未选定 S-analog no gear selected	SNGE	X216	X1884	

功能说明

在主轴自动换挡过程中，对应不同的 S 指令，NC 系统会发出不同的挡位选择指令，若参数设置不当，造成无法选择挡位，则本信号＝ON。

序号	名称	简称	E60/M60 元件号	M800/M80 元件号	C70 元件号
14	主轴换挡指示信号 Spindle gear shift 1	GR1,GR2	X225,X226	X1885,X1886	

功能说明

根据参数设定，由 GR1、GR2 组成编码信号，对应了自动或手动给出的 S 指令当前在某段范围，可用此信号发出相应的换挡信号。

序号	名称	简称	E60/M60 元件号	M800/M80 元件号	C70 元件号
15	手动 M、S、T、B 指令选通信号 Manual numerical command	MMS	X229	XC49	

功能说明

在手动或自动模式下（非自动启动状态），如果写入 M、S、T、B 指令，本信号＝ON。确切地讲，它是手动状态下的 M、S、T、B 选通信号。

序号	名称	简称	E60/M60 元件号	M800/M80 元件号	C70 元件号
16	所有轴到达换刀位置 Tool change position return complete	TCP	X22B	XC93	

功能说明

当执行 G30 指令，所有轴都到达换刀位置时，本信号＝ON。本信号可以用于换刀程序。

序号	名称	简称	E60/M60 元件号	M800/M80 元件号	C70 元件号
17	主轴电流检测警告 Current detect	CDO	X241	X1889	

功能说明

当主轴电流超过额定电流的 110％，接近 120％时，本信号＝ON。

序号	名称	简称	E60/M60 元件号	M800/M80 元件号	C70 元件号
18	主轴速度检测信号 Speed detect	VRO	X242	X188A	

功能说明

当主轴速度低于参数♯3220 SP20 规定的速度时，本信号＝ON。（M80 对应的参数♯13028 SP028）。

序号	名称	简称	E60/M60 元件号	M800/M80 元件号	C70 元件号
19	主轴报警 In spindle alarm	FLO	X243	X188B	

功能说明

当主轴驱动器发生故障时，本信号＝ON。

序号	名称	简称	E60/M60 元件号	M800/M80 元件号	C70 元件号
20	主轴速度到达零速 Zero speed	ZSO	X244	X188C	

功能说明

当主轴速度低于参数♯3218（电机零速度）时，本信号＝ON（M80 对应的参数♯13027）。

序号	名称	简称	E60/M60 元件号	M800/M80 元件号	C70 元件号
21	主轴速度到达设定值范围 Up-to-speed	USO	X245	X188D	

功能说明

当主轴速度达到参数 SP048 设定的范围时，本信号＝ON。

序号	名称	简称	E60/M60 元件号	M800/M80 元件号	C70 元件号
22	主轴转矩限制 Torque limit	STLQ	X24F	X1897	

功能说明

当主轴进入转矩限制 1（TL1）或转矩限制 2（TL2）状态时，本信号＝ON。

序号	名称	简称	E60/M60 元件号	M800/M80 元件号	C70 元件号
23	CHOP 模式启动 In chopping start	CHOP	X260	XC80	

功能说明

当 NC 进入 CHOP 工作模式，本信号＝ON。CHOPPING 功能和操作参见 Y1E8。

序号	名称	简称	E60/M60 元件号	M800/M80 元件号	C70 元件号
24	在 CHOPPING 动作中 Basic position-upper dead center point	CHP1	X261	XC81	

功能说明

在 CHOPPING 动作中，CHOPPING 轴从基准点→上限点运行时，本信号＝ON。

序号	名称	简称	E60/M60 元件号	M800/M80 元件号	C70 元件号
25	在 CHOPPING 动作中 Upper dead center point-bottom dead point	CHP2	X262	XC82	

功能说明

在 CHOPPING 动作中，CHOPPING 轴从上限点→下限点运行时，本信号＝ON。

序号	名称	简称	E60/M60 元件号	M800/M80 元件号	C70 元件号
26	在 CHOPPING 动作中 Bottom dead center point-upper dead point	CHP3	X263	XC83	

功能说明

在 CHOPPING 动作中，CHOPPING 轴从下限点→上限点运行时，本信号＝ON。

序号	名称	简称	E60/M60 元件号	M800/M80 元件号	C70 元件号
27	在 CHOPPING 动作中 Upper dead center point-basic position	CHP4	X264	XC84	

功能说明

在 CHOPPING 动作中，CHOPPING 轴从上限点→基准点运行时，本信号＝ON。

序号	名称	简称	E60/M60 元件号	M800/M80 元件号	C70 元件号
28	NC 系统正执行 CHOPPING 运行 In chopping mode	CHPMD	X265	XC85	

功能说明

NC 系统在执行 CHOPPING 运行时，本信号＝ON。

序号	名称	简称	E60/M60 元件号	M800/M80 元件号	C70 元件号
29	可执行攻螺纹回退 Tap retract possible	TRVE	X26D	XCA5	

功能说明

当本信号＝ON 时，表明 NC 系统可执行攻螺纹回退。

序号	名称	简称	E60/M60 元件号	M800/M80 元件号	C70 元件号
30	达到或超过工件加工数 No. of work machining over	PCNT	X26E	XCA6	

功能说明

当实际加工工件数达到或超过设定数值时，本信号＝ON。可使用本信号进行生产管理。

序号	名称	简称	E60/M60 元件号	M800/M80 元件号	C70 元件号
31	绝对位置检测警告 Absolute position warning	ABSW	X26F	XCA7	

功能说明

在绝对位置检测系统中，如果停电时，机床的位移超过允许值（参数♯2051），本信号＝ON。

序号	名称	简称	E60/M60 元件号	M800/M80 元件号	C70 元件号
32	第 N 轴速度到达设定范围 Up-to-speed Unclamp command	ARRF	X2B0～X2B7	X940～X947	

功能说明

当第 N 轴的进给速度到达设定指令的范围时，本信号＝ON。

序号	名称	简称	E60/M60 元件号	M800/M80 元件号	C70 元件号
33	主轴工作状态 Spindle enable	ENB	X2C8	X18A0	

功能说明

本信号表明是否有指令发给主轴。有指令发给主轴，本信号＝ON；无指令发给主轴，本信号＝OFF。

序号	名称	简称	E60/M60 元件号	M800/M80 元件号	C70 元件号
34	进入开门状态 Door open enable	DROPNS	X300		

功能说明

当 NC 系统进入开门状态时，本信号＝ON。

12.3 定义 NC 功能的数据型接口——RY 接口

序号	名称	简称	E60/M60 元件号	M80/M800 元件号	C70 元件号
1	PLC 程序代行键盘操作 KEY OUT 1		R112	R212	

功能说明

如果希望通过 PLC 程序来代替手动操作键盘，则向本寄存器 R212 送入规定的数据（图 12-17）。其功能如同手动操作按键一样。

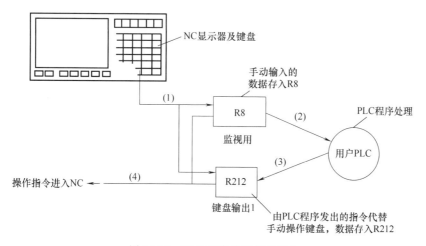

图 12-17　PLC 程序代替键盘操作

序号	名称	简称	E60/M60 元件号	M80/M800 元件号	C70 元件号
2	手动定位模式第 1 轴移动数据 Manual random feed 1st axis movement data		R142,R143	R2544	

功能说明

本寄存器用于存放手动定位模式下第 1 轴移动数据。

使用说明

三菱数控系统可以配备 3 台"手动定位操作站"。本寄存器所存放的是第 1 轴的移动数据。

序号	名称	简称	E60/M60 元件号	M80/M800 元件号	C70 元件号
3	手动定位模式第 2 轴移动数据 Manual random feed 2nd axis movement data		R144,R145	R2548	

功能说明

本寄存器用于存放手动定位模式下第 2 轴移动数据。

序号	名称	简称	E60/M60 元件号	M80/M800 元件号	C70 元件号
4	手动定位模式第3轴移动数据 Manual random feed 3rd axis movement data		R146,R147	R2552	

功能说明

本寄存器用于存放手动定位模式下第 3 轴移动数据。

序号	名称	简称	E60/M60 元件号	M80/M800 元件号	C70 元件号
5	实际负载数据(负载表) Load meter 1		R152～R155	R2520	

功能说明

本寄存器中的数据,在屏幕的坐标值画面显示为负载表数值。

使用说明

在 M80 系统中用读窗口的方式获得主轴负载和 Z 轴负载数据,再送入本寄存器。

序号	名称	简称	E60/M60 元件号	M80/M800 元件号	C70 元件号
6	NC 运行数据 读窗口			R424,R428, R432	

功能说明

① 关于读写窗口:可以同时指定 3 个读窗口,3 个写窗口;每个窗口用一组(16 个)R 寄存器。

② 读出数据第 1 窗口的一组 R 寄存器的起始编号由 R424 指定;第 2 窗口的一组 R 寄存器的起始编号由 R428 指定;第 3 窗口的一组 R 寄存器的起始编号由 R432 指定。

③ 设定完成后:RA～RA＋7 用于存放控制数据(即指定要读出的数据,如大区、小区、信息);RA 的 bit0 表示启动信号,要执行读出操作时,必须执行 MOV K1 RA;RA＋8～RA＋F 存放读出的数据;RA＋7 的 bit0 表示读出状态,bit0＝1 为读出完成,bit0＝0 为等待读出。

序号	名称	简称	E60/M60 元件号	M80/M800 元件号	C70 元件号
7	第 N 轴 PLC 轴控制信息 (一组 R 寄存器起始号)			R440～R447	

功能说明

为了进行 PLC 轴控制,需要用一组 R 寄存器来设置相关指令。本寄存器用于存放该组 R 寄存器的起始寄存器地址号。

R440——第 1 轴 PLC 轴控制信息起始寄存器地址号。

R441——第 2 轴 PLC 轴控制信息起始寄存器地址号。

R442——第 3 轴 PLC 轴控制信息起始寄存器地址号。

R443——第 4 轴 PLC 轴控制信息起始寄存器地址号。

R444——第 5 轴 PLC 轴控制信息起始寄存器地址号。

R445——第 6 轴 PLC 轴控制信息起始寄存器地址号。

R446——第 7 轴 PLC 轴控制信息起始寄存器地址号。

R447——第 8 轴 PLC 轴控制信息起始寄存器地址号。

可以使用的 R 寄存器范围：R8300～R9799（有电池备份）；R9800～R9899（无电池备份）。

序号	名称	简称	E60/M60 元件号	M80/M800 元件号	C70 元件号
8	CHOPPING 倍率			R2503	

功能说明

CHOPPING 运动可以翻译为振荡往复运行，是指运动轴在上限点和下限点间往复运行的一种运动形式。磨床中的珩磨是这种运动形式的代表。

本寄存器用于存放其运行速度倍率。参见"CHOPPING 运动"功能。

序号	名称	简称	E60/M60 元件号	M80/M800 元件号	C70 元件号
9	PLC 插入程序号			R2518,R2519	

功能说明

本寄存器用于存放执行 PLC 插入自动程序功能时的运行程序号。PLC 插入自动程序功能参见接口 YC2E（PIT）。

序号	名称	简称	E60/M60 元件号	M80/M800 元件号	C70 元件号
10	各轴参考点选择			R2584	

功能说明

如果参考点选择 YC96＝ON，表示可以回不同的参考点。至于选择返回第几参考点，则由本寄存器设定（图 12-18）。

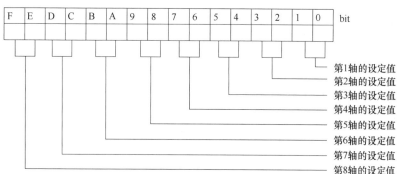

设定值与参考点编号

高位	低位	回参考点位置
0	0	第1参考点
0	1	第2参考点
1	0	第3参考点
1	1	第4参考点

图 12-18　各轴参考点选择

序号	名称	简称	E60/M60 元件号	M80/M800 元件号	C70 元件号
11	伺服轴同步控制轴设定			R2589	

功能说明

在执行伺服轴同步控制时，设定基准轴和同步轴的轴号。

12.4 表示 NC 功能的数据型接口——RX 接口

序号	名称	简称	E60/M60 元件号	M80/M800 元件号	C70 元件号
1	未完成回零操作的轴信息 Initialization incomplete		R63	R575	

功能说明

在绝对值检测系统中，未执行零点设定以及绝对位置丢失的各轴状态信息存放在本寄存器中。本寄存器的各位（bit）为 1，表示对应的轴未执行零点设定或绝对位置丢失（图 12-19）。

图 12-19 未完成回零操作的轴信息

序号	名称	简称	E60/M60 元件号	M80/M800 元件号	C70 元件号
2	远程 I/O 模块的连接状态 DIO card information		R70	R70	

功能说明

本寄存器显示连接在控制器上（而不是基本 I/O）的远程 I/O 模块的连接状态。

使用说明

① 本寄存器的各位（bit）对应各远程 I/O 的站号。

② 各远程 I/O 的可占用的站号如图 12-20 所示。

③ 本寄存器的各位（bit）为 1，对应各远程 I/O 已经连接完成。

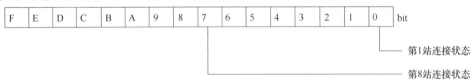

图 12-20 远程 I/O 模块的连接状态

序号	名称	简称	E60/M60 元件号	M80/M800 元件号	C70 元件号
3	第 N 轴机床坐标系位置			R4500～R4529	

功能说明

以 PLC 设定单位输出第 N 轴机床坐标系位置。

R4500，R4501——第 1 轴机床坐标系位置。

R4504，R4505——第 2 轴机床坐标系位置。

R4508，R4509——第 3 轴机床坐标系位置。

R4512，R4513——第 4 轴机床坐标系位置。

R4516，R4517——第 5 轴机床坐标系位置。

R4520，R4521——第 6 轴机床坐标系位置。

R4524，R4525——第 7 轴机床坐标系位置。

R4528，R4529——第 8 轴机床坐标系位置。

序号	名称	简称	E60/M60 元件号	M80/M800 元件号	C70 元件号
4	第 N 轴电机反馈位置			R4628～R4657	

功能说明

以 PLC 设定单位输出第 N 轴电机反馈位置。

R4628，R4629——第 1 轴电机反馈位置。

R4632，R4633——第 2 轴电机反馈位置。

R4636，R4637——第 3 轴电机反馈位置。

R4640，R4641——第 4 轴电机反馈位置。

R4644，R4645——第 5 轴电机反馈位置。

R4648，R4649——第 6 轴电机反馈位置。

R4652，R4653——第 7 轴电机反馈位置。

R4656，R4657——第 8 轴电机反馈位置。

序号	名称	简称	E60/M60 元件号	M80/M800 元件号	C70 元件号
5	第 N 轴伺服偏差量			R4756～R4771	

功能说明

以指令单位输出第 N 轴伺服偏差量。

R4756，R4757——第 1 轴伺服偏差量。

R4758，R4759——第 2 轴伺服偏差量。

R4760，R4761——第 3 轴伺服偏差量。

R4762，R4763——第 4 轴伺服偏差量。

R4764，R4765——第 5 轴伺服偏差量。

R4766，R4767——第 6 轴伺服偏差量。

R4768，R4769——第 7 轴伺服偏差量。

R4770，R4771——第 8 轴伺服偏差量。

序号	名称	简称	E60/M60 元件号	M80/M800 元件号	C70 元件号
6	第 N 轴电机转速			R4820～R4835	

功能说明

以 r/min 为单位输出第 N 轴电机转速。

R4820，R4821——第 1 轴电机转速。

R4822，R4823——第 2 轴电机转速。

R4824，R4825——第 3 轴电机转速。

R4826，R4827——第 4 轴电机转速。

R4828，R4829——第 5 轴电机转速。

R4830，R4831——第 6 轴电机转速。

R4832，R4833——第 7 轴电机转速。

R4834，R4835——第 8 轴电机转速。

序号	名称	简称	E60/M60 元件号	M80/M800 元件号	C70 元件号
7	第 N 轴电机负载电流			R4884~R4899	

功能说明

以额定电流为基准显示第 N 轴电机负载电流。

R4884，R4885——第 1 轴电机负载电流。

R4886，R4887——第 2 轴电机负载电流。

R4888，R4889——第 3 轴电机负载电流。

R4890，R4891——第 4 轴电机负载电流。

R4892，R4893——第 5 轴电机负载电流。

R4894，R4895——第 6 轴电机负载电流。

R4896，R4897——第 7 轴电机负载电流。

R4898，R4899——第 8 轴电机负载电流。

序号	名称	简称	E60/M60 元件号	M80/M800 元件号	C70 元件号
8	第 N 轴跳跃坐标位置			R4948~R4977	

功能说明

以 PLC 设定单位输出第 N 轴跳跃坐标位置。

R4948，R4949——第 1 轴跳跃坐标位置。

R4952，R4953——第 2 轴跳跃坐标位置。

R4956，R4957——第 3 轴跳跃坐标位置。

R4960，R4961——第 4 轴跳跃坐标位置。

R4964，R4965——第 5 轴跳跃坐标位置。

R4968，R4969——第 6 轴跳跃坐标位置。

R4972，R4973——第 7 轴跳跃坐标位置。

R4976，R4977——第 8 轴跳跃坐标位置。

序号	名称	简称	E60/M60 元件号	M80/M800 元件号	C70 元件号
9	第 N 轴同步误差			R5076~R5103	

功能说明

在同步控制时，输出基准轴/同步轴同步误差量。

使用说明

各轴的同步误差量对应的寄存器见表 12-7。

表 12-7　各轴同步误差量对应的寄存器

同步误差量	R 寄存器	同步误差量	R 寄存器
第 1 轴	R5076(L)R5077(H)	第 8 轴	R5090(L)R5091(H)
第 2 轴	R5078(L)R5079(H)	第 9 轴	R5092(L)R5093(H)
第 3 轴	R5080(L)R5081(H)	第 10 轴	R5094(L)R5095(H)
第 4 轴	R5082(L)R5083(H)	第 11 轴	R5096(L)R5097(H)
第 5 轴	R5084(L)R5085(H)	第 12 轴	R5098(L)R5099(H)
第 6 轴	R5086(L)R5087(H)	第 13 轴	R5100(L)R5101(H)
第 7 轴	R5088(L)R5089(H)	第 14 轴	R5102(L)R5103(H)

序号	名称	简称	E60/M60 元件号	M80/M800 元件号	C70 元件号
10	RIO1、RIO2 通道各 RIO 站连接状态			R10064	

功能说明

输出在 RIO1、RIO2 连接通道上的各 RIO 站连接状态（图 12-21）。

使用说明

① 本寄存器的 0~7 bit 表示 RIO2 连接通道中各 I/O 站连接状态。各位 bit＝1 表示已连接，bit＝0 表示未连接。

② 本寄存器的 8~F bit 表示 RIO1 连接通道中各 I/O 站连接状态。各位 bit＝1 表示已连接，bit＝0 表示未连接。

图 12-21　RIO1、RIO2 通道各 RIO 站连接状态

序号	名称	简称	E60/M60 元件号	M80/M800 元件号	C70 元件号
11	RIO3 通道各 RIO 站连接状态			R10065	

功能说明

输出在 RIO3 连接通道上的各 RIO 站连接状态。

使用说明

本寄存器的 8~F bit 表示 RIO3 连接通道中的各 I/O 站连接状态（图 12-22）。各位 bit＝1 表示已连接，bit＝0 表示未连接。

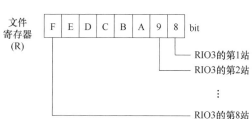

图 12-22　RIO3 通道各 RIO 站连接状态

第13章

对G指令的进一步学习

13.1 单向定位

为了消除反向间隙的影响，只从一个方向进行定位，无论开始是正向运行还是反向运行，最后都以正向运行定位，如图 13-1 所示，相关指令 G60。

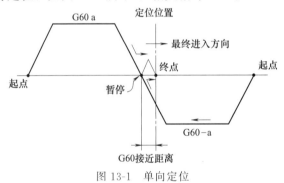

图 13-1　单向定位

13.2 旋　转　轴

(1) 什么是旋转轴？旋转轴如何分类？

在某些机床上，如果伺服电机驱动的工作机械是做旋转运动而不是直线运动。就可以认为是旋转轴。例如加工中心上的旋转工作台、伺服刀库等。这些工作机械需要用角度表示其位移量。

① 旋转轴要通过参数设置。旋转轴的螺距参数要设置为"360"，在屏幕上以度为显示单位，旋转轴的进给单位是 0.001°。

② 旋转轴可以进行连续回转，在 360°的范围内的任意角度进行定位，可以参与插补运行。

③ 旋转轴可分为旋转型和直线型。旋转型的位置显示为 0°～360°循环；直线型的位置显示为 −99999°～+99999°。旋转轴是旋转型还是直线型，必须通过参数设置。

④ 旋转轴坐标系可以使用基本机床坐标系、工件坐标系。旋转轴坐标系坐标单位最小是 0.001°。逆时针旋转为正，顺时针旋转为负。旋转型坐标系的坐标范围为 −360°～360°；直线型坐标系的坐标范围为 −99999.999°～+99999.999°，按实际移动位置显示，不按 360°

循环显示。

⑤ 参数♯8213与旋转轴类型设置见表13-1。

表13-1 参数♯8213与旋转轴类型设置

项目	旋转轴				直线轴
	旋转型		直线型		
♯8213	0	1	2	3	
	捷径无效	捷径有效	工件坐标系直线型	全部坐标系直线型	
工件坐标系位置	在0°～360°范围内显示		在0°～99999.999°范围内显示		
机床坐标系位置/相对位置	在0°～360°范围内显示		在0°～99999.999°范围内显示		
ABS指令	终点坐标减去当前值除以360°,取余数,按符号运行	按捷径运行到终点	与常规直线轴相同(不按360°取整运行)		
INC指令	以当前点为基准,按增量值运行				
回原点	向中间点运行时,依绝对指令或增量指令运行				
	从中间点回原点,行程在360°范围内		沿参考点方向,按原点到中间点的差值返回(走全程)		

(2) 旋转轴捷径运行走的是哪条捷径?

当设置旋转轴类型为旋转型时,旋转轴的定位运行与直线轴不同,如果定位指令大于180°,就存在一个旋转方向问题,是按照指令沿大于180°方向旋转,还是沿小于180°方向旋转。如果按照沿小于180°方向旋转就称为按最小运行距离运行,也称为捷径运行,这是提高效率的方式。是否采用捷径运行必须通过参数设置。

① ♯8213=0,捷径运行无效,基本机床坐标系位置、工件坐标系位置、相对位置均在0°～359.999°的范围内显示。执行绝对指令:如果移动距离小于360°,按指令值运行;如果移动距离大于360°,移动距离值除以360°取余数,根据符号按余数值运行。

捷径运行无效的旋转轴运行路径及显示如图13-2所示。

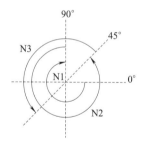

程序	工件坐标系显示	机床坐标系显示
G28 C0		
N1 G90 C−270.	90.000	90.000
N2 G405.	45.000	45.000
N3 G91 C180.	225.000	225.000

图13-2 捷径运行无效的旋转轴运行路径及显示

② ♯8213=1,捷径运行,基本机床坐标系位置、工件坐标系位置、相对位置均在0°～359.999°的范围内显示。执行绝对指令,按最小运行距离运行,如图13-3所示。

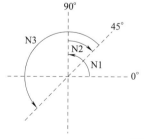

程序	工件坐标系显示	机床坐标系显示
G28 C0		
N1 G90 C−270.	90.000	90.000
N2 G405.	45.000	45.000
N3 G91 C180.	225.000	225.000

图13-3 捷径运行有效的旋转轴运行路径及显示

13.3 子 程 序

如果在加工过程中有一段的动作相同，而且多次出现，则可以将这一段动作编制成单独的程序，称为子程序，在编制主程序时，只在需要的步骤调用这段子程序，子程序执行完毕后又回到主程序，这样就可以大大简化主程序的编程。子程序与主程序的关系如图 13-4 所示。

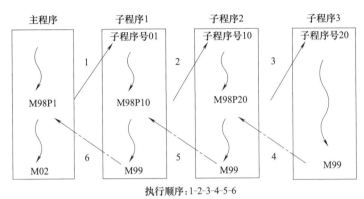

图 13-4　子程序与主程序的关系

13.4 宏 程 序

宏程序也称巨程序。为实现复杂的控制要求，由控制指令与数学运算式组合构成的带变量运算的子程序称为宏程序。宏程序是子程序的一种，简言之宏程序就是带变量的子程序。在主程序中可以用很多方法调用宏程序，宏程序与主程序的关系如图 13-5 所示。

图 13-6 所示为运行轨迹为正弦曲线的宏程序。通过 G65 指令调用程序号为 9910 的宏程序。宏程序 9910 运行的是一段正弦曲线，正弦曲线的相关参数在 G65 指令中已经定义，即

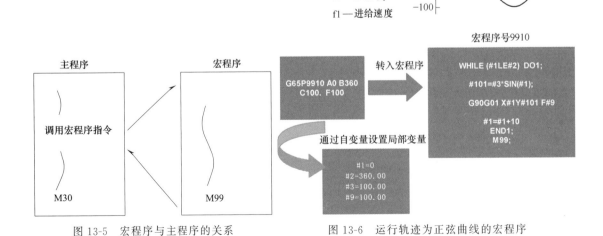

图 13-5　宏程序与主程序的关系　　　　图 13-6　运行轨迹为正弦曲线的宏程序

局部变量，这些变量仅仅在宏程序 9910 中有效。

13.5　中　断　程　序

如果系统正常运行主程序时遇到特殊紧急情况需要处理（如火灾），系统会暂停执行主程序而执行应急程序（如消防程序），执行完应急程序后又返回执行主程序，这个过程称为中断，应急程序称为中断程序。中断程序是预先编制好的，由中断信号予以调用。

13.6　插入用户宏程序

用户宏程序是用户为特殊加工需要而编制的宏程序（这种宏程序是加工程序）。调用用户宏程序需要预先在 PLC 程序编制一段程序，只要相关输入信号＝ON，立即可以执行指定用户宏程序。在主加工程序内用 M96、M97 设置可以调用用户宏程序的区间。实际上与中断程序相同，不过应用范围更宽泛些。调用过程如图 13-7 所示。

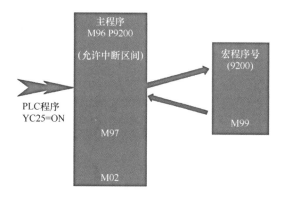

图 13-7　插入用户宏程序

13.7　程序流程控制

最一般的加工程序是顺序流程。加工程序中的条件跳转（条件分支）、无条件跳转、子程序调用、中断程序调用、循环运行指令是程序流程控制指令，因为这些指令改变了程序的运行流程。

① IF［条件式］GOTO n——条件分支指令。

满足条件就跳转到某一步（n），否则就执行下一步。

② GOTO n——无条件跳转指令。

立即跳转到第 n 步。

③ 循环运行指令。

WHILE［条件式］DOm；（m = 1，2，3，…，127）

END m；

只要条件满足，就循环执行指定的程序。

④ M98——调用子程序指令。

⑤ G65——调用宏程序指令。

⑥ M96、M97——指定中断区间有效指令。

对于专用机床的动作必须首先考虑其程序流程的变化，图 13-8 所示为某专用机床的工作流程，必须使用相关的程序流程控制指令进行编程。

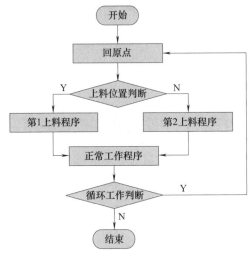

图 13-8 专用机床工作流程

13.8 同期进给/非同期进给

（1）非同期进给

按 F 指令设定的速度（mm/min）移动。

非同期进给指令 G94。

程序样例

G94 G1 X1000.F1000；（F1000 为 1000mm/min）

在 G94 指令下，F 指令表示的是运动速度。

（2）同期进给

主轴转一圈，伺服轴移动 F 指令指定的距离（mm）。

同期进给指令 G95。

程序样例

G95 G1 X1000.F1000（F1000 为 1000mm）

使用同期进给指令，必须在主轴上安装同期进给编码器。

13.9 跳   转

跳转（SKIP）是 NC 系统中的一项功能。在以 G31 指令做插补运行时，如果跳转信号输入（=ON），则当前运行的程序段立即停止，剩余的运行距离也取消，转而执行下一程序段指令。特别是在跳转信号输入（=ON）时的坐标值被保存在系统变量 ♯5061～♯5066 中，即测量出了跳转点的坐标值。跳转指令的动作过程如图 13-9 所示。这一功能在磨床中经常使用。在 NC 的基本 I/O 板上有专用的 SKIP 信号接口。

指令格式

G31 Xx1   Yy1   Zz1   Ff1

Xx1　Yy1　Zz1——终点坐标；

Ff1——进给速度。

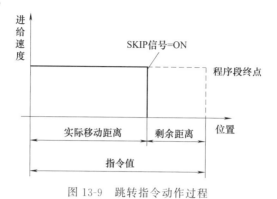

图 13-9　跳转指令动作过程

13.10　标准固定循环

对于一些专用的加工程序，如钻孔、攻螺纹、粗车、精车，其加工程序可以标准化，这些被标准化处理过的加工程序称为标准固定循环，可由专用的 G 指令调用，可以理解为是宏程序的一种。

13.10.1　钻孔类标准固定循环通用加工顺序的构成

钻孔类标准固定循环通用加工顺序如图 13-10 所示。

通用加工顺序：以 G0 定位到初始点（动作 1、动作 2），如果是执行 G87 指令，则系统发出 M19 指令，定位结束后执行下一单节；以 G0 定位到 R 点（动作 3）；以 G1 切削进给执行孔加工（钻孔、攻螺纹等）（动作 4）；到达孔底，根据加工模式不同，执行 M3/M4/M5、延时、运动到退刀位等操作（动作 5）；退刀，以 G1 切削进给或 G0 快进退回 R 点（动作 6）；以 G0 快进退回初始点（动作 7）。

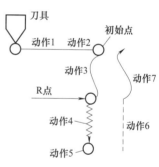

图 13-10　钻孔类标准固定循环通用加工顺序

13.10.2　钻孔标准循环 G81 的工作过程

指令格式

G81 Xx1 Yy1 Zz1 Rr1 Ff1，Ii1，Jj1；

Xx1 Yy1——钻孔中心点坐标（初始点坐标）；

Zz1——孔深度坐标（Z 方向）；

Rr1——R 点坐标；

Ff1——切削进给速度；

Ii1——定位轴定位精度；

Jj1——钻孔轴定位精度。

G81 指令的工作过程如图 13-11 所示。

G81 指令相当于调用下列子程序。

N1　G0 Xx1 Yy1；（快进定位到初始点）

N2　G0 Zr1；（快进定位到 R 点）

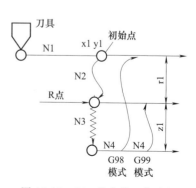

图 13-11　G81 指令的工作过程

N3　G1 Zz1 Ff1；（以 G1 切削进给到孔底）

N4　G98 G0 Z−(z1+r1)；（如果在 G98 模式下则返回初始点）

N4　G99 G0 Z−z1；（如果在 G99 模式下则返回 R 点）

13.10.3 镗孔标准循环 G82 的工作过程

指令格式

G81 Xx1 Yy1 Zz1 Rr1 Ff1　Pp1 ，Ii1，Jj1；

Pp1——在孔底的停止时间。

G82 指令的工作过程如图 13-12 所示。

G82 指令相当于调用下列子程序。

N1 G0 Xx1 Yy1；（快进定位到初始点）

N2 G0 Zr1；（快进定位到 R 点）

N3 G1 Zz1 Ff1；（以 G1 切削进给到孔底）

N4 G4 Pp1；（在孔底暂停一段时间）

N5 G98 G0 Z−(z1+r1)；（如果在 G98 模式下则返回
初始点）

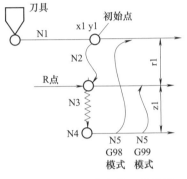

图 13-12　G82 指令的工作过程

N5 G99 G0 Z−z1；（如果在 G99 模式下则返回 R 点）

G81 与 G82 的区别在于 G82 指令在孔底有一段暂停时间，这段时间主轴（刀具）一直旋转，有助于提高加工孔的精度和光洁度。

13.10.4 深孔钻标准循环 G83 的工作过程

G83 是深孔钻指令，深孔钻也称啄式钻孔。因为其动作过程类似于啄木鸟啄虫的动作。

指令格式

G83 Xx1 Yy1 Zz1 Rr1 Qq1　Ff1 ，Ii1，Jj1；

Qq1——每次钻孔量，通常以增量指令设定。

G83 指令的工作过程如图 13-13 所示。

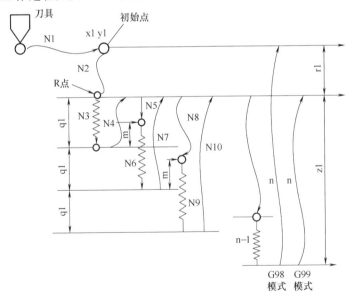

图 13-13　G83 指令的工作过程

G83 指令相当于调用下列子程序。

N1 G0 Xx1 Yy1;(快进定位到初始点)

N2 G0 Zr1;(快进定位到 R 点)

N3 G1 Zq1 Ff1;(以 G1 切削进给到第 1 钻点)

N4 G0 Z−q1;(以 G0 退回 R 点)

N5 G0 Z(q1−m);(以 G0 前进到第 1 起钻点(m 值由参数设置)

N6 G1 Z(q1+m) Ff1;(以 G1 切削进给到第 2 钻点)

N7 G0 Z−2 * q1;(以 G0 退回 R 点)

N8 G0 Z(2 * q1−m);(以 G0 前进到第 2 起钻点)

N9 G1 Z(q1+m) Ff1;(以 G1 切削进给到第 2 钻点)

N10 G0 Z−3 * q1;(以 G0 退回 R 点)

Nn　G98 G0 Z−(z1+r1);(如果在 G98 模式下则返回初始点)

Nn　G99 G0 Z−z1;(如果在 G99 模式下则返回 R 点)

深孔循环钻削的过程不是一次完成总的钻削量,而是分步进行,以减少刀具的负载和发热并利于排屑。

13.10.5　攻螺纹标准循环 G84 的工作过程

G84 是攻螺纹标准循环指令,实际上是加工内螺纹的过程。

指令格式

G84 Xx1 Yy1 Zz1 Rr1　Ff1　Pp1，Rr2，Ii1，Jj1;

Pp1——在孔底的暂停时间。

r2＝0 非同期攻螺纹；r2＝1 同期攻螺纹。

G84 指令的工作过程如图 13-14 所示。

G84 指令相当于调用下列子程序。

N1 G0 Xx1 Yy1;(快进定位到初始点)

N2 G0 Zr1;(快进定位到 R 点)

N3 G1 Zz1 Ff1;(以 G1 切削进给到孔底)

N4 G4 Pp1;(在孔底暂停一段时间)

N5 M4;(主轴反转)

N6 G1 Z−z1 Ff1;(以 G1 切削进给退回 R 点)

N7 G4 Pp1;(在 R 点暂停一段时间)

N8 M3;(主轴正转)

N9 G98 G0 Z−(z1+r1);(如果在 G98 模式下则返回初始点)

如果在 G99 模式下则不移动。

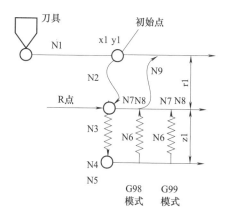

图 13-14　G84 指令的工作过程

在执行 G84 指令前,主轴已经正转。所以当攻螺纹前进到孔底后,有一个暂停动作。随后主轴反转,退回 R 点,主轴反转是为了保证已经切削出的螺纹不被刀具退回的动作损坏。

13.10.6　啄式攻螺纹的工作过程

啄式攻螺纹类似于啄式钻孔,如果攻螺纹总行程比较长,将总的攻螺纹行程分步执行。也是类似于啄木鸟啄虫的动作,所以称为啄式攻螺纹。其工作过程如图 13-15 所示。

通过参数（♯1272 bit4）选择是啄式攻螺纹循环还是深孔攻螺纹循环。

通过参数（♯8018）设置回退量 m。

指令格式

G84 Xx1 Yy1 Zz1 Rr1 Qq1　Ff1　Pp1，Ss1，Ss2，Ii1，Jj1，Rr2；

Qq1——每次切入量；

Ff1——主轴每转一圈 Z 轴进给量（攻螺纹螺距）；

Ss1——主轴转速；

Ss2——回退时的主轴转速。

在选择了啄式攻螺纹时，在 G84/G74 中指定每次切入量，则执行啄式攻螺纹。如果未指定 Q 或 Q＝0，则为常规攻螺纹。

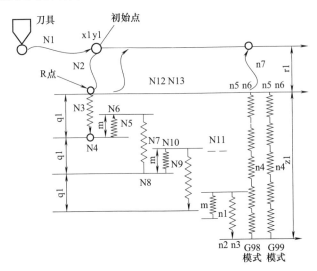

图 13-15　啄式攻螺纹的工作过程

啄式攻螺纹指令相当于调用下列子程序。

N1 G0 Xx1 Yy1；(快进定位到初始点)

N2 G0 Zr1；(快进定位到 R 点)

N3 G1 Zq1 Ff1；(攻螺纹进给,螺距＝Ff1)

N4 M4；(主轴反转)

N5 G1 Z－m Ff1；(Z 轴退 m 距离)

N6 M3；(主轴正转)

N7 G1 Z(q1＋m)Ff1；(攻螺纹进给,螺距＝Ff1)

N8 M4；(主轴反转)

N9 G1 Z－m Ff1；(Z 轴退 m 距离)

N10 M3；(主轴正转)

N11 G1 Z(q1＋m)Ff1；(攻螺纹进给,螺距＝Ff1)

n1 G1 Z(z1－q * n)Ff1；(攻螺纹进给到孔底,螺距＝ Ff1)

n2 G4 Pp1；(暂停)

n3 M4；(主轴反转)

n4 G1 Z－z1 Ff1 Ss2；(攻螺纹回退到 R 点,螺距＝Ff1,回退主轴速度＝s2)

n5 G4 Pp1；(暂停)

n6 M3;(主轴正转)

n7 G98 G0 Z－(r1);(如果在 G98 模式下则返回初始点)

如果在 G99 模式下则不移动。

13.10.7　深孔攻螺纹的工作过程

深孔攻螺纹也是多次分段攻螺纹，深孔攻螺纹与啄式攻螺纹的区别在于深孔攻螺纹的分段攻螺纹后，每次都回退到 R 点，这也是为了减轻刀具负载。深孔攻螺纹工作过程如图 13-16 所示。

通过参数（♯1272 bit4）选择是啄式攻螺纹还是深孔攻螺纹。

通过参数（♯8018）设置回退量 c。

指令格式

G84 Xx1 Yy1 Zz1 Rr1 Qq1　Ff1　Pp1，Ss1，Ss2，Ii1，Jj1，Rr2；

在选择了深孔攻螺纹时，在 G84/G74 中指定每次切入量，则执行深孔攻螺纹。如果未指定 Q 或 Q＝0，则为常规攻螺纹。

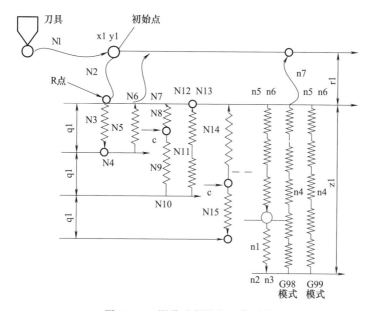

图 13-16　深孔攻螺纹的工作过程

深孔攻螺纹指令相当于调用下列子程序。

N1 G0 Xx1 Yy1;(快进定位到初始点)

N2 G0 Zr1;(快进定位到 R 点)

N3 G9 G1 Zq1 Ff1;(攻螺纹进给，螺距＝ Ff1,G9 精确停止检查)

N4 M4;(主轴反转)

N5 G9 G1 Z－q1 Ff1;(Z 轴退回 R 点)

N6 G4 Pp1;(暂停)

N7 M3;(主轴正转)

N8 G1 Z(q1－c)Ff1;(攻螺纹进给，螺距＝Ff1)

N9 G9 G1 Z(q1＋c)Ff1;(分段攻螺纹进给，螺距＝ Ff1)

N10 M4;(主轴反转)

N11 G9 G1 Z－(2＊q)Ff1;(Z 轴退回 R 点)

N12 G4 Pp1;(暂停)

N13 M3;(主轴正转)

N14 G1 Z(2＊q1－c)Ff1;(攻螺纹进给,螺距＝ Ff1)

N15 G9 G1 Z(q1＋c)Ff1;(分段攻螺纹进给)

n1 G9 G1 Z(z1－q＊n＋c)Ff1;(攻螺纹进给到孔底,螺距＝ Ff1)

n2 G4 Pp1;(暂停)

n3 M4;(主轴反转)

n4 G9 G1 Z－z1 Ff1;(攻螺纹回退到 R 点,螺距＝ Ff1)

n5 G4 Pp1;(暂停)

n6 M3;(主轴正转)

n7 G98 G0 Z－(r1);(如果在 G98 模式下则返回初始点)

如果在 G99 模式下则不移动。

13.10.8　镗孔标准循环 G85 的工作过程

指令格式

G85 Xx1 Yy1 Zz1 Rr1 Ff1 ，Ii1，Jj1;

G85 指令的工作过程如图 13-17 所示。

G85 指令相当于调用下列子程序。

N1 G0 Xx1 Yy1;(快进定位到初始点)

N2 G0 Zr1;(快进定位到 R 点)

N3 G1 Zz1 Ff1;(以 G1 切削进给到孔底)

N4 G1 Z－z1 Ff1;(以 G1 切削进给返回 R 点)

G98 G0 Z－r1;(如果在 G98 模式下则返回初始点)

G99 G0 Z－z1;(如果在 G99 模式下则停止)

G85 与 G82 的区别在于 G82 指令在孔底有一段暂停时间,而 G85 指令没有孔底暂停时间,而是以切削进给返回 R 点。这种加工方式能够提高孔的精度和光洁度。

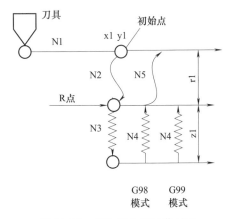

图 13-17　G85 指令的工作过程

13.10.9　精镗孔标准循环 G87 的工作过程

G87 镗孔指令也称背镗指令、精镗指令。当孔的加工精度和表面粗糙度要求很高时,为了在进刀时刀尖不划伤孔表面,先移动刀具中心偏离镗孔中心,刀尖进刀到孔底时不划伤孔表面,再移动刀具中心与镗孔中心重合,精镗完成后,退刀时从偏离位置退出。整个过程如图 13-18 和图 13-19 所示。

指令格式

G81 Xx1 Yy1 Zz1 Rr1 Iq1 Jq2 Ff1;

Iq1，Jq2——刀具偏置位置数据。

G87 指令相当于调用下列子程序。

N1 G0 Xx1 Yy1;(快进定位到初始点)

N2 M19;(主轴定位)

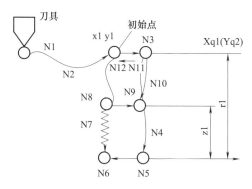

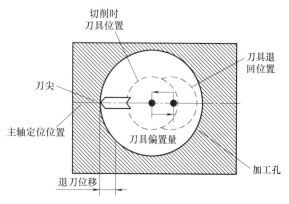

图 13-18 G87 指令的精镗孔过程　　　图 13-19 G87 指令中刀具退刀示意

N3 G0 Xq1;(刀具移动到偏置位置)

N4 G0 Zr1;(刀具快进到孔底)

N5 G1 X－q1 Ff1;(刀具移动到镗孔中心位置)

N6 M3;(主轴正转)

N7 G1 Zz1 Ff1;(以 G1 切削进给精镗)

N8 M19;(主轴定位)

N9 G0 Xq1;(刀具移动到偏置位置)

N10 G98 G0 Z－(z1＋r1);(如果在 G98 模式下则返回初始点)

N10 G99 G0 Z－z1;(如果在 G99 模式下则返回 R 点)

N11 G1 X－q1 Ff1;(刀具移动到镗孔中心位置)

N12 M3;(主轴正转)

13.10.10　镗孔标准循环 G88 的工作过程

指令格式

G88 Xx1 Yy1 Zz1 Rr1 Ff1 Pp1;

G88 指令的工作过程如图 13-20 所示。

G88 指令相当于调用下列子程序。

N1 G0 Xx1 Yy1;(快进定位到初始点)

N2 G0 Zr1;(快进定位到 R 点)

N3 G1 Zz1 Ff1;(以 G1 切削进给到孔底)

N4 G4 Pp1;(暂停)

N5 M5;(主轴停)

N6 如果单节停止＝ON,则停止

N7 自动启动＝ON

N8 G98 G0 Z－(z1＋r1);(如果在 G98 模式下则返回初始点)

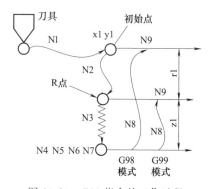

N8 G99 G0 Z－z1;(如果在 G99 模式下则返回 R 点)

图 13-20　G88 指令的工作过程

　　G88 指令镗孔的特点是在孔底有一暂停时间,同时停止主轴旋转,在退刀时由于主轴不旋转,减小了刮伤孔表面的可能性。

13.10.11　镗孔标准循环 G89 的工作过程

指令格式

G89 Xx1 Yy1 Zz1 Rr1 Ff1 Pp1 ，Ii1，Jj1;

G89 指令的工作过程如图 13-21 所示。

G89 指令相当于调用下列子程序。

N1 G0 Xx1 Yy1;(快进定位到初始点)

N2 G0 Zr1;(快进定位到 R 点)

N3 G1 Zz1 Ff1;(以 G1 切削进给到孔底)

N4 G4 Pp1;(暂停)

N5 G1 Z−z1 Ff1;(以 G1 切削进给退回 R 点)

N6 G98 G0 Z−(r1);(如果在 G98 模式下则返回初始点)

如果在 G99 模式下则停止移动。

G89 指令镗孔的特点是在孔底有一暂停时间，同时在退刀时也镗孔，提高了效率。

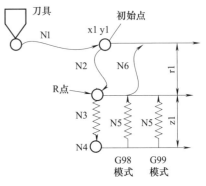

图 13-21　G89 指令的工作过程

第 14 章

对参数的进一步学习

14.1　基　本　参　数

参数号	英文简称	名　称
1001	SYS-ON	系统数

功能

设定有几个系统及几个 PLC 轴。

设置

0：无。

1：有。

参数号	英文简称	名　称
1002	axisno	轴数

功能

设定系统内的伺服轴数。

设置

按实际轴数设置。

参数号	英文简称	名　称
1003	iunit	输入设置单位

功能

用于规定每一系统和 PLC 轴的输入设置单位，后续的参数单位依此设置。

设置

B：1μm。

C：0.1μm。

D：0.01μm。

参数号	英文简称	名　称
1013	axname	轴名称

功能

设定各伺服轴的名称。可使用 X、Y、Z、U、V、W、A、B、C，在同一系统内不能使用相同的字母。在不同系统内可使用其他系统使用过的字母。PLC 轴无需设定（轴名将显示为 1、2）。

设置

X、Y、Z、U、V、W、A、B、C。

参数号	英文简称	名　　称
1014	incax	增量进给轴名称

功能

设定以增量方式移动的轴的名称（在自动程序写该轴时，即按增量方式移动）。

设置

X、Y、Z、U、V、W、A、B、C。

参数号	英文简称	名　　称
1015	cunit	程序移动量最小单位

功能

设定程序移动量的最小单位。

设置

程序指令单位＝1 时的移动量与本参数设定关系如下。

0：与♯1003 设定相同。

1：0.0001mm（0.1μm）。

10：0.001mm（1μm）。

100：0.01mm（10μm）。

1000：0.1mm（100μm）。

10000：1.0mm。

当移动指令中有小数点时，与本设定无关，指令单位为 mm。

参数号	英文简称	名　　称
1017	rot	旋转轴设定

功能

设定伺服轴是旋转轴还是直线轴。当设定为旋转轴时，位置显示用 360°表示。轴的种类通过♯8213 旋转轴类型进行设定。

设置

0：直线轴。

1：旋转轴。

注意设定相关参数♯2018＝360。

参数号	英文简称	名　　称
1018	ccw	电机旋转方向

功能

设定电机旋转方向。

设置

0：顺时针方向旋转。

1：逆时针方向旋转。

本参数在调试初期经常使用。

参数号	英文简称	名　称
1021	mcp-no	伺服驱动器通道号

功能

设定伺服驱动器通道号和各轴轴号。

设置

设定方法如图 14-1、图 14-2 所示。

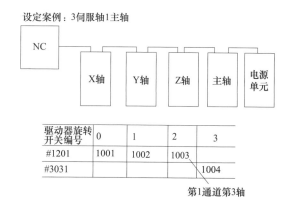

设定案例：3伺服轴1主轴

驱动器旋转 开关编号	0	1	2	3
#1201	1001	1002	1003	
#3031				1004

第1通道第3轴

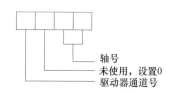

轴号
未使用，设置0
驱动器通道号

图 14-1　驱动器通道号和轴号设置规定

图 14-2　驱动器通道号和轴号设置样例

设置范围：1001～1010；2001～2010。

参数号	英文简称	名　称
1037	cmdtyp	G 代码指令类型

功能

设定 G 代码系列和补偿类型。

设置

按表 14-1 选择设定值。

表 14-1　G 代码系列和补偿类型

cmdtyp	G 代码系列	补偿类型
1	系列 1(M 系)	A 型(一个补偿号对应一个补偿量)
2	系列 1(M 系)	B 型(一个补偿号对应形状和磨耗两类补偿量)
3	系列 2(L 系)	C 型(一个补偿号对应形状和磨耗两类补偿量)
4	系列 3(L 系)	按 C 型
5	系列 4(特定的 L)	按 C 型
6	系列 5(特定的 L)	按 C 型
7	系列 6(特定的 L)	按 C 型
8	系列 7(特定的 L)	按 C 型

本参数是重要参数。更改本参数后，补偿类型发生变化。

参数号	英文简称	名　称
1039	SPINNO	主轴数

功能

设定 NC 系统内是否有主轴，有几个主轴。

设置

0：没有主轴。

1：有 1 个主轴。

2：有 2 个主轴。

3：有 3 个主轴。

4：有 4 个主轴。

本参数是开机后必须设置的重要参数。

参数号	英文简称	名　称
1043	lang	显示语言选择

功能

设定显示器显示的语言。

设置

0：日文（标准）。

1：英文（标准）。

15：中文（繁体字）（选配）。

22：中文（简体字）（选配）。

参数号	英文简称	名　称
1062	cmp	刀具补偿功能

功能

设定执行 T 指令时刀具长度补偿和磨耗补偿是否有效。

设置

按表 14-2 选择设定值。

表 14-2　刀具长度补偿与磨耗补偿设定

设定值	刀具长度补偿	磨耗补偿
0	有效	有效
1	有效	无效
2	无效	有效
3	无效	无效

参数号	英文简称	名　称
1063	mandog	回原点形式

功能

NC 系统首次回原点采用挡块式（DOG），当坐标系确立后，再执行回原点时，用本参数设定是选择挡块式还是高速回原点（即不经过减速直接到达原点）。

设置

0：高速回原点。

1：挡块式。

参数号	英文简称	名　　称
1068(PR)	slavno	同步控制从动轴号

PR 表示这种参数设置后，必须断电一次才生效。

功能

设定同步控制中从动轴的轴号。轴号是指 NC 轴的轴号。对主动轴不可设定 2 个或 2 个以上的从动轴。双系统时，不可跨系统设定从动轴/主动轴轴号。

设置

0：无从动轴。

1～4：第 1 轴～第 4 轴。

参数号	英文简称	名　　称
1078	Decpt2	小数点类型 2

功能

设定加工程序中没有小数点时的指令单位。

设置

0：最小输入设定单位（依 ♯1015 为准）。

1：mm（或 in）；对于暂停时间，单位为 s。

参数号	英文简称	名　　称
1086	G0Intp	G00 各轴独立运行有效性选择

功能

设定 G00 运动类型。

对于各轴需要独立运行的组合机床、专用机床，本参数是重要参数。

设置

0：各轴联动插补运行。

1：各轴独立运行。

参数号	英文简称	名　　称
1089	Cut_RT	旋转轴捷径方式选择

功能

设定旋转轴是否为捷径方式。捷径方式是指使用绝对值指令时，轴按照移动量小于 180°的方向旋转。

设置

0：非捷径方式。

1：捷径方式。

参数号	英文简称	名　　称
1090	Lin_RT	线性旋转轴设定

功能

对于超过 360°的指令，用本参数选择旋转轴是按照实际数值旋转还是按小于 360°的数值运行。

设置

0：对于超过 360°的绝对值指令，将指令值转换为 360°的余数，再移动。例如，指令 420°，则移动值为 60°。

1：对于超过 360°的绝对值指令，按实际指令数据移动。例如，指令 420°，旋转轴在转过 360°位置后，再移动到 60°的位置。

参数号	英文简称	名　　称
1112(PR)	S-TRG	中断/调用宏程序的信号功能

功能

设定中断/调用宏程序信号的工作方式。

设置

0：当中断信号从 OFF→ON 时一次有效（脉冲型）。

1：当中断信号＝ON 时，宏程序反复执行。

参数号	英文简称	名　　称
1113(PR)	INT-2	选择中断指令的执行时间点

功能

设定中断信号输入后，中断宏程序的执行时间点。

设置

0：不等正运行的单节执行结束立即执行中断宏程序。

1：执行完毕正运行的单节后，再执行中断宏程序。

参数号	英文简称	名　　称
1117	H_sens	手轮响应模式切换

功能

设定手轮进给时的响应模式。

设置

0：标准手轮响应。

1：高速手轮响应。

参数号	英文简称	名　　称
1121	edlk_c	禁止编辑部分程序

功能

设定是否禁止对程序号为 9000～9999 的加工程序进行编辑。

设置

0：可进行编辑。

1：禁止编辑。

本参数用于保护宏程序，所以经常使用。

参数号	英文简称	名　　称
1122(PR)	pglk_c	禁止部分程序显示

功能

设定是否禁止对程序号为 9000～9999 的程序显示和调用。

设置

0：可以显示和调用。

1：程序内容不能显示。

2：程序内容不能显示且禁止调用。

参数号	英文简称	名　　称
1135	unt_nm	用户名称

功能

设定用户名称。用 4 个或少于 4 个（包括字母和数字）字符设定用户名称。

参数号	英文简称	名　　称
1138	Pnosel	随参数号选择画面

功能

设定随参数号选择画面功能是否有效。

设置

0：无效。

1：有效。

本参数是开机后必须设置重要参数。

参数号	英文简称	名　　称
1145	I_abs	手轮插入运行绝对值数据处理

功能

在自动模式下执行手轮插入运行时，设定如何控制绝对值数据。

设置

0：如果 Y230＝ON（手动 ABS 开关接通），绝对值数据被更新；如果 Y230＝OFF，则数据不被更新。

1：#1061 有效，以参数 #1061 为准。

参数号	英文简称	名　　称
1148	I_G611	高精度加工功能选择

功能

设定上电及复位时的模式。

设置

0：选择 G64（切削模式）。

1：选择 G61.1（高精度控制模式）。

本参数是执行高速高精度功能时必须设置的重要参数。

参数号	英文简称	名　　称
1149	cireft	是否执行圆弧减速

功能

设定在进入圆弧入口/出口时是否减速。

设置

0：在进入圆弧入口/出口时不减速。

1：在进入圆弧入口/出口时减速。

本参数是执行高速高精度功能时必须设置的重要参数。

参数号	英文简称	名　　称
1155	DOOR_m	门互锁Ⅱ信号输入装置1

功能

设定信号输入的固定装置号。设定为000无效。

设置

设定♯1155＝100。本参数是开机后必须设置的重要参数。设置不对会引起急停。

参数号	英文简称	名　　称
1156	DOOR_s	门互锁Ⅱ信号输入装置2

功能

同♯1155。

设置

设定♯1156＝100。本参数是开机后必须设置的重要参数。

参数号	英文简称	名　　称
1166	fixpro	固定循环编辑

功能

选择对于固定循环或一般程序是否可以进行编辑、查看以及数据输入输出。

设置

0：可以进行一般加工程序的编辑。

1：可以进行固定循环程序的编辑。

设置本参数可查看固定循环程序。

参数号	英文简称	名　　称
1168	test	测试模式选择

功能

设置测试模式。在测试模式下不需进行回参考点操作。测试模式是在假设已经完成回参考点操作状态下执行的。它仅限于控制单元自身的测试操作，不能用于与机械连接的工作状态。

设置

0：正常运转。

1：测试模式。

参数号	英文简称	名　称
1174	skip_F G3	跳跃速度

功能

指定 G31（跳跃）指令下，程序中没有 F 指令时的进给速度。

设置

1～999999（mm/min）。

参数号	英文简称	名　称
1175	skip1	G31.1 跳跃条件
1176	skip1f	跳跃速度
1177	skip2	G31.2 跳跃条件
1178	skip2f	跳跃速度
1179	skip3	G31.3 跳跃条件
1180	skip3f	跳跃速度

功能

设置 G31.1～G31.3（多级跳跃）指令中的跳跃信号以及没有程序 F 指令时的进给速度。

设置

跳跃条件为 0～7（表 14-3）。

表 14-3　PLC 接口输入信号设定

设定	PLC 接口输入		
	SKIP3	SKIP2	SKIP1
0	×	×	×
1	×	×	○
2	×	○	×
3	×	○	○
4	○	×	×
5	○	×	○
6	○	○	×
7	○	○	○

跳跃速度设置为 1～999999（mm/min）。

参数号	英文简称	名　称
1195	Mmac	用 M 指令调用宏程序
1196	Smac	用 S 指令调用宏程序
1197	Tmac	用 T 指令调用宏程序
1198	M2mac	用第 2 辅助码调用宏程序

功能

设定 M、S、T 指令调用宏程序的有效性。

设置

0：无效。

1：有效。

本参数为开机后需设置的参数。

参数号	英文简称	名　　称
1200(PR)	G0_acc	G0 加减速类型选择

功能

设定快速进给的加减速类型。

设置

0：加减速时间恒定（惯用型）。

1：加减速直线斜率恒定。

参数号	英文简称	名　　称
1201(PR)	G1_acc	G1 加减速类型选择

功能

设定 G1 指令的加减速类型。

设置

0：加减速时间恒定（惯用型）。

1：加减速直线斜率恒定。

参数号	英文简称	名　　称
1205	G0bdcc	G0 插补前的加速和减速选择

功能

设定是否选择 G0 插补前的加速和减速。执行高精度模式时为必须设置的参数。

设置

0：G00 加减速模式采用插补后加减速。

1：无论高精度模式采用与否，G00 加减速模式采用插补前加减速。

参数号	英文简称	名　　称
1206	G1bF	最大速度

功能

设定插补前 G1 指令运行的最大速度（相对于加速和减速时间）。

设置

1~999999（mm/min）。

参数号	英文简称	名　　称
1207	G1btL	加减速时间常数

功能

设定插补前 G1 指令运行的加减速时间。参数♯1206、♯1207 对高速高精度运行极为重要。其定义如图 14-3 所示。

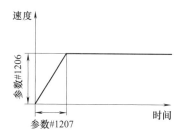

图 14-3　插补前 G1 指令运行的最大速度和加减速时间的关系

设置

1～5000（ms）。

参数号	英文简称	名　称
1209	cirdcc	出入圆弧时的减速速度

功能

设定进入圆弧入口/出口时的减速速度。

设置

1～999999（mm/min）。

参数号	英文简称	名　称
1222 bit3	aux06(bit3)	禁止参数设置

功能

设定禁止参数设置功能的有效/无效。

设置

0：无效。

1：有效。

参数号	英文简称	名　称
1226　bit5	aux10(bit5)	原点信号/限位信号的任意分配有效

功能

设定原点信号/限位信号的任意分配有效或无效。

设置

0：任意分配无效（使用系统规定的固定信号地址）。

1：任意分配有效（用参数设定信号地址）。

本参数是经常使用的重要参数。

参数号	英文简称	名　称
1229　bit0	set01(bit0)	子程序中断类型

功能

设置子程序中断类型。

设置

0：宏程序型用户宏程序中断。

1：子程序型用户宏程序中断。

参数号	英文简称	名　　称
1229	1229set01（bit6）	栅格显示选择

功能

设定在挡块式回原点时选择监视画面显示的栅格类型。

设置

0：选择 DOG 开关 ON 和原点（包括栅格量）之间的距离。

1：选择由 DOG 开关 ON 和原点之间距离减去栅格量后的值。

该参数在原点调整时很重要。

参数号	英文简称	名　　称
1236	set08（bit1）	主轴速度检出

功能

主轴编码器串联连接（♯3025 enc-on：2）时，设定主轴实际回转速度（R18/R19）的脉冲输入源。

设置

0：串联输入（主轴电机侧的输入）。

1：编码器输入（机械主轴侧的输入）。

本参数在主轴非 1：1 连接，又装备有机械主轴编码器时必须注意设置。本参数是重要参数。

参数号	英文简称	名　　称
1240	set12（bit0）	手轮输入脉冲切换

功能

选择手轮的输入脉冲。

设置

0：对应 MELDAS 标准手轮脉冲（+12V）。

1：对应手轮 400 脉冲（+5V）。

本参数可用于选择不同电压等级的手轮，调试初期常用。本参数是重要参数。

参数号	英文简称	名　　称
1267（PR）	ext03（bit0）	高速高精度 G 代码转换

功能

设定高速高精度的 G 代码类型。

设置

0：原来的格式。

1：F 格式（即 FANUC 格式）。

本参数在高速高精度加工时需要设置。本参数是重要参数。

参数号	英文简称	名　称
1272	ext08(bit4)	选择攻螺纹循环

功能

选择攻螺纹循环。

设置

0：啄式攻螺纹循环。

1：深孔攻螺纹循环。

14.2　轴规格参数

14.2.1　轴参数

本节说明与各伺服电机轴相关的参数。

参数号	英文简称	名　称
2001	rapid	快进速度

功能

设定各轴的快速进给速度。快进速度就是 G0 速度。

设置

1～999999（mm/min）。本参数是开机后必须设置的重要参数。

参数号	英文简称	名　称
2002	clamp	G01 上限速度

功能

设定各轴最大 G01 切削进给速度。本参数也称为 G01 限制速度，当加工程序中发出的 G01 进给速度大于本参数设定值时，就被限制在本参数设定值以下。

设置

1～999999（mm/min）。本参数是重要参数。

参数号	英文简称	名　称
2003(PR)	smgst	加减速曲线模式

功能

设定加减速模式。

设置

见表 14-4。

表 14-4　参数♯2003 各位的定义

F	E	D	C	B	A	9	8	7	6	5	4	3	2	1	0
					OT3	OT2	OT1	C3		C1	LC	R3		R1	LR

① bit0～bit3 设定 G00 加减速类型。

bit0（LR）：直线加减速。

bit1（R1）：圆弧曲线加减速。

bit3（R3）：指数曲线加速，直线减速。

如果将（bit0～bit 3）设为 F，选择 S 曲线加减速。

② bit4～bit7 设定 G01 加速减速类型。

bit4（LC）：直线加减速。

bit5（C1）：圆弧曲线加减速。

bit7（C3）：指数曲线加速，直线减速。

如果将 bit4～bit7 设为 F，选择 S 曲线加减速。

参数号	英文简称	名　称
2004	G0tL G0	直线快进时的时间常数

功能

设定以直线快进时的加减速时间常数。当 ♯2003 选择 LR＝1 或 F 时，本参数含义如图 14-4 所示，图中的速度值是指加工程序中的指令速度值。

设置

1～4000（ms）。

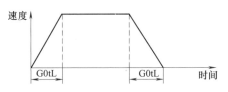

图 14-4　♯2004 参数：直线快进加减速的时间常数

参数号	英文简称	名　称
2005	G0t1 G0	圆弧曲线快进时的时间常数

功能

设定以圆弧曲线快进时的加减速时间常数。当 ♯2003 R1＝1 或 R3＝1 时，本参数含义如图 14-5 所示。

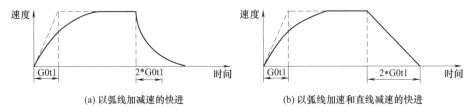

(a) 以弧线加减速的快进　　　　(b) 以弧线加速和直线减速的快进

图 14-5　♯2005 参数：弧线快进加减速的时间常数

设置

1～5000（ms）。

参数号	英文简称	名　称
2007	G1tL G1	G1 以直线加减速时的时间常数

功能

设定 G1 以直线加减速时的时间常数。（时间常数的含义是目标速度可变，加减速时间不变）。当 ♯2003 选择 LC＝1 或 F 时，本参数含义如图 14-6 所示。

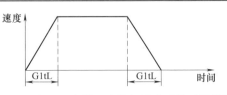

图 14-6　♯2007 参数：直线加减速时的时间常数

设置

1～4000（ms）。

参数号	英文简称	名 称
2008	G1t1 G1	G1 以弧线加减速时的时间常数

功能

设定 G1 以弧线加减速时的时间常数。当♯2003 选择 C1＝1 或 C3＝1 时，本参数含义如图 14-7 所示。本参数是重要参数。

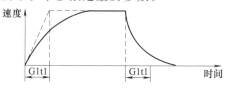

(a) 以弧线加减速的G1加减速时间常数　　　(b) 以弧线加速和直线减速的G1加减速时间常数

图 14-7　♯2008 参数：弧线加减速时的时间常数

设置

1～5000（ms）。

参数号	英文简称	名 称
2010	fwd_g	前馈进给增益

功能

设定前插补加减速的前馈进给增益。

设置

0～100（％）。设定值越大，理论控制误差越小，但如果产生机械振动，设定值必须减小。

参数号	英文简称	名 称
2011	G0back G0	反向间隙补偿

功能

设定自动或手动时以 G0 模式运行的反向间隙补偿值。

设置

－9999～9999。本参数是重要参数。

参数号	英文简称	名 称
2012	G1back G1	反向间隙补偿

功能

设定自动模式下以 G1 模式运行时的反向间隙补偿值。

设置

－9999～9999。本参数是重要参数。

参数号	英文简称	名 称
2013	OT－	软极限 I－
2014	OT＋	软极限 I＋

功能

设定以机床坐标系原点为基准的软极限区域,
如图 14-8 所示。当♯2013 和♯2014 设定值相同时
(0 以外),本功能无效。

设置

－99999.999～99999.999(mm)。相关参数
♯8204、♯8205。本参数是重要参数。

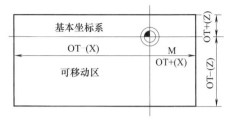

图 14-8　♯2013、♯2014 参数:软极限

参数号	英文简称	名　　称
2018	no_srv	无伺服连接测试操作

功能

设定执行测试操作(不连接驱动放大器和电机)。

设置

0:设定为正常操作,不连接伺服系统会发生 Y03 报警。

1:不连接伺服系统,可执行测试操作而不报警。

本功能为测试操作,通常不用。如果在正常操作期间设定为 1,即使发生报警,也不进
行检测。本参数是重要参数。

参数号	英文简称	名　　称
2019	revnum	回参考点顺序

功能

用于设定每个轴回参考点的执行顺序。

设置

0:不执行回参考点。

1～最大 NC 轴数:设定回参考点的执行顺序。

14.2.2　回原点专用参数

参数号	英文简称	名　　称
2025	G28rap	G28 快速进给速度

功能

设定挡块式回原点时的快进速度。

设置

1～999999(mm/min)。本参数是重要参数。

参数号	英文简称	名　　称
2026	G28crp	G28 接近速度

功能

设定在回参考点时,碰上近点(DOG)开关信号后的接近速度。

设置

1～999999(mm/min)。本参数是重要参数。

数控系统电气工程师从入门到精通

参数号	英文简称	名　　称
2027	G28sft	电气原点到机床参考点的距离

功能

设定回参考点时，从电气原点到机床参考点的距离。注意，电气原点与机床参考点不是一个点。当本参数＝0时，这两个点重合（大多数机床设置♯2027＝0，专用机床可根据特殊要求设置）。

设置

0.000～99.999（mm）。本参数是重要参数。

参数号	英文简称	名　　称
2028	grmask	栅格屏蔽量

功能

如图 14-9 所示，在回参考点时，如果近点开关脱开挡块的位置在栅格点附近时，容易引起电气原点误差。因此用本参数设置一个屏蔽量（相当于延长挡块），使近点开关脱开挡块的位置落在两个栅格点之间，确保不会引起电气原点误差。

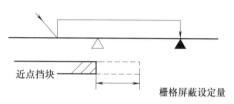

图 14-9　♯2028 参数的定义

设置

0.000～99.999（mm）。本参数是重要参数。

参数号	英文简称	名　　称
2029	grspc	栅格量间距

功能

设定检测器栅格量间距（亦即 Z 相脉冲的间距）。

设置

0.000～999.999（mm）。

设定原则：相对于电机旋转 1 转的机械移动的距离（因为每转 1 个 Z 相脉冲）。如果回原点操作发生紊乱，要检查本参数。

参数号	英文简称	名　　称
2030(PR)	dir(—)	回参考点方向(—)

功能

轴运动的正负方向在调试初期已经确定，在回参考点时，以近点挡块为基准，脱开近点挡块后继续正向前进，寻找电气原点为正向回原点，脱开近点挡块后反向前进寻找电气原点，为反向回原点。本参数用于设定脱开近点挡块后回原点的方向。

设置

0：正方向。

1：反方向。

参数号	英文简称	名　　称
2037	G53ofs	
2038	♯2_rfp	♯1～♯4参考点位置
2039	♯3_rfp	
2040	♯4_rfp	

功能

设定以机床坐标系为基准的第 1、第 2、第 3 和第 4 参考点的位置，如图 14-10 所示。

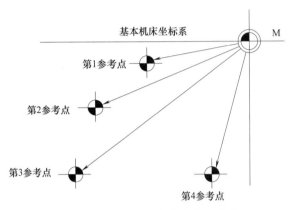

图 14-10　♯1～♯4 参考点位置设定

14.2.3　绝对位置设定

参数号	英文简称	名　　称
2049(PR)	type	设定建立绝对值检测系统方式

功能

设定建立绝对值检测系统原点的方法。

设置

0：非绝对位置检测方式。

1：机床终碰压方式（碰压机床终端挡块）。

2：基准点调整方式（基准点标记方式）。

3：挡块型（调整挡块和接近开关）。

4：参考点调整方式Ⅱ（调准微调标记。对准基准后非栅格返回类型）。

9：简易绝对位置（没有绝对位置检测，但当电源断开时，机械位置会被记录）。

本参数是重要参数。

参数号	英文简称	名　　称
2050	absdir	基准 Z 方向

功能

当选用基准点方式时，设置电气原点的方向，该方向从机床基准点观察。

设置

0：正方向。

1：负方向。

本参数是重要参数。

14.2.4 第 2 类轴规格参数

参数号	英文简称	名　　称
2061	OT_IB−	软极限 IB−

功能

设定软行程极限 IB 区域的下限坐标。以基本机床原点为基准点进行设定。本参数如果与♯2062 参数的符号、数值相同（0 除外），则软限位 IB 功能无效。

设置

−99999.999～99999.999（mm）。

参数号	英文简称	名　　称
2062	OT_IB+	软极限 IB+

功能

同♯2061，方向相反。

参数号	英文简称	名　　称
2063	OT_IBT	软极限 IB 类型

功能

选择软极限类型。

设置

0：软极限 IB 有效。

1：无效。

2：软极限 IC 有效。

3：倾斜轴规格时，执行程序坐标系软限位检查。

参数号	英文简称	名　　称
2068	G0fwdg	G00 前馈进给增益

功能

设定 G00 前插补加减速时的前馈增益。设定值越大，定位检查时间越短。发生机械振动时需降低设定值。本参数对高速高精度重要。

设置

0～200（%）。

参数号	英文简称	名　　称
2073	zrn_dog	原点开关信号地址

功能

在标准系统规范中，原点开关信号由系统规定了固定的 X 输入信号地址。如果需要改变固定输入信号地址，则用本参数设定新的原点开关信号地址。本参数在 ♯1226 aux10/bit5 设定＝1 时才生效。

设置

00～FF（HEX）。

这是调试中最常用的重要参数。

参数号	英文简称	名　　称
2074	H/W_OT+	正极限开关信号地址

功能

在标准系统规范中，正极限开关信号由系统规定了固定的 X 输入信号地址。如果需要改变固定输入信号地址，则用本参数设定新的正极限开关信号地址。本参数在 ♯1226 aux10/bit5 设定＝1 时才生效。

设置

00～FF（HEX）。

本参数是重要参数。

参数号	英文简称	名　　称
2075	H/W_OT−	负极限开关信号地址

功能

同♯2074，方向相反。

设置

00～FF（HEX）。

本参数是重要参数。

参数号	英文简称	名　　称
2084	G60_ax	单向定位

功能

选择 G00 中的单向定位。本选择与单向定位的指令及模态无关，每次执行定位指令时，都进行单向定位（单向定位即总朝一个方向运行进行定位）。

设置

0：根据指令及模态进行单向定位。

1：在执行定位指令 G00 时，与指令及模态无关，进行单向定位动作。

14.3　伺服系统参数

参数号	英文简称	名　　称
2201(PR)	SV001　PC1	电机侧齿轮比

功能

设定电机侧和机械侧齿轮比。对 PC1 和 PC2 设定最小整数齿轮比。如果电机一侧只有一个齿轮即为该齿轮齿数。对旋转轴设定总的减速（加速）比。

设置

1～32767。本参数是重要参数。

参数号	英文简称	名　　称
2202(PR)	SV002　PC2	机械侧齿轮比

功能

参看♯2201。实际上由♯2201和♯2202构成轴的整个减速比。

设置

1～32767。本参数是重要参数。

参数号	英文简称	名　　称
2205	SV005　VGN1	速度环增益

功能

设定速度环增益。

设置

1～9999。

本参数增大时，会改善速度跟随性，但振动和噪声也将增大。需要根据电机惯性矩的大小（即电机所带负载情况）设定本参数。当机床发生共振，将此值按20%～30%减小。最终的设定值为无振动发生值的70%～80%。本参数是调整伺服电机运动性能的最重要参数。

参数号	英文简称	名　　称
2208	SV008 VIA	速度环超前补偿

功能

设定速度环积分增益。

设置

0～32767。

标准设定值是1364。SHG控制时的标准设定值是1900。调整时可按照100左右的单位来进行。

在高速切削时希望提高轮廓跟踪精度时，可将设定值调高。另外，位置滞后有振动时（10～20Hz）可将设定值调低。

参数号	英文简称	名　　称
2213	SV013 ILMT	电流限制值1

功能

设定电机的电流限制值（正负两方向的限制值）。设定值为500时，最大转矩由电机规格决定。

设置

0～500（%）（静态额定电流）。

参数号	英文简称	名　　称
2217	SV017　SPEC	伺服规格选择

功能

设置伺服电机规格。

设置

在MDS-R驱动器+HF电机的配置中，必须设置♯2217=1000（表14-5和表14-6）。
对于M80系列：HF电机（200V）设置为0000；HF-H、HP-H电机（400V）设置为2000。

表 14-5 参数♯2217 的定义 (一)

F	E	D	C	B	A	9	8
		spm					
7	6	5	4	3	2	1	0
ads			fdir	vfb	seqh	dfbx	

表 14-6 参数♯2217 的定义 (二)

bit		设定=0	设定=1
0			
1	dfbx	双路反馈 控制停止	双路反馈 控制启动
2	seqh	正常序列	高速序列
3	vfb	速度反馈文件 停止	速度反馈文件 启动(2250Hz)
4	fdir	位置反馈正极性	位置反馈负极性
5			
6			
7	ads	增量控制	绝对位置控制
8			
9			
A			
B			
C	spm	选择电机系列 0:HF、HP 电机(200V) 2:HF-H、HP-H 电机(400V)	
D			
E			
F			

参数号	英文简称	名　称
2218(PR)	SV018 PIT	丝杠螺距

功能

设定螺距。

设置

1～32767 (mm/r)。对旋转轴设为 360 (°)。本参数是重要参数。

参数号	英文简称	名　称
2219(PR)	SV019　RNG1	位置编码器分辨率

功能

设定每个电机端编码器的每一转的脉冲数。

设置

由于不断出现新产品，要根据最新资料设定。本参数是开机后必须设置的重要参数。

参数号	英文简称	名　称
2220(PR)	SV020　RNG2	速度编码器分辨率

功能

设定速度编码器分辨率。

设置

由于不断出现新产品，要根据最新资料设定。本参数是开机后必须设置的重要参数。

参数号	英文简称	名　称
2221	SV021 OLT	过载时间

功能

设定过负载 1（报警 50）的检测时间。

设置

1～300（s），通常设定为 60。

参数号	英文简称	名　称
2225(PR)	SV025　MTYP	电机/编码器类型

功能

设定电机/编码器类型。

设置

由于不断出现新产品，要根据最新资料设定。本参数是重要参数。

参数号	英文简称	名　称
2236(PR)	SV036　PTYP	回生电阻、供电单元类型

功能

设置回生电阻、供电单元（电能回馈单元）的类型。

设置

本参数是开机后必须设置的重要参数。不同驱动器对应的参数有所不同。由于不断出现新产品，要根据最新资料设定。

参数号	英文简称	名　称
2237	SV037 JL	负载惯量比

功能

设定电机负载惯量比。

设置

0～5000（％）。本参数是重要参数。

参数号	英文简称	名　称
2238	SV038 FHz	共振频率

功能

当机械系统产生共振时，用于设定需要抑制的振动频率。

设置

0～3000（Hz）（72 以上的值有效），不使用时设为 0。本参数是重要参数。

参数号	英文简称	名　称
2245	SV045　TRUB	摩擦转矩

功能

使用冲突检测功能时，设定摩擦转矩。

设置

0～100（％）（静态额定电流）。

参数号	英文简称	名　称
2246	SV046　FHz2	共振频率 2

功能

设定发生机械共振时的共振频率。

设置

0～9000（Hz）（36 以上有效），不使用时设为 0。

参数号	英文简称	名　称
2248	SV048　EMGrt	垂直轴下落防止时间

功能

在急停信号输入后至在机械制动器开始工作前，有一段伺服功能不工作时间，在这段时间内，垂直轴有可能滑落。为防止这种危险，设置一时间值，在这段时间内，伺服锁定功能仍然起作用，防止垂直轴滑落。本参数用于设置防止垂直轴滑落时间。

设置

0～2000（ms），以 100ms 为单位逐渐增加。

参数号	英文简称	名　称
2256	SV056 EMGt	紧急停止时减速时间常数

功能

用于设定紧急停止时的减速时间常数。

设置

0～5000（ms）。

设定从快速进给速度（rapid）到停止的时间常数。

第15章
编制完善的PLC程序

15.1 初 始 设 定

在 PLC 程序初始设定部分至少应包含以下内容（图 15-1）：对急停信号的处理；对复位（RESET）信号的处理；对限位信号的处理；对速度倍率设定方式的选择；对制动器（抱闸）信号的处理。

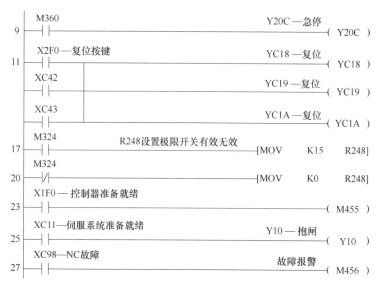

图 15-1　急停及复位的处理

(1) 对急停信号的处理

在 PLC 程序中，必须首先编制对急停的处理。虽然数控系统都配有硬急停信号（硬急停信号一般都由操作面板上的急停开关控制），但硬急停只是停止了数控系统的工作，PLC程序仍然运行，由 PLC 程序控制的外围设备仍然可能动作。为了确保在急停状态下，外围设备也停止工作，必须使用系统的软急停功能，使用该急停信号切断外围设备动作，这就是使用软急停信号的意义。图 15-1 中第 9 步就是对急停信号的处理，M360 是各种急停条件。

在编制 PLC 程序时有一个原则，特别是在调试设备时这个原则更重要，即首先不是要求 PLC 程序能够做什么，而是要求 PLC 程序保证不能够做什么。就是说，编制各种安全条件限制，保证遇到危险情况能够及时停止设备运行。在调试阶段，不明因素很多，防止人身事故和设备损坏是第一要求，因此，急停是被首先编入程序的内容。

（2）对复位（RESET）信号的处理

复位（RESET）是数控系统的一项重要功能。复位信号 YC1A＝ON，则：报警被解除；轴运动停止；正在运行的自动加工程序被终止；系统回到自动加工程序的第 1 步。

复位信号可以由键盘上的复位（RESET）开关发出，在 PLC 程序中，急停 M2、M30 等信号也可以驱动复位信号。图 15-1 中的 PLC 程序就是这样处理的。

（3）对限位信号的处理

每一轴都有正、负限位信号，系统中规定了每一轴正、负限位的固定信号地址，但在实际使用中，往往不太使用固定信号地址，而是根据电气柜配线的实际情况分配正、负限位信号，这就需要用参数予以重新规定。在调试阶段，往往需要暂时解除限位信号的功能，即所谓的封掉限位信号，解除超程报警。相关的 PLC 程序是图 15-1 中第 17～20 步，这也是最常用的程序之一。

（4）对速度倍率设定方式的选择

在 PLC 程序的初始处理中还有一项就是对各速度倍率的设定方式进行选择。各种速度倍率的设定有接口信号的编码方式和寄存器方式，在程序的初期设定必须进行选择。图 15-2 所示为选择寄存器方式，因这种方式直观清楚，故大多数编程者选择采用这种方式。

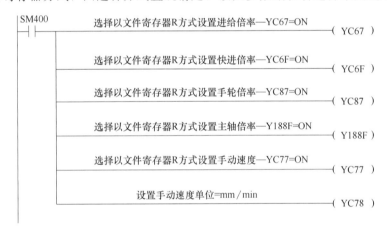

图 15-2　选择速度倍率的设定方式

（5）对制动器（抱闸）信号的处理

一般铣床的 Z 轴都选用带制动器（抱闸）的伺服电机，这是因为 Z 轴带有主轴工作头等不平衡负载。在伺服电机未处于正常状态时，其不平衡负载会拉动 Z 轴向下运动，因此需要选用抱闸电机对 Z 轴进行制动。三菱伺服电机所带抱闸使用 DC24V 电源，接法不分正、负极。但何时可以打开抱闸才能够保证不溜车呢？当然只有在伺服系统处于正常状态下才不溜车。因此，在 PLC 程序处理上是用伺服准备完毕信号来控制抱闸的打开或关闭，如图 15-1 中第 25 步所示。

15.2　工作模式选择

（1）工作模式的分类

对于数控机床的操作，首先遇到的是要选择工作模式，一般的数控机床必须具备下列工作模式：点动（JOG）模式；自动模式；回原点模式；手轮模式；MDI 模式；DNC 模式；步进模式；手动定位模式。

对于以上工作模式，数控系统都提供了相应的接口（Y），只要通过 PLC 程序驱动该接口，系统就进入该模式。

图 15-3 是以三菱 M80 为例的实用模式选择程序。

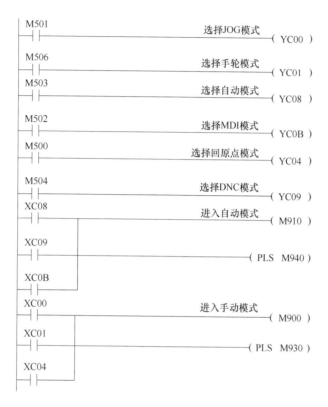

图 15-3　模式选择

（2）编制程序的注意事项

① 一般情况下，工作模式必须是唯一的，即选择了某一工作模式后，其他工作模式必须关闭，因此在编程处理上必须互锁。

② 通常的机床操作面板上，用于选择操作模式的有旋转开关和按键两种方式，这在 PLC 程序处理时略有不同。旋转开关占用 3 个输入信号时，可以组合出 7 个数字信号；旋转开关占用 4 个输入信号时，可以组合出 15 个数字信号。

一般的模式选择选择开关只占用 3 个输入信号，因此就可以选择 7 种工作模式。

③ 图 15-4 中，第 0 步就是将位信号转化为数值的指令。这是处理操作面板上的旋转开关的小技巧。其他旋转开关可以进行类似处理。

图 15-4　对旋转开关信号的处理

④ 操作面板上的按键型模式选择开关一般为点动型，要求各工作模式必须互锁，其程序如图 15-5 所示。

(3) 不同工作模式的状态

进入不同的工作模式后，系统运行工作状态对应的接口（X）＝ON，可以利用该信号进行相应的显示和互锁。图 15-6 所示为系统进入的各种模式状态。

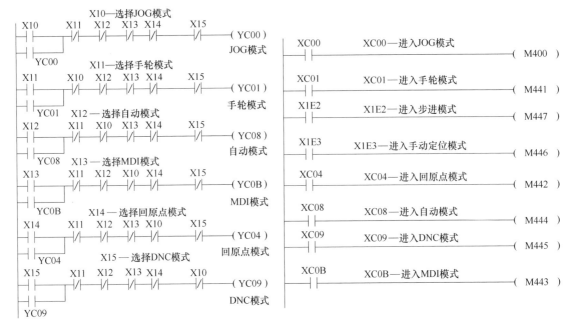

图 15-5　按键型模式选择开关的模式选择　　　　图 15-6　系统进入的各种模式状态

15.3　伺服轴运动控制

15.3.1　伺服轴运动必须具备的控制功能

伺服轴运动必须具备以下控制功能：各伺服轴的点动正、反转；各伺服轴的回原点；各伺服轴的手轮控制；快进；自动启动和自动暂停。

15.3.2　有关伺服轴运动的 PLC 程序

(1) 各伺服轴的点动正、反转

操作面板上都有各轴的点动正、反转按键，而且回原点的启动也使用同一按键，现以第 1 轴正转为例说明编程方法（图 15-7）。

图 15-7 是实用的伺服轴点动及回原点 PLC 程序。该程序可以实现点动及回原点。

点动执行条件：当选择进入点动模式（XC00＝ON）或步进模式（X1E2＝ON）后，只要外部信号 M315＝ON，则 Y8E0＝ON，即可执行第 1 轴的正向点动。

回原点执行条件：选择回原点模式（XC04＝ON），只要外部信号 M315＝ON，则 Y8E0＝ON，同时 Y8E0 自锁，因此第 1 轴就一直保持正向进给，直到回原点完成 X800＝ON，回原点回路被切断，Y8E0＝OFF，第 1 轴的运动停止。

Y8E0 接口的功能是第 1 轴正向运动。只要 Y8E0＝ON，第 1 轴就正向运动，因此在点

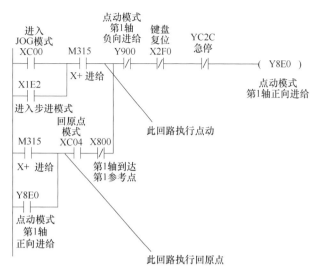

图 15-7　伺服轴的点动及回原点

动模式、步进模式、回原点模式都使用该信号,只是在回原点模式中,必须有自锁和切断的处理。

其余各轴的正、反转都有专用的接口,程序的处理可依此执行。

（2）手轮的使用和编程

一般的数控机床都使用手轮,手轮也称为手动脉冲发生器。手轮工作模式是一种专用的工作模式,在该模式下,由手轮发出的脉冲来驱动各伺服轴的运行。在手轮模式下必须选择倍率和工作轴。M80 系统可以配用 3 个手轮,当然这是用于大型机床的情况。PLC 程序编制必须考虑这些问题。图 15-8 所示为以 M80 系统为例的手轮工作程序。手轮轴的选择取决于接口 YC40～YC41（工作轴为 3 轴时）的 ON/OFF 组合,由外部信号 X20～X22 驱动。

手轮倍率是指由手轮发出的脉冲被放大的倍数。倍率由送入文件寄存器 R2508 内的数据决定。其实也就是调速功能。在图 15-8 中,是操作面板上的手轮倍率选择为旋转开关时的一种处理方法。

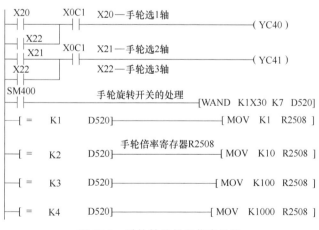

图 15-8　手轮轴选择和倍率设置

（3）快进功能的实现

快进不是一种工作模式,只是一种快速进给速度的选择。一般是在手动工作模式下选择快进功能。选择快进功能后，运行速度按预先设定的快进速度运行（快进速度由参数♯2001设定）。快进速度也有倍率。同时快进速度也是自动模式下G0运行速度。在编制PLC程序时，必须注意以下几点：选择快进；选择倍率；快进倍率指示灯的显示。

图15-9所示为一种按键型快进倍率选择的PLC程序处理方法。

图15-9 快进功能

在图15-9中，由X40选择YC26快进功能；由上电脉冲SM402直接选择快进倍率＝10％。这样处理的原因是在某些操作面板中，快进倍率的选择是按键型开关，如果没有执行快进倍率选择时，快进倍率＝0，而此时在自动模式下执行定位指令G0时，就会出现不动作的现象，因为快进倍率＝0，相当于快进速度＝0。为了避免这种情况，就用上电脉冲直接设置一个最小的快进倍率。

15.4 运动速度设定

(1) 运动速度分类

一台实用的数控机床中，有以下各种速度需要设定。

① 切削进给速度——即以G1指令运行的速度，实际上是在加工程序中用F指令设定的，在PLC程序中必须编制调节进给倍率的方法。

② 点动运行速度——即JOG运行速度，是点动运行时的速度，单位是mm/min（注意这不是倍率）。这一速度必须直接设定在专用的文件寄存器中，必须在PLC程序中编制处理方法。

③ 主轴运动速度——也是在加工程序中设定的，但主轴速度的倍率调节则是在 PLC 程序中完成，一般主轴倍率设为 7 挡，从 50％至 120％。

（2）伺服轴速度调节的方法

图 15-10 所示为进给倍率的调节和手动速度的设定。在编制 PLC 程序时，有两种方法可以实现进给倍率的调节和手动速度的设定：一种是对专用接口进行编码处理；另一种是向专用文件寄存器中输入数值，这要在 PLC 程序中预先进行选择，由于数值输入法简单明了，所以大多数编程者选用该方法。

图 15-10　进给倍率的调节和手动速度的设定

在一般的操作面板上，用一旋转开关进行速度选择和调节。

进给倍率的调节和手动速度的设定通常分为 15 挡。该旋转开关占用 4 个输入点。图 15-10 中的第 0 步就是将 4 个输入信号组合成的数字存放在数据寄存器中。4 个输入点的 ON/OFF 组合正好可以获得 1～15 的数字变化，从而满足了速度挡位的调节要求。

要特别注意的是：输入进给倍率寄存器 R2500 的数值是 G1 速度的百分比，亦即输入数值＝50，表示选择的速度＝G1 速度的 50％；输入手动速度寄存器 R2504 的数值则是实际的速度，单位是 mm/min。初学者往往容易混淆这之间的差别。

手动速度也可以进行调节。方法与 G1 速度的调节相同。

（3）主轴倍率的 PLC 程序处理

一般的操作面板上也有一选择主轴速度的旋转开关，通常为 8 个挡位，主轴速度可在 50％～120％之间调节。图 15-11 所示为主轴速度调节的 PLC 程序，主要方法也是在主轴倍率寄存器内设置不同的主轴倍率数据。

图 15-11　主轴速度调节

15.5　数控功能选择

(1) 常用数控功能

一般的操作面板上都有部分数控功能的按键：单节运行；M01 选择停止；空运行；斜杠程序跳过；机床动作锁停；Z 轴动作锁停；M/S/T 锁停。

(2) 双稳态开关的处理

PLC 程序就是要处理外部按键与内部接口的关系。一般的操作面板上，各数控功能按键都是点动型，即按下按键，输入信号＝ON，松开按键，输入信号＝OFF。以单节运行功能为例，操作者的要求是，第 1 次按下功能按键，单节运行功能＝ON，第 2 次按下功能按键，单节运行功能＝OFF（也称为双稳态开关）。这种双稳态开关在 PLC 程序处理上比较复杂。一种比较简明的处理方式如图 15-12 所示。

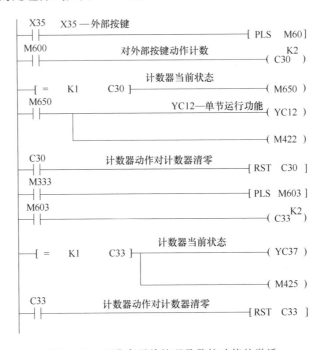

图 15-12　双稳态开关处理及数控功能的激活

这种方法就是使用一个计数器对外部按键的动作计数（程序中为 C33）。如果 C33＝1，单节功能＝ON；如果 C33＝0，单节功能＝OFF。其他按键的操作也同样编制程序。

(3) 数控功能的激活

在图 15-12 中驱动 YC12＝ON，就使数控系统的单节运行功能生效。

15.6　对 M、S、T 指令的处理

15.6.1　对 M 指令的处理

M 指令的主要用途是在加工程序中发出指令，用以驱动主轴及外围设备如润滑电机、冷却电机的动作，对于机床的整体协调动作极其重要。事实上 M 指令就像一个开关，可以

通过这个开关启动某一设备。在 PLC 程序中处理 M 指令可分为以下三部分。

(1) 对加工程序中发出的 M 指令进行检测

如果加工程序中发出了 M 指令，在 PLC 程序中要检测出来，并据此发出相关的指令信号。这一部分的程序处理如图 15-13 所示。R504 是系统内部用于存放 M 代码的文件寄存器。当加工程序中发出 M 指令后，R504 中的数据就是其相应的代码。例如：加工程序发出了 M3 指令，R504＝H3；加工程序发出了 M25 指令，R504＝H25。

R504 中存储的是 BCD 码，在处理时必须注意。在图 15-13 中，用以与 R504 比较的数据是 16 进制数就是因为 R504 中的数据是 BCD 码。

R504 中的数据还有一个特点，即一旦 R504 中存储了一个 M 代码数据后，它一直保持该数据，直到下一个 M 代码被输入。因此在 PLC 程序中，要注意可以使用脉冲型指令清零。

另外，在三菱数控系统中，在同一行加工程序中可以同时发出 4 个 M 指令：R504 存放第 1 位置的 M 指令代码；R506 存放第 2 位置的 M 指令代码；R508 存放第 3 位置的 M 指令代码；R510 存放第 4 位置的 M 指令代码。其处理方法都是类似的。

(2) 使用相关信号驱动对应的外围设备工作

发出 M 指令的目的还是要启动相关的设备，在图 15-14 中，就是用 M3 启动主轴正转的程序，在这一程序中可以清楚地看到 M 指令相当于一个开关。

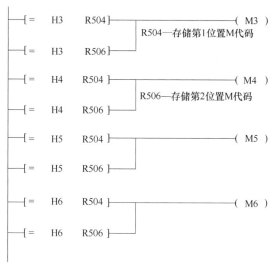

图 15-13　用于检测 M 代码的程序

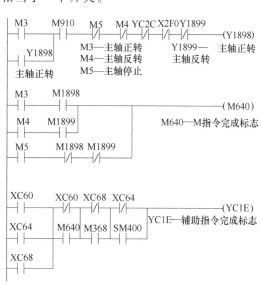

图 15-14　M 指令的驱动对象、
完成条件及 FIN 信号

(3) 对 M 指令完成的动作进行检测

那么由 M 指令发出的动作是否执行完成了呢？必须用一信号来检测，在图 15-14 所示的程序中，M3 指令就是要驱动主轴正转，当 Y1898＝ON，就表示 M3 指令的目的达到了，因此 Y1898＝ON 就是 M3 指令的完成条件。

每一个 M 指令对应一个自己的完成条件，发出一个 M 指令，随后又检测到该 M 指令的完成条件，就会驱动系统专用接口 Y0C1E。该接口的含义是，从自动程序或操作面板上发出 M、S、T 指令已经执行完毕，马上进入执行下一行程序。这一接口的作用非常重要，正确使用可以构成安全的生产节拍。在组合机床和磨床程序中会使用很多 M 指令，因此正确理解和使用 M 指令是很重要的。

15.6.2　对 S 指令的处理

S 指令是主轴运动指令。S 指令的功能有两个方面：一个是指定主轴的转速；另一个是利用其选通信号发出主轴换挡指令。

S 指令也有完成条件，这就是主轴换挡完成或主轴速度到达，用完成条件驱动专用接口 Y0C1E。当 Y0C1E＝ON 后，NC 通知自动加工程序可进入下一行。其处理过程与 M 指令是完全一样的。

15.6.3　对 T 指令的处理

T 指令即选刀指令，也是在自动加工程序中的指令。该指令功能：其一是指定要选用的刀号；其二是指定一个换刀过程。因此，T 指令也有完成条件，特别是用于指定一个换刀过程时，这个完成条件的确认特别重要。车床的换刀就习惯只用一个 T 指令指定一个换刀过程。

在图 15-15 中，是对 M、S、T 指令的组合处理。若在自动加工程序的同一行中同时发出 M、S、T 指令时，则必须 M、S、T 指令的完成条件都满足时才进入下一行。

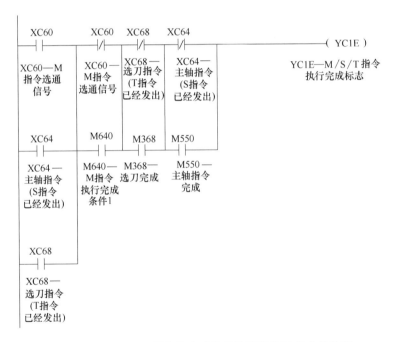

图 15-15　M、S、T 指令的完成条件及其对 FIN 指令的处理

15.7　主 轴 运 行

一般数控铣床、数控加工中心都带有主轴。目前使用数控主轴的目的多为刚性攻螺纹和主轴定位，主轴定位多用于换刀和精密镗孔时的退刀。车床使用主轴用于车螺纹和提高效率的快速定位。

在机床配备主轴时，必须编制与主轴运行相关的PLC程序。主轴必须在自动和手动模式下都能实现正、反转和定位，在手动模式下还必须具备点动功能。

一般在自动模式下用M指令驱动主轴运行，通常用M3驱动主轴正转，M4驱动主轴反转，M5切断主轴正、反转。

M指令在手动模式下也必须有效，这是为了方便操作者在手动模式下也能够执行M指令的功能。

在手动模式下，如果在操作面板上有主轴正、反转按键，则应使主轴正、反转按键驱动主轴点动，这是为了方便检验和调试主轴的一些功能。图15-16所示为PLC程序中有关主轴运动部分的程序。

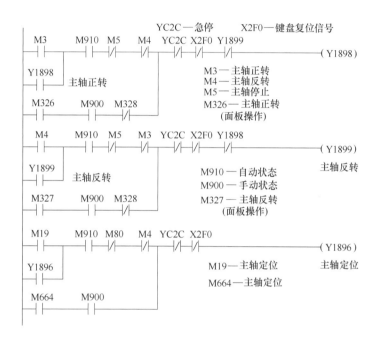

图15-16　主轴运动部分的程序

15.8　报　　警

在一台数控机床中，除了数控系统本身的故障外，还有外围设备引起的故障，如各轴机械运动超出正、负极限，换刀气缸压力不足，润滑电机报警等。一般制造商在设计机床时都用开关量信号作为故障检测信号，在三菱数控系统中有专用的界面显示这些外部故障的报警信息。

报警信息的制作和显示要由两种程序完成，其文字信息部分由信息程序制作，其检测部分由PLC主程序制作。这里介绍PLC主程序中检测部分的程序编制。用于报警检测的PLC程序接口是F报警接口。三菱M80系统共有1024个F接口可以使用，只要直接驱动F接口，在信息程序中对应的信息就可以显示出来。

图15-17中，左侧的开关点M380～M387为故障检测点开关，右侧的F1～F8为报警接口，使用F接口作报警接口时，必须设置参数♯6450=00000001，这样F报警接口才有效。参数♯6450主要用于对报警信息、操作信息的显示设定。

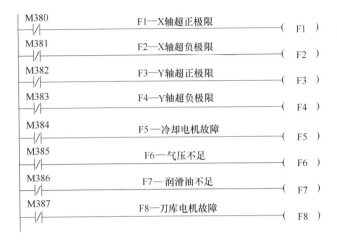

图 15-17　报警程序

15.9　编制数控车床 PLC 程序的注意事项

15.9.1　数控车床的一般配置

数控车床一般配置：伺服轴（X 轴、Z 轴）；主轴（或为变频主轴，或为伺服主轴）；数控刀架；液压卡盘；液压尾顶。

数控车床的 PLC 程序编制除常规内容外，其特殊之处在于其对数控刀架的处理。

15.9.2　数控车床刀架换刀的工作顺序

(1) 数控车床刀架换刀的一般工作顺序
刀架正转→选刀完成→停止→反转锁紧→停止。
(2) 斜床身车床使用液压刀盘的工作顺序
拉出定位销→刀盘就近选刀→选刀完成→插入定位销→旋转结束。

15.9.3　数控车床的换刀动作及指令

(1) 换刀动作方式
① 自动换刀。在自动模式下的加工程序中用 T 指令换刀。
② 手动模式下使用操作面板按键手动换刀。在手动模式下用操作面板按键发出换刀指令。面板选刀有先选定刀号，再启动选刀动作的方式；也有仅用一个手动选刀按键，按一下，刀架旋转一个刀位的顺序选刀方式。后一种方式更常见。
③ 手动模式下使用显示屏幕上的 T 指令手动换刀。
(2) 刀架换刀动作启动信号
车床的换刀简言之就是驱动一刀库电机正转然后再反转。但必须确定什么信号使刀架正转，什么信号使刀架正转停止。由于车床有三种选刀方式，所以应有三种刀架正转启动信号：面板选刀（启动）信号；屏幕选刀（启动）信号；自动选刀（启动）信号。
由于屏幕选刀和自动选刀为同一信号，即 T 指令的选通信号 X238，所以换刀启动就只有两个信号。图 15-18 示出了控制刀架正转启动运行和停止的各种信号。

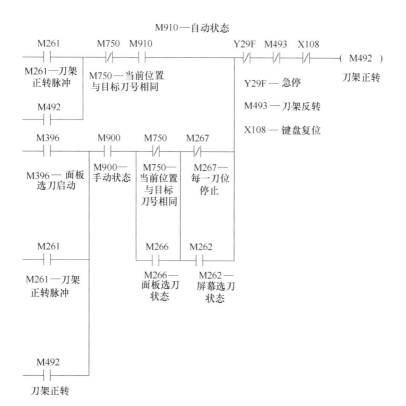

图 15-18　刀架正转启动运行和停止

在自动模式下只有一个刀架正转启动信号，即 T 指令选通（X238）的脉冲信号 M261。在手动模式下有两个刀架正转启动信号，即屏幕选刀时 T 指令选通（X238）的脉冲信号 M261 和面板选刀启动信号 M396。

（3）刀架换刀动作停止信号

刀架正转停止信号也要区分两种情况。

① 自动选刀和屏幕选刀时的停止信号　自动选刀和屏幕选刀时，所选刀号由数控系统内文件寄存器 R36 确定，而实际刀位信号（一般是数控刀架生产商提供的）是 4～6 个输入信号。可以用每个信号表示每一刀位，也可以通过组合信号表示各刀位。图 15-19 所示为实际刀位信号的获得方法。

图 15-19　实际刀位信号

图 15-19 中 R2000 存放实际刀号数值，当所选刀号 R36 与当前刀号 R2000 相等时，即获得刀架停止旋转信号 M750。

② 面板选刀时的停止信号　面板选刀的方式一般仅用一个按键，按一下，刀架旋转一个刀位。这样，其停止信号就是每一刀位所发出的脉冲信号。

图 15-20 所示为每一刀位停止信号。

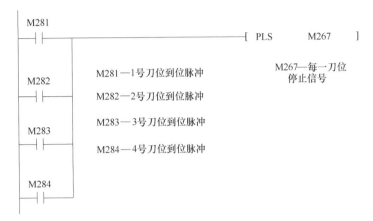

图 15-20　每一刀位停止信号

在程序中还必须预先设置屏幕选刀状态和面板选刀状态。编制 PLC 程序时必须注意，只有在屏幕选刀，进入屏幕选刀状态时，屏幕选刀停止信号（M750）起作用，而在面板选刀，进入面板选刀状态时，每一刀位停止信号（M267）起作用。

15.9.4　换刀过程的其他问题

(1) 关于 T 指令的完成条件

车床的换刀一般直接使用 T 指令，而不是加工中心使用 M6 换刀指令。在自动加工程序中，T 指令单独写一行，在换刀完成后才进入下一行。因此，必须注意准确选定 T 指令的完成条件。在正常的换刀工作流程中，以反转锁紧完成的脉冲作为完成条件，或以反转时间到达作为完成条件。

(2) 相同刀号判断

在自动模式中选刀时如果刀号相同，则不执行换刀，立即跳到下一行。其 T 指令的完成条件与正常换刀流程不同。其处理方法是，在 T 指令发出 10ms 后再发出一脉冲信号（M1250），用此脉冲信号与 M750 串联构成刀号相等判断条件。延迟发出脉冲信号（M1250）的原因是必须留出一个扫描周期的时间，使系统判断刀号是否相同。

(3) 面板选刀遇到的问题

面板选刀常见的操作要求是仅用一个（手动换刀）按键，按一下，刀架旋转一个刀位，实现顺序选刀。这种选刀方式的关键是刀架停止信号的选择。既然刀架在旋转过程中每一个刀位都要停止，则使用每一刀位到达信号作停止信号。

实际编程调试过程中编制了以下程序，即在 JOG 模式下，当每到达一刀位时，就发出一停止信号脉冲，该程序能正常换刀。但发现在从自动模式向 JOG 模式转换时，有一停止信号发出，从而引起刀架反转。仔细分析程序发现，无论刀架在任何位置，总有一个刀位信号是接通的，当模式变换时，就有一个停止脉冲信号发出。经过反复试验，将刀位信号换成脉冲信号后该问题解决了。因此，刀位到达信号必须处理成脉冲信号。

(4) 刀号的显示

在屏幕选刀时，如果要在屏幕上显示实际刀号，可直接向 R36 送入相应的刀位号。

15.9.5　液压卡盘的安全工作模式

液压卡盘通过液压力作用于卡盘将工件夹紧。但必须注意，在一些车床上液压卡盘夹紧工件有两种工作方式：一种是常见的卡爪向内运动夹紧工件；另一种是卡爪向外运动胀紧工件。

卡盘的安全工作要求是，进入自动运行后，卡盘不能松开。在自动运行结束后（还处于自动工作模式），可以松开卡盘取换工件。

在 PLC 程序处理时，就有判断卡盘工作模式是内紧式还是外胀式的问题。

实用的处理方法如图 15-21 所示，用一内置开关 X141 作卡盘内紧式还是外胀式工作模式的转换开关，X1F2 是 NC 进入自动运行的信号，卡盘内紧式及外胀式安全条件分别为 M2455 及 M2456。

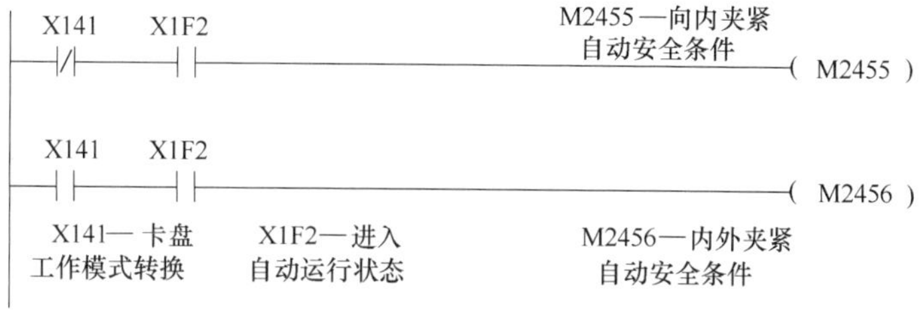

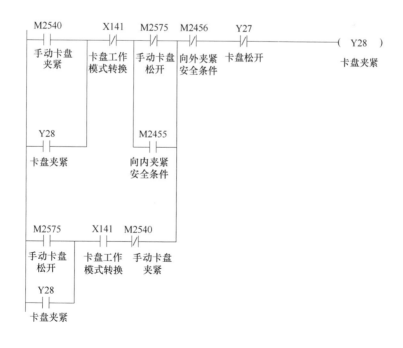

图 15-21　液压卡盘安全工作条件

如图 15-22 所示，Y28＝ON 是卡爪向内运动指令。在 X141＝OFF 时，卡爪向内运动为夹紧。当进入自动运行时，M2455＝ON，面板上的手动卡盘松开按键无效，避免了无意碰到手动卡盘松开按键引起的安全问题。在 X141＝ON 时，卡爪向内运动为松开。当进入自动运行时，M2456＝ON，Y28 被切断，卡爪不得向内运动。避免了安全问题。

图 15-22　卡盘向内夹紧工作模式

上述为卡盘内紧式工作模式，外胀式工作模式可进行类似的编程。

在操作面板上通常只有一个按键、一个灯来操作卡盘夹紧、松开动作。其面板定义不变，只是当内紧/外胀工作模式转换（X141）时，在程序内建立不同的通路，驱动卡爪向内运动或向外运动。

15.9.6 液压尾顶的工作模式

液压尾顶只有伸出、缩回两个动作。其安全条件为：自动运行时，尾顶伸出后，不得缩回；控制尾顶的信号断电时为尾顶伸出，得电时尾顶缩回。

图 15-23 中 Y29 为尾座控制指令。尾座前进信号 M662＝ON，Y29＝OFF，尾座伸出。尾座后退信号 M862＝ON，Y29＝ON，尾座后退。上电时处于尾座后退 M862＝ON 状态，故尾座并不伸出。一般尾座伸出用手动操作，故可以不编制 M 指令。

图 15-23 液压尾顶工作状态

第16章

换刀专用指令及斗笠式刀库 PLC程序的编制及调试

16.1 刀库运动的基本知识

刀库基本结构如图 16-1 所示。

16.1.1 刀库运动基本术语

① 刀库：由刀盘、刀套、机械换刀臂等组合而成的存放刀具的机械装置。

② 刀盘：带动刀套、刀具做旋转运动的机械部分。

③ 刀套：安装刀具的机械装置（一般有序号标签）。

④ 刀具：进行切削加工的工具。刀具安装在刀套内，刀具号（刀号）由 PLC 程序规定。

⑤ 刀座位置：刀库上非运动部分对应于各刀具的位置。

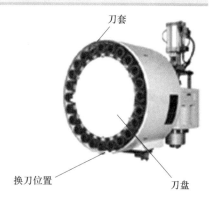

图 16-1　刀库基本结构

⑥ 刀座环形坐标系：以刀座位置构成的刚性的基本环形坐标系。

⑦ 换刀点：刀库上固定的换刀位置。

⑧ 刀具注册表：以特定的一组文件寄存器（在 M80 系统中为 R10700～R10819）表示各刀座内刀具号的表格。

⑨ 目标刀号：由自动程序的 T 指令或手动 T 指令设定的刀具号。

图 16-2 所示为一个 24 把刀的刀库示意。内圈为刀盘上的 24 个刀套。刀套内的数字为刀具号。外圈 R10700～R10723 为刀具注册表。最外圈为环形坐标系。环形坐标系以换刀位置为原点。其坐标与刀具数相关。环形坐标系是为编程和理解方便人为确定的坐标系，也称刚性坐标系。

16.1.2 M80 系统内置刀库的设置

(1) 内置虚拟刀库功能

为了在数控系统显示屏幕上能观察到刀盘的运动和刀具号的变化，使用系统提供的专用

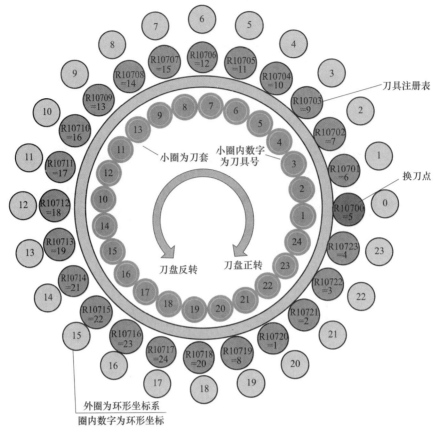

图 16-2　刀库及刀具注册表示意

换刀指令，实现就近换刀等功能，必须使用数控系统内置虚拟刀库功能。

三菱 M80 数控系统具有内置虚拟刀库功能，该虚拟刀库可以模拟外部实际刀库的动作，其优越性是在显示屏上可以观察到：

刀库的正、反转；各刀座内的实际刀具号；主轴上的刀具号；需要更换的下一刀具号——待机刀号。

在使用内置刀库前必须进行必要的设置。三菱 M80 数控系统中规定了一些固定的文件寄存器（以下称 R 寄存器）用以表征刀库的基本性能。

(2) 表征刀库基本性能的文件寄存器

① R10600——表征刀库基本功能参数。通过向该 R 寄存器设置数据，可设定内置刀库的基本性能，如图 16-3 所示。R10600 内各位（bit）的功能如下。

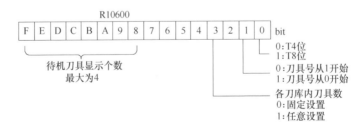

图 16-3　控制参数寄存器 R10600 的定义

a. bit0——设定刀具号长度，选择 T4 还是 T8（一般选择 T4）。

b. bit1——设定刀库内刀具号是从 1 开始还是从 0 开始计数。

c. bit3——对各刀库的设定。

bit3＝0，刀库数固定设置，即系统内固定设置为 3 个刀库，每个刀库内固定设置刀具数为 120，刀具总数可达 360。

bit3＝1，可设置 5 个刀库，每个刀库内的刀具数可任意设置，刀具总数可达 360（一般选择 bit3＝1）。

② R10610——每一刀库内的刀具数，也就是每一刀库内有几把刀，这是最重要的参数之一（一般的加工中心多为 1 个刀库，30 把刀以内）。

③ R10620——主轴刀具号。R10620 存放主轴刀具号，经设置后可以在屏幕上看到主轴刀具号。主轴刀具号表明主轴当前正在使用的刀具。

④ R10621——待机刀具号，也就是需要更换的下一刀具号。

⑤ R10603——显示刀库工作画面的内容。在刀库运行监视画面上是否显示刀具号、主轴刀具号和待机刀具号。

以上寄存器表示了实际刀库的参数，必须在 PLC 程序中予以设置，其 PLC 程序如图 16-4 所示。

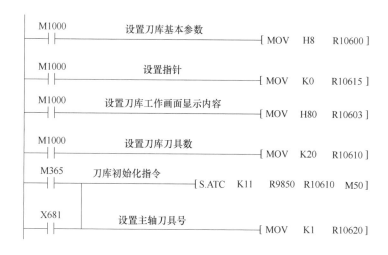

图 16-4　对内置刀库的设置

经过以上设置后，在 NC 显示器的刀库登录画面就可以看到一刀库，即刀具注册表，在刀具注册表中以固定的 R 寄存器代表每一刀座（不是刀套）。在三菱 M80 数控系统中，以 R10700～R11799 代表每一刀座，而其中的数据就是刀具号。一般使用 R10700 存放换刀点刀具号。以图 16-2 设置的 24 把刀的刀库为例，R10700～R10723 为 1～24 号刀座，R10700 为换刀点刀座，因此 R10700 中的数据就是换刀所需要的数据，即换刀点刀具号。在刀库运行监视画面上可以随时观察到 R10700～R10723 内的实际刀具号。

16.1.3　刀库中的环形坐标系

刀库的实际运动过程为，刀盘做正/反向旋转运动，刀套安装于刀盘上，而刀具安装在刀套中，因此实际的刀具是在一个环形系统内运动。为了准确表示刀具在刀库中的位置，必须建立环形坐标系。如图 16-2 最外圈所示。

这一环形坐标系是刀库刚性的、不随刀盘运动而变化的坐标系（该坐标系在刀库上一般未做标记）。这一坐标系称为刀座环形坐标系。对各刀具的搜索和定位距离完全基于环形坐标系（搜索指令的结果正好与环形坐标值相同）。

刀座环形坐标系中的坐标值依次为 0，1，2，…，$n-1$（n 为刀库刀具总数）。这一固定坐标系是刀库机械结构确定的。

M80 数控系统为了与此坐标系相适应，特别规定用一组文件寄存器 R10700～R11799 来对应此坐标系的每一刀座。寄存器 R10700～R10799 存放的就是各刀座上对应的刀具号。

坐标系必须要有原点，刀座环形坐标系的原点通常设置为刀库的换刀点。无论是斗笠式刀库还是机械手刀库都有换刀点。当刀库安装完毕后，换刀点是固定的。

当刀盘带着刀具在刀库中旋转，在换刀位置中出现的刀具是不断变化的。建立这套坐标系的目的，主要是为了获得换刀位置的刀具号。为了达到这个目的，要编制 PLC 程序实时模拟刀盘的运动。在 PLC 程序中使用换刀专用指令实时模拟刀盘的运动。

16.1.4　斗笠式刀库的基本特点

斗笠式刀库是加工中心常用的刀库之一，其结构简单，成本较低，一般装刀 16～24 把。刀库装于机床左侧。刀盘的旋转用普通电机驱动，刀盘的前进与后退用气缸驱动，刀位计数使用接近开关。通过刀盘的前进卡抓主轴上的刀具实现换刀。由于刀盘为圆形，类似斗笠，故称斗笠式刀库。

16.2　换刀专用指令的功能及使用

对系统内置刀库设置完毕后，为了动态地模拟实际刀库的换刀动作，M80 数控系统提供了专用的换刀指令，正确使用该指令，可以大大简化 PLC 程序对换刀程序的处理。如果使用常规的 PLC 指令编程可能需要约 600 步，而且还不能在屏幕上观察到刀库的运动和各刀座中的实际刀具号。

16.2.1　换刀专用指令的基本格式

换刀专用指令有 11 个。其格式都是相同的，只是指令号不同。现以图 16-5 为例对换刀

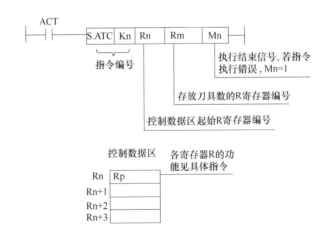

图 16-5　ATC 指令的标准格式及说明

专用指令的格式进行说明。

① S.ATC　Kn——换刀专用指令编号，可以使用的专用指令有 11 个。

② Rn——换刀专用指令需要使用一组 R 寄存器来定义相关控制功能，Rn 为这一组数据寄存器的起始数据寄存器。

Rn、Rn+1、Rn+2 等的具体功能随不同指令各不相同。对 Rn、Rn+1、Rn+2 等的设置通常为间接设置。

③ Rm——刀库刀具总数的 R 寄存器。在 M80 系统中，Rm 固定为 R10610。

④ Mn——指令的执行状态。如果指令执行错误，则 Mn=1。

表 16-1 是常用换刀专用指令的名称。

表 16-1　常用换刀专用指令的名称

指令号	指令名称	指令号	指令名称
S.ATC　K1　Rn　Rm　Mn	刀号搜索	S.ATC　K9　Rn　Rm　Mn	刀号读取
S.ATC　K3　Rn　Rm　Mn	刀具交换	S.ATC　K10　Rn　Rm　Mn	刀号写入
S.ATC　K7　Rn　Rm　Mn	刀盘正转	S.ATC　K11　Rn　Rm　Mn	一次性写入全部刀号
S.ATC　K8　Rn　Rm　Mn	刀盘反转		

16.2.2　刀号搜索指令

指令格式

S.ATC　K1　Rn　Rm　Mn

当内置刀库参数设置完毕后，系统就建立起刀座环形坐标系。环形坐标系的坐标为 0、1、2……本指令用于搜索目标刀具在刀座环形坐标系中的位置。

在图 16-6 中，设置 Rn=R9800，则以 R9800 为起始编号的一组 R 寄存器用于存放相关

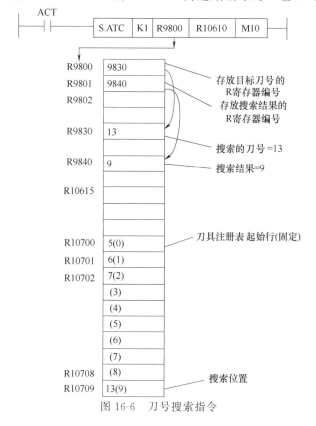

图 16-6　刀号搜索指令

控制数据。

本指令中，规定（Rn）R9800 存放目标刀号的寄存器编号。注意不是目标刀号的具体数据。例如存放目标刀号的寄存器为 R9830，则设置 R9800＝K9830，而 R9830 内的数据 13（R9830＝13）才是要搜索的目标刀号。

本指令中，规定（Rn＋1）R9801 存放用于搜索结果的寄存器编号。注意不是搜索结果的具体数据。例如存放搜索结果的寄存器为 R9840，则设置 R9801＝K9840，而 R9840 内的数据才是系统搜索的结果。R9840＝9 表示要搜索的目标刀号处于环形坐标系内的第 9 位置，如图 16-7 所示。

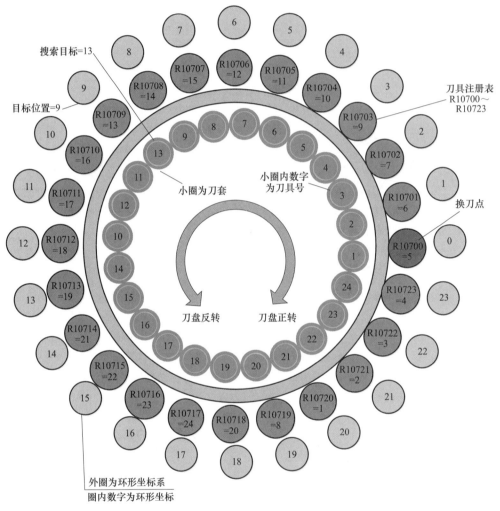

图 16-7　刀号搜索指令示意

16.2.3　刀具交换指令（3#）

指令格式

S. ATC　K3　Rn　Rm　Mn

本指令用于刀具交换，主要用于主轴刀具和刀盘上的刀具的交换。

在图 16-8 中，设置 Rn＝R9800（在对专用指令进行解释时，都以 R9800 为例。在实际编程时，如果一个 PLC 程序有多个专用指令，必须使用不同的 R 寄存器），则以 R9800 为

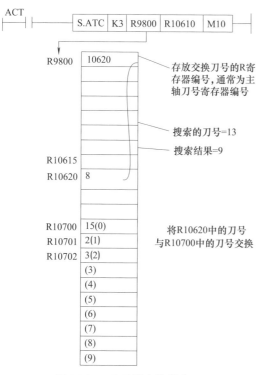

图 16-8 3♯刀具交换指令

起始编号的一组 R 寄存器用于存放相关控制数据。

本指令中，规定（Rn）R9800 存放主轴刀号的寄存器编号。注意不是主轴刀号的具体数据。例如存放主轴刀号的寄存器为 R10620，则设置 R9800＝K10620。而R10620 内的数据 8（R10620＝8）才是主轴刀号。

本指令中，与主轴刀具交换的刀盘上的刀具一般是换刀点上的刀具，交换位置由指针 R10615 指定。当 R10615＝0 时，指定的位置在环形坐标系中的位置＝0，也就是 R10700 中的数据。

在图 16-8 中，指定主轴刀具寄存器R10620 的数据与 R10700 中的数据交换。

本指令在换刀程序中是必须使用的。凡是发生主轴刀具与刀库刀具交换时必须使用这一指令，否则会发生刀号混乱，如图 16-9 和图 16-10 所示：交换前R10700＝15，R10620＝8；交换后 R10700

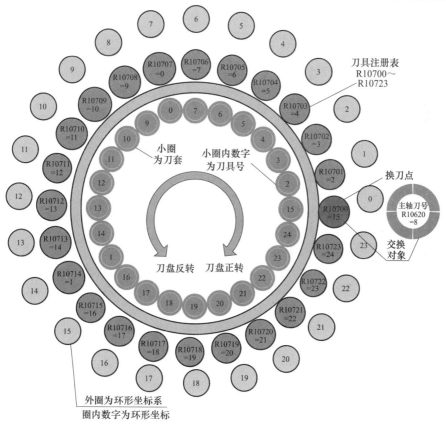

图 16-9　3♯刀具交换指令（交换前）

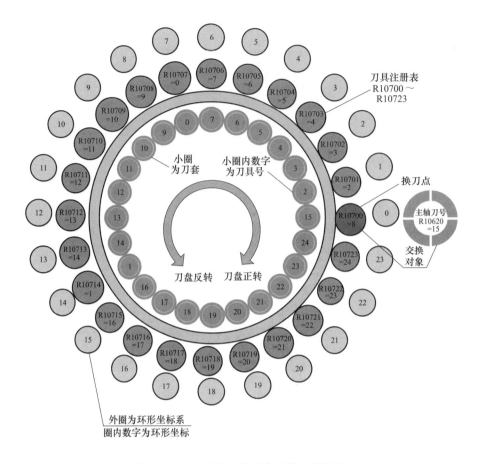

图 16-10 3♯刀具交换指令示意（交换后）

＝8，R10620＝15。

在 PLC 通用指令中也有交换指令，比较通用交换指令有助于加深对专用指令的理解（图 16-11）。

16.2.4 刀具交换指令（4#）

指令格式

S. ATC K4 Rn Rm Mn

4♯指令与 3♯ 指令的区别在于，当指针 R10615＝0 时 3♯指令指定的交换对象为刀具注册表的起始位置（R10700），4♯指令指定的交换对象可以为刀具注册表的任一位置（图 16-12 和图 16-13）。

16.2.5 刀盘正转指令

指令格式

S. ATC K7 Rn Rm Mn

7♯指令用于表示刀盘顺时针旋转时，在刀库环形坐标系内刀号变化的情况，也就是以 R10700 为首的一组寄存器内数据的变化，如图 16-14～图 16-16 所示。

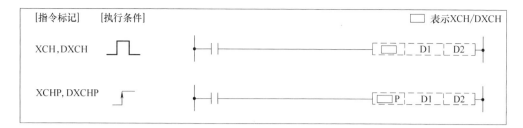

设定数据

设定数据	内容	数据类型
D1	交换数据保存装置的开头编号	BIN16/32位
D2		

功能

XCH 对D1和D2的16位数据进行交换

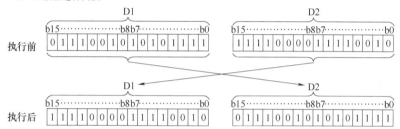

图 16-11 PLC 通用交换指令

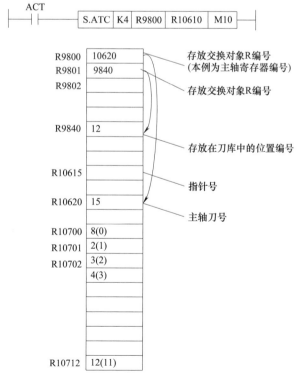

图 16-12 4♯刀具交换指令

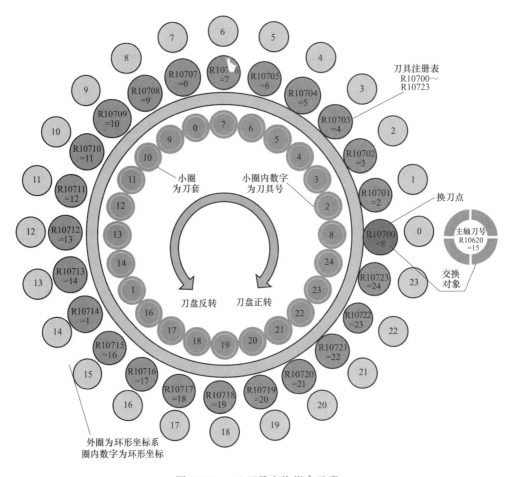

图 16-13　4#刀具交换指令示意

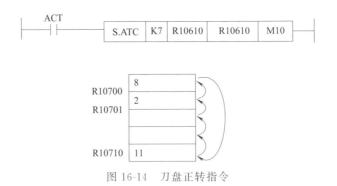

图 16-14　刀盘正转指令

16.2.6　刀盘反转指令

指令格式

S. ATC　K8　Rn　Rm　Mn

7#指令和8#指令完全模拟刀盘在刀库内的正、反转，刀具注册表内的刀具数据是环形移位旋转的，7#指令和8#指令即环形移位指令，是最重要的指令。刀盘旋转一刀位，ATC＝ON一次，由此获得换刀点的刀具号，如图16-17所示。

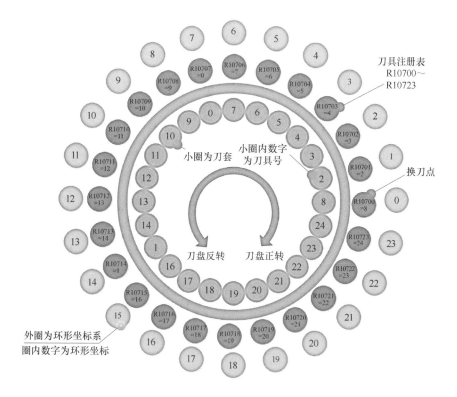

图 16-15 刀盘正转指令示意（运行前）

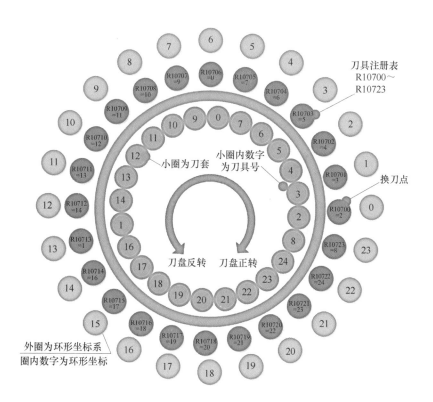

图 16-16 刀盘正转指令示意（运行后）

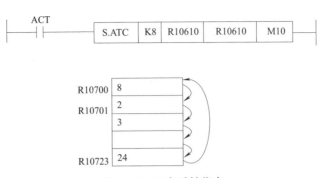

图 16-17　刀盘反转指令

16.2.7　刀号读取指令

指令格式

S. ATC　K9　Rn　Rm　Mn

本指令用于读取刀具注册表中指定刀位的刀具号。以图 16-18 为例，本指令规定（Rn）R9800 存放某一寄存器的编号，该寄存器用于存放刀具注册表中欲读取的刀位。例如存放欲读取的刀位的寄存器为 R9840，则设置 R9800＝K9840，而 R9840 内的数据 3（R9840＝3）才是欲读取的刀具注册表中的刀位。

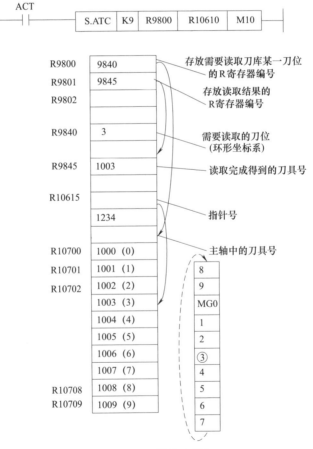

图 16-18　刀号读取指令

本指令中，规定（Rn＋1）R9801存放读取结果的寄存器的编号，注意不是读取结果的具体数据。例如存放读取结果的寄存器为R9845，则设置R9801＝K9845，而R9845内的数据才是系统搜索的结果。R9845＝1003表示刀具注册表内的第3刀位上的刀具号为1003。

16.2.8　刀号写入指令

指令格式

S. ATC　K10　Rn　Rm　Mn

本指令用于向刀具注册表中的指定位置写入刀具号。以图16-19为例，本指令规定（Rn）R9800存放某一寄存器的编号，该寄存器用于存放欲写入刀具号的刀位。例如存放欲写入刀具号的寄存器为R9840，则设置R9800＝K9840，而R9840内的数据3（R9840＝3）才是欲写入刀号的刀位。

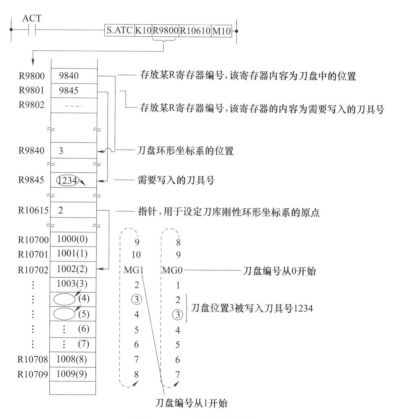

图16-19　刀号写入指令

本指令中，规定（Rn＋1）R9801存放用于刀具号的寄存器的编号，注意不是刀具的具体数据。例如存放刀具号的寄存器为R9845，则设置R9801＝K9845，而R9845内的数据才是具体的刀具号。R9845＝1234表示写入的刀具号为1234。

16.2.9　一次性写入全部刀号指令

指令格式

S. ATC　K11　Rn　Rm　Mn

本指令用于向刀具注册表中的指定位置一次性写入全部刀具号。

以图16-20为例，本指令规定（Rn）R9800存放某一寄存器的编号，该寄存器用于存放欲写入的 1♯ 刀具。

例如存放 1♯ 刀具的寄存器为 R9840，则设置 R9800＝K9840，而 R9840 内的数据 1（R9840＝1）才是写入的 1♯ 刀具。

从 R10700 开始一次性顺序写入全部刀具号，即一次性登记完毕以 R10700 起始的刀具注册表。

本指令常常用于调试初期和刀号混乱后的重新设置。

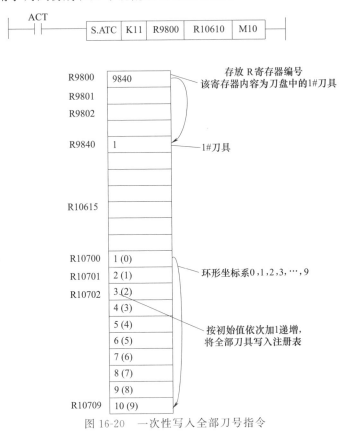

图 16-20　一次性写入全部刀号指令

可参看图 16-21，刀具已经顺序排列。刀具注册表与主轴刀具也相应重新设置。

16.2.10　刀库旋转分度指令

指令格式

S．ROT　K1　Rn　Rm　Mm

本指令也称就近选刀指令，如图 16-22 所示。

这条指令能根据换刀位置刀号与目标刀号的数值自动驱动 Mm＝ON 或 OFF，Mm＝ON 则刀盘正转，Mm＝OFF 则刀盘反转。使用这条指令前必须进行若干设置，详细解释如下。

① Rn——R9800：用以设定本指令控制功能的一组 R 寄存器的起始编号，即 R9800、R9801、R9802……寄存器被指定用于控制功能。

R9800 内不设置具体的内容，只设置存放具体数据的文件寄存器的编号。如在 R9800 内指定一个文件寄存器的编号 9810，则文件寄存器 R9810 用以设置刀盘旋转的相关参数，如刀盘从 0 或 1 开始编号等。

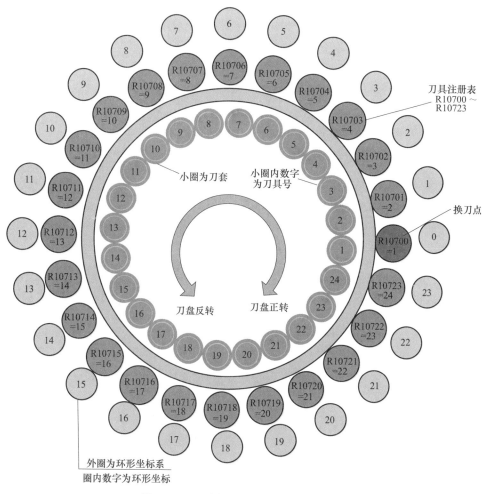

图 16-21 一次性写入全部刀号指令示意

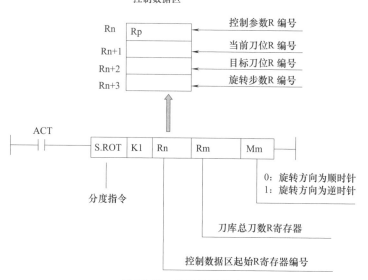

图 16-22 就近选刀指令

② （Rn＋1）——R9801：设定换刀位置文件寄存器编号，该编号存放于 R9801 中。

③ （Rn＋2）——R9802：设定目标刀号文件寄存器编号，该编号存放于 R9802 中。

④ （Rn＋3）——R9803：指定一个文件寄存器编号存于 R9803 中，该文件寄存器中的数值是 NC 计算出的选刀动作时刀盘应转动的步数。

⑤ Rm：设置刀库总刀具数（或称旋转体分度数）。

⑥ Mm：正、反转信号。Mm＝0 顺时针旋转；Mm＝1 逆时针旋转。

使用本指令的主要目的就是获得顺时针旋转或逆时针旋转信号。

16.3　换刀指令的使用

(1) 一次性写入全部刀号指令

图 16-23 所示为换刀专用 11♯指令，其功能是一次性向刀具注册表顺序写入刀具号，该指令通常用于刀库的初始化。

图 16-23　一次性写入全部刀号指令

(2) 刀盘正、反转指令

如图 16-24 所示，这两条指令模拟了实际刀盘的正、反转，一般由刀库内接近开关的正、反转脉冲驱动，这样在屏幕上就可以观察到刀盘的正、反转。正转脉冲或反转脉冲驱动上述指令后，在显示屏幕上 R10700～R10723 内的数据按环形顺序变化，R10700 的数值表示出现在换刀位置的刀号。使用该指令的主要目的就是要获得在换刀位置的刀号——当前刀号。当前刀号是换刀动作必需的数据。目标刀号（T 指令）由系统 PLC 接口 R536 中的数据表示，这是 NC 中已经规定了的。由于 R10700 和 R536 使用的是 BCD 码，所以进行比较之前也可以进行二进制转换。经过以上处理，获得了换刀位置的刀号数据和目标刀号的刀号数据，这就可以进行比较，以获取停止旋转条件，如图 16-25 所示。

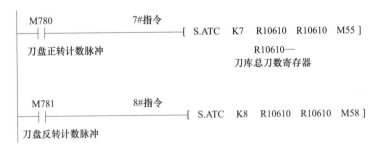

图 16-24　刀盘正、反转指令

(3) 刀具交换指令

在刀库运动中，有一个重要的动作是换刀，即将主轴上的刀具与刀库换刀点刀具进行交换。M80 系统有一专用的指令来表示这一动作，这就是 3♯专用指令。使用这一指令首先必须设置需要交换刀具的 R 寄存器号（一般是主轴刀具 R10620）以及刀库指针 R10615 指定的刀位号（一般设定 R10615＝0）。这样该指令的实际动作就是将主轴刀具号（R10620 中的数据）与刀库中 R10700 中的刀具数据相交换。同时必须注意该指令的触发条件必须与实际

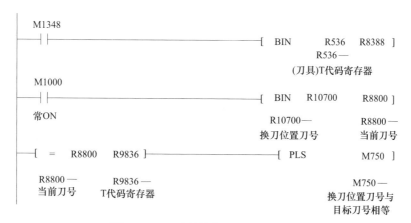

图 16-25　二进制转换及刀号相等比较

换刀过程一致。如图 16-26 所示，用主轴换刀完成信号作为该指令的触发条件。

```
M1000          设置交换刀具号
 ─┤├─         主轴刀具号为R10620        ─[ MOV    K10620    R9858 ]
常ON

M128 M982
 ─┤├─┤├─                              ─[ PLS              M886 ]
       M128─换刀启动
       M982─换刀结束
M886
 ─┤├─                                 ─[ S.ATC  K3  R9858  R10610  M58 ]
M886─
换刀结束                                      刀具交换指令
```

图 16-26　刀具交换指令的触发

(4) 就近选刀指令 1

就近选刀即刀盘按最短的行程旋转。在编制 PLC 程序时，核心就是选刀，即发一个选刀指令，驱动刀库正向或反向旋转。

实现就近选刀可使用以下方法（图 16-27）：使用搜索指令（1♯专用指令）查找目标刀号在环形坐标系中的位置。通过对目标刀号所在位置的判断（在环形坐标系的上半圈还是下半圈）发出正转或反转信号。

(5) 就近选刀指令 2

就近选刀第二种方法是使用旋转体分度指令。

S.ROT　K1　Rn　Rm　Mn

这条指令能根据换刀点刀号与目标刀号的数值自动驱动 M700＝ON 或 OFF。当 M700＝ON 则刀盘正转，M700＝OFF 则刀盘反转（图 16-28）。

使用就近选刀指令必须要设置换刀点寄存器号和目标刀号寄存器号。目标刀号是主加工程序中用 T 指令选取的刀号。

旋转指令的前期设置如图 16-28 所示，就近选刀指令设置完成后就可以获得正、反转信号 M700，在程序中就可以获得如图 16-29 所示的刀盘旋转动作。

图 16-29 中 M15（刀盘旋转启动指令）由主加工程序发出，M700 由就近选刀指令发出，用于确定刀盘正、反转，M750（刀号相等）用于切断刀盘正、反转运行。

```
  X689              刀具搜索指令
  ─┤├─                            ─[ S.ATC  K1 R9850   R10610    M5  ]


  SM402          设置R9860存放目标刀号
  ─┤├─                                    ─[ MOV    K9860    R9850 ]


  SM402          设置R9862存放搜索刀位
  ─┤├─                                    ─[ MOV    K9862    R9860 ]


  SM402          设置R536存放搜索目标刀号
  ─┤├─                                       ─[ MOV   K536    R9858 ]

                                假设刀库24把刀,
                         当搜索结果小于12,则发刀盘正转指令
  ─[<   R9862     K12 ]──────────────────────( M1700 )
                        当搜索结果大于或等于12,     M1700—刀盘正转
                          则发刀盘反转指令
  ─[>=  R9862     K12 ]──────────────────────( M1705 )
                                                M1705—刀盘反转
```

图 16-27 就近选刀指令 1

```
  M1000          就近选刀指令
  ─┤├─                           ─[ S.ROT  K1 R9800   R9811    M700 ]


  M1000        设置存放控制参数的寄存器编号
  ─┤├─                                      ─[ MOV   K9810   R9800 ]


  M1000        设置存放当前刀号的寄存器编号
  ─┤├─                                      ─[ MOV   K9812   R9801 ]


  M1000        设置存放指令刀号的寄存器编号
  ─┤├─                                      ─[ MOV   K9836   R9802 ]

  M1000        设置存放旋转步数的寄存器编号
  ─┤├─                                      ─[ MOV   K9813   R9803 ]


  M1000        设置刀库刀具总数
  ─┤├─                                      ─[ MOV    K20    R9811 ]


  M1000        设置控制参数
  ─┤├─                                      ─[ MOV    H8     R9810 ]
```

图 16-28 就近选刀指令 2

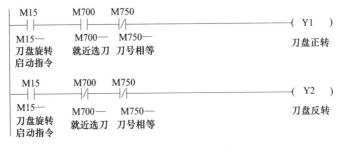

图 16-29 刀盘旋转动作

16.4 换刀PLC程序的编制方法

由于换刀动作的顺序和连续动作由宏程序完成，在PLC程序中只需编制例如刀库前进、刀库后退、主轴松刀、主轴锁刀等单步动作，这样就大大简化了PLC程序的编程工作量并减少了出错率，程序调试也变得简单易行。图16-30所示为斗笠式刀库正转的编程实例，其余动作与此类似。

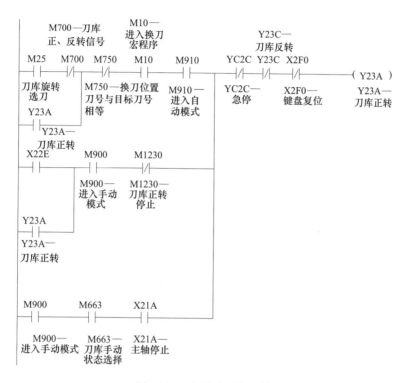

图 16-30　斗笠式刀库正转

16.5 换刀宏程序的编制方法

换刀程序的编制有两种类型：一种是全部动作由PLC程序控制；另一种是换刀动作的顺序部分由宏程序编制，而单步的动作由PLC程序编制。由于宏程序的编程简单，特别是便于进行条件判断，改变程序的流程，分析和调试程序也方便，所以使用宏程序方式编制换刀程序是简便易行的方法。

(1) 斗笠式刀库的换刀主流程

从安全方面考虑，一般的斗笠式刀库的换刀至少要判断以下四种情况。

① 常规状态：主轴有刀＋刀库换刀位无刀，对应换刀程序1。

② 初始化状态：主轴无刀＋刀库换刀位有刀，对应换刀程序2。

③ 非正常状态：主轴有刀＋刀库换刀位有刀，对应换刀程序3。

④ 同刀号选择——选择刀号与主轴刀号相同。在这种情况下，要进入复位状态，提示编程者修改程序。

主换刀程序流程在起始位置要顺序判别这四种状态，然后跳转到不同的程序，如图 16-31 所示。

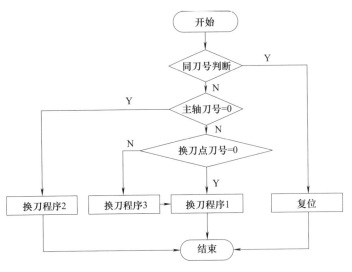

图 16-31　斗笠式刀库换刀主流程

（2）常规状态换刀流程

常规状态下的换刀程序为换刀程序 1，构成斗笠式刀库的换刀基础，其流程如图 16-32 所示，顺序如下：各轴（X、Y、Z）运动至第 1 换刀点→关冷却→主轴停→主轴定位→刀库前进卡刀→主轴松刀→Z 轴上升至第 2 换刀点→刀库旋转选刀→Z 轴下降至第 1 换刀点→主轴锁刀→（刀号交换）→刀库后退→换刀完成。

（3）初始化状态换刀流程

初始化状态是最初的状态或刀号混乱后必须重新设置的状态。在初始化状态时，必须设置：主轴上不装刀（主轴刀号＝0）；刀库内刀号顺序。

由换刀程序 2 对应初始化状态，如图 16-33 所示。

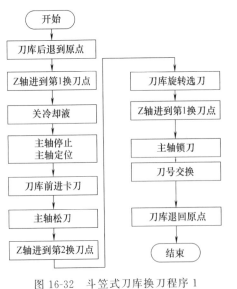

图 16-32　斗笠式刀库换刀程序 1
（常规状态换刀流程）

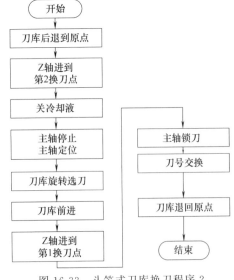

图 16-33　斗笠式刀库换刀程序 2
（初始化状态换刀流程）

(4) 非正常状态换刀流程

在维修状态下或其他情况下，如果人为地旋转过刀盘，使刀库换刀位置有刀，而且主轴上也装有刀，这种情况下如果按常规状态进行换刀就会发生撞刀事故，必须按换刀程序 3 处理。关键是将刀盘选择到换刀位置为空刀位，如图 16-34 所示。

换刀程序 3 的换刀顺序如下：刀库后退→发 T0 选刀指令（选择空刀位）→刀库旋转选刀→选刀完成后跳转到换刀程序 1

(5) 换刀宏程序

为了方便主流程的程序编制，先进行各分流程的程序编制。

换刀程序 1（常规状态）

9100（程序号）

N20　G90 G0X0Y0；

N50　M5；（主轴停）

N55　M9；（冷却停）

N60　M19；（主轴定位）

N80　G30P2Z0；（Z 轴下到换刀点，位置由参数♯2038 设定）

N90　M23；（发刀库前进卡刀指令）

N95　G04X0.1；（暂停）

N100　M27；（发松刀指令）

N115　G04X0.1；（暂停）

N110　G53 G90 G0Z0；（Z 轴回原点）

N130　M25；（发旋转选刀指令）

N135　G04X0.1；（暂停）

N140　G30P2Z0；（Z 轴下到换刀点）

N160　M23；（发锁刀指令）

N165　G04X0.1；（暂停）

N168　M35；（发刀号交换指令）

N170　M24；（发刀库后退指令）

N180　M80；（退出换刀宏程序）

N190　M99；（宏程序结束）

换刀程序 2（初始化状态）

9200（程序号）

N20　G90 G0X0Y0；

N50　M5；（主轴停）

N55　M9；（冷却停）

N60　M19；（主轴定位）

N70　M24；（发刀库后退指令）

N110　G53 G90 G0Z0；（Z 轴回原点）

N130　M25；（发旋转选刀指令）

N135　G04X0.1；（暂停）

N138　M23；（发刀库前进卡刀指令）

N140　G30P2Z0；（Z 轴下到换刀点）

N160　M23；（发锁刀指令）

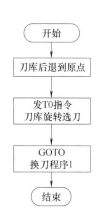

图 16-34　斗笠式刀库换刀程序 3（非正常状态换刀流程）

N165　G04X0.1;（暂停）

N168　M35;（发刀号交换指令）

N170　M24;（发刀库后退指令）

N190　M99;（宏程序结束）

换刀程序 3（非正常状态）

9300(程序号)

N10　M23;（发锁刀指令）

N20　M24;（发刀库后退指令）

N30　T0;（选 0♯刀）

N40　M25;（发旋转选刀指令）

N50　G04X0.1;（暂停）

总换刀程序

9000　（程序号）

N10　M10;（进入换刀宏程序标志）

N20　IF［♯1033EQ♯1034］GOTO250;（选择刀号与主轴刀号相等则转入 M30 复位,提示修改程序,参见图 16-31）

N30　IF［♯1033EQ0］GOTO300;［如果主轴刀号＝0(初始化状态),则转入换刀程序 2］

N40　IF［♯1032EQ♯1033］GOTO400;［如果当前刀号不等于 0,主轴刀号不等于 0(非正常状态),则跳转到换刀程序 3］

N50　G90 G0X0Y0;

N55　M5;（主轴停）

N60　M9;（冷却停）

N65　M19;（主轴定位）

N70　G30P2Z0;（Z 轴下到换刀点,位置由参数♯2038 设定）

N80　M23;（发刀库前进卡刀指令）

N90　G04X0.1;（暂停）

N100　M27;（发松刀指令）

N110　G04X0.1;（暂停）

N120　G53 G90 G0Z0;（Z 轴回原点）

N130　M25;（发旋转选刀指令）

N135　G04X0.1;（暂停）

N140　G30P2Z0;（Z 轴下到换刀点）

N150　M23;（发锁刀指令）

N160　G04X0.1;（暂停）

N165　M35;（发刀号交换指令）

N170　M24;（发刀库后退指令）

N180　M80;（退出换刀宏程序）

N200　M99;（宏程序结束）

N250　M45;（报警提示）

N255　M30;（程序结束并复位）

（以下为初始化换刀程序）

N300　G90 G0X0Y0;

N310　M5;（主轴停）

N320　M9;(冷却停)

N330　M19;(主轴定位)

N340　M24;(发刀库后退指令)

N350　G53 G90 G0Z0;(Z轴回原点)

N360　M25;(发旋转选刀指令)

N365　G04X0.1;　(暂停)

N368　M23;(发刀库前进卡刀指令)

N370　G30P2Z0;(Z轴下到换刀点)

N372　M23;(发锁刀指令)

N375　G04X0.1;(暂停)

N378　M35;(发刀号交换指令)

N380　M24;(发刀库后退指令)

N390　M99;(宏程序结束)

(以下为非正常状态换刀程序)

N400　M23;(发锁刀指令)

N410　M24;(发刀库后退指令)

N420　T0;(选 0♯刀)

N430　M25;(发旋转选刀指令)

N440　G04X0.1;(暂停)

N450　GOTO50;(调整完毕,回常规状态换刀程序1)

(6) 相关 PLC 程序

图 16-35 所示为 PLC 程序与宏程序接口的相互关系。

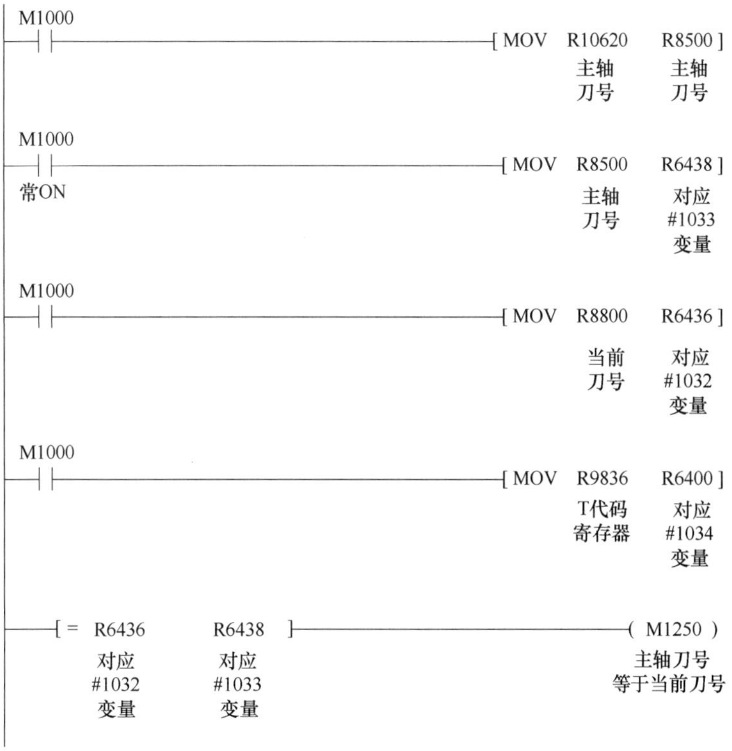

图 16-35　PLC 程序与宏程序接口的相互关系

16.6 刀库换刀的安全保护

斗笠式刀库的初始化必须遵循下列原则（以 24 把刀的刀库为例）。

① 主轴上不装刀，设置主轴刀号＝0；

② 刀库装满刀，使用 11♯ 专用指令顺序设置刀号为 1～24。

③ 非正常状态即换刀位置有刀同时主轴也有刀时，必须先使刀盘旋转，使刀盘到达 0♯ 刀位置。这已经由换刀宏程序进行了判断和处理。

④ 如果所选刀号超出范围，

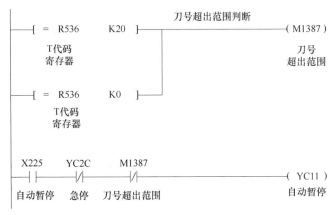

图 16-36 刀号的判断

则直接发出信号，使程序进入自动暂停状态，待修改刀号后再继续运行。其 PLC 程序如图 16-36 所示。

16.7 刀库换刀调试注意事项

(1) 说明书

仔细阅读刀库使用说明书，各厂家的刀库信号有所不同，必须注意各信号的动作时序图。

(2) 计数脉冲

刀库制造厂家一般在刀库上配有接近开关，用于刀盘旋转计数，同时用计数脉冲作为刀盘停止信号。

在调试某刀库时发现，即使在手动状态下发刀库旋转指令，刀库也总是不能停止在正确位置上。仔细观察刀库的动作，发现当刀库计数接近开关的红灯熄灭时，刀库才进入刀位的正确位置，因此必须用计数接近开关脉冲的下降沿作为停止条件。但需注意，刀盘定位脉冲要根据刀库说明书确定，采用下降沿可能只对某种刀库产品适用。同时，对计数也要使用下降沿脉冲，这是因为在区别正、反转时，接通了正、反转信号，会导致多一个计数脉冲。

(3) 位置开关

为了保护刀库的安全工作，充分利用了 M80 系统所具有的位置开关功能，即可通过参数在 Z 轴上设定位置开关。位置开关的位置区域就是 Z 轴的换刀点，只有 Z 轴进入该位置区域，位置开关＝ON，刀库才能前进卡刀。

(4) 数值转换

在 M80 系统中，刀库常用的文件寄存器 R536（指令刀号）、R10700（当前刀号）、R10620（主轴刀号），其内部的数据是 BCD 码（为了系统显示方便），而系统内其他的 R 寄存器是二进制 BIN 码，在 PLC 内部要使用 R536（指令刀号）、R10700（当前刀号）、R10620（主轴刀号）时，必须将其进行 BIN 处理。如果要将内部的 BIN R 寄存器的数值送回 R536/R10700/R10620，必须进行 BCD 处理。

第17章

机械手刀库PLC程序的编制及调试

17.1 机械手刀库编程基础

17.1.1 机械手刀库的工作特点

机械手式刀库是加工中心使用的主要刀库类型（很多链式刀库也可归入此类型）。其特点是刀库可装刀具多，换刀速度快，换刀时间短，这是斗笠式刀库无法相比的，因此机械手刀库在中高端加工中心中得到广泛应用。机械手刀库的换刀动作与斗笠式刀库不同，斗笠式刀库换刀后，实际刀具号与刀套号相同。而机械手刀库经过多次换刀后，实际刀具号与刀套号不同，在PLC程序中识别刀号要复杂得多。现以三菱M80系统配机械手刀库的加工中心为例，叙述机械手刀库的换刀宏程序和相应的PLC程序。

17.1.2 换刀宏程序及PLC程序的编制方法

换刀程序的编制有两种类型：其一是全部动作由PLC程序控制；其二是换刀动作的顺序部分由宏程序编制，而单步的动作由PLC程序编制。为了简化编程和调试，多数情况采用宏程序＋PLC程序的结构构成换刀程序。

（1）宏程序的优越性

宏程序的优越性在于用宏程序编制刀库换刀的顺序动作极为方便，特别是换刀动作既包含了刀库的外围动作部分，又包含了Z轴的上下及主轴的定位，用宏程序编程可以直接指令Z轴和主轴的动作，程序清楚明了。宏程序的描述就相当于一般PLC中的SFC——步进梯形指令。数控PLC中没有SFC——步进梯形指令，这是因为宏程序可以简单快捷地完成其功能，特别是在更换动作的先后顺序和暂停时间的处理方面，使用宏程序更方便。

（2）PLC程序的编制内容

PLC程序只负责处理换刀各步的具体动作及安全条件而不管各步动作的先后顺序。这样PLC编程的工作量就大大减少，使程序分析和调试更方便。

17.2 机械手刀库的动作

机械手刀库的动作分为两部分，第一部分是选刀，第二部分是换刀。因为机械手刀库的刀具数通常较多，单纯执行选刀动作需要较多时间。选刀是刀盘在刀库内旋转，不影响加工程序的执行，为了提高加工效率，可以预先执行选刀程序，先选定刀具，待加工程序到达换刀工步时，再执行换刀宏程序。基于这样的要求，就编制了选刀宏程序和换刀宏程序。

17.2.1　选刀流程及选刀宏程序

机械手刀库选刀流程如图 17-1 所示。

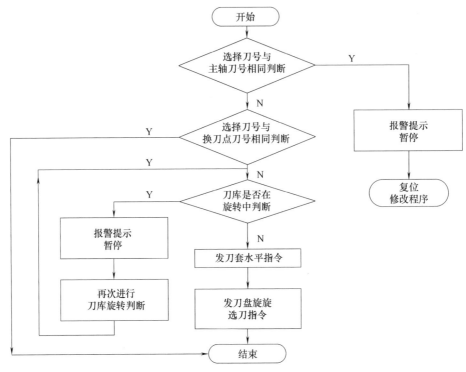

图 17-1　机械手刀库选刀流程

选刀宏程序如下。

9101（程序号）

N10　M10；（进入宏程序标志）

N20　M21；（发刀套水平指令）

N30　M25；（刀盘旋转选刀）

N40　M80；（退出宏程序）

M100　M99；（程序结束）

在选刀宏程序中，有一个安全保护条件，即判断刀套已经完全收回刀库中，如果存在刀套尚未完全收回刀库的情况，选刀程序就一直停止在该步。在选刀宏程序中，M21 指令驱动刀套收回刀库，M25 指令驱动刀盘旋转。

17.2.2　换刀流程及换刀宏程序

(1) 换刀前必须进行的判断

机械手刀库换刀流程如图 17-2 所示。在进行换刀动作之前，必须判断以下事项。

① 选择刀号与主轴刀号是否相同？

② 工作气压是否达到规定？如果工作气压不足，在换刀过程中就会停止在主轴松刀工

步。不能换刀。

　　③ 刀库是否还在旋转中？刀库还在旋转中，进行换刀就会造成设备损坏。

　　④ 换刀点刀号判断。要求换刀点刀号与选择刀号相同。

　　在以上各条件满足后，才可进行换刀。

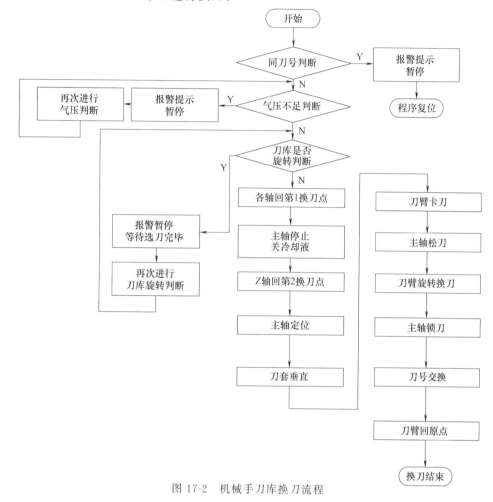

图 17-2　机械手刀库换刀流程

(2) 机械手刀库换刀宏程序

根据图 17-2 所示的流程，编制的换刀宏程序如下。

9100（程序号）

N2　IF[♯1032EQ1]GOTO250；(如果选择刀号与主轴刀号相等就跳至 N250)

N5　IF[♯1035EQ1]GOTO300；(如果气压不足就跳至 N300)

N10　IF[♯1034EQ1]GOTO300；(如果刀库在旋转就跳至 N400)

N20　M10；(进入换刀宏程序标志)

N30　M5；(主轴停)

N35　M9；(冷却停)

N40　M19；(主轴定位)

N45　G90 X＊＊Y＊＊；(X 轴、Y 轴回换刀位置)

N50　G30P2Z0；(Z 轴下到换刀点，位置由♯2038 设定)

N60　M20；(发刀套垂直指令)

N65　　M23;（发机械手卡刀指令）

N70　　M27;（发主轴松刀指令）

N75　　M28;（发机械手旋转换刀指令）

N80　　M26;（发主轴锁刀指令）

N85　　M35;（发刀号交换指令）

N90　　M22;（发机械手回原点指令）

N95　　M21;（发刀套水平指令）

N100　　M80;（退出换刀宏程序）

N200　　M99;（宏程序结束）

（以下刀号选择相同报警）

N250　　M36;（刀号选择相同报警）

N255　　M0;（暂停）

N260　　M30;（程序复位,修改程序）

（以下气压不足报警）

N300　　M75;（气压不足报警）

N310　　M0;（程序停止,等待气压满足工作要求）

N315　　GOTO5;（返回气压不足判断）

（以下刀库旋转报警）

N400　　M80;（刀库旋转报警）

N410　　M0;（程序停止,等待刀库旋转停止）

N420　　GOTO10;（重新判断刀库是否旋转）

17.3　刀库调试注意事项

(1) 刀库的初始化

初始状态主轴刀号为 0♯ 刀,刀盘按当前刀位为 1♯ 刀顺序装刀。必须在 PLC 程序中预先用开关信号进行刀库初始化,设置当前位置刀号、主轴刀号,如图 17-3、图 17-4 所示。

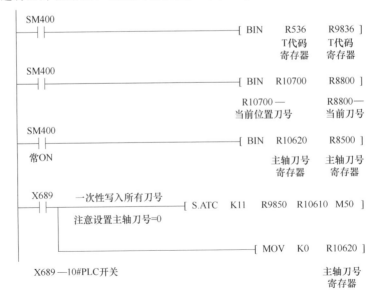

图 17-3　刀库的初始化

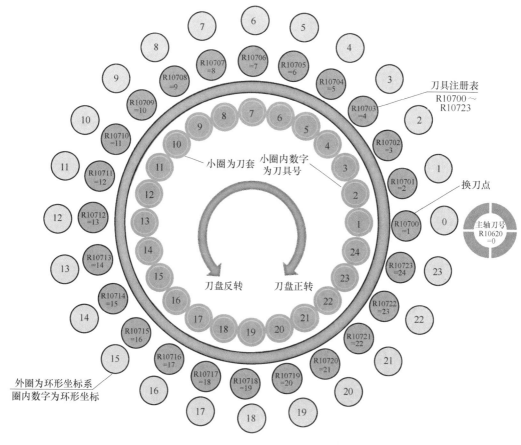

图 17-4　刀库的初始化示意

(2) 安全条件

在选刀及换刀宏程序中，必须进行刀号比较及安全保护条件判断的。图 17-5 是在 PLC 程序中进行的安全保护条件判断及变量处理。

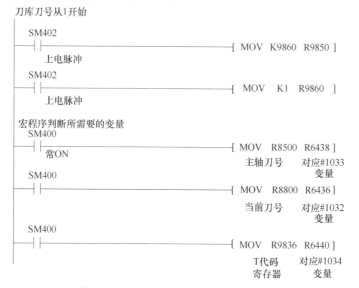

图 17-5　安全保护条件判断及变量处理

17.4.1 钻削中心刀库动作及信号

(1) 换刀装刀动作

钻削中心的刀库是很特殊的。刀库位于 Z 轴上方，换刀时的动作流程如下。

① Z 轴向上运动，经过刀抓（刀具夹持器）时，（由于机械动作）主轴自动松刀，刀具被卡在（刀库）刀抓上。

② Z 轴向下运动，经过刀抓时，主轴自动锁刀，刀具被卡在主轴上。

同时吹气也是自动的。

(2) 相关信号

① 输入信号：向刀库发出的动作指令信号只有正转、反转。早期的钻削中心刀库还有推入定位销、拉出定位销等动作。

② 输出信号：从刀库返回的动作信号有计数信号、定位信号。定位信号用于切断刀库正、反转信号。定位信号是用上升沿信号还是下降沿信号，根据不同的刀库设计确定。实际调试时要参看说明书试验确定，否则会出现定位不准现象。应注意厂家提供的运行时序表。

17.4.2 钻削中心换刀流程及换刀宏程序

(1) 选刀换刀流程

钻削中心选刀换刀流程（图 17-6）如下。

① 同刀号判断。如果主轴刀号与选刀刀号相等则结束换刀程序。

② 刀库是否旋转判断。如果刀库在旋转中则报警、暂停并继续判断。

③ 刀库是否定位完成判断。如果刀库未完成定位则报警并结束换刀程序。

④ Z 轴回预备换刀位置。

⑤ 主轴停止→主轴定位→关冷却液。

⑥ Z 轴回卡刀点→吹气→刀号交换→Z 轴回上顶点→停止吹气。

⑦ 选刀→Z 轴下到卡刀点装刀→刀号交换。

⑧ Z 轴下到正常工作位置点→解除主轴定位。

⑨ 换刀结束。

(2) 换刀宏程序

M9000（宏程序）

N1　IF［♯1032EQ♯1033］GOTO200；（如果主轴刀号与选刀刀号相等则结束换刀程序）

N4　IF［♯1034EQ0］GOTO300；（如果刀库在旋转中则跳至 N300）

N6　IF［♯1034EQ0］GOTO400；（如果刀库不在定位位置则结束换刀程序）

N8　G53G90G1 Z0 F＊＊；（运行到正常工作区）

N10　M5；（主轴停止）

N15　M9；（冷却停止）

N20　M 19；（主轴定位）

N25　G53G90G1 Z＊＊F＊＊＊；［回第 1 换刀点（卡刀点）］

G04X0.2；（暂停）

M22；（吹气启动）

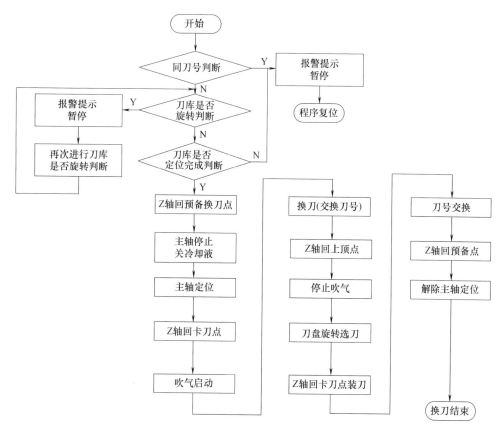

图 17-6　钻削中心选刀换刀流程

M27；[刀号交换（刀座刀号＝主轴刀号/主轴刀号＝0）]

N30　G53G90G1 Z0 F＊＊；(回第 2 换刀点)

N40　M24；(吹气停止)

N50　M25；(选刀启动)

N60　G53G90G1 Z＊＊F＊＊＊；(回第 1 换刀点)

G04X0.2；(暂停)

M26；[刀号交换（主轴刀号＝刀座刀号/刀座刀号＝0）]

N70　G53G90G1 Z＊＊F＊＊；(运行至正常工作区)

M20；(解除主轴定位)

N80　M99；(结束)

(以下为同刀号选择错误处理程序)

N200　M28；(选刀错误报警)

M0；(暂停)

N250　M2；(复位)；

(以下为刀库在旋转中处理程序)

N300　M47；(刀库在旋转中报警)

N310　M0；(暂停)

N320　GOTO 4；(转回"判断步"继续判断)

（以下为刀库定位错误处理程序）

N400　M29；（刀库定位异常报警）

M0；（暂停）

N450　M2；（复位）

17.4.3　调试注意事项

(1) 互锁条件

由于 Z 轴和刀库运行存在碰撞的可能，所以必须严格设定互锁条件。

① 刀库旋转——只有进入第 2 换刀点位置开关区域，才允许刀库旋转。

② Z 轴运行——只有刀库定位完成，才允许 Z 轴运行。

(2) 位置开关

利用位置开关功能，在 Z 轴上设置 3 个位置开关作为安全条件。使用位置开关设定安全条件的方法如图 17-7 所示。

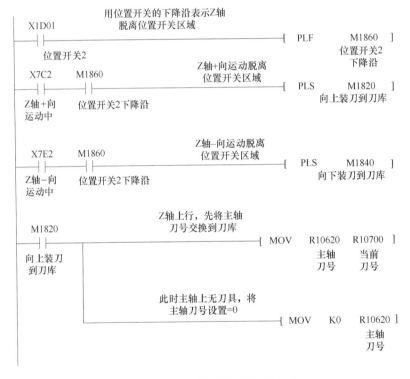

图 17-7　使用位置开关设定安全条件

① 第 1 换刀点——卡刀点/松刀点。在此位置主轴卡刀松刀。

第 1 换刀点位置开关的功能是，Z 轴进入第 1 换刀点位置开关区域后，不允许主轴旋转。

② 第 2 换刀点——Z 轴运行位置最高点。在此位置，刀库旋转与 Z 轴不干涉。

第 2 换刀点位置开关的功能是，只有进入第 2 换刀点位置开关区域，才允许刀库旋转选刀。

③ 每次 Z 轴上下经过刀库，都自动进行卸刀/装刀动作，所以在 PLC 程序上编制了刀号自动交换程序，即使在手动 Z 轴上下时，也执行了刀号交换，避免了手动 Z 轴引起的刀号混乱。刀号交换的 PLC 程序如图 17-8 所示。

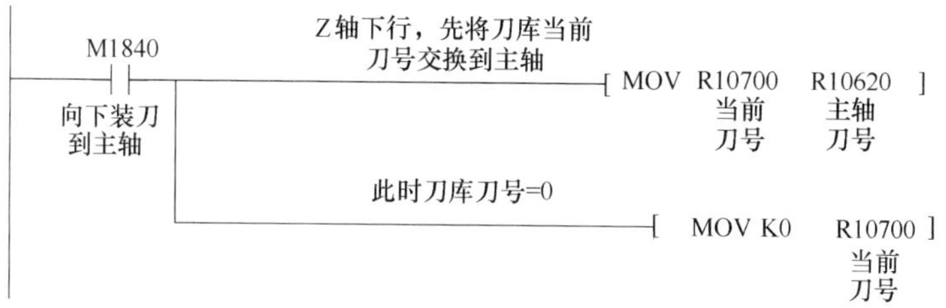

图 17-8　刀号交换

17.4.4　宏程序构建流程

在构建宏程序时，必须充分利用构建程序流程功能，其中有 IF ［＊＊＊＊］　GOTO 跳转。如果有多个判断条件，就可以跳转到不同的程序段。

N10　IF［＊＊＊＊］GOTO200；

N11　IF［＊＊＊＊］GOTO300；

N12　IF［＊＊＊＊］GOTO500；

⋮

M99；（宏程序结束，跳转到主程序）

N200　＊＊＊＊＊；

⋮

⋮

M29；（复位）

N300　＊＊＊＊＊；

⋮

⋮

M29；（复位）

N500　＊＊＊＊＊；

⋮

⋮

M29；（复位）

由于满足判断条件，跳转到不同程序段处理。处理结束后如果需要结束执行本段宏程序，必须执行复位。

17.4.5　NC 系统上的两个概念

(1) 硬件信号

CN9 输出两个信号。

① 急停信号——使用这个信号控制主接触器的线圈。

这个信号的功能是只要 NC 出现急停就动作，这样能够切断驱动器动力电源。当拍下面板急停按钮时，就能切断驱动器动力电源。

要使该信号生效，必须设置＃2282＝0800。

② MBR 信号——用于制动器控制回路。

MBR＝ON，制动器＝ON，抱闸打开；MBR＝OFF，制动器＝OFF，抱闸关闭。

(2) 攻螺纹方向

使用 G84 指令攻螺纹时可能出现顺时针方向或逆时针方向。攻螺纹的方向可由参数 ＃3106 设置，由＃3106 的 bit7 确定。

第18章

伺服刀库及大直径刀具刀库换刀
程序的编制及调试

18.1 伺服刀库选刀换刀程序

18.1.1 伺服刀库的优越性

大型加工中心常采用伺服电机作刀库电机，伺服刀库的选刀方法与采用普通电机的一般刀库有很大不同，可以利用伺服电机的特性简化选刀动作，选刀时不采用普通电机的刀号比较停止方法，而采用直接定位停止方法。

在伺服刀库中，没有接近开关作计数器，利用伺服电机的快速定位特性，直接发出定位指令进行定位。即当发出 T 指令后，直接将选择刀具移动定位到换刀点。

(1) 刀库中的实际刀具位置与刀具注册表

伺服刀库如图 18-1 所示。

最内圈是实际的刚性排列的刀套。刀套内的数字是刀具号。当刀盘正、反转时，刀套随之运动，刀具也随之移动。

中间一圈是刀具注册表（刀具注册表是数控系统内置的，可以通过 PLC 程序和参数设置），实际是一组 R 寄存器。通过编程，每一 R 寄存器内的数字表示实际的刀具号。其中 R10700 是常用的换刀点。在实际选刀时，当换刀点内的刀号与 T 指令所选择的刀号相等时，刀盘停止旋转，选刀完成。

最外一圈是环形坐标系。其坐标值 0、1、2、3 等用于表示实际刀具在环形坐标系中的位置。当加工程序中的发出 T 指令选刀时，要搜索选择刀号在环形坐标系中的位置。由于环形坐标系表示的位置是不变的，用以表示实际刀具的位置最合适。

(2) 选刀换刀流程

选刀换刀流程（图 18-2）如下。

① 根据实际刀库的配置设置内置刀库并进行刀库初始化（编制 PLC 程序）。

② 设置伺服刀库电机轴为旋转轴。这需要设置伺服参数。

③ 编制模拟刀盘旋转 7♯、8♯指令的 PLC 程序。

④ 编制模拟刀号交换 4♯指令的 PLC 程序。

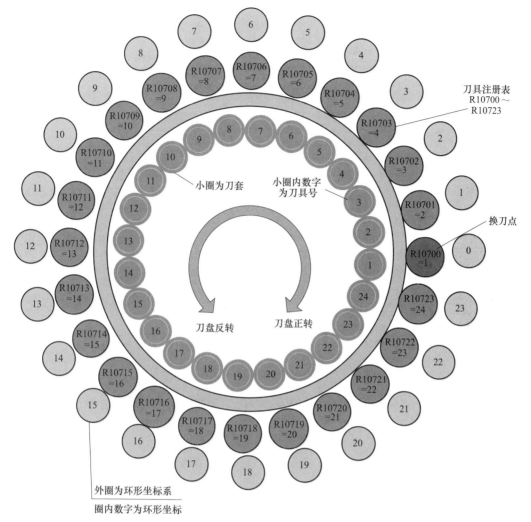

图 18-1　伺服刀库

⑤ 编制伺服刀库电机轴运动的宏程序。

⑥ 使用搜索指令获取选择刀具在环形坐标系的位置（编制 PLC 程序）。

⑦ 将搜索结果送入选刀宏程序（编制 PLC 程序）。

⑧ 启动选刀宏程序。

（3）选刀程序的编制原则

① 对于刀库运动而言，其总行程只是 360°，因此伺服电机以环形坐标系为基本坐标系，采用绝对指令运行。环形坐标系的各坐标位置是不变的，可以作为伺服刀库电机轴的定位基准。

② 为了建立和使用环形坐标系，必须使用 NC 内置刀库，刀具注册表和各种选刀换刀专用指令也必须使用，最终目的仍然是确定定位距离。

③ 因为没有设置计数开关，所以必须在 PLC 程序内模拟刀盘正转、刀盘反转指令，以实现在刀具注册表内刀号的实时移位。

④ 必须特别注意在 PLC 程序中同步启动主轴与目标刀位的刀号交换，以保证刀号不混乱。

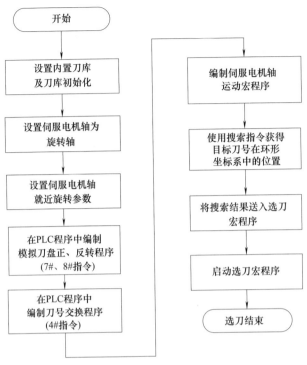

图 18-2　伺服刀库选刀换刀流程

⑤ 设置伺服刀库电机轴为旋转轴是为了通过参数简单地实现就近旋转选刀。

(4) NC 专用刀库的设置

伺服刀库也可以使用 NC 系统提供的专用刀库寄存器和专用指令，以方便模拟实际刀库的运行。本节以 64 把刀的刀库为例，介绍伺服刀库的设置方法。图 18-3 所示为伺服刀库的初始设置。

① 程序第 1794 步，设置刀库参数。

② 刀库刀具 1～64 计数（从 1♯ 开始，不是从 0♯ 开始）。

③ 设置指针 R10615＝0。

④ 设置显示方式。

⑤ 程序第 1801 步，设置刀库总刀数＝64。

⑥ 程序第 1804 步，刀库初始化，一次性设置刀套内的刀具号和主轴上的刀具号。

对于任何刀库，以上设置是不可缺少的。

(5) 专用选刀指令的使用

在选刀过程中，选择的刀具由 T 指令发出，首先要搜索所选择的刀具在刀库中的位置。伺服刀库一般以 0♯ 刀位为原点，这样各刀位的位置就确定了。NC 系统提供了搜索指令，搜索指令能够搜索到所选择的刀具在刀库中的位置。PLC 程序如图 18-4 所示，解释如下。

① 在加工程序中或以手动方式发出 T 指令。

② 第 32 步，使用搜索指令搜索出 T 指令刀号所在刀具注册表（R10700～R10763）中的位置。搜索结果为 0、1、2、3、4……搜索结果存放在 R8400 中。注意其启动指令为 T 指令的选通信号。

③ 将搜索获得的位置数据通过宏程序接口送入加工程序作为定位位置变量。

④ 如果伺服刀库电机轴设置为 PLC 轴，则将搜索获得的位置数据处理后送入 PLC 轴

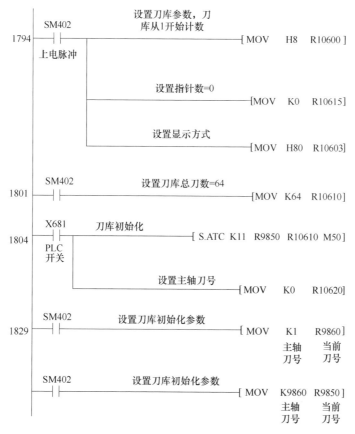

图 18-3　伺服刀库的初始设置

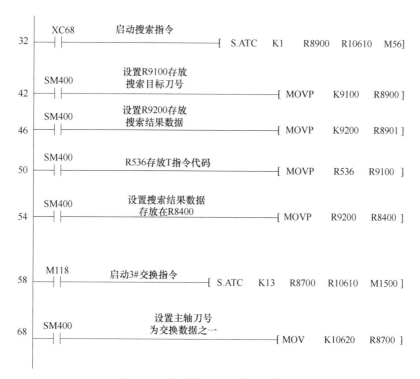

图 18-4　搜索指令和刀具交换指令

的定位数据寄存器。

当刀库定位完成，进行换刀时，其中有一步是刀具交换，即将刀库中的刀具与主轴上的刀具互相交换。由于已经模拟了刀库的实际运行，所以换刀仍然是主轴刀号与换刀点刀号交换。PLC 程序中使用 3♯ 指令（图 18-4 中的第 58 步），与一般刀库相同。经过这样的交换，NC 系统中的模拟刀库数据与实际刀库相同，为下一次换刀搜索提供了实际基础。

(6) 模拟刀库的实际运行

图 18-5 所示为用时钟信号模拟刀库运行的思路及 PLC 程序编程方法。在伺服刀库中，没有接近开关对刀库的旋转运动进行计数，为了模拟接近开关的信号，使用了 PLC 内部自备的 1s 时钟信号（图 18-5 第 10～21 步）。

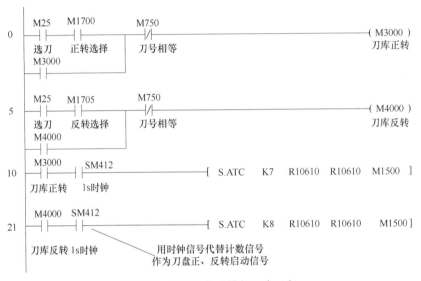

图 18-5 用时钟信号模拟刀库运行

① 刀库正转 M3000＝ON，由时钟信号驱动 7♯ 刀盘正转指令，模拟刀库的刀盘正转，当选择刀号与换刀点刀号相同时，切断刀库正转，M3000＝OFF。

② M3000＝OFF，切断了 7♯ 指令回路。

③ 8♯ 刀盘反转指令同样处理。

④ 用伺服刀库电机轴的当前值与每一刀位的固定位置进行比较，比较相等就发出一脉冲信号，也是一种好方法，实际模拟了伺服刀库电机轴的运动。

(7) 选刀宏程序

设置换刀点位置为原点。

9095（程序号）

N1　　1♯＝n;（n 为刀库总刀具数）

N5　　2♯＝360/1♯;（计算刀套之间的距离）

N10　10♯＝(1032♯)＊2♯;[10♯ 对应定位位置,1032♯ 对应搜索结果（环形坐标）]

N20　G90　G1　A 10♯　F2000;[A 轴为刀库轴（定位到选择的刀位）]

N100　M99;

(8) 小结

对伺服刀库的处理可以总结为两句话：建立 NC 模拟刀库，用 PLC 自备脉冲信号代替接近开关信号；使用搜索指令搜索目标刀号的位置，求出伺服电机的移动距离。

18.1.2 斗笠式伺服刀库的程序开发

斗笠式伺服刀库的刀套号与刀具号相同。一旦刀库的原点位置确定后，每一刀套在刀库一圈中的位置是确定的。因此可以直接将刀套的绝对位置作为定位位置。

(1) 设置注意事项

① 必须将伺服刀库电机轴设置为旋转轴，可以设置参数实现就近选刀。

相关参数：♯1017——旋转轴设定；♯2018——设置为360；♯1089——旋转轴按小于180°方向运行（绝对值指令）。

② 手动方式采用步进模式，每发一指令旋转一刀位。

③ 将伺服刀库电机轴的运动指令设置为绝对运动指令。

④ 将伺服电机的选刀运动单独编制选刀宏程序9095。

图18-6所示为将刀号搜索结果送入宏程序接口，作为定位距离的PLC程序。

图18-6　刀号搜索结果送入宏程序接口

(2) 总换刀宏程序

设置斗笠式伺服刀库所使用的换刀宏程序程序号9500。换刀宏程序9500与18.5节换刀程序9000相同，只是在程序9000中M25为刀盘旋转指令，在伺服刀库换刀程序9500中M25的功能为调用选刀宏程序9095。

18.1.3 机械手伺服刀库的程序开发

对机械手刀库的处理必须注意以下几点。

① 必须将伺服电机轴设置为旋转轴，可以设置参数实现就近选刀。

② 将伺服刀库电机轴的运动指令设置为绝对运动指令。

③ 用交换指令表示主轴与刀库的刀具交换。

18.1.4 伺服刀库的运动控制方案

(1) 效率第一的方案

伺服刀库一般为大型刀库，刀库装刀数在30～100之间。以64把刀为例，如果按每把刀具行程需要花费0.3s，则64把刀的选刀运行时间为19s，再加上换刀机械手的运行时间5～7s，每次换刀时间约25s。这样的换刀时间对于要求高速运行的加工中心是不符合要求的。

换刀时间是不可压缩的。为了提高运行效率，主要压缩选刀时间。要减少选刀时间，除了提高伺服刀库电机轴的运行速度以外，有一个方法是将伺服刀库电机轴设计为PLC轴，这样轴的运行只受PLC程序的控制，可以不占用NC加工程序的时间。这种方法是在加工程序中提前用M指令发出选刀指令，选刀动作与加工程序同时运行，在到达换刀程序段之前，选刀已经完成，可以直接执行换刀动作，这样就节约了占比例最大的选刀时间。这种方法是效率第一的PLC轴方案。

(2) 操作方便的方案

对于大型加工中心，有时换刀效率不是第一位的，而要求易于识别刀具，也就是刀具号与刀套号相同，易于编制加工程序，这样选刀换刀是一个连续的过程，不能节省换刀时间。

18.1.5　伺服刀库的控制设计方法

本节以效率第一为原则，选用 PLC 轴方案，选刀动作与换刀动作分离。将伺服刀库电机轴设置为 PLC 轴，编制 PLC 程序（图 18-7）。

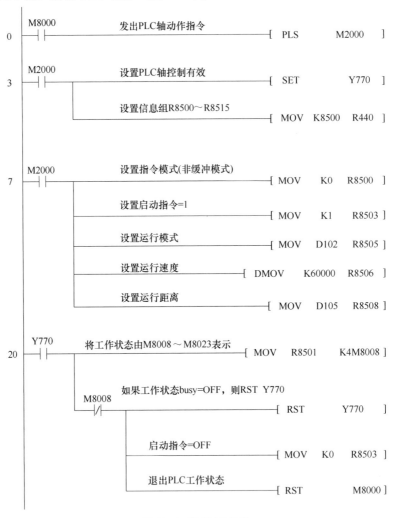

图 18-7　设置 PLC 轴

在图 18-7 中，第 3 步设置 R8500～R8515 为控制数据组，通过对控制数据组的设置也就完成了对 PLC 轴的设置。特别是第 7 步开始，设置了 PLC 轴的运行模式、运行速度、运行距离，将 D105 设置为运行距离，只要对 D105 送入选定刀具的定位位置数据，就可进行定位。同时将伺服刀库电机轴设置为旋转轴。

对运行距离还需要进行处理，如图 18-8 所示：以刀库为 360°，计算出刀位间距，存放在 D240 中，注意这样计算结果的单位是 0.001°；在图 18-4 中，使用搜索指令获得 T 指令刀号所在刀库中的位置，该结果存放在 R8400 中；R8400 乘以刀位间距就是实际行程，该数据存放在 D105/D106 中。

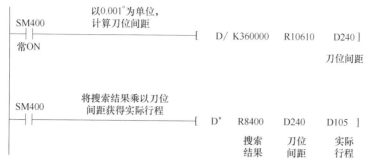

图 18-8　定位距离的计算方法

18.2　大直径刀具刀库换刀程序开发和应用

18.2.1　问题的提出

在加工中心的刀库中经常会配置有大直径刀具。大直径刀具的换刀要求：大刀始终在大刀刀套内，两旁留出空刀位，以免发生干涉。刀具摆放如图 18-9 所示。

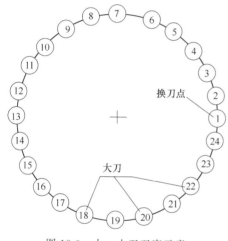

图 18-9　大、小刀刀库示意

刀，第 17、19、21、23 刀套内不装刀。

18.2.2　解决问题的思路

① 对于装有大直径刀具的刀库如同斗笠式刀库处理，即每把刀具装于固定刀套内。这样处理程序简单，但换刀时间长，效率低。

② 采用随机换刀方式：小刀换刀时，随机交换；大刀必须装于大刀刀套，但不限于固定刀套。本节介绍随机换刀技术。

18.2.3　刀库初始化

① 刀库全部装刀，主轴不装刀，主轴刀号＝0（这点很重要）。

② 刀库初始化时，将大刀安排在固定刀套内。如图 18-9 所示，在第 18、20、22 刀套内始终装大

18.2.4　换刀原则

① 大刀始终装于大刀刀套。

② 小刀始终装于小刀刀套。

③ 主轴初始化时不装刀，但设置刀号＝0。

18.2.5　可能出现的状态

(1) 可能出现的五种工作状态

经过分析：正常工作可能出现以下五种状态。

① 主轴刀号（S）＝0，T 指令＝大刀或 T 指令＝小刀。

② 主轴刀号（S）＝小刀，T指令＝小刀。

③ 主轴刀号（S）＝小刀，T指令＝大刀。

④ 主轴刀号（S）＝大刀，T指令＝小刀。

⑤ 主轴刀号（S）＝大刀，T指令＝大刀。

(2) 对于不同工作状态的判断

在PLC程序中，进行五种工作状态的判断。

(3) 对于不同工作状态的处理流程

① 可以直接换刀状态（称为A状态）

a. 主轴刀号（S）＝0，T指令＝大刀或T指令＝小刀。

b. 主轴刀号（S）＝小刀，T指令＝小刀。

c. 主轴刀号（S）＝大刀，T指令＝大刀。

以上状态，可以直接换刀。

② 需要进行处理的状态（称为B状态）

a. 主轴刀号（S）＝小刀，T指令＝大刀。

b. 主轴刀号（S）＝大刀，T指令＝小刀。

在B状态下，需要进行如下处理：先将主轴上刀具交换回0号刀位；这时主轴刀号＝0；再直接交换T指令选定的刀具。

18.2.6　基本选刀宏程序

基本选刀宏程序只选刀，是最基本的选刀动作，由M14调用。

9200（程序号）

N5　IF［♯1032EQ1]GOTO400;（如果选择刀号与主轴刀号相等就跳至N400结束程序）

N20　M21;（发刀套水平指令）

N30　M25;（刀库旋转选刀）

N100　M99;（程序结束）

N400　M76;（发选择刀号＝主轴刀号报警）

N410　M30;（程序复位结束）

18.2.7　换刀宏程序

换刀宏程序只进行换刀处理,由M15调用。

9300(程序号)

N30　M10;（进入换刀宏程序标志）

N50　M5;（主轴停）

N54　M9;（冷却停）

N60　M19;（主轴定位）

N80　G30P2Z0;（Z轴下到换刀点,位置由♯2038设定）

N90　M20;（发刀套垂直指令）

N92　G04X0.5;（暂停）

N95　M23;（发机械手卡刀指令）

N97　G04X0.5;（暂停）

N100　M27;（发主轴松刀指令）

N102　G04X0.5;（暂停）

N105　M28;(发机械手旋转换刀指令)

N112　G04X0.5;(暂停)

N118　M43;(刀号交换指令)

N120　M26;(发主轴锁刀指令)

N122　G04X0.5;(暂停)

N130　M22;(发机械手回原点指令)

N132　G04 X0.5;(暂停)

N140　M21;(发刀套水平指令)

N150　M80;(退出换刀宏程序)

N180　M99;(宏程序结束)

18.2.8　总换刀宏程序

总换刀流程如图18-10所示,总换刀宏程序9000由M6调用。

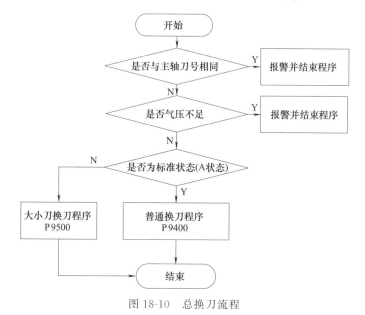

图 18-10　总换刀流程

P9000（宏程序）

N2　IF[♯1000EQ1]GOTO100;(如果选择刀号与主轴刀号相等就跳至 N100 结束程序)

N8　IF[♯1004EQ1]GOTO400;(如果气压不足就跳至 N400)

N9　IF[♯1008EQ1]GOTO30;(如果主轴刀号＝0 就跳至 N30)

N10　IF[♯1006EQ1]GOTO500;(如果不在 A 状态就跳至 N500)

N12　IF[♯1010EQ1]GOTO500;(如果不在 A 状态就跳至 N500)

(以上为换刀程序流程判断)

(以下执行换刀程序 P9400)

N30　M14;(调用标准选刀程序)

N35　G04X1.0;(暂停)

N38　M15;(调用标准换刀程序)

N40　M99;(程序结束)

N100　M36;(发同刀号报警)

N110　M30;(程序复位)

N400　M36;(发气压不足报警)

N410　M30;(程序复位)

(以下执行大、小刀换刀程序 P9500)

N500　M42;(将当前 T 指令刀号送入临时寄存器)

N510　T0;(发 T0 指令,选择 0♯刀)

N515　M14;(调用标准选刀程序)

N520　G04X1.0;(暂停)

N530　M15;(调用标准换刀程序)

N535　M45;(将临时寄存器数据送回 T 指令寄存器)

N540　M14;(调用标准选刀程序)

N545　G04X1.0;(暂停)

N550　M15;(调用标准换刀程序)

N560　M99;(宏程序结束)

18.2.9　主加工程序(选刀换刀连续)

200　(程序号)

N10　G90　G0X＊＊＊Y＊＊＊F＊＊＊;(定位)

N15　T＊＊;(发 T 指令)

N50　M6;(调用总换刀宏程序)

N60　G91　G0X＊＊＊Y＊＊＊F＊＊＊;(运行)

N70　G91　G0X＊＊＊Y＊＊＊F＊＊＊;(运行)

N80　M30;(程序结束)

18.2.10　相关的 PLC 程序

(1) 对 T 指令刀号和主轴刀号的判断

对 T 指令刀号和主轴刀号的判断如图 18-11 所示。

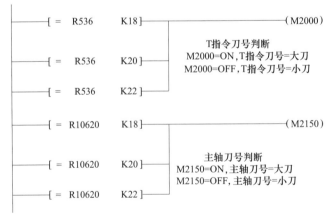

图 18-11　对 T 指令刀号和主轴刀号的判断

在图 18-11 所示的 PLC 程序中,如果 T 指令为 T18、T20、T22(选择大刀),则 M2000＝ON。M2000＝ON 表示选择了大刀。

如果主轴上的刀号为18、20、22（大刀），则M2150＝ON。M2150＝ON，表示主轴上是大刀。

在图18-12中，如果R10620＝0，表示主轴刀号＝0。

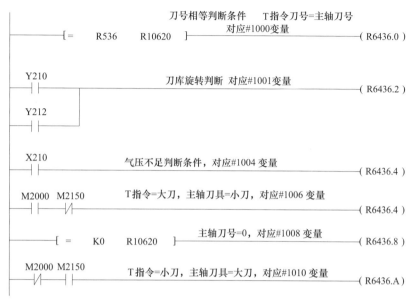

图18-12　对安全条件的判断及T指令刀号和主轴刀号的判断

(2) 对刀号交换的处理

图18-13所示为刀号暂时转移的M指令处理方法。在图18-13所示的PLC程序中，用不同的M指令设置T指令刀号的暂时转移。

图18-13　刀号暂时转移的M指令处理方法

① 在PLC程序第0步，用M42指令将T指令刀号送入临时刀号寄存器R8000。

② 在PLC程序第3步，用M45指令将临时刀号寄存器R8000内的刀号（数据）送入T指令刀号寄存器R536。

这些M指令在换刀程序P9500中发出，经过PLC程序处理后，实现T指令的暂时转移。

第19章

数控系统的简明调试

19.1 初始调试简明步骤

① 收集相关调试必备资料。必须要求客户提供以下资料。

a. 机床电气系统接线图。

b. 操作面板资料。

c. 刀库资料。

d. 其他外围设备资料。

收集研究这些资料要花一定时间，所以必须首先向客户提出这一要求。

② 检查数控系统与外围设备的连接。

a. 电源等级检查。检查 AC400V、AC200V、DC24V 的应用范围。

b. 电源极性检查。

c. 动力电缆与通信电缆分离检查。

d. 接地检查。

③ 硬件设置。

a. 数控系统格式化。

b. 驱动器轴号设置。

c. RI/O 单元站号设置。

④ 参数设置。

a. 语言设置。

b. 快速设置。

c. 日期设置。

d. 基本开机参数设置。

⑤ PLC 程序写入。

a. PC 机 IP 地址设置。

b. 连接设置。

c. PLC 参数设置。

⑥ 基本动作确认。

a. 外部 I/O 信号确认。

b. 手轮动作确认。

c. JOG 动作确认。

⑦ 原点设置。

⑧ 软限位及硬限位开关设置。

⑨ 主轴动作确认。

⑩ 减速核查。

⑪ 备份及回装。

数控系统调试简明步骤如图 19-1 所示。

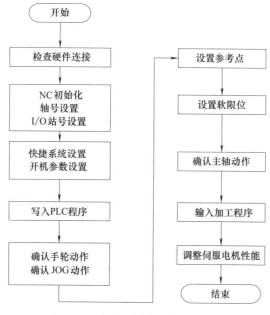

图 19-1　数控系统调试简明步骤

19.2　基本硬件设置

驱动系统的连接如图 19-2 所示。

19.2.1　伺服驱动器轴号设置

(1) MDS-D-V 系列的设定

① 驱动器轴号设置　图 19-3 示出了 MDS-D-V 系列驱动器轴号设置旋钮。

驱动器轴号的设置通过各驱动器的轴号设置旋钮进行，旋钮设定值从 0～F 对应 1～16 轴（表 19-1）。通过轴号设置确定各伺服电机在整个系统中为第几轴的。轴号设置是必需的。一般主轴排在伺服轴后，主轴轴号必须按伺服轴的顺序设置。

② 供电单元 MDS-D/DH-CV 的设定　MDS-D/DH-CV 是为伺服驱动器供电的电源模块，供电单元设置的不是轴号，对供电单元必须进行设置，设置规定如下。

a. 不使用外部紧急停止功能时，旋转开关 SW1 的设定值＝0。

b. 使用外部紧急停止功能时，旋转开关 SW1 的设定值＝4。

禁止设置其他数值。

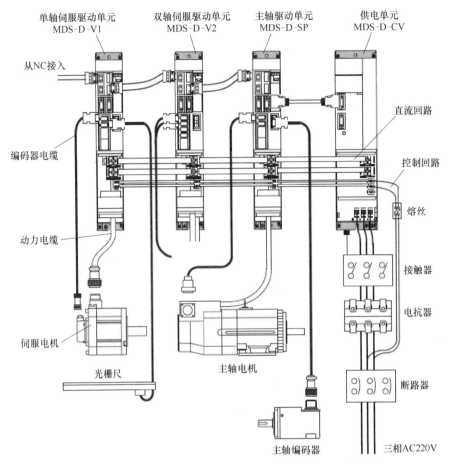

图 19-2   驱动系统的连接

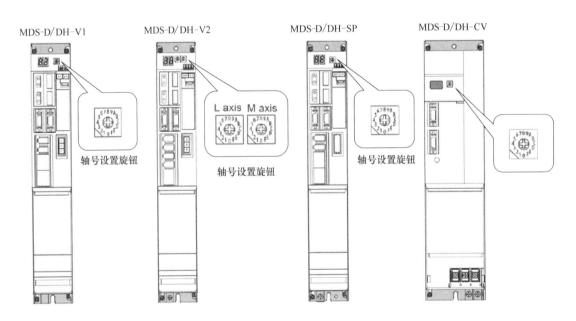

图 19-3   MDS-D-V 系列驱动器轴号设置旋钮

表 19-1　轴号与旋钮设定值关系

轴号	旋钮设定值	轴号	旋钮设定值
第 1 轴	0	第 9 轴	8
第 2 轴	1	第 10 轴	9
第 3 轴	2	第 11 轴	A
第 4 轴	3	第 12 轴	B
第 5 轴	4	第 13 轴	C
第 6 轴	5	第 14 轴	D
第 7 轴	6	第 15 轴	E
第 8 轴	7	第 16 轴	F

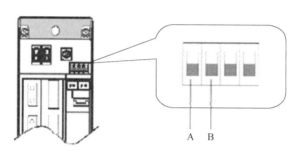

图 19-4　DIP 开关的设置

A—可以将 L 轴设置为未使用轴；

B—可以将 M 轴设置为未使用轴

（2）DIP 开关的设定

DIP 开关位于驱动器上部，其功能是设置未使用轴。在多轴驱动器模块中，可能有几个轴未使用，通过 DIP 开关来定义未使用轴。

DIP 开关在出厂时，标准设定所有开关＝OFF。如图 19-4 所示，开关朝下＝OFF。多轴驱动单元中如果存在未使用轴时，设置该轴对应的 DIP 开关＝ON（开关朝上）。

（3）MDS-D-SVJ3/SPJ3 系列的设定

MDS-D-SVJ3/SPJ3 不使用供电单元，所以只有伺服驱动器的轴号设置。设置方法也是利用旋转开关（图 19-5），与 MDS-D-V 系列相同。

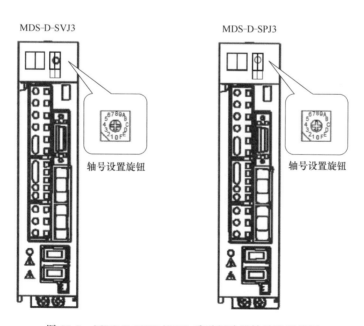

MDS-D-SVJ3　　　　　　　MDS-D-SPJ3

轴号设置旋钮　　　　　　　轴号设置旋钮

图 19-5　MDS-D-SVJ3/SPJ3 系列驱动器轴号设置旋钮

19.2.2 I/O 单元的站号设置

(1) 基本名词解释

① 操作柜 I/O 单元　安装在键盘后面的 I/O 单元，因其主要管理来自操作面板的信号，所以被称为操作柜 I/O 单元，也称为基本 I/O 单元。操作柜 I/O 单元还有其他接口。

② 远程 I/O 单元　其他 I/O 单元因为不是装在控制器上，可能装在离开控制器相对较远的位置，所以称为远程 I/O 单元，简称 RI/O 单元。

③ 连接通道　RI/O 单元与控制器连接有两个通道。第一个通道称为 RI/O1，在 RI/O1 通道中，RI/O 单元直接与控制器连接；第二个通道称为 RI/O3，在 RI/O3 通道中，RI/O 单元与操作柜 I/O 单元连接。

原有 RI/O2 通道现未使用。

远程 I/O 单元的连接通道与站号分配如图 19-6 所示。

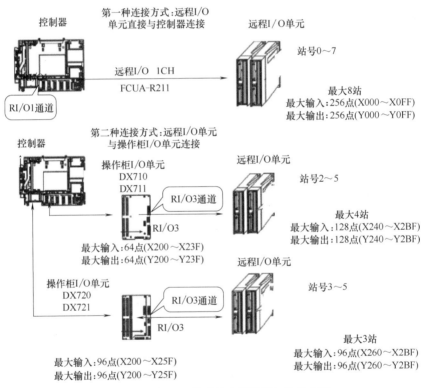

图 19-6　远程 I/O 单元的连接通道与站号分配

(2) 站号设置

① 设置原则　设置站号的目的就是为了分配 I/O 信号的地址。在一个街区中，有小区号，有各家各户的门牌地址号，I/O 单元的站号就相当于小区号。

在 RI/O1 通道中，RI/O 站号从 0～7 顺序设置。

在 RI/O3 通道中，操作柜 I/O 单元占有的站号是固定的，不能改变其站号。

当操作柜 I/O 单元型号为 DX710/DX711，DX710/DX711 占有 2 个站，站号为 0～1，输入、输出信号分别为 X200～X23F 和 Y200～Y23F。连接在 DX710/DX711 后面的 RI/O 单元可以达到 4 站，站号 2～5。当操作柜 I/O 单元型号为 DX720/DX721，DX720/DX721 占有 3 个站，站号为 0～2，输入、输出信号分别为 X200～X25F 和 Y200～Y25F。连接在

DX720/DX721 后面的 RI/O 单元可以达到 3 站，站号 3～5。

② 具体站号设置　站号与旋钮设定值的关系见表 19-2。

表 19-2　远程 I/O 站号与旋钮设定值关系

站号	旋钮设定值	站号	旋钮设定值
1	0	5	4
2	1	6	5
3	2	7	6
4	3	8	7

19.2.3　NC 内部数据 (SRAM) 初始化

初始调试时，必须对 NC 闪存进行初始化。当 NC 参数或报警混乱时，也必须对 NC 闪存进行初始化。图 19-7 所示为控制器初始化旋钮设置。操作方法如下。

① 关闭 NC 电源，将控制单元旋转开关 RSW1 设定＝0，旋转开关 RSW2 设定＝C，然后上电＝ON。

② LED 显示依次按 "08." → "00" → "01" → "08" 的顺序变化，当显示 "0Y" 时，即初始化完毕（所需时间约 8s），如图 19-8 所示。

③ 关闭 NC 电源。

④ 将旋转开关 RSW2 设定＝0。

⑤ 重新上电。

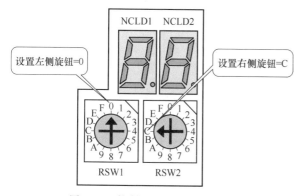

图 19-7　控制器初始化旋钮设置

图 19-8　控制器初始化完毕 LED 显示

19.3　控制单元与 PC 的连接

本节介绍计算机与 CNC 控制器的连接，使用的编程软件是三菱的通用编程软件 GX Developer。计算机与 CNC 控制器的连接使用的是通用网线，如图 19-9 所示。

19.3.1　以太网通信的设定

(1) NC 侧的设置

图 19-10 所示为在 NC 侧设置 IP 地址的界面。

在 NC 侧，其网址由参数 ♯1926 设置，出厂时已经设定，不必修改，但必须设置参数 ♯1925＝1，启动以太网通信生效，如图 19-10 所示。

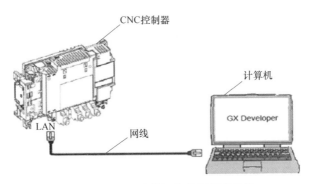

图 19-9　计算机与控制器的连接

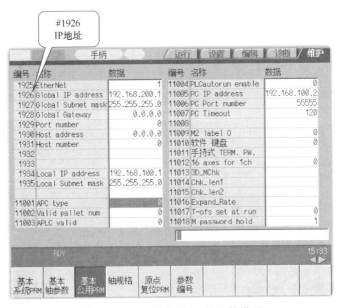

图 19-10　NC 侧设置 IP 地址的界面

(2) 计算机侧的设置

首先设置计算机侧的 IP 地址。

① 在 PC 中单击 "启动"，点击 "网上邻居→查看网络连接"。

② 右击 "本地连接"，选择 "属性"。

③ 点击 "Internet 协议"，如图 19-11 所示。

④ 设定 IP 地址 192.168.200.2，子网掩码 255.255.255.0，如图 19-12 所示。

⑤ 单击 "确定"，关闭所有界面。

19.3.2　GX Developer 的连接设定

① 启动软件 GX Developer 开始创建项目。

② 在 "在线" 菜单中选择 "传输设置"，出现传输设置界面，如图 19-13 所示。

a. 点击 "PC I/F" 栏中 "以太网板" 图标，选择以太网通信；

b. 点击 "PLC I/F" 栏中 "以太网模块" 图标，选择以太网通信；

c. 此时出现 PLC I/F 以太网模块详细设置界面，如图 19-14 所示。

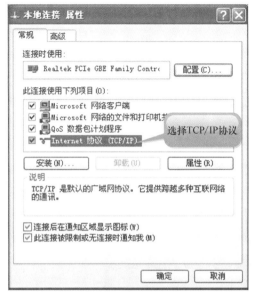

图 19-11　计算机侧的 TCP/IP 协议选择

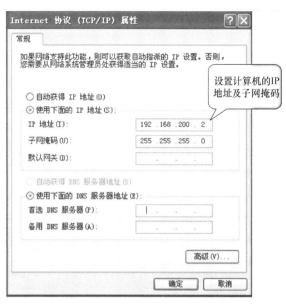

图 19-12　计算机侧的 IP 地址选择

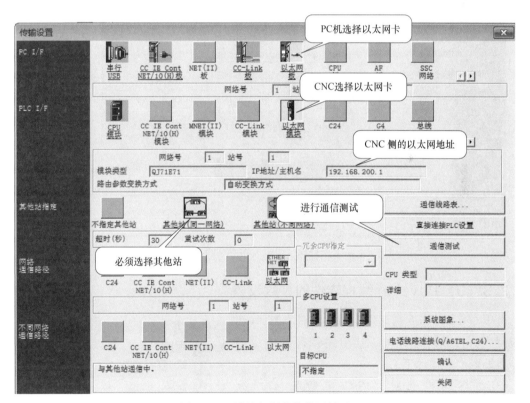

图 19-13　计算机侧传输设置界面

ⅰ. 型号设置选择"QJ71E71"。

ⅱ. IP 地址必须设置与参数♯1926 完全相同。

ⅲ. 设置完毕点击"确认"。

d. 在传输设置界面"其他站设定"栏点击"其他站（同一网络）"图标。

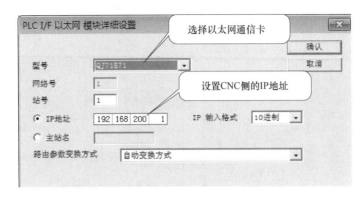

图 19-14 设置 CNC 侧的 IP 地址

e. 以上设置完成后点击"通信测试",如果设置正确,就会显示连接成功提示,如图 19-15 所示。必须点击"确认"键,确认以上的所有设置。

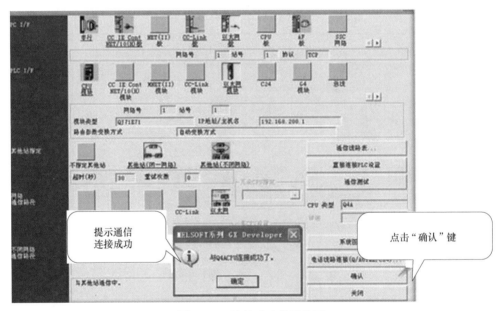

图 19-15 连接成功提示界面

19.3.3 GX Develop 编程软件的参数设置

由于 GX Develop 是通用的编程软件,具体应用到数控系统编程时,其相关参数要进行专项设置,具体如下。

① 在导航栏选择"PLC 参数",如图 19-16 所示。

② 出现参数设置界面,设置以下内容。

a. 点击软元件标签,出现软件参数设置界面,如图 19-17 所示。

b. 将内部继电器 M 改为"10K"。

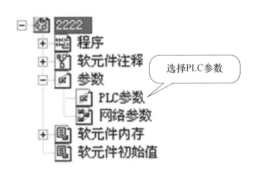

图 19-16 GX Develop 软件参数选择界面

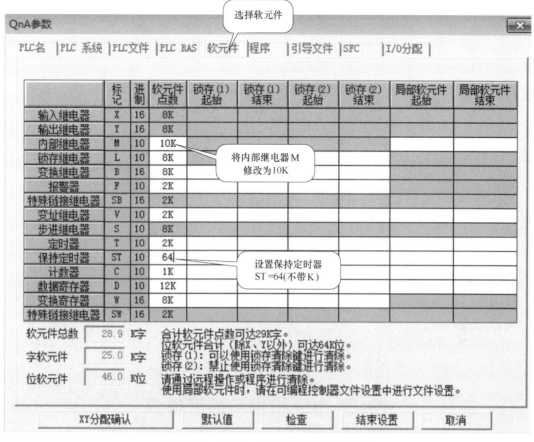

图 19-17　GX Develop 软件参数设置界面

c. 将保持计时器 ST 改为"64"（注意不带 K）。

d. 点击"结束设置"，设置完成。

19.4　NC 侧 PLC 参数设定

本节叙述的 PLC 参数是在 NC 侧设置的参数，这部分参数因为与 PLC 梯形图相关，所以称为 PLC 参数。这部分参数为 ♯6449～♯6452（含预留），参数内容参考图 19-18。

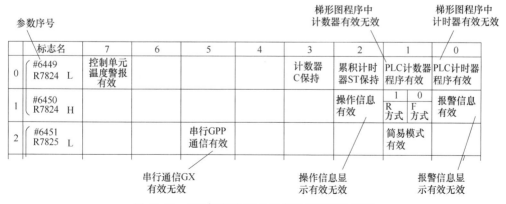

图 19-18　NC 侧有关 PLC 程序的参数设置界面

(1) ♯6449

bit0＝1——PLC 程序中的计时器设置有效。

bit0＝0——PLC 程序中的计时器设置无效，在显示器上的计时器设置有效。

bit1＝1——PLC 程序中的计数器设置有效。

bit1＝0——PLC 程序中的计数器设置无效，在显示器上的计数器设置有效。

bit2＝1——累加型计时器（ST）有效。

bit2＝0——累加型计时器（ST）无效。

bit3＝1——计数器保持有效。

bit3＝0——计数器保持无效。

(2) ♯6450

bit0＝1——显示报警信息。

bit0＝0——不显示报警信息。

bit1＝1——以 R 接口方式显示报警信息。

bit1＝0——以 F 接口方式显示报警信息。

bit2＝1——显示操作信息。

bit2＝0——不显示操作信息。

(3) ♯6451

bit0＝1——在线编辑（在显示屏上编程）有效。

bit0＝0——不可在线编辑。

19.5 I/O 检查与报警检查

本节主要介绍如何检查外部 I/O 信息。

(1) 输入信号的检查

① 在诊断界面中选择"I/F 诊断"，如图 19-19 所示。

② 在 I/F 诊断界面中确认 I/O 信号是否正确 ON/OFF，如图 19-20 所示。

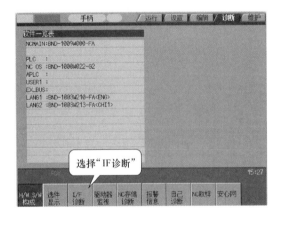

图 19-19　I/F 界面的选择

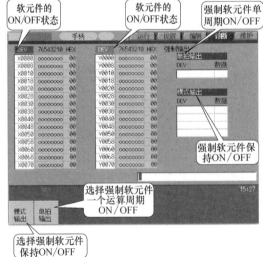

图 19-20　I/O 信号的 I/F 界面

（2）报警信息的确认

① 在诊断界面中选择"报警信息"，如图 19-21 所示。

② 确认报警界面中除"异常停止 EXIN"外是否还有其他报警。

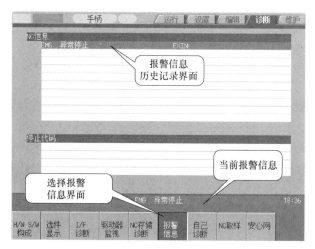

图 19-21　报警信息界面

19.6　手动操作确认

19.6.1　确认手轮运行功能

① 选择手轮模式。

② 将手轮进给倍率设定为最小值。

③ 解除紧急停止，确认键盘 Ready 指示灯亮。

如果产生噪声及振动，则按下急停开关，执行 19.6.3 中建议的操作。

④ 选择运行轴，少量旋转手轮，观察当前位置画面中的移动方向与移动量。如果有错误，则检查参数、PLC 程序及电缆连接状态。

⑤ 相关参数：♯1018 CCW（电机正反转）；♯2201 PC1（电机侧齿轮比）/♯2202 PC2（机械侧齿轮比）；♯2218 PIT（螺距）。

⑥ 其他各轴执行相同动作检查。

19.6.2　确认 JOG 运行

① 选择 JOG 进给模式。

② 将手动进给速度设定为 30％（正常后设定为 100％）。

③ 解除紧急停止，确认键盘 Ready 指示灯亮。

如果产生噪声及振动，则按下急停开关，执行 19.6.3 中建议的操作。

④ 选择运行轴，按下 JOG 进给按键向安全方向开始移动，确认当前位置画面中的移动方向与移动量。如果有错误，则检查参数、PLC 程序及电缆连接状态。

⑤ 相关参数：♯1018 ccw（电机正反转）；♯2201 PC1（电机侧齿轮比）/♯2202 PC2（机械侧齿轮比）；♯2218 PIT（螺距）。

⑥ 其他各轴执行相同动作检查。

19.6.3 发生振动时的初始对策

(1) 观察 AFTL 频率

依次选择诊断→驱动器监视→伺服模块，观察 AFTL 频率的显示值，如图 19-22 所示。

(2) 设置#2238 参数

依次选择维护→参数→伺服参数，将 AFTL 频率值设定为 #2238 参数值，如图 19-23 所示。

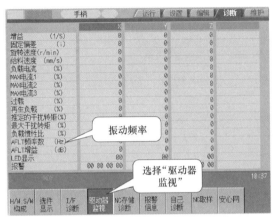

图 19-22　驱动器监视界面　　　　图 19-23　振动频率界面

通过以上操作仍无法消除振动时，要进行综合检查调试。

19.7　原点设置

原点设置分为相对原点设置与绝对原点设置。现在多使用绝对原点设置，相关参数为 #2049。以下介绍绝对原点设置模式中的一种基准点方式。

① 依次选择维护→参数→绝对位置参数，设置参数 #2049＝2，如图 19-24 所示。

② 断电→上电。

③ 依次选择维护→绝对位置，如图 19-25 所示。

④ 显示绝对位置设定界面如图 19-26 所示。

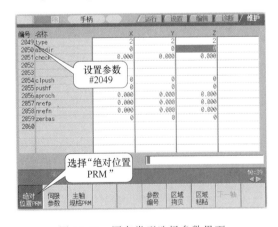

图 19-24　原点类型选择参数界面

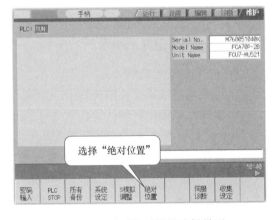

图 19-25　绝对位置设置选择界面

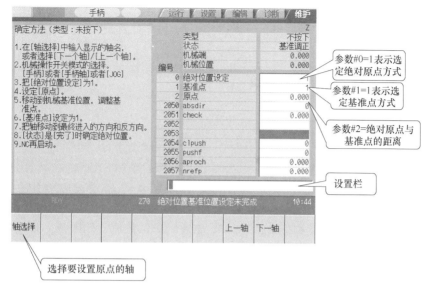

图 19-26 绝对位置设定界面

图 19-27 绝对原点设置过程

图 19-27 所示为绝对原点设置过程。

① 点击"轴选择",输入"X"轴。

② 选择手轮或 JOG 模式。

③ 在本界面中设置♯0＝1（确认绝对原点设置有效）。

④ 设置参数♯1＝1（确认基准点方式设置有效）。

⑤ 设置参数♯2＝0（表示基准点与基本机床坐标系原点之间的距离＝0，参看图 19-27）。

⑥ 向机械端位置移动，当机械端数据逐渐变为 0 时，设置完成。

⑦ 本界面"状态"中显示"结束"，表示绝对原点设置完成。

选择"下一轴"，执行全部轴绝对原点设定。

⑧ 断电→上电。

19.8 软限位的设定

软限位的设置从实质上来看，就是设置各轴的可运行区域或者禁止运行区域。

19.8.1 概要

(1) 软限位的类型

在 M80 系统中，软限位的类型有五种，见表 18-3。

① 软限位Ⅰ型 由参数♯2013、♯2014 设置软限位数值。外侧为禁止运行区。在回原点完成并且♯2013、♯2014 数值不相等时，本软限位生效。

② 软限位Ⅱ型 由参数♯8204、♯8205 设置软限位数值。由参数♯8210 选择禁止运行区方位，♯8210＝0 时外侧为禁止运行区。由参数♯8202 设置本软限位有效无效，♯8202＝0，软限位Ⅱ无效。

表 19-3　软限位的类型

类型	禁区	说明		设定参数	有效条件
Ⅰ	外侧	厂家设置		♯2013 ♯2014	回原点完成
Ⅱ	外侧	用户设置	♯8210＝0	♯8204	回原点完成
ⅡB	内侧		♯8210＝1	♯8205	
ⅠB	内侧	厂家设置		♯2061 ♯2062	回原点完成
ⅠC	外侧				♯2061、♯2062 设定值不同

③ 软限位ⅡB型　由参数♯8204、♯8205 设置软限位数值。由参数♯8210 选择禁止运行区方位，♯8210＝1 时内侧为禁止运行区。由参数♯8202 设置本软限位有效无效，♯8202＝0，软限位ⅡB 无效。

④ 软限位ⅠB型　由参数♯2061、♯2062 设置软限位数值。软限位ⅠB 设置的区域内侧为禁止运行区。由参数♯2063 设置软限位ⅠB 有效无效，♯2063＝2，软限位ⅠB 生效。

⑤ 软限位ⅠC型　由参数♯2061、♯2062 设置软限位数值。软限位ⅠC 设置的区域外侧为禁止运行区。由参数♯2063 设置软限位ⅠC 有效无效，♯2063＝3，软限位ⅠC 生效。

用三组参数设置五个区域，每个区域的内、外侧可由参数（软限位类型）设置为禁止运行区。要特别分清是内侧禁行还是外侧禁行。

软限位在原点设置完成后生效。软限位的正、负限位值如果相同（0 除外），则软限位无效。

(2) 软限位的区域

图 19-28 所示为软限位构成的禁行区。

当各轴的运动范围超出软限位设定区域时，系统报警并减速停止。各轴运动进入禁行区发生报警时，只可反向运动。

(3) 软限位的有效条件

① 在相对位置检测系统中，上电后，完成参考点返回之前，软限位无效。

通过将参数♯2049（绝对位置检测方式）设定＝9，即使在未完成参考点返回的状态下，软限位也有效。

② 在绝对位置检测系统中，上电后软限位立即生效。

③ 相对原点模式下，参考点返回未完成时，只有手动及手轮运行有效，自动运行无效。

19.8.2　详细说明

禁行区以基本机床坐标系为基准进行设置。

① 正限位和负限位如设定为相同值，则软限位无效。

② 各轴进入禁行区将发生"M01 操作错误——0007"，机床停止移动，将轴反向移动，可解除报警。

③ 在自动运行中，任一轴发生报警，所有轴都减速停止。

④ 在手动运行中，只有发生报警的轴减速停止。

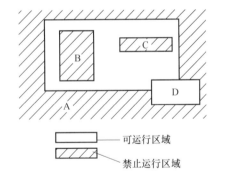

图 19-28　软限位构成的禁行区
A—软限位Ⅰ中的禁止运行区域；
B—软限位ⅡB中的禁止运行区域；
C—软限位ⅠB中的禁止运行区域；
D—软限位ⅠC中可运行区域

⑤ 停止位置一定在禁行区之前。禁行区与停止位置的距离由进给速度决定。

19.8.3 软限位Ⅰ

① 由参数♯2013与♯2014设置软限位，设定区域外侧为禁行区，如图19-29所示。图19-30所示为软限位Ⅰ的参数设置界面。

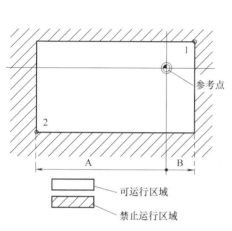

图 19-29 软限位Ⅰ的区域设置
A——一侧设定值；B—＋侧设定值

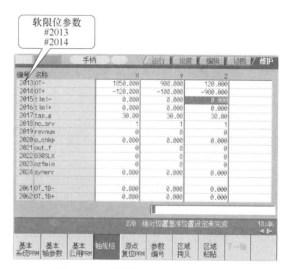

图 19-30 软限位Ⅰ的参数设置界面

② 以基本机床坐标系原点为基准设定♯2013与♯2014的值。

③ ♯2013与♯2014设定值相同时（0以外）软限位无效。

19.8.4 软限位Ⅱ、ⅡB

① 由参数♯8204、♯8205设置软限位。

② 由参数♯8210选择内、外侧：♯8210＝0时，外侧为禁止运行区，称作软限位Ⅱ；♯8210＝1时，内侧为禁止运行区，称作软限位ⅡB。

③ 参数♯8202规定软限位Ⅱ、ⅡB有效无效：♯8202＝0，软限位Ⅱ、ⅡB无效；♯8202＝1，软限位Ⅱ、ⅡB有效。

④ 图19-31所示为软限位Ⅱ的区域设置。

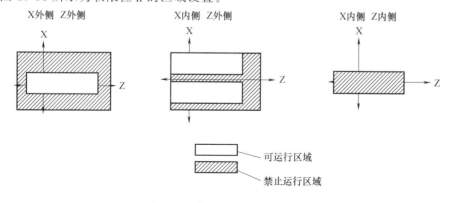

图 19-31 软限位Ⅱ的区域设置

⑤ 软限位Ⅱ与软限位Ⅰ功能同时使用时，两者设置的范围是有效移动范围，如图 19-32 所示。

⑥ 软限位ⅡB的区域设置如图 19-33 所示。

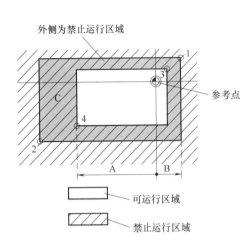

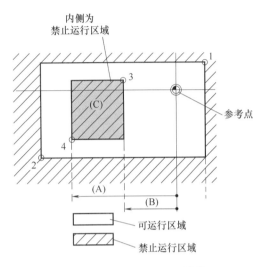

图 19-32　软限位Ⅰ与软限位Ⅱ同时使用时的区域设置　　　　图 19-33　软限位ⅡB的区域设置

19.8.5　软限位ⅠB

① 由参数♯2061、♯2062 设置软限位，设定区域内侧为禁行区。

② 参数♯2063＝2 时软限位ⅠB有效，如图 19-34 所示。

19.8.6　软限位ⅠC

① 由参数♯2061、♯2062 设置软限位，设定区域外侧为禁行区。

② 参数♯2063＝3 时软限位ⅠC有效，如图 19-35 所示。

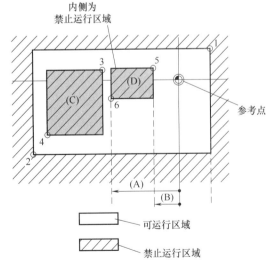

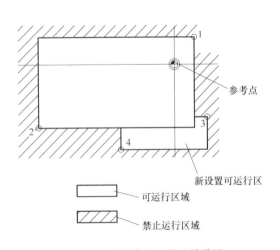

图 19-34　软限位ⅠB的区域设置　　　　图 19-35　软限位ⅠC的区域设置

19.9 备份与回装

(1) 备份

使用 CF 卡进行参数、加工程序、PLC 程序备份。

① 依次选择维护→备份，如图 19-36 所示。

② 显示备份执行界面，如图 19-37 所示。

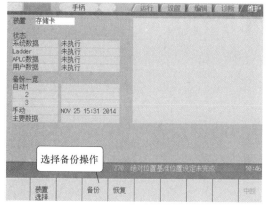

图 19-36 备份选择

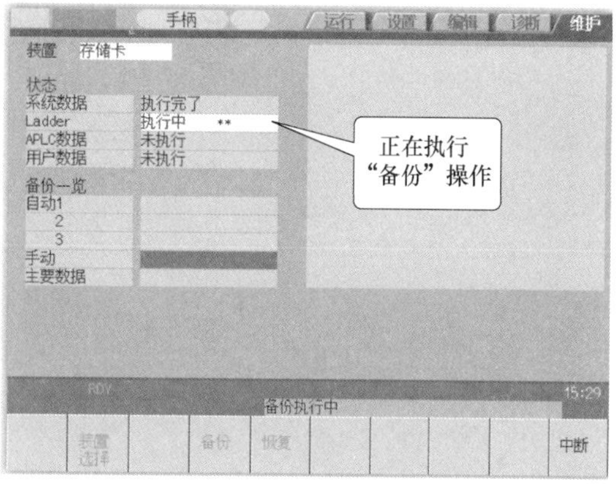

图 19-37 备份执行界面

③ 显示备份执行完毕界面，如图 19-38 所示。

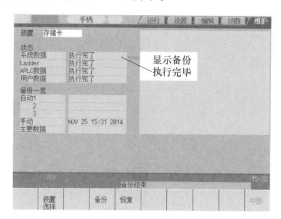

图 19-38 备份执行完毕界面

(2) 恢复

恢复操作是指将原来备份的数据送回 NC 系统中，这是简化操作的极其简便的方式，在多台同样机床中特别适用。

第 20 章

伺服系统调试

20.1 伺服系统的调试流程

伺服系统的调试流程如图 20-1 所示。

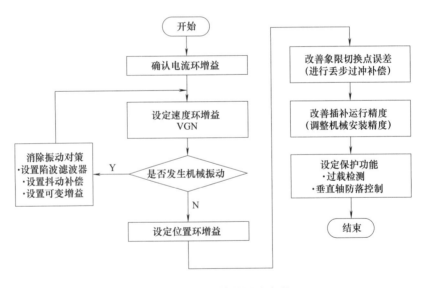

图 20-1　伺服系统的调试流程

① 电流环增益的确认。电流环增益是电机标准参数。厂家进行了严格标定。修改电流环增益可能会引起电机性能的较大变化，所以一般不修改。

② 设置速度环增益，观察机床运行是否振动。

③ 如果发生振动，需要设置陷波滤波器进行处理。

④ 设置位置环增益。一般只在出现过冲、振动和需要调节加工时间时，才对位置环增益进行微调。

⑤ 如果加工轨迹在象限切换点出现凸起或凹陷，要进行丢步过冲补偿。

⑥ 如果插补运行轨迹精度不良，则要综合判断。基础的工作是检测安装精度。

⑦ 设定保护功能，如垂直轴的防落功能。

20.2　负载惯量比的确定

负载惯量比是衡量电机负载大小的指标。确定伺服系统重要性能的速度环增益是根据负载惯量比的大小确定的（制造厂给出负载惯量比-速度环增益曲线表），因此为了确定速度环增益，必须首先测定负载惯量比。一般在机床设计时规定普通数控机床的负载惯量比<5，高精度数控机床的负载惯量比<3，根据这一指标可大致确定负载惯量比的范围。

负载惯量比的测算方法如下。

(1) 相关参数

测定负载惯量比的相关参数见表 20-1。

表 20-1　相关参数

参数	说明	内容	设定范围
SV035(♯2235)	伺服功能选择 4	设置 bitF＝1 进行负载惯量比测量	0/1
SV032(♯2232)	转矩补偿(不平衡转矩)	设置垂直轴、倾斜轴的不平衡转矩	－100～100(静态电流)
SV045(♯2245)	摩擦转矩		0～255(静态电流)，取绝对值

(2) 操作步骤

① 设置参数 SV035＝8＊＊＊＊(bitF＝1)（在屏幕上显示"负载惯量比"）。

② 测量计算摩擦转矩及不平衡转矩。

a. 编制测试程序（以 X 轴为例）。

100（程序号）

G28X0；

G90 G01X200.F1000；

G04X0.5；

M99；

b. 测量计算摩擦转矩。摩擦转矩代表了机械的摩擦阻力，是电机要克服的阻力之一。在机械运行期间选择诊断→驱动器监视→伺服模块，观察负载电流值，如图 20-2 所示。

1890 机床 HF453＋HF453B＋HF703

项目	X 轴	Y 轴	Z 轴
增益(1/s)	0	32	
固定偏差(i)	－2	－1262	
旋转速度(r/min)	1	－229	
负载电流(%)	－5	－44	
MAX 电流 1(%)	124	100	
MAX 电流 2(%)	21	25	
MAX 电流 3(%)	17	21	
过载(%)	0	0	
负载惯量比(%)	233	233	

图 20-2　伺服电机工作状态监视界面

记录正、负两个方向的最大负载电流值，代入下式求摩擦转矩。

$$摩擦转矩＝（正向电流－负向电流）/2（取绝对值）$$

例如，正向电流＝20％，负向电流＝－20％，则摩擦转矩＝|20－（－20％）|/2＝20，设置 SV045（摩擦转矩）＝20。

c. 测量计算不平衡转矩（对垂直轴、倾斜轴，有配重和自重的影响，这部分因素称为不平衡转矩）。

$$不平衡转矩＝（正向电流＋负向电流）/2$$

例如，正向电流＝30％，负向电流＝－20％，不平衡转矩＝[30＋（－20％）]/2＝5。

不平衡转矩对应的参数为 SV032，即转矩补偿。不平衡转矩可能是负值。求出不平衡转矩是为了对正常转矩进行补偿。不平衡转矩也称转矩偏置。

测量计算摩擦转矩和不平衡转矩是测量负载惯量比的前期准备工作。

③ 测量负载惯量比。编制测量程序。

200（程序号）

G28X0；

G90 G00X200.；

G04X0.5；

M99；

逐步将快进倍率调到100％。观察伺服监视界面的负载惯量比（图20-2）。将观察到的负载惯量比数据设定到参数 SV037（负载惯量比）。根据图20-2，即可由负载惯量比查定标准速度环增益。

20.3 速度环增益的设定

速度环增益（VGN1 对应的参数 SV005 或♯2205）是决定伺服系统响应性的重要参数。VGN1 能够设定的最高值对机床的切削精度和循环时间有极大影响。

20.3.1 调整流程

设定速度环增益是调整伺服性能最重要的工作，调整流程如图20-3所示。

① 设置速度环增益的标准参数。

② 手轮反复移动伺服轴，观察是否出现振动、啸叫。

③ 如果出现振动，就要测出共振频率，根据共振频率设置陷波滤波器。观察是否消除振动。

④ 如果不振动，以每次30的增量逐步加大设置速度环增益，直到出现振动为止。

⑤ 将速度环增益降低到最大值的70％，设定完成。

20.3.2 调整步骤

图20-4～图20-7是不同规格伺服电机的速度环增益与负载惯量比之间的关系。

(1) 确定每一轴的标准 VGN1

参照图20-4～图20-7，确定每一轴的标准 VGN1，VGN1 设定值超过标准值时易发生机械振动。

① 设置标准 VGN1，无振动发生时，就使用标准值。如果使用标准 VGN1 切削精度不佳时，可将 VGN1 提高到标准值以上。

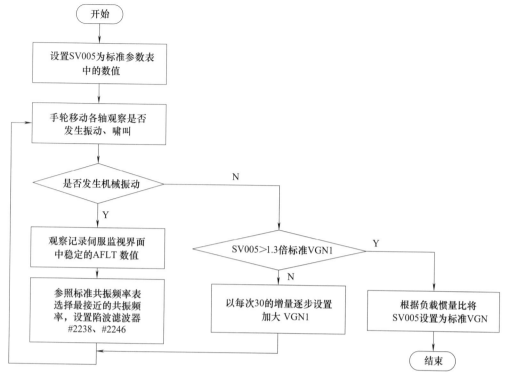

图 20-3　速度环增益调整流程

② 使用标准 VGN1，如果轴在移动或停止时产生啸叫、噪声，机床运行停止后有轻微振动，即表明有机械共振发生。通过减小 VGN1 可以降低伺服控制的响应性，抑制机械共振，但损失了切削精度和切削循环时间。因此采用设置陷波滤波器以抑制共振。尽可能设置 VGN1 接近标准 VGN1。如果其他方法不能完全消除机械共振，则需减小 VGN1。

③ 参数 SV005 VGN1 根据负载惯量比大小进行设定。发生振动时按 20%～30% 的幅度逐渐减小，最终设定值为不发生振动时数值的 70%～80%。

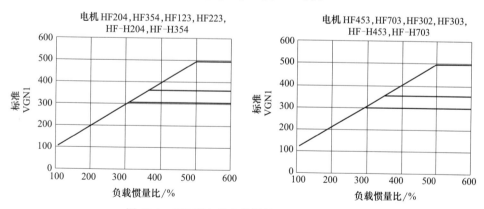

图 20-4　HF 型电机负载惯量比-VGN1 对应图

(2) 调试速度环增益

① 设置初始参数。预设置 VGN1 SV005＝100；设置相关陷波滤波器频率和深度为 0。

② 监测共振频率。

③ 设置 SV005，每次增加 30，直至发生振动，用手轮移动伺服轴，观察伺服监视界面，

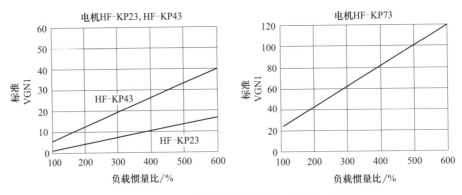

图 20-5　HF-KP 型电机负载惯量比-VGN1 对应图

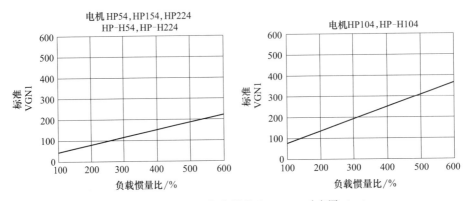

图 20-6　HP 型电机负载惯量比-VGN1 对应图 （一）

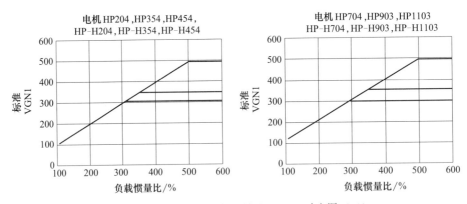

图 20-7　HP 型电机负载惯量比-VGN1 对应图 （二）

记录 AFLT 频率。

④ 将记录的 AFLT 频率与标准振动频率表对照，选定最为接近的标准频率。将参数 #2238 设置为该频率。同时根据标准振动频率表设置陷波深度。

⑤ 用手轮移动当前测试轴，观察是否有共振发生。如无振动发生，继续增加 SV005 值，直至共振发生。

⑥ 观察伺服监视界面，记录 AFLT 频率。此时的 AFLT 频率为第 2 共振频率。假设观察到的 AFLT 频率＝228，经过对照标准振动频率表后确定 AFLT 频率＝225，陷波深度＝4。

⑦ 将第 2 共振频率设置到参数 SV046，♯2246＝225，♯2233＝0040。

⑧ 用手轮移动当前测试轴，观察是否有共振发生。如无振动发生，继续增加 SV005 值，直至达到标准值。

⑨ 若加工精度要求高，则可适当提高 VGN1 ♯2205。

20.4　共振频率的测定

(1) 操作步骤

① 逐步提高速度环增益，直到机床发生振动。

② 观察在伺服监视界面的 AFLT 频率，待 AFLT 频率数字稳定后记录该数字，同时立即按下急停开关，停止机床运行。记录下的 AFLT 频率就是共振频率（图 20-8）。

1890机床 HF453+HF453B+HF703

项目	X轴	Y轴	Z轴
增益(1/s)	50	0	0
固定偏差(i)	900	0	−2
旋转速度(r/min)	272	0	−2
负载电流(%)	5	−1	49
MAX电流1(%)	58	24	241
MAX电流2(%)	27	19	235
MAX电流3(%)	16	16	138
过载(%)	0	0	0
负载惯量比(%)	0	0	415
AFLT频率数(HZ)	0	0	223

共振频率

图 20-8　共振频率测定

(2) 注意事项

① 速度环增益不能设置过高，以免引起较大的机床振动，损坏设备。

② 共振频率数字稳定后需立即停机，尽量缩短振动时间。

20.5　陷波滤波器的使用

陷波滤波器（简称陷波器）用于将机床共振频率置入"陷阱"中，消除共振频率，如图 20-9 所示。

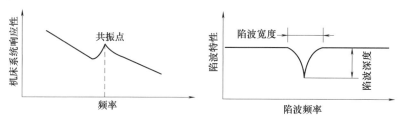

图 20-9　陷波滤波器的工作原理

提高速度环增益 VGN1，机床可能会发生振动，但 VGN1 尚未达到标准值或加工精度尚未达到要求时，必须进一步提高 VGN1。机床共振是 VGN1 作用于机械固有频率，使振动加剧的现象。系统提供了陷波滤波器用于抑制共振频率。

(1) 与陷波滤波器相关的参数

相关参数见表 20-2。

表 20-2　与陷波滤波器相关的参数

参数号	参数名称	说明	设置范围
SV033	伺服功能选择 2	bit1～bit3:陷波器 1 的深度补偿 bit5～bit7:陷波器 2 的深度补偿 bit4:设置陷波器 3	
SV038	陷波器 1 频率	设置希望抑制的共振频率(80Hz 以上有效)。不使用设置为 0	
SV046	陷波器 2 频率	设置希望抑制的共振频率(80Hz 以上有效)。不使用设置为 0	
SV083	伺服功能选择 6	bit1～bit3:陷波器 4 的深度补偿 bit5～bit7:陷波器 5 的深度补偿	
SV087	陷波器 4 频率	设置希望抑制的共振频率(80Hz 以上有效)。不使用设置为 0	0～2250Hz
SV088	陷波器 5 频率	设置希望抑制的共振频率(80Hz 以上有效)。不使用设置为 0	0～2250Hz

陷波滤波器 3 频率固定为 1125Hz，无深度补偿。

(2) 陷波滤波器的设置

将测定的 AFLT 频率与表 20-3 中的数据对照，选择最接近的频率。设置该频率值到相应的陷波滤波器参数中，同时设置深度补偿。

表 20-3　共振频率频谱表

设定频率/Hz	标准深度	设定频率/Hz	标准深度	设定频率/Hz	标准深度
2250		529		225	4
1800		500		204	4
1500		474		187	8
1285		450		173	8
1125		429		160	8
1000		409		150	8
900		391	4	132	8
818		375	4	125	8
750		346	4	112	8
692		321	4	100	C
642		300	4	90	C
600		281	4	80	C
562		250	4	70	C

例如，若 AFLT 频率=462，查表最接近的频率=450，则设置♯2238=450，深度补偿=0。

(3) 深度补偿设置

深度补偿根据表 20-4 中的参数设置。

(4) 操作注意事项

① 陷波滤波器频率设置为低频时，容易引发其他频率振动，振动声音会发生变化，这时应增大深度补偿值（变浅），调整到可消除共振的最佳值。

表 20-4　深度补偿设置

陷波器 1	陷波器 2	陷波器 4	陷波器 5	陷波深度
♯2233bit3,2,1	♯2233bit7,6,5	♯2283bit3,2,1	♯2283bit7,6,5	
bit3,2,1＝000	bit7,6,5＝000；	bit3,2,1＝000	bit7,6,5＝000	−∞
bit3,2,1＝001	bit7,6,5＝001	bit3,2,1＝001	bit7,6,5＝001	−18.1dB
bit3,2,1＝010	bit7,6,5＝010	bit3,2,1＝010	bit7,6,5＝010	−12.0dB
bit3,2,1＝011	bit7,6,5＝011	bit3,2,1＝011	bit7,6,5＝011	−8.5dB
bit3,2,1＝100	bit7,6,5＝100	bit3,2,1＝100	bit7,6,5＝100	−6.0dB
bit3,2,1＝101	bit7,6,5＝101	bit3,2,1＝101	bit7,6,5＝101	−4.1dB
bit3,2,1＝110	bit7,6,5＝110	bit3,2,1＝110	bit7,6,5＝110	−2.5dB
bit3,2,1＝111	bit7,6,5＝111	bit3,2,1＝111	bit7,6,5＝111	−1.2dB

② 如果优化效果不好，将设置频率提高一个等级进行测试。

③ 如果无法完全消除振动，则可启用另一陷波滤波器，其频率需与当前使用的陷波滤波器频率相同。

20.6　抖动补偿

抖动现象：直线工作台工件过重，反向间隙过大，停机时发生振动。其原因是电机停止时，工作位置进入机床反向间隙中，负载惯量变得很小，而相对于负载惯量比设定的 VGN1 值很大，引起振动。

(1) 抖动补偿方法

抖动补偿是在速度反向时，根据反向间隙减少相应的速度反馈脉冲，可抑制电机停止时发生的振动。调整时，每次数量为 1 脉冲，逐步试验抑制振动的脉冲数量值。通过设置参数 SV027 进行抖动补偿。

SV027 bit5 bit4（抖动补偿脉冲数）：00—无效；01—1 脉冲；10—2 脉冲；11—3 脉冲。

(2) 设置及测试

脉冲补偿数从 1 脉冲开始顺序进行，每次设置后观察消除振动的效果。如果消除了振动就不要继续设置过大的脉冲数，以免引起新的振动。

抖动补偿仅仅对反向间隙引起的振动有效。其他因素引起振动还是要使用陷波滤波器抑制振动。抖动补偿仅在电机停止时具有抑制振动的效果。

20.7　固定频率滤波器应用设置及振动分类

(1) 固定频率滤波器应用设置

① 振动现象：加减速时发出"咯咯"声。这种现象表明振动频率在 700Hz 以上。

② 解决方法：使用陷波滤波器 3 和速度反馈滤波器。这两种陷波滤波器的频率是固定的：陷波滤波器 3 对应的固定频率＝1125Hz；速度反馈滤波器对应的固定频率＝2250Hz。

③ 相关参数：♯2223 bit4＝1 陷波滤波器 3（1125Hz）生效；♯2223 bit4＝0 陷波滤波器 3（1125Hz）停止；♯2217 bit3＝1 速度反馈滤波器（2250Hz）生效；♯2217 bit3＝0 速度反馈滤波器（2250Hz）停止。

(2) 振动分类

振动分类见表 20-5。

表 20-5　振动分类

振动现象	振动频率	原因	对策
抖动(停机时发生的振动)	停机状态	反向间隙过大	SV027 bit5 bit4
低频(振动出现在轴端部)	10Hz 以下	位置环增益过大	SV003
10~20Hz 的振动	10~20Hz	速度环超前补偿(VIA)过大	SV008
共振	工作阶段	VGN1	SV038~SV088
加减速时发出"咯咯"声	700Hz 以上	高频振动	SV17~SV23

20.8　加工时间的最佳调整

(1) 需要调整的相关参数

要调整加工时间，需调整以下参数：快进速度（rapid）；限制速度（clamp）——切削加工（G1）的最高速度；加减速时间常数（G0t*、G1t*）；定位宽度（SV024）；位置环增益（SV003）。

(2) 快进的调整

快进的调整是对快进速度（rapid）与加减速时间常数（G0t*）的调整。要根据机床规格，在电机最高转速以下设定快进速度。设定加减速时间常数时，需快进往返运行，使加减速时的最大允许电流指令值在表 20-6 范围内。

在接近最大转速的区域内，输出转矩受到限制，因此在调整时，应在观察加减速时电流反馈波形的同时，确保转矩在规定范围内。

如果驱动单元的输入电压低于额定电压，容易产生转矩不足、加减速中误差过大等问题。

(3) 切削进给的调整

切削进给的调整是对切削限制速度（clamp）与加减速时间常数（G1t*）的调整。此时需将定位宽度设定为与实际切削时相同的值。

根据机床规格设定最大切削速度（限制速度）。设定加减速时间常数时，需以最大切削速度进行无暂停的切削进给往返运行，使加减速时的最大电流指令值在表 20-6 范围内。

表 20-6　调整加减速时间常数时的最大允许电流指令值

MDS-D 系列(200V)				MDS-DH 系列(400V)			
电机型号	最大允许电流指令值	电机型号	最大允许电流指令值	电机型号	最大允许电流指令值	电机型号	最大允许电流指令值
HF75	350%以内	HP54	370%以内	HF-H75	350%以内	HP-H54	370%以内
HF105	270%以内	HP104	300%以内	HF-H105	270%以内	HP-H104	300%以内
HF54	420%以内	HP154	440%以内	HF-H54	420%以内	HP-H154	440%以内
HF104	350%以内	HP224	330%以内	HF-H104	350%以内	HP-H224	330%以内
HF154	380%以内	HP204	300%以内	HF-H154	380%以内	HP-H204	300%以内
HF224	310%以内	HP354	300%以内	HF-H204	310%以内	HP-H354	300%以内
HF204	310%以内	HP454	290%以内	HF-H354	330%以内	HP-H454	290%以内
HF354	330%以内	HP704	220%以内	HF-H453	250%以内	HP-H704	220%以内
HF123	190%以内	HP903	250%以内	HF-H703	240%以内	HP-H903	250%以内
HF223	230%以内	HP1103	210%以内	HF-H903	290%以内	HP-H1103	210%以内
HF303	240%以内	HF-KP23	250%以内	HC-H1502	170%以内		
HF453	250%以内	HF-KP43	250%以内				
HF703	240%以内	HF-KP73	240%以内				
HF903	290%以内						
HF142	190%以内						
HF302	190%以内						

（4）定位宽度的调整

由于存在位置控制的响应延迟，因此从 NC 的指令速度为 0 到电机实际停止，需要一段整定时间。这就是定位宽度。

相关参数：♯2224（定位检测宽度）。

标准设定值为 50。设定范围为 0～32767（μm）。

（5）速度环增益可变控制

伺服电机在不同的速度和工作负载下希望有不同的速度环增益。高速运行时，要求速度环增益较小，避免振动或噪声；而切削进给（G1 进给）时，要求速度环增益较大，提高加

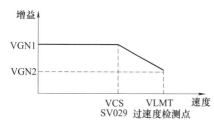

图 20-10　速度环增益可变控制

工精度。因此，要求速度环增益是可以变化的。通过设置参数♯2206、♯2229 可以到达这一要求。这一功能即速度环增益可变控制。

♯2206（VGN2）——设定为电机极限速度 VLMT（最高转速×1.15）时的速度环增益。

♯2229（VCS）SV029——设置速度环增益变更的速度点。

设定范围：−1000～9999。

如图 20-10 所示：当电机速度低于 VCS 设定值时，VGN1 生效；当电机速度超过 VCS 设定值时，VGN2 生效。

20.9　紧急停止的设定

紧急停止为以下状态：输入了紧急停止信号；检测到 NC 断电；检测到伺服报警。

20.9.1　减速控制

（1）减速停止的定义

急停状态下的减速停止指急停状态出现后，电机按预先设定的减速时间减速停止。这种方式可以减少对机械系统的急剧冲击，也可使负载惯量比较大的轴在设定时间内快速停止。在减速停止期间，伺服驱动器保持 Ready-on 状态（这很重要）。在减速停止完成后，伺服驱动器为 Ready-off 状态，动态制动器开始动作。

（2）减速时间的设定

① 设置急停减速时间参数：参数 SV056（♯2256）——急停减速时间。

② 设置要求：设置急停减速时间（SV056）＝快进减速时间（♯2004）。

③ 设置方法：如果快进为直线加减速，则设定♯2256＝♯2004；如果快进加减速为其他模式，则将快进设置为直线加减速，调整到最佳加减速时间后，设置♯2256＝♯2004。

（3）动作

紧急停止发生时，各轴以相同减速度减速，如图 20-11 所示。

（4）对相关参数的说明

① ♯2255——从紧急停止到强制 Ready off 的时间。

设定各轴从紧急停止＝ON 到强制 Ready off 的时间，可设定♯2255＝SV056 最大设定值＋100ms。

进行防落控制时，即使 SV055＜SV048，也只按照 SV048 的设定执行。

设定范围：0～20000（ms）。

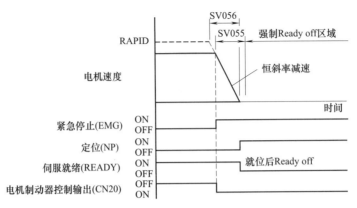

图 20-11　减速控制时序图

② ♯2256——减速停止时间。

设定紧急停止时的减速时间。通常设定为快进加减速时间的 0.9 倍。这是因为电机减速时摩擦转矩成为减速转矩，可以提前停止轴运行。

如果要避免加减速对机床造成碰压，可设定为与快进加减速时间相同。

减速控制中其中一轴发生报警进入动态制动时，另一轴也进入动态制动。

设定范围：0～20000（ms）。

(5) 减速控制停止距离

紧急停止时，根据下式计算停止距离 LEMG。

$$LEMG = \frac{F}{PGN1 \times 60} + \frac{1}{2} \times \frac{F}{60} \times \frac{F \times EMGt}{rapid \times 1000} (mm)$$

式中，F 为紧急停止时的进给速度，mm/min；rapid 为快速进给速度，mm/min；PGN1 为位置环增益 1（SV003），rad/s；EMGt 为紧急停止时的减速时间常数（SV056），ms。

(6) 注意事项

① 发生严重伺服报警，其停止方式为动态制动时，无论参数如何设定，均以动态制动方式停止。

② 如果减速时间设置较大，停电时由于驱动器内部母线电压过低，在减速过程中会切换为动态制动。

③ 如果急停减速时间 SV056 的设定值大于加减速时间，可能会在减速时越过软限位点，造成机床碰撞。

20.9.2 垂直轴防落控制

垂直轴防落控制（以下简称防落控制）用于在发生急停时，防止因机械制动器的动作延迟而导致垂直轴下落损坏刀具和设备。

(1) 功能生效

设置参数 SV048（垂直轴防落时间）确定紧急停止＝ON 到 Ready off 的时间，以保证机械制动器工作后，伺服系统才 Ready off。

本功能必须与减速控制同时使用，动作时序如图 20-12 所示。

(2) 设定步骤

① 在 NC 监视界面中一边观察当前位置，一边输入紧急停止信号，调整参数 SV048，

最终设定 SV048＝轴不下落的最小时间×1.5。

使用 HF（-H）系列、HP（-H）系列带制动器电机时，设定 SV048＝150ms，确认轴不下落，再设定 SV048＝200ms。

② 设置 SV055＝垂直轴的加减速时间。

③ 设置 SV056＝垂直轴的加减速时间。

④ 垂直轴驱动器为 MDS-D/DH-V2（双轴驱动器）时，还必须设定同一驱动器内另一轴的下列参数：SV048＝垂直轴 SV048；SV055＝垂直轴 SV055；SV056＝本轴快进加减速时间。

⑤ 如果供电单元与主轴驱动器连接，必须设置主轴参数 SP055/SP056 ＝主轴从最高转速到停止的减速时间。

⑥ 如果供电单元与某伺服驱动器连接，则必须设定该轴的伺服参数。

⑦ 供电单元的 CN9 接口与垂直轴连接时，必须设定与供电单元 CN4 接口连接的驱动器参数。

（3）相关参数说明

♯2248——垂直轴防落时间：

定义：从紧急停止＝ON 到系统 Ready-off 这段时间为垂直轴防落时间，这段时间系统还处于 Ready-on 状态，因此可防止垂直轴掉落；以每次增加 100ms 的幅度进行调整，设定范围为 0～20000ms。

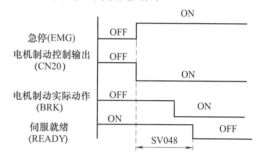

图 20-12　垂直轴防落控制时序图

20.10　保护功能

20.10.1　过载检测

伺服驱动器中安装有电子热保护器。电子热保护器对伺服电机和伺服驱动器进行过负载保护。

在过负载运行时，发生"过负载 1"（报警 50）。

当发生机床冲撞等，工作电流连续 1s 超过最大电流的 95％ 时，就检测出"过负载 2"（报警 51）。

下述参数供厂家调整使用，必须设定为标准值（SV021＝60，SV022＝150）。

① ♯2221（过载检测时间）：通常设定为 60s，设定范围为 1～999s。

② ♯2222（过载检测等级）：以静态电流为基准设定"过负载 1"（报警 50）的电流检测等级，通常设定为 150％，设定范围为 110％～500％（静态电流）。

20.10.2　误差过大检测

（1）误差过大现象

当指令位置与反馈位置之差超过参数设定值时，即为误差过大。

误差过大时系统会发出误差过大报警（报警 52、53、54）。

（2）误差过大分类

误差过大报警有伺服＝ON 和伺服＝OFF 两种状态：在伺服＝ON 状态下，用参数

SV023 设置误差检测宽度；在伺服＝OFF 状态下，用参数 SV026 设置误差检测宽度。

如果在碰压控制等情况下，希望将误差检测宽度设定为大于一般控制时的值，则根据 NC 的指令，将误差检测宽度切换为 SV053 设定值。

(3) 相关参数

① ♯2223——伺服＝ON 时的误差检测宽度

标准设定值：

$$OD1＝OD2＝[快进速度(mm/min)]/(60×PGN1)/2(mm)$$

设定为 0 时，不执行误差过大检测。

设定范围：0～32767mm。

但若 SV084/bitC＝1，则为 0～32767μm。

② ♯2226——伺服＝OFF 状态下的误差检测宽度

标准设定值：

$$OD1＝OD2＝[快进速度(mm/min)]/(60×PGN1)/2(mm)$$

设定为 0 时，不执行误差过大检测。

设定范围：0～32768mm。

但若 SV084/bitC＝1，则为 0～32768μm。

第21章

主 轴 调 试

21.1 主 轴 参 数

本节介绍与主轴运行相关的参数。在使用主轴时，要分清机械主轴头和主轴电机。通常提到主轴是包含机械主轴头和主轴电机的。如果是1：1连接则可视为一体。

21.1.1 主轴基本规格参数

主轴基本规格参数是指机械主轴头和主轴电机共同的参数，不是单纯的主轴电机参数。必须严格分清机械主轴头与主轴电机的概念。在调试阶段，开机后必须设置主轴基本规格参数。

参数号	英文简称	名称
3001	slimt1	
3002	slimt2	主轴头极限转速
3003	slimt3	主轴模拟信号基准转速
3004	slimt4	

功能

参数♯3001～♯3004用于设置在不同挡位下的主轴头极限转速，是重要参数。对应主轴电机最高转速下各挡位限制速度。在使用模拟信号时，是设置（S指令）在10V时对应的各挡位主轴头极限转速。这个参数很重要，特别对模拟主轴是必须设置的参数。

设置

0～99999（r/min）。

参数号	英文简称	名称
3005	smax1	
3006	smax2	主轴头最大转速
3007	smax3	
3008	smax4	

功能

参数♯3005～♯3008 用于设置各挡位的主轴头最大转速，是重要参数。必须设置 slimt≥smax。本参数不是主轴电机的最大转速，是装上变速箱后的主轴头最大转速，与 SP017 有区别。

主轴头极限转速与主轴头最大转速的关系如图 21-1 所示。

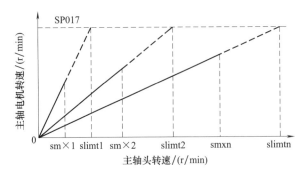

图 21-1　主轴头极限转速与主轴头最大转速的关系

slimtn—主轴头极限转速；smxn—主轴头最大转速

设置

0～99999（r/min）。

参数号	英文简称	名称
3009	ssift1	
3010	ssift2	主轴换挡转速
3011	ssift3	
3012	ssift4	

功能

设置各挡位换挡时的主轴转速。设定值过大，会造成换挡时齿轮损坏，必须特别注意。

设置

0～32767（r/min）。

参数号	英文简称	名称
3013	stap1	
3014	stap2	主轴攻螺纹转速
3015	stap3	
3016	stap4	

功能

设定攻螺纹时各挡位的主轴最高转速。

设置

0～99999（r/min）。

参数号	英文简称	名称
3017	stapt1	
3018	stapt2	攻螺纹时间常数
3019	stapt3	
3020	stapt4	

功能

设定各挡位攻螺纹时的加减速时间常数（图21-2）（直线加减速类型）。

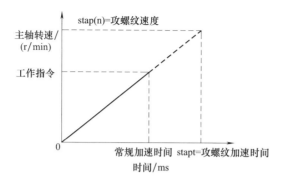

图21-2　攻螺纹时的加减速时间常数

设置

0～5000（ms）。

参数号	英文简称	名称
3021	sori	定位转速

功能

设定主轴定位转速，是重要参数。

设置

0～32767（r/min）。

参数号	英文简称	名称
3022	sgear	编码器齿轮比

功能

设定主轴和第2编码器的齿轮比。如果使用第2编码器要设置本参数。

设置

0：1/1。

1：1/2。

2：1/4。

3：1/8。

参数号	英文简称	名称
3023	smini	最低转速

功能

设定主轴头最低转速，是重要参数。当S指令值低于本参数设定值时，主轴头以本参数设定值运行。

设置

0～32767（r/min）。

参数号	英文简称	名称
3024	sout	主轴类型

功能

设置所使用的主轴类型，是很重要的参数。

设置

0：不连接主轴。

1：总线连接（BUS）（使用伺服主轴）。

2～5：模拟输出（使用变频主轴）。

参数号	英文简称	名称
3025	enc-on	主轴头编码器

功能

设定主轴头编码器的连接类型和状态，是重要参数。主轴头编码器指主轴同步编码器，也称第 2 编码器，常用 ENC 表示。

设置

0：无（不使用主轴编码器）。

1：有（使用主轴编码器）。

2：编码器串行连接。

说明

当机械主轴头与主轴电机非 1∶1 连接时，为了检测机械主轴头的位置、速度，需使用主轴头编码器。定位控制、同步攻螺纹控制时，必须使用主轴头编码器。

图 21-3 所示为主轴头编码器的安装示意。注意，主轴电机 PLG 与主轴头编码器的不同，主轴电机 PLG 与主轴电机直接连接（主轴电机自带），主轴头编码器通过齿轮或同步带与主轴头连接。

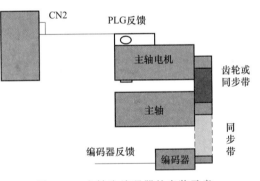

图 21-3 主轴头编码器的安装示意

参数号	英文简称	名称
3031(PR)	smcp_no	主轴驱动器 I/F 通道 No.

功能

设置连接主轴驱动器时的驱动器接口通道号码和轴号，是重要参数。以 4 位设定：上 2 位为驱动器接口通道号码；下 2 位为轴号。

模拟主轴设定为 0000，M80 系统设置参见♯1021。

设置

1001～1010，2001～2010。

21.1.2　M80系统主轴电机专用参数

参数号	英文简称	名称
13001	SP001 PGV	位置回路增益(非插补模式)

功能

设置非插补模式下的位置环增益。标准设定值为 33。增大设定值能够提高对指令的追踪性，缩短定位时间，但加减速时对机械的冲击会加大。

设置

1～200 （1/s）。

参数号	英文简称	名称
13002	SP002 PGN	位置回路增益(插补模式)

功能

设置主轴插补模式下的位置环增益。

设置

1～200 （1/s）。

参数号	英文简称	名称
13003	SP003 PGS	位置环增益(主轴同步运行模式)

功能

设置主轴同步运行模式下的位置环增益。

设置

1～200 （1/s）。

参数号	英文简称	名称
13005(VGN1)	SP005	速度环增益

功能

设定速度环增益，是重要参数。根据负载惯量的大小进行设定。增大设定值可提高控制精度，但易发生振动。发生振动时，下调 20%～30%。最终的设定值为不发生振动时对应数值的 70%～80%。

本参数对主轴运行极为重要，设置不当（太小）会引起主轴发热。

设置

1～9999。

参数号	英文简称	名称
13006	SP006 VIA1	速度环超前补偿 1

功能

设定速度环积分控制增益。标准设定值为 1900。在高速切削中欲提高轮廓追踪精度时，调高本参数值。当发生振动时（10～20Hz），将本参数值下调。

设置

1～9999。

参数号	英文简称	名称
13019(PR)	SP019 RNG1	位置编码器分辨率

功能

本参数与 SP020（RNG2）设定为同一值，是重要参数。

设置

0～32767（kp/rev）。

参数号	英文简称	名称
13020(PR)	SP020 RNG2	速度编码器分辨率

功能

设定主轴电机编码器每转的脉冲数，是重要参数。

设置

♯13019、♯13020 这两个参数极为重要，必须根据具体配置设置。

参数号	英文简称	名称
13031(PR)	SP031　MTYP	电机类型

功能

设定位置编码器、速度编码器及电机类型，是重要参数。

设置

见表 21-1。

表 21-1　电机类型参数设置

F	E	D	C	B	A	9	8
pen				ent			
7	6	5	4	3	2	1	0
mtyp							

注：ent 设置为 2；pen 设置为 2；mtyp 设置为 00。

参数号	英文简称	名称
13032(PR)	SP032 PTYP	供电单元类型

功能

设置供电单元类型，是重要参数。

设置

见表 21-2、表 21-3。

表 21-2　供电单元类型设置（一）

F	E	D	C	B	A	9	8
amp				rtyp			
7	6	5	4	3	2	1	0
ptry							

表 21-3　供电单元类型设置（二）

bit		设定				
0	ptry	项目	MDS-D-CV		MDS-DH-CV	
1			外部急停无效	外部急停有效	外部急停无效	外部急停有效
2		CV-37	04	44	04	44
3		CV-75	08	48	08	48
		CV-110	11	51	11	51
4		CV-185	19	59	19	59
5		CV-300	30	70	30	70
		CV-370	37	77	37	77
6		CV-450	45	85	45	85
		CV-550	55	95		
7		CV-750			75	B5
8	rtyp	0				
9						
A						
B						
C	amp	0				
D						
E						
F						

参数号	英文简称	名称
13037	SP037　JL	负载惯量比

功能

设置负载惯量比，是重要参数。计算方法：$SP037(JL)=100\times(Jm+JI)/Jm$。其中，Jm 为电机惯量；JI 为电机轴轴换算负载惯量。

设置

$0\sim5000$（%）。

参数号	英文简称	名称
13038	SP038 FHz1	共振频率 1

功能

设定发生机械振动时需要抑制的振动频率。

设置

$0\sim2250$（Hz）。本参数设置 50 以上生效，不使用时设定为 0。

参数号	英文简称	名称
13044	SP044 OBS2	外部干扰检测器增益

功能

设定外部干扰检测器的增益。标准设定值为 100。

设置

$0\sim500$（%）。

参数号	英文简称	名称
13045	SP045 OBS1	外部干扰检测器滤波器频率

功能

设定外部干扰检测器滤波器的频率。通常设定为 100。

设置

$0\sim1000$（rad/s）。

参数号	英文简称	名称
13046	SP046 FHz2	共振频率 2

功能

设定发生机械振动时需要抑制的振动频率。本参数设置 50 以上生效，不使用时设定为 0。

设置

$0\sim2250$（Hz）。

参数号	英文简称	名称
13055	SP055 EMGx	紧急停止生效时间

功能

设定从紧急停止输入到强制 Ready off 之间的时间。

设置

$0\sim20000$（ms）。

参数号	英文简称	名称
13056	SP056 EMGt	紧急停止时减速时间常数

功能

设定紧急停止时减速时间常数，即从电机最高速度（TSP）到停止所需的时间。设定为 0 时，以 7000ms 进行减速控制。

设置

$0\sim20000$（ms）。

21.2　主　轴　换　挡

很多具有特殊用途的车床和铣床为了获得不同的切削力，其主轴需要以不同的转速工作。常见的变速方式是使用齿轮变速箱变速。实现主轴自动换挡，需在 PLC 梯形图上编制相关的程序并在参数上进行相应设置。现介绍实现主轴换挡的方法。

21.2.1　主轴换挡过程简述

(1) 基本概念

通常提到的主轴为两个部分，即主轴电机和机械主轴头。这是经常容易混淆的两个概念。大功率主轴通常配有齿轮箱，有四个挡位。

（2）主轴换挡要求

当 NC 上发出 S 指令后，系统能够根据指令速度自行选择并更换相应的挡位。

（3）主轴换挡过程

主轴换挡流程（图 21-4）如下。

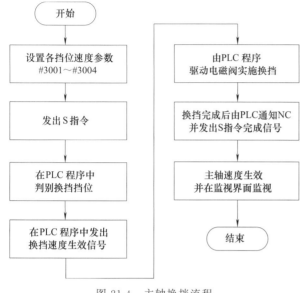

图 21-4　主轴换挡流程

① 首先设置主轴参数♯3001～♯3004。这一组参数表示主轴电机最高转速时各挡位对应的主轴速度。

② 在加工程序中或手动发出 S 指令后，NC 自动判断应该选择的挡位，同时将判别信号发至 PLC 一侧。

③ 在 PLC 程序中根据换挡判别信号，发出相关的主轴停止信号和换挡速度生效信号。

④ PLC 程序指令外部电磁阀动作执行换挡。

⑤ 外部换挡到位后通知 NC 一侧所在挡位，并发出 S 指令执行完毕信号。这时选择的主轴速度生效。

以上的 PLC 程序需要由用户自行编制。

21.2.2　主轴换挡相关参数

三菱 CNC 中以下参数专门用于设置主轴换挡运行。

（1）齿轮比

只要主轴有多个挡位，就必须设置各挡位的齿轮比参数。

① SP057：1 挡主轴机械侧齿轮齿数。

② SP058：2 挡主轴机械侧齿轮齿数。

③ SP059：3 挡主轴机械侧齿轮齿数。

④ SP060：4 挡主轴机械侧齿轮齿数。

⑤ SP061：1 挡主轴电机侧齿轮齿数。

⑥ SP062：2 挡主轴电机侧齿轮齿数。

⑦ SP063：3 挡主轴电机侧齿轮齿数。

⑧ SP064：4 挡主轴电机侧齿轮齿数。

（2）极限速度

参数♯3001～♯3004 为主轴电机最高转速时主轴各挡位的最大速度，是 NC 控制器输出的 S 指令模拟量达到最大值 10V 时各挡位的最大速度值。如果是变频主轴，可以理解为变频电机额定转速下各挡位的最大速度。

① ♯3001：第 1 挡极限速度。

② ♯3002：第 2 挡极限速度。

③ ♯3003：第 3 挡极限速度。

④ ♯3004：第 4 挡极限速度。

(3) 最大速度

主轴在第 1 挡～第 4 挡的极限速度由主轴电机的最高转速与齿轮比确定。极限速度是理论上可以获得的最大速度，但从制造商的角度综合来看，还需要对这个速度进行进一步限制，所以以下参数称为最大速度。最大速度小于极限速度。最大速度可以理解为正常工作时的最大速度。♯3005～♯3008 这一组参数就是主轴各挡位下的最大速度。在主轴换挡过程中使用最大速度划分速度区间。

① ♯3005：第 1 挡的最大速度。

② ♯3006：第 2 挡的最大速度。

③ ♯3007：第 3 挡的最大速度。

④ ♯3008：第 4 挡的最大速度。

主轴最大速度参数（♯3005～♯3008）与由系统发出的主轴指令速度识别信号（X1885、X1886）关系见表 21-4。X1885、X1886 的信号与主轴功能选通（SF1）同时输出。这样，在编程时可以利用 X1885、X1886 识别加工程序中主轴转速的指令区间（S 指令区间），从而发出相关的换挡信号。

表 21-4 最大速度与识别信号的关系

主轴 S 指令	X1885	X1886
0～♯3005	0	0
♯3005,♯3006	1	0
♯3006,♯3007	0	1
♯3007,♯3008	1	1

设置主轴最大速度的方法一般为第 1 挡速度＜第 2 挡速度＜第 3 挡速度＜第 4 挡速度，但这要与各挡齿轮比配合设置。

(4) 主轴换挡速度

主轴换挡时既不能高速也不能静止，高速换挡会损坏齿轮，静止不一定能啮合得上，所以必须一边低速旋转，一边实施换挡。主轴换挡速度可以通过参数♯3009～♯3012 设置。但必须注意设置成足够低速，通常设置为 10～20r/min。

以上参数在主轴运行前必须设置完成，换挡速度应根据换挡时是否引起齿轮冲击而适当调整。

21.2.3 主轴换挡相关 PLC 接口信号

(1) X1885、X1886

X1885、X1886 这两个信号的功能如上所述。当加工程序的主轴转速 S 指令发生变化时，X1885、X1886 的组合表征了发出 S 指令的大小。利用 X1885、X1886 的组合变化可以发出换挡指令。

(2) Y1894

Y1894 为主轴停止信号。当 Y1894＝ON 时，NC 控制器发出的模拟量信号＝0，主轴停止运动。当 Y1894＝OFF 时，主轴以原设定的速度运行，这个信号一般与 Y1895 同时使用。

(3) Y1895

Y1895 为主轴换挡速度生效信号。当 Y1895＝ON 时，主轴以♯3009～♯3012 所设定的换挡速度运行。当 Y1895＝OFF 时，主轴以 S 指令速度运行。注意在换挡时，主轴停止信号必须先接通（Y1894＝ON），而且在整个换挡期间必须保持一直接通。Y1895 是主轴换挡程序中的一个重要信号。

(4) Y290、Y291

Y290、Y291 为主轴换挡完成信号。这两个信号的组合变化表示了换挡完成，当前所处的某一级主轴挡位。一般对应于每一挡位都有外部检测开关，当外部检测开关＝ON时，表示该挡位换挡完成。

用外部开关信号来驱动 Y290、Y291，以表征某一级挡位换挡完成。这个信号很重要，因为挡位一旦选定，其对应的运行速度就由♯3005～♯3008 确定了。

21.2.4 主轴换挡 PLC 程序处理

(1) 发出换挡指令

由 X1885、X1886 的组合信号来发出换挡指令。根据 S 指令用 X1885、X1886 信号的组合发出选择换到第几挡的指令。如图 21-5 所示，将 X1885、X1886 信号的组合值存放到 D80 寄存器，然后再对 D80 中的数值进行判断。

图 21-5　发出换挡指令

(2) 发出主轴停止信号

如图 21-6 所示，由换挡指令驱动主轴停止信号＝ON。这时主轴速度＝0，可在屏幕上监视到速度的变化。主轴停止信号 Y1894＝ON 要保持到换挡完成。

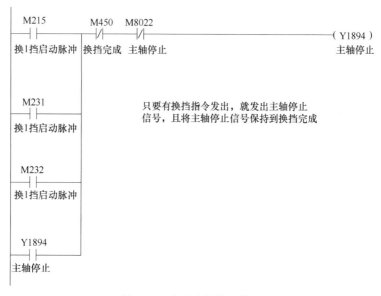

图 21-6　发出主轴停止信号

(3) 发出主轴换挡速度生效信号

延迟 T1 时间后发出"主轴换挡速度生效信号,并使 Y1895＝ON 保持到换挡完成,如图 21-7 所示。这时主轴速度＝参数♯3009～♯3012 设置的换挡速度,可在屏幕上监视到速度的变化。

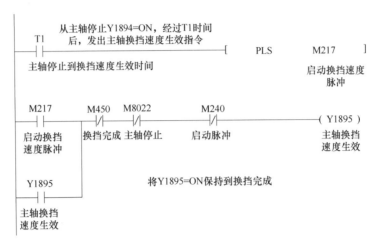

图 21-7　发出主轴换挡速度生效信号

(4) 发出实际换挡指令

实际的换挡驱动指令要等待换挡速度稳定后才发出,所以在程序中设置了延迟时间 T3,如图 21-8 所示。

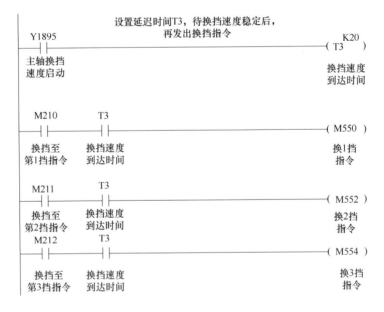

图 21-8　发出实际换挡指令

(5) 驱动外部电磁阀

由换挡指令驱动各挡位对应的外部电磁阀。以上的程序都是准备工作,最终是要执行驱动外部电磁阀动作,如图 21-9 所示。Y211～Y213 都是电磁阀。

当驱动换挡电磁阀换挡完成后，由外部检测开关进行检测。如果确实换挡完成，必须通知 NC 一侧，PLC 程序如图 21-10。X240、X21E 等为外部检测开关信号。

图 21-9　发出实际驱动外部电磁阀的指令

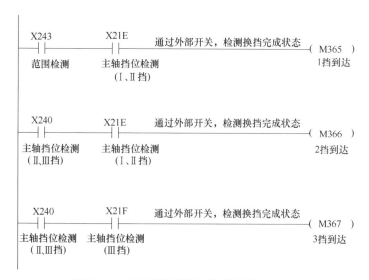

图 21-10　由外部检测开关检测换挡是否完成

（6）挡位到达

在实际换挡完成后，通知 NC 目前的挡位。这一部分不能缺少，NC 只有接到这一信号才能进行正确的主轴速度计算，如图 21-11 所示。M365～M368 是挡位到达信号。

（7）处理 S 指令完成信号

在一般的没有主轴换挡的 PLC 程序中，当 S 指令发出，其选通信号 X234＝ON，其完成通知信号通常是（FIN）YC1E。但在有换挡要求的 PLC 程序中，其完成通知信号用 GFIN Y1885 更合适。

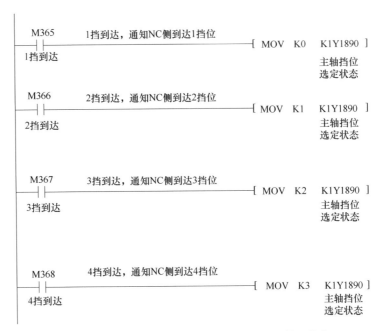

图 21-11　挡位到达的检测及通知 NC 侧到达某一挡位

第22章

开机后常见故障及排除

22.1 开机后常见故障报警及解除

开机后可能在［报警］画面上显示很多故障报警，而且有些报警与实际现象并不相同，需要分析判断予以解除。以下是部分可能出现的报警。

（1）［M01　0006　XYZ］——某一轴或三轴全部超过硬极限

分析

实际情况是各轴尚未运动，并未碰上极限开关。各极限开关信号地址是按照系统规定连接，但接成了常开点，系统因此检测到了过行程限位故障。

处置

① 将极限开关接成常闭点，可消除故障。

② 各极限开关信号不是系统规定的固定接口。需要设置参数＃2073、＃2074、＃2075、＃1226，将对应的极限开关信号接成常闭点。设置＃1226bit5＝1。

（2）［S02　2219　XYZ］，［S02　2220　XYZ］，［S02　2225　XYZ］，［S02　2236 XYZ］——伺服系统的初始参数设置错误

分析

以上报警表示开机后设定的伺服参数不正确。

处置

要根据电机或编码器型号进行设置。

（3）［Y03　MCP　XYZ］——伺服驱动器未安装

分析

实际情况是伺服驱动器已安装。可能原因是电缆未插紧或有故障，上电顺序不正确，驱动器轴号未设定，终端插头未连接。

处置

将各电缆拔下后重新插紧，更换故障电缆；先上伺服系统电，后对控制器上电；正确设定驱动器轴号；连接终端插头。

（4）［Z55］——RI/O 未连接

分析

实际情况是系统根本没有配备 RI/O，或系统确实配备了 RI/O 但已连接完成。这一报

警实际是 RI/O 与控制器的通信受到干扰，可能原因如下。

① 上电顺序不对。先对控制器上电而后对 RI/O 上电，造成控制器检测不到 RI/O。

② 主电缆 CF10（控制器——基本 I/O）连接不良。

处置

① 改变上电顺序。

② 将 CF10 电缆重新插拔上紧。

③ 检查对 RI/O 的供电电源。

④ 检查外部是否有大的干扰源。

(5) ［EMG LIN2］——连接不当引起的急停

分析

可能是某连接电缆的故障，也可能是连接故障。

处置

将各电缆重新插拔上紧，或将 SH21 电缆更换成 R000 电缆。一般 SH21 电缆内有 10 根线，但对于 C1 型驱动器必须用 R000 型电缆，R000 电缆必须是 20 根线全部接满。

(6) ［EMG SRV］——伺服系统故障引起的急停

分析

① SH21 电缆断线可能引起该故障，SH21 电缆连接不良也可能出现该故障。

② 上电顺序不对也会出现该故障。

处置

更换 SH21 电缆并按正常顺序上电。

(7) ［EMG PLC］——PLC 软急停

分析

PLC 程序中的软急停动作。

处置

监视 PLC 程序，找出 PLC 程序中引起 Y29F＝ON 的原因，排除引起急停的故障。

(8) ［EMG STOP］——PLC 程序未运行

分析

设置与操作不当使 PLC 程序未运行。

处置

① 检查控制器后面的 NCSYS 旋钮是否置 1，将该旋钮置 0。

② 在显示器上设定 PLC＝"RUN"。

③ 在 GX-D 软件的通信界面上执行"格式化 PLC 内存"后，重新传入 PLC 程序。

④ 检查 PLC 程序上的是否写入指针编号——P4002。

22.2 数控系统故障分析判断及排除的一般方法

22.2.1 故障判断的一般方法

(1) 发生时段

首先要判断故障发生的时段。

① 调试阶段：在该阶段，数控系统硬件一般没有问题，故障原因多为连接故障、PLC 程序编制错误、参数设置不当，当然连接不当也可能造成硬件烧损。

② 使用阶段：在该阶段，参数设置不当问题较少，连接故障和硬件故障增多。

（2）诊断方法

① 询问。故障发生后，不要急于得出结论，要向操作人员和维修人员详细了解故障现象、故障发生前后设备的工作状况，以此作为判断故障的基础。

② 查阅报警诊断信息。三菱数控系统有完善的报警信息显示。使用其诊断界面可以读出系统当前发生的报警信息。大部分故障都可以通过报警诊断界面进行确认。在报警诊断界面，除了可以直接读出报警编号外，还可以查看各伺服轴和主轴的工作状况，如工作电流、转速等，这对故障诊断有极大的帮助。

在报警诊断界面还有 I/F 诊断界面，该界面可以直接观察数控机床输入输出信号的 ON/OFF 状态，在判断外围信号是否出现故障时，这是很方便的工具。

③ 数控系统的控制单元和其他单元上都有相关的指示灯，充分利用这些指示灯可以对系统的连接和硬件故障进行辅助性判断。

22.2.2 常见的故障类型

（1）位置环故障

① 编码器电缆故障，如插头松动、潮湿、断裂、变形。通过交换电缆即可排除故障。

② 编码器损坏。需要更换编码器。

（2）伺服系统故障

加工时工件表面达不到要求，走圆弧插补轴换向时出现凸台，或电机低速爬行或振动或啸叫，这类故障一般是由伺服系统调整不当、各轴增益不相等或与电机匹配不合适引起，解决方法是进行最佳化调节。

（3）输入输出信号接口故障

数控系统的逻辑控制，如刀库管理、液压启动等，主要由 PLC 程序来实现，要完成这些控制就必须采集各控制点的状态信息，如伺服阀、指示灯等，因此发生故障的可能性较多，且故障类型也千变万化。

22.2.3 排除故障的一般方法

（1）初始化复位法

一般情况下，由于瞬时故障引起的系统报警，可用硬件复位或 ON/OFF 系统电源依次来清除故障。若系统工作存储区由于掉电、插拔线路板或电池欠压造成混乱，则必须对系统进行初始化，初始化前应备份数据。

（2）备件替换法

用完好的备件替换问题线路板，并进行相应的初始化处理，是目前最常用的方法。

22.3 数控系统烧损的主要类型及防护对策

22.3.1 数控系统接地不良引起的烧损

（1）接地端子的类型

在三菱数控系统中，接地端子有以下两种。

① FG 端子：控制器、显示器、基本 I/O、远程 I/O 都有 FG 端子，称为"框架地"或"机柜地"。FG 端子的接地主要屏蔽干扰信号。

② PE 端子：这是强电系统使用接地端子，在驱动器一侧，电机的 PE 端子通过动力电缆连接到驱动器的 PE 端子上，PE 端子是"保护地"，其主要作用是防止强电漏电造成人身伤害。

(2) 数控系统地线接零引起的烧损

一般的数控机床控制柜都有接地排，机床上各部件的 FG 端子和 PE 端子都连接到接地排上。当供电系统为三相四线制时，绝对不允许将数控系统的接地排直接接至三相四线的零线上。绝大部分数控系统烧损都与其地线接零有关。这是因为三菱数控系统要求 DC24V 电源的"0V"要与电源的 FG 端子相连，当 FG 端子被连接于零线上时，相当于直流 DC24V 的 SG（0V）与交流 220V 的零线相连，当三相不平衡零线有电压时，电流会进入 DC24V 回路，烧毁电路板上的电子器件，当交流部分发生短路时，通过零线中的短路电流流过 DC24V 回路，也会烧毁电路中的电子器件。在烧损器件的电路板上可以看见，芯片被烧焦，这说明是大电流流过，产生高热造成的。

案例1 磨床地线接零引起的烧损 ▶▶▶

故障现象

一台磨床调试完毕交付使用十余天后，报告出现下列现象：NC 控制器、显示器、I/O 板、伺服驱动器全部被烧坏。调查结果如下。

① 控制柜内 DC24V 电源完好。

② 上电后，伺服驱动器只有充电电容器红灯亮，而 LCD 七段码不亮，故判断伺服驱动器损坏。交换伺服驱动器部件后证实此结论。

③ 控制柜内砂轮电机回路的空开和正反转接触器被烧坏，操作者反映曾发出一声巨响，控制柜内背板有烧焦痕迹。

④ 控制柜内所有的地线接在一个小螺钉上，总地线接在车间三相四线的零线上。

判断

砂轮电机回路曾发生过短路。在砂轮电机回路中，从相线流经零线的短路电流流经直流回路，故所有 DC24V 用电器被烧毁。

处理

将控制柜的总地线从电源的零线卸下，按标准接到地线网。

结论

地线绝对不能接到零线上，如果有交流电窜入直流回路，由于交流电压一般是直流电压的 10 倍，所以可能窜入的电流会是额定电流的 10 倍，而且不受方向限制，故直流回路中的元件就会被烧坏。

案例2 热处理机床地线接零引起的烧损 ▶▶▶

故障现象

热处理数控机床 AC220V 交流回路的继电器线圈因为设备漏水而发生短路，短路电流烧毁了继电器线圈。同时由两通用开关电源供电的伺服驱动器、远程 I/O 同时被烧毁。

调查结果如下。

① 数控系统的接地排接在了三相四线的零线上，而且出现短路的交流继电器线圈与直流电源同在一相中。

② 直流电源的 SG 与 FG 端子相连。

判断

如果系统烧损，可以判断必定有大电流（主要是交流）进入直流回路，主要是通过零线进入，特别是短路电流通过 FG 端子进入。

处理

在调试阶段，在供电环境不好（三相四线），又未制作良好接地装置的情况下，SG 端子不宜与 FG 端子相连。必须在接地装置制作良好的情况下，直流电源 0V 与 FG 端子才可连接。

22.3.2 接地不良的几种形式

① 接地棒制作不良，没有打入足够深度，接地电阻过大。

② 接地排与接地棒之间的连线线径太细，小于正常要求的 14mm^2。

③ 接地排太小，各接地线混接在一起。

④ 交流接地排和直流接地排没有分开。

⑤ 直接用柜体作为接地体，由于柜体的油漆或橡胶垫引起接地不良。

凡是接地不良都相当于悬空。如果交流接地线与直流接地线混装在一起，则很容易引起干扰和交流进入直流系统。接地不良比不接地影响更大，这是因为接地线从部件到接地排，穿过整个电控柜，有可能和强电线平行布置，从而受到干扰，感应电压对 SG 端子形成通道。

第23章

高速高精度功能及应用

23.1　高精度功能解决的问题与功能的实现

高精度功能解决的问题如下。

① 加工轨迹的直角变圆角。

② 圆弧加工时实际圆弧小于指令圆弧。

实际运行轨迹如图 23-1 所示。

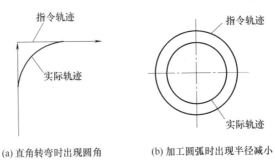

(a) 直角转弯时出现圆角　　　(b) 加工圆弧时出现半径减小

图 23-1　实际运行轨迹

数控系统是通过以下功能实现高精度功能的。

① 前插补加减速控制。

② 转角最佳过渡速度控制。

③ 矢量精插补。

④ 前馈控制。

⑤ 圆弧入口/出口速度控制。

⑥ S 型过滤控制。

23.1.1　前插补加减速控制

数控系统通过预读加工程序，在尚未实际执行插补运行前，已经计算出各程序段的最优平滑过渡曲线。前插补控制的加速度可以设置，是一种斜率恒定的加减速模式。前插补控制的加速度是最重要的参数。在高精度模式下，每个微小线段的加减速都按此进行。如果该参数设置过大，加减速急剧进行，表现为各轴的抖动式运行。微小线段的过渡必须有一个最佳速度，这个最佳速度也是由前插补控制的加速度和转角角度计算获得。实际运行中，前插补控制的加速度对加工质量、加工速度有很大影响。

23.1.1.1 普通插补模式与前插补模式的比较

(1) 普通插补模式（图23-2）

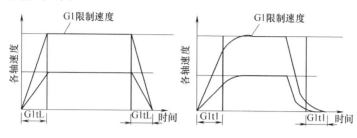

图23-2　普通模式加减速

① 加减速时间恒定。在加减速过程中，加减速时间是一常数（由参数♯2007、♯2008设置）。这种类型称为加减速时间恒定型。加减速时间是指从零速加减速到限制速度时间。即无论指令速度如何变化，达到指令速度的时间总是恒定值。这在指令速度较低时，加减速过程显得很慢；在指令速度较高时，加减速过程显得很快。实际上，因为加减速时间不变，而指令速度随加工工艺要求而变化，所以不同指令速度下的加速度是变化的。

② 各轴可以单独设置参数。由于各轴可以单独设置加减速时间，各轴可选择不同类型加减速曲线。这在插补运行时，会出现加工路径误差。

相关参数如下。

♯2002 clamp：G1限制速度。

♯2007 G1tL：直线型加减速时间常数。

♯2008 G1t1：指数型加减速时间常数。

(2) 前插补模式（图23-3）

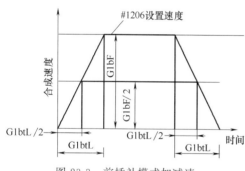

图23-3　前插补模式加减速

① 全部是直线型加减速。加减速的斜率是恒定的，加速度是恒定的。指令速度小，加减速时间短；指令速度大，加减速时间长。由于加速度恒定，可以控制加工的平稳性。不像普通模式中，每一单节的加速度不一样，容易出现抖动的现象。

② 每一系统只有一个加速度值（各轴通用）。这样就不会受到各轴加减速时间设置的影响。在高精度模式中，各轴都使用一个加速度值。

相关重要参数如下。

♯2002 clamp：G1限制速度。

♯1206 G1bF：目标速度。

♯1207 G1btL：到达目标速度的加减速时间。

实际的切削进给速度受♯2109、♯2002 clamp限制。

在系统中设置的加减速参数见表23-1。

表 23-1　在数控系统中设置的加减速参数

1206	G1bF	10000	前插补目标速度
1207	G1btL	300	前插补加速时间
	Cutting feed ACC	0.057	

23.1.1.2　圆弧插补指令中的路径控制

(1) 圆弧插补出现精度误差的原因

执行圆弧插补指令时，普通模式由于受 NC 内部加减速电路的影响，从 NC 输出到伺服驱动系统的轨迹本身比指令更靠近内侧，导致圆弧半径缩小。在前插补控制方式中，由于预先进行路径计算，所以能够避免因加减速处理而导致的路径误差，实现与指令更吻合的圆弧路径。图 23-4 所示为普通插补模式与前插补模式中，圆弧半径误差量的比较。

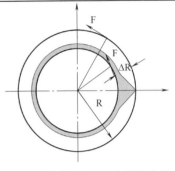

图 23-4　圆弧半径误差量的比较

R—指令半径，mm；ΔR—半径误差，mm；
F—切削进给速度，mm/min

(2) ΔR 的计算

圆弧半径误差量的计算见表 23-2。

通过采用前插补加减速控制方式，可忽略 Ts 项，因此能够缩小半径误差量。Tp 可通过 Kf＝1 予以消除。

表 23-2　圆弧半径误差量的计算

插补后加减速控制(普通模式)	插补前加减速控制(高精度模式)
直线型加减速 $$\Delta R=\frac{1}{2R}\left(\frac{1}{12}Ts^2+Tp^2\right)\left(\frac{F}{60}\right)^2$$ 指数型加减速 $$\Delta R=\frac{1}{2R}(Ts^2+Tp^2)\left(\frac{F}{60}\right)^2$$	直线型加减速 $$\Delta R=\frac{1}{2R}[Tp^2(1-Kf^2)]\left(\frac{F}{60}\right)^2$$

注：Ts—NC 内部的加减速时间常数，s；Tp—伺服系统的位置环时间常数，s；Kf—前馈系数。

23.1.2　最佳转角过渡速度控制

23.1.2.1　最佳转角速度控制

(1) 最佳转角速度控制的概念

最佳转角速度控制指数控系统计算单节与单节的连接角度，利用加减速控制，以最佳速度通过转角，从而实现高精度加工。

进入转角时，数控系统根据本单节与下一单节的角度，计算出通过转角的最佳速度，预先减速到该速度，通过转角之后，再加速到指令的速度。

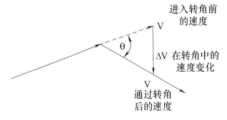

图 23-5　通过转角的速度变化

当单节与单节之间平滑连接时，不进行转角减速。通过参数♯8020（转角角度）判定两单节之间是否为转角。当直线与直线、直线与圆弧等之间的转角角度大于参数♯8020（转角角度）设定值，以某一速度 V 通过转角时，因运行轨迹方向的变化而导致产生速度变化 ΔV，如图 23-5 所示。

由于在前插补方式中设置了加速度，因此该加速度值对转角运行的加速度进行了限制，从而也限制了通过转角的速度。由于以最佳速度通过转角，就消除了抖动和刀痕。

(2) 通过转角的速度曲线

图 23-6 所示为通过转角的速度曲线，V0 为最佳转角速度。系统按加工程序，先以 F500 运动，然后减速到 V0，以 V0 运行一小段时间，再以 F500 运行第二段程序。

最佳转角速度控制就是要保证速度变化引起的加速度小于参数设置的加速度（♯1206/♯1207）。或者解释为，前插补模式设置的加速度限制了各轴转角运行时的速度变化。

（3）精度系数的影响与选择

① 精度系数对转角速度的影响。需要进一步降低 V0 时（希望进一步改善单节转折处的精度时），可通过加工参数♯8019（精度系数）降低 V0。

$$\Delta V' = ♯1206/♯1207$$
$$V0' = V0(100-Ks)/100$$

式中，Ks 为精度系数。

将精度系数设定为负值，可提高 V0。提高加工精度系数导致 V0 降低，可以提高加工精度。

② 精度系数的选择。采用何种精度系数可通过参数♯8021（精度系数选择）进行选择。

♯8021＝0——选用♯8019（精度系数）。

♯8021＝1——选用♯8022（转角精度系数）。

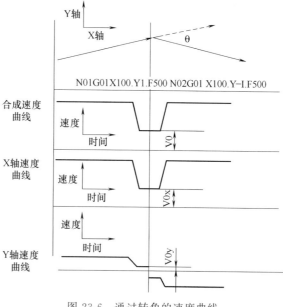

图 23-6 通过转角的速度曲线

（4）转角减速最低速度

为了保证转角速度不会过低，可将转角速度 V0 保持在一定速度以上，方法是对各轴分别设定参数♯2096（转角减速最低速度），确保移动轴的合成速度大于该设定值，如图 23-7 所示。

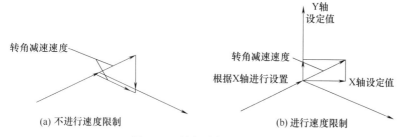

图 23-7 转角最低速度限制

但是，在以下状态时，按照最佳转角速度进行速度控制。

① 合成转角减速速度低于最佳转角速度。

② 有至少一根移动轴的转角减速最低速度参数设定为 0 时。

如果转角速度过低，会导致加工速度慢，但又需要加工速度快一些，所以对各轴分别设定♯2096，这样可以保证加工速度。如果采用高精度模式后，整个加工速度变慢，这是一个影响因素。

23.1.2.2 圆弧插补速度限制

（1）圆弧速度限制

圆弧插补时，即使是以恒速移动，由于运行方向不断变化，也会产生加速度。当圆弧半径相对于指令速度充分大时，按照指令速度进行控制。当圆弧半径较小时，为确保所产生的加速

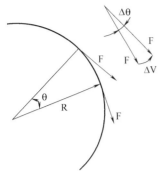

度不超过前插补加速度，要进行速度限制，如图 23-8 所示。

圆弧插补的限制速度由下式计算，以确保 ΔV 不超过前插补加速度。

$$F \leqslant \sqrt{R \times \Delta V \times 60 \times 1000} \, (\text{mm/min})$$

$$\Delta V = \frac{\text{G1bF}(\text{mm/min})}{\text{G1btL}(\text{ms})}$$

图 23-8　圆弧插补的加速度

F—指令速度，mm/min；

R—指令圆弧半径，mm；

Δθ—每插补单位的角度变化；

ΔV—每插补单位的速度变化

(2) 加工误差 ΔR

将上述 F 代入误差量 ΔR 中，则指令半径 R 被取消，ΔR 不依赖于 R 存在。

$$\Delta R \leqslant \frac{1}{2R} \left[Tp^2 (1 - Kf^2) \right] \left(\frac{F}{60} \right)^2$$

$$\leqslant \frac{1}{2} \left[Tp^2 (1 - Kf^2) \right] \left(\frac{\Delta V' \times 1000}{60} \right)$$

式中，ΔR 为圆弧半径误差量；Tp 为伺服系统的位置环时间常数；Kf 为前馈系数；F 为切削进给速度。

在高精度控制模式中的圆弧插补运行中，其加工误差 ΔR 与指令速度 F 及指令圆弧半径 R 无关，只与位置环增益和前馈系数有关。

(3) 精度系数的影响

希望进一步降低圆弧限制速度时（希望进一步改善真圆度），可通过设置加工参数 ♯8019（精度系数）降低圆弧限制速度。

$$\Delta R' = \frac{\Delta R (100 - Ks)}{100}$$

式中，ΔR′ 为最大圆弧半径误差量；Ks 为精度系数。

设定精度系数后，上述 ΔR′ 显示在参数界面，如图 23-9 所示。

① 通过设定精度系数为负值，ΔR 增加。

② 当设定精度系数（正值）时，由于圆弧限制速度降低，所以对于圆弧指令较多的加工程序，会导致加工时间延长。

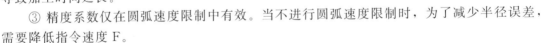

图 23-9　精度系数

③ 精度系数仅在圆弧速度限制中有效。当不进行圆弧速度限制时，为了减少半径误差，需要降低指令速度 F。

④ 当未设定精度系数时（0），不进行圆弧速度限制。

精度系数因参数 ♯8021（精度系数选择）而异。

♯8021＝0——选用 ♯8019（精度系数）。

♯8021＝1——选用 ♯8023（曲线精度系数）。

23.1.3　矢量精插补

加工程序为微小线段指令时，单节与单节的连接角度非常小且平滑的情况下（不用执行最佳转角速度减速时），使用矢量精插补功能可以进行更平滑的插补，如图 23-10 所示。

图 23-10　矢量精插补

23.1.4　前馈控制

(1) 前馈控制原理

前馈控制是将部分调节指令跳过位置调节环直接加在速度调节环之前。为了与从电机编码器返回的调节量区别（该调节量称为反馈），称为前馈。高精度控制模式引入了前馈控制，如图 23-11 所示。通过前馈控制功能，能够大幅降低因伺服系统的位置环控制而导致的常规速度误差。但是，提高前馈系数会引起机械系统振动。

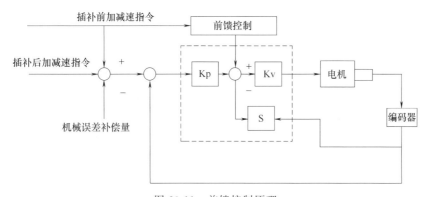

图 23-11　前馈控制原理

Kp—位置环增益；Kv—速度环增益；S—微分

(2) 降低前馈控制所导致的圆弧半径误差量

在高精度控制中，通过将前插补控制模式与前馈控制/SHG 控制组合使用，能够大幅降低圆弧半径误差量。

通过下式计算圆弧半径误差量 ΔR。

$$\Delta R = \frac{1}{2R}\left[Tp^2(1-Kf^2)\right]\left(\frac{F}{60}\right)^2$$

式中，R 为圆弧半径，mm；F 为切削进给速度，mm/min；Tp 为位置环时间常数，s；Kf 为前馈系数（fwd_g/100）。

如果设置 Kf＝1，则 ΔR＝0，也就是圆弧误差＝0（图 23-12）。当 Kf＝1 时，如果发生机械振动，则必须将 Kf 降低，或是调整其他参数。

23.1.5　圆弧入口/出口速度控制

直线→圆弧、圆弧→直线的连接处，可能会发生加速度变化引起机械振动。圆弧入口/出口速度控制是在进入圆弧之前以及出圆弧时，减速到某一速度，以降低机械振动的功能。当与转角减速并存时，速度较低的指

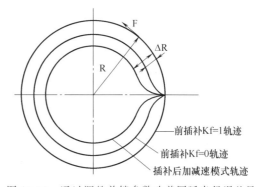

图 23-12　通过调整前馈参数改善圆弧半径误差量

令有效。通过参数♯1149 切换本控制功能的有效/无效。另外，通过参数♯1209 设置减速速度。

无转角减速时，如图 23-13 所示。从直线进入圆弧、圆弧进入直线时先降低到一个低速——进出圆弧速度，再执行圆弧插补。圆弧插补的速度不是按程序指令的速度，而是按圆弧插补限制

速度执行。执行完圆弧插补,再降低到低速——进出圆弧速度,最后恢复到直线插补速度(N3)。

从直线进入圆弧,又含有折线转角时如图 23-14 所示。如果从直线进入圆弧,又含有折线转角的过渡时,降速时以最佳转角速度和进出圆弧速度中较低的一个执行。执行圆弧插补时,圆弧插补的速度不是按程序指令的速度,而是按圆弧插补限制速度执行。执行完圆弧插补,再降低到进出圆弧速度,最后恢复到直线插补速度。

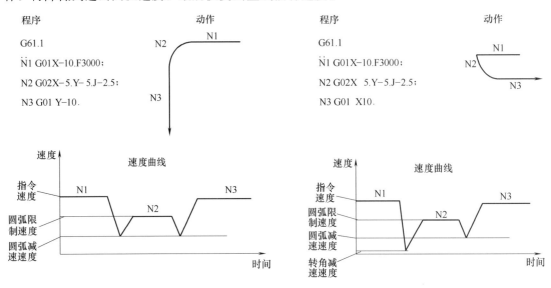

图 23-13　无转角减速圆弧入口/出口速度控制
　　　　　　　　　　　　　图 23-14　直线进入圆弧并含有折线
　　　　　　　　　　　　　　　　　转角圆弧入口/出口速度控制

小结

① 普通模式圆弧加工的速度取决于加工程序中的速度 F。

② 高精度模式中圆弧的插补速度取决于圆弧插补限制速度。

如果转角速度慢,多是加速度限制。

23.1.6　S 型过滤控制

在前插补加减速区间,对直线段进行 S 型处理,使加减速过程更加平滑。使用参数 ♯1568、♯1569 在 0~200ms 的范围内进行设定,使用参数 ♯1570 在 0~26ms 的范围内进行设定,如图 23-15 所示。

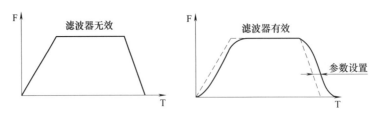

图 23-15　对直线段加减速进行 S 型处理

23.1.7　圆弧加工椭圆度误差补偿

对于圆弧加工出现椭圆时,可执行本功能进行补偿(图 23-16)。

♯8107＝1——补偿有效。

♯8108＝0——对所有轴补偿。

♯8108＝1——各轴单独补偿。

各轴的补偿系数由参数♯2069进行设置。设定范围：$-100.0\sim+100.0$（％）。

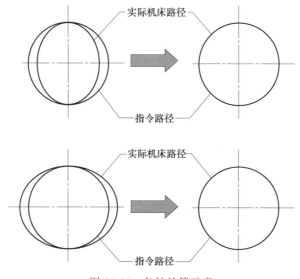

图 23-16　各轴补偿示意

23.1.8　入口/出口平滑补偿

如果在圆弧加工时，在入口和出口出现缺口型误差时，使用本功能进行渐进式补偿（图 23-17）。补偿方法为：从圆弧的起点到 $90°$ 的位置依次增加补偿量（增加），在 $90°$ 的位置达到补偿量的 100%；从 $270°$ 依次减小补偿量（减小），到终点时补偿量＝0。

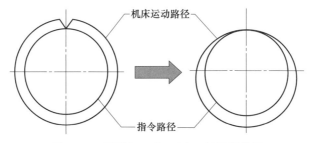

图 23-17　圆弧加工入口/出口的平滑补偿

23.2　高速加工模式

模具加工程序中对于各种曲面的处理是以大量微小直线构成自由曲面，高速加工是以极高的速度执行这些微小程序段，从而完成对自由曲面的加工。高速加工只提高加工速度。

高速加工是指以 G1 指令运行 1mm 的线段时，可以达到的速度指标，如 16.8mm/min，但不是指启用高速加工模式后，所有加工速度全部为高速度。加工速度仍然由程序决定。

高速加工模式用 G 指令调用：

G05P1——调用高速加工模式Ⅰ；G05P2——调用高速加工模式Ⅱ。

微小线段相对于高速而言如果太短就会导致无法执行，所以高速加工模式具备将微小程序段圆滑过渡拟合（实际上生成了新的合成程序）的功能，如图 23-18 所示。

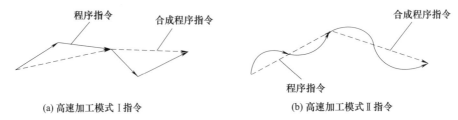

(a) 高速加工模式 I 指令   (b) 高速加工模式 II 指令

图 23-18   高速加工模式的微小程序段圆滑过渡拟合功能

通过 DNC 模式执行高速加工时，受到程序传送速度的限制，加工速度会降低。虽然不启动高速加工模式，也可以达到 16.8m/min 的速度，但没有微小线段的拟合功能，可能会引起抖动。

表 23-3 是高速功能的速度指标。

表 23-3   高速功能的速度指标

模式	指令	执行 1mm 线段 G1 单节时的最大进给速度
标准模式	G05 P0	16.8m/min
高速加工模式 I	G05 P1	16.8m/min
高速加工模式 II	G05 P2	135.0m/min

注：1mm 线段 G1 单节的微小线段能力。

23.3   高速高精度模式

高速高精度功能将高精度功能和高速功能组合在一起，专用于执行微小线段拟合的自由曲面这种类型的加工程序即模具加工程序。

23.3.1   高速可以达到的速度

表 23-4、表 23-5 是高速高精度功能的速度指标。

表 23-4   高速高精度功能的速度指标（一）

高速高精度模式 I	微小线段执行能力		程序上的限制
	无半径补偿	有半径补偿	
无效	16.8m/min	16.8m/min	无
有效	33.6m/min	33.6m/min	有

注：同时三轴 1mm 微小线段能力。

表 23-5   高速高精度功能的速度指标（二）

高速高精度模式 II	微小线段执行能力(线段长 1mm) （无半径补偿）		程序上的限制
	整形无效	整形有效	
无效	16.8m/min	16.8m/min	无
有效 （NC 轴数 1~4）	135.0m/min	101.2m/min	有
有效 （NC 轴数 5,6）	101.2m/min	84.2m/min	

在高速高精度模式下，其高速的速度更快，高速高精度模式 I 可以达到 33.6m/min。

23.3.2 高速高精度特有功能

23.3.2.1 整形——消除锯齿形轨迹

在由计算机生成的加工程序中，如果当前单节与相邻单节存在凸起的锯齿形轨迹，启用整形功能，可消除凸起的锯齿形轨迹部分，使前后轨迹平滑相连。整形功能仅对连续的直线指令（G1）有效。如图 23-19 及图 23-20。高速高精度模式Ⅱ才具备整形功能。

相关参数如下。

① ♯8033 整形功能选择。

♯8033＝0——不进行整形处理。

♯8033＝1——对凸起的单节进行整形处理。

② ♯8029 整形长度。

当凸起的单节长度小于♯8029 设定值时，才进行整形处理。如果凸起轨迹较大，就不能执行整形处理，而应走实际轨迹。

整形前　　　　　　　　　　　　　　整形后

图 23-19　整形处理

另外，如果一次整形处理后仍然存在凸起的轨迹，则重复进行整形处理。

整形前　　　　　　　第1次整形后　　　　　　最终整形

图 23-20　连续整形处理

23.3.2.2 使用加速度判断从而限制 G1 速度

对于高速高精度控制模式Ⅱ中的切削进给限制速度，设置参数♯8034＝1，对速度进行限制，使各单节的移动引起的加速度不超过允许值。由此，在各单节的角度变化小但整体曲率大的部分，也会限制在最佳的速度，如图 23-21 所示。加速度的允许值通过参数计算得出（允许加速度＝♯1206/♯1207）。

加速度限制选择：♯8034＝0——通过参数♯2002 和转角减速功能对 G1 速度进行限制；

♯8034＝1——同时根据加速度判定实施 G1 速度限制。

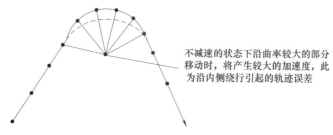

不减速的状态下沿曲率较大的部分移动时，将产生较大的加速度，此为沿内侧绕行引起的轨迹误差

图 23-21　根据曲率进行速度限制

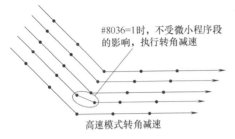

#8036=1时，不受微小程序段的影响，执行转角减速

高速模式转角减速

图23-22 排除微小单节进行转角判断

23.3.2.3 高速转角减速

在高精度控制中，加工程序的相邻单节间角度较大时，会自动进行减速，以使通过转角时产生的加速度在允许值以内。如果是计算机生成的加工程序，在转角部位插入微小的单节，则转角通过速度将与相邻单节不同，这会对加工面带来影响。高速转角减速则是通过参数设定，总体上对转角进行判定，这些转角部位插入微小的单节在判定时被排除，但在实际的移动指令中仍然执行这些微小单节（图23-22）。

相关参数如下。

① ♯8036 转角判别选择。

♯8036＝0——根据相邻单节进行转角判断。

♯8036＝1——排除微小单节进行转角判断。

② ♯8027 转角判定长度。小于该长度设定值就判定为微小单节。

23.3.2.4 单节合成

如图23-23所示，高速高精度模式Ⅰ可以合成2个微程序单节。高速高精度模式Ⅱ可以合成8个微程序单节。

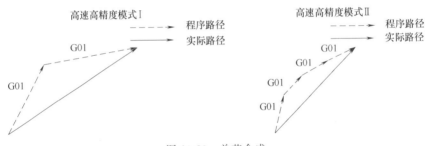

图23-23 单节合成

应该这样来理解高速高精度功能：开通高速高精度功能后，最高速度可以达到规定的高速度，但是加工速度还是以程序规定的速度运行，这是因为在高速高精度模式下也有G0和G1的速度限制，♯2109、♯2110可以限制速度值。

23.4 高精度功能的调用

有两种G指令可以调用高精度功能（注意仅仅是高精度指令）。

23.4.1 G61.1指令

(1) 指令格式

G61.1 F ___；

G61.1——高精度模式＝ON；

F——进给速度指令。

(2) 使用方法

① 高精度模式从G61.1指令单节起生效。

② 可通过以下G代码中的任何一个取消G61.1高精度指令。

a. G61（准确定位检查模式）。

b. G62（自动转角倍率）。

c. G63（攻螺纹模式）。

d. G64（切削模式）。

e. G08 P1（高精度控制模式）。

23.4.2 G08 指令

(1) 指令格式

G08 P1（P0）；

G08——高精度控制模式；

P1——高精度控制模式开始；

P0——高精度控制模式结束。

(2) 使用方法

① 指令 G08P __ 必须写在一个独立单节中。

② G1 最大速度用参数♯2110 Clamp（H-precision）限制。

♯2110＝0 时，由参数♯2002 clamp 设置 G1 限制速度。

③ G0 速度用参数♯2109 Rapid（H-precision）设置。

♯2109＝0 时，快进速度由参数♯2001 rapid 设置。

23.5 高速功能的调用

(1) 指令格式

G05 P1；（高速加工模式Ⅰ生效）

G05 P0；（高速加工模式Ⅰ关闭）

G05 P2；（高速加工模式Ⅱ生效）

G05 P0；（高速加工模式Ⅱ关闭）

(2) 取消高速加工模式的其他指令

① 高速加工模式Ⅰ——可用 G05 P2 取消。

② 高速加工模式Ⅱ——可用 G05 P1 取消。

③ 高速高精度模式Ⅰ（G05.1 Q1）。

④ 高速高精度模式Ⅱ（G05 P10000）。

(3) 使用样例

G28 X0. Y0. Z0. ;

G91 G0 X－100. Y－100. ;

G01 F10000；

G05 P1；（高速加工模式Ⅰ＝ON）

⋮

X0. 1. Y0. 01；

X0. 1Y0. 02；

X0. 1Y0. 03；

⋮

G05 P0；（高速加工模式Ⅰ＝OFF）

M30；

注意，G05 指令必须写在一个独立单节中。

23.6 高速高精度功能的调用

(1) 指令格式

G05.1 Q1；（高速高精度模式 I＝ON）

G05.1 Q0；（高速高精度模式 I＝OFF）

G05 P10000；（高速高精度模式 II＝ON）

G05 P0；（高速高精度模式 II＝OFF）

(2) 使用方法

① G05.1 Q1（高速高精度模式 I）、G05 P10000（高速高精度模式 II）必须在参数 ♯1267 bit0＝ON 时才有效。

② 在高速高精度模式 I/II 中，倍率、切削速度限制、单节、空运行、手动插入、图形跟踪功能有效。

③ 在高速高精度模式 I/II 中，高精度模式自动＝ON。

④ 调用高速高精度模式 I/II 时，应先关闭刀具半径补偿指令，在未关闭刀具半径补偿的状态下，调用高速高精度控制 I/II 将发生程序错误（P34）。

⑤ 如果需要发可执行指令以外的指令时，必须使高速高精度 I/II＝OFF 后，再发出指令。

⑥ 使用高速高精度模式 II 时，为消除圆弧和直线、圆弧和圆弧接合处的速度变动，应将参数 ♯1572 设定为 1。

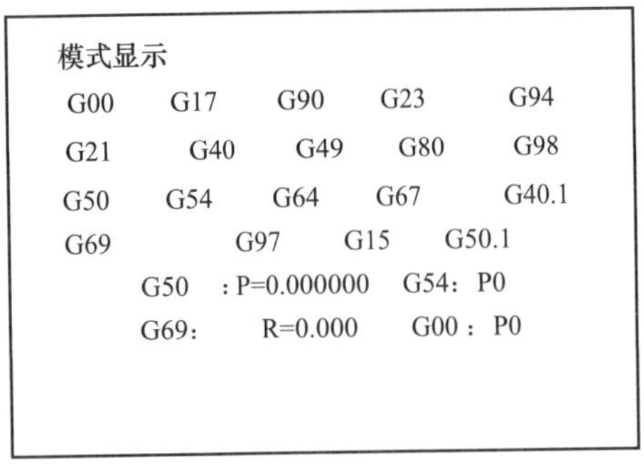

⑦ 进给速度 G1 由参数 ♯2110 限制。♯2110＝0 时，使用参数 ♯2002 进行 G1 速度限制。

⑧ 快进速度由参数 ♯2109 设置。♯2109＝0 时，使用参数 ♯2001 设置的快进速度。

```
模式显示

G00    G17    G90    G23    G94
G21    G40    G49    G80    G98
G50    G54    G64    G67    G40.1
G69           G97    G15    G50.1
     G50  ：P=0.000000   G54：P0
     G69：    R=0.000    G00：P0
```

图 23-24 数控系统上电后的工作模态

(3) 使用条件

图 23-24 是数控系统上电后的工作模态。发出 G05.1 Q1 以及 G05 P10000 指令时，系统的模态见表 23-6、表 23-7，否则将发生程序错误（P34）。

表 23-6 数控系统上电后的工作模态（一）

功能	G 代码	功能	G 代码
刀具半径补偿	G40	宏模态调用	G67
刀具长度补偿	G49	可编程坐标旋转	G69
可编程镜像	G50.1	固定循环	G80
参数设定镜像	取消	每转进给	G94
信号镜像	取消	恒表面速度控制	G97
切削模式	G64	插入型宏模式	M97

除表 23-6 以外，以下模式时（表 23-7）可执行 G05.1 Q1 指令，但不保证正常动作。

表 23-7 数控系统上电后的工作模态（二）

功能	G 代码	功能	G 代码
准确定位检查	G61	每转进给	G95
自动转角倍率	G62	表面速度恒定	G96
攻螺纹模式	G63		

（4）可执行的指令

高速高精度模式Ⅰ/Ⅱ＝ON的状态下，可执行的指令见表23-8。发出不可执行的指令时，将发生程序错误。

表23-8 高速高精度模式下可执行的指令

功能	高速高精度模式		G 代码			
	Ⅰ	Ⅱ				
定位	○	○	G00			
切削进给	○	○	G01	G02	G03	
螺旋插补	○	○	G02	G03		
平面选择	○	○	G17	G18	G19	
刀具半径补偿	○	○	G40	G41	G42	
刀具长度补偿	○	—	G43	G44	G49	
可编程镜像	○	○	G50.1	G51.1		
参数设定镜像			—			
信号镜像			—			
绝对指令	○	○	G90			
增量指令	○	○	G91			
工件坐标系设定	○		G92			
工件坐标系选择	○		G54～G59			
机床坐标系指令	○		G53			
子程序调用	○	○	M98			
外部子程序调用	○	○	M198			
可编程数据输入	○	—	G10 L50			
可编程补偿量输入	○	—	G10 L10			
高速高精度模式Ⅰ取消	○		G05.1 Q0			
高速高精度模式Ⅱ取消	—	○	G05 P0			
样条曲线控制	—	○	G05.1 Q2	G05.1 Q0		
F代码指令	○	○	Fxxx			
顺序编号指令	○	○	Nxxx			
注释指令	○	○	（ ）			
可选单节跳跃	○	○	/			
辅助功能（注1）	○	○	Mxxx	Sxxx	Txxx	Bxxx
圆弧插补的I/J/K/R指令	○	○	I	J	K	R
轴移动数据	○	○	X	Y	Z	etc

23.7 高速度高精度功能在加工中的应用

目前加工模具所用的加工程序都由计算机编制而成，复杂的模具曲面没有合适的数学函数曲线进行描述，现在的模具加工程序都是用微小直线段的组合去模拟自由曲线，就像计算圆周率所用的割圆法一样，而插补的原理也是用微小线段去拟合曲线。

加工程序的每一单节很微小，在加工过程中每一微小单节都有启动、停止的过程，连续的微小单节的运行构成了整个加工程序。在既要求加工速度又要求加工质量时，对数控系统就提出了很高的要求。这就是低端的数控系统不能用于加工模具的原因。

三菱M80系统具备高速高精度功能。这一功能特别适合于模具加工的要求。正确使用这一功能会大大提高模具加工效率和加工质量。

案例 1 ▶▶▶

基本数据

数控系统型号：三菱 M80。

机床：龙门铣床。

加工产品：模具。

故障现象

程序自动运行时一抖一抖地前进，严重时有过切现象。

解决方法

(1) 作为一种机床振动处理

利用仪器测得振动频率，在参数中设置陷波频率，未能消除抖动。

对于机床的振动、抖动可以分成如下类型：共振；动力不足（负载过大）；抱闸未打开；电机啸叫（VGN 过高）；前插补加速度过大；轴承破碎。

(2) 观察

经过观察，程序运行时出现的是瞬停型抖动，不是机床的振动，也不是增益过高引起的振动，因此使用陷波滤波器的方法不能消除振动。

(3) 分析

启用了高速高精度功能，是高速高精度参数引起的振动吗？

① 出现停顿，是因为程序单节中不能平滑过渡，反应较慢，所以不断调高前插补的加速度，即减少♯1207（加减速时间），但是没有什么效果，瞬停型抖动更严重，甚至出现严重过切。

② 反向思考，是否由于加速度过大，各单节快速启动停止，才造成了抖动，按照这个思路，逐步调高♯1207（加减速时间），也就是降低加速度，按此调试，效果明显，程序运行平滑顺畅，加工平面也无抖动刀痕。

在后来的多次调试中发现，在启用高速高精度功能后，凡是瞬停型抖动都是由于前插补加速度过大所导致。

案例 2 ▶▶▶

基本数据

数控系统型号：三菱 M80。

机床：立式加工中心。

加工产品：模具。

故障现象

图 23-25 所示为普通模式加工的模具表面，加工面有明显刀痕。现场观察，用普通加工程序，程序运行不畅。

解决方法

① 启用高速高精度功能。在程序中加入 G05.1Q1 指令，运行流畅性有明显改善，加工表面粗糙度有较大改善，但是还没有达到要求。

② 启用高速度高精度功能后，加工速度变慢，加工时间延长了约 20%。

③ 仔细观察加工零件的表面粗糙度，判断不是高速高精度加工导致的问题，而是速度环增益不足导致的现象。于是逐步调高参数♯2205（速度环增益），当速度环增益参数调高到标准值时，加工零件的表面粗糙度有了显著改善，满足了要求。

图 23-26 所示为启用高速度高精度功能和调整速度环增益后的加工零件表面质量，与图 23-25 相比，加工零件表面质量明显改善。

图 23-25　普通模式加工的模具表面

图 23-26　启用高速度高精度功能后的模具加工表面

案例 3 ▶▶▶

基本数据

数控系统型号：三菱 M80。

机床：立式加工中心。

加工产品：模具（钢件）。

使用年限：1 年。

故障现象

① 加工模具时，走圆角速度变慢。

② 有过切现象。

③ 进刀量＝0.5mm 时不振动，进刀量＝0.6mm 时有剧烈振动。

解决方法

① 实际观察：加工模具时，运行到圆角出现抖动（微微抖动），所以显得速度变慢、不流畅；进刀量＝0.5mm 时不振动，进刀量＝0.6mm 时有剧烈振动，特别是在刀具加工工件边缘时（俗称刷边），即刀具有一半是悬空状态时有剧烈振动，这是加工最恶劣的状态（图 23-27）。

刷边粗加工

图 23-27　粗加工的刷边运行

② 针对走圆角速度变慢，启用高速高精度功能，在原程序中加入 G05.1Q1 指令，运行加工程序进行圆角加工时仍有微微抖动，将参数♯1207 从 300 调高到 450 后，程序运行的流畅性有了明显改善，满足了要求。

③ 针对进刀量调高引起的振动，观察加工时各伺服电机工况：各轴电流 X 轴＝20%～35%，Y 轴＝20%～40%，Z 轴＝7%～10%，主轴＝40%～60%；各轴负载惯量比（图 23-28、图 23-29）X 轴＝400～590，Y 轴＝500～690（最高出现 2010），Z 轴＝200；各轴速度环增益（图 23-30）X 轴＝200，Y 轴＝200，Z 轴＝200。

项目	X轴	Y轴	Z轴
增益(1/s)	32	0	0
固定偏差(i)	1061	0	0
旋转速度(r/min)	209	0	0
负载电流(%)	26	25	6
MAX电流1(%)	128	157	60
MAX电流2(%)	81	41	12
MAX电流3(%)	80	39	11
过载(%)	9	4	0
负载惯量比(%)	518	674	1

粗切削时的负载惯量比

图 23-28　粗加工状态的负载惯量比

项目	X轴	Y轴	Z轴
增益(1/s)	0	32	0
固定偏差(i)	0	−1262	0
旋转速度(r/min)	0	−250	14
负载电流(%)	−3	−7	6
MAX电流1(%)	109	84	96
MAX电流2(%)	8	21	26
MAX电流3(%)	5	12	19
过载(%)	0	0	2
负载惯量比(%)	152	219	226

Y轴单独运行时的负载惯量比

图 23-29　Y 轴单独运行时的负载惯量比

	参数	X轴	Y轴	Z轴
2201	SV001 (PC1)	1	1	1
2202	SV002 (PC2)	1	1	1
2203	SV003 (PGN)	33	33	33
2204	SV004 (PGN2)	86	86	86
2205	SV005 (VGN1)	200	200	200
2206	SV006 (VGN2)	0	0	0
2207	SV007 (VIL)	0	0	0
2208	SV008 (VIA)	1900	1900	1900
2209	SV009 (IQA)	6144	6144	8192
2210	SV010 (IDA)	6144	6144	8192
2211	SV011 (IQG)	2048	2048	2560
2212	SV012 (IDG)	2048	2048	2560
2213	SV013 (ILMT)	800	800	800
2214	SV014 (ILMTsp)	800	800	800
2215	SV015 (FFC)	0	0	0

调整前的速度环增益

图 23-30　调整前的速度环增益

数据分析：在粗加工状态，电机电流都在 30%～40%，特别是 Z 轴更小，说明加工负载并不大；刷边是最恶劣的工作状态，出现振动可以理解为负载不均，负载大而伺服电机性能不足，应提高伺服电机的性能，如果工作电流不大，则应提高伺服响应性——速度环增益。

负载惯量比和速度环增益的相互关系：负载惯量比 X 轴 = 400～590，Y 轴 = 500～690（最高出现 2010）；速度环增益 X 轴 = 200，Y 轴 = 200，Z 轴 = 200，与标准参考值相比，显然速度环增益过小。

调整速度环增益参数♯2205，X 轴——♯2205 = 300，Y 轴——♯2205 = 300。试加工后：在进刀量 = 0.5mm 时，运行平稳；在进刀量 = 0.6mm 时，运行平稳；在进刀量 = 0.8mm 时，X 轴单独一个方向运行，运行平稳，Y 轴单独一个方向运行，运行平稳度稍差，Y 轴单独一个方向刷边运行，有明显振动。

停机修改参数，Y 轴——♯2205 = 400（陷波频率参数♯2238 = 160）（修改 Y 轴参数♯2205 = 300～400，引起电机啸叫，需要同时修改陷波频率参数♯2238，实际是♯2205 增加，♯2238 减小，成反比）。再加工运行，Y 轴方向运行情况有明显改善，能够平稳运行无振动。

同时将主轴转速从 600r/min 提高到 900r/min，运行平稳性有明显改善。

刀具每 2h 转一次刀片角度，也可改善切削性能

针对由进刀量引起的振动解决方案小结：调整负载惯量比和速度环增益的相互关系，按照各电机标准参考值调整；调整主轴转速尽可能大；保证刀具锋利。

案例 4 ▶▶▶

基本数据

数控系统型号：三菱 M80。

机床：龙门加工中心。

加工产品：模具（钢件）。

故障现象

加工速度慢，同样的加工程序在其他机床上要快 20%～30%。

解决方法

① 启用高速度高精度功能，未见明显效果。在原程序中加入 G05.1Q1 指令后，速度未见有明显提高。调整参数 #1207，调高前插补加速度，加工速度略有提高，但加工程序运行有瞬停型抖动。

影响高速高精度指令运行速度的还有一个参数就是 #2096（转角减速最低速度）。如果 #2096 过低，各程序单节之间过渡时间就会延长，从而导致整个加工时间延长。设置 #2096 = 1000，加工速度有了明显提高。

② 在高速高精度功能中的快进速度、切削速度受到参数 #2109、#2110 的限制。检查 #2109、#2110 发现快进速度被限制在 8000mm/min，设置 #2109 = 15000mm/min，加工速度有明显提高。

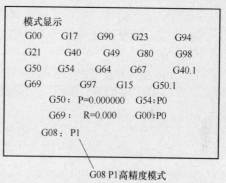

模式显示				
G00	G17	G90	G23	G94
G21	G40	G49	G80	G98
G50	G54	G64	G67	G40.1
G69		G97	G15	G50.1
G50：P=0.000000		G54：P0		
G69：	R=0.000	G00：P0		
G08：P1				

G08 P1高精度模式

图 23-31　上电后进入 G08 P1 模态

③ 检查系统工作模态，发现一直处于 G08 P1 状态，即高精度功能状态（图 23-31），但程序中没有写 G08 P1 指令，其原因是参数 #1148 = 1，系统一上电就进入高精度功能状态。粗加工并不需要高精度功能，只需要大的切削量和加工速度。

设置 #1148 = 0，重新断电上电，删除 G05.1Q1 高速度高精度指令，使用普通模式运行，加工速度快而流畅。对此现象的解释是，两种模式的运行速度都是程序规定的速度 F3000，区别在于加减速过程。在高精度模式中，加减速按 #1206/#1207 的比值（10000/300），加速到 F3000 的时间 = 90ms。在普通模式中，加速到任何速度的时间 = #2008（在本例中 = 45ms），一个单节就快 90ms（加减速各一次），所以整个程序就快很多。实际上 #1206/#1207 的比值不能任意提高，反而应该设置得尽可能低，这样才能保证加工质量（流畅）。

小结

① 并不是所有场合都需要使用高速高精度功能。在粗加工中不需要使用高速高精度功能。所以参数 #1148 的设置必须根据机床用途而定。选择高精度功能，加工速度可能比普通切削模式慢。在粗加工时，为了提高加工速度，应使用普通模式。设置 #1148 = 0（取消高精度模式 G08P1）。

② 如果使用了高速高精度功能，还要求进一步提高加工速度，可以调整＃1206/＃1207 的比值和参数＃2096。

③ 一般遇到的问题是，一套成熟的加工程序（已在其他机床上试验过）加工速度变慢，应按下面顺序判断解决。

a. 是否为成熟的加工程序。

b. 判别加工模式（查看工作模式界面）是否处于高精度模式 G08P1。

c. 最高速度是否受到限制（＃2001、＃2002、＃2109、＃2110）。

d. 如果在精加工阶段要使用高速高精度功能，要注意＃1206/＃1207 和＃2096。提高＃2096 有助于提高加工速度，但会损失加工精度。

案例 5 ▶▶▶

基本数据

数控系统型号：三菱 M80。

机床：龙门加工中心。

加工产品：模具（钢件）。

使用阶段：初期调试阶段。

故障现象

① 精加工时表面粗糙度稍差。

② 粗加工有微振动。

③ Y 轴运行到某一位置区间偶有强烈啸叫，即使未实际切削也有啸叫。

④ Y 轴负载惯量比一直很大，静态负载惯量比＝1300，加工状态负载惯量比＝700。

解决方法

① 启用高速高精度功能。在精加工程序中加入高速高精度指令 G05.1Q1，但运行时出现 P34 报警（图 23-32）。该报警的含义是，当前系统的模态不符合高速高精度指令的使用条件。

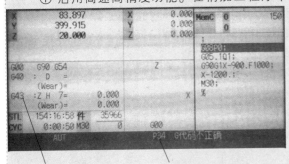

G43模态不符合要求　　报警内容：G代码不正确

图 23-32　高速高精度功能对当前模态的要求

仔细检查，当前模态中有 G43 指令，而系统要求为 G40 模态。删除 G43 指令，再次运行仍然报警。对系统断电后再上电，报警消除。

使用 G05.1Q1 指令后，程序运行很流畅，但观察加工零件的表面粗糙度，仍然没有明显改善。判断是速度环增益不足，调高速度环增益后，效果仍然不明显。由于机床处于初期调试阶段，机床各部件需要磨合，刀具也需要修磨，要待运行一段时间后再看效果，不过程序运行的流畅性得到保证。

② 粗加工时有微振动，不是很明显，只是在进刀量大于 0.8mm 后可以观察到。这种振动一般属于速度环增益不足类型，将速度环增益＃2205 从 350 调高到 450，机床出现强烈鸣响振动，又调低到 400，机床仍然强烈鸣响，对系统断电后再上电，振动消除，这时的速度环增益＝400，比原状态调高 50。再运行粗加工程序，微振动明显改善，达到可以接受的程度。

③ 对于加工程序运行到 Y 轴某位置偶有强烈啸叫，即使未实际切削也有啸叫的现象，分析认为该只是偶然发生，不是系统参数原因。如果参数设置不当，会固定出现某些现象。

由于该机床尚在装机调试阶段，可能是 Y 轴"丝杠"被拉得过紧（Y 轴静态负载惯量比 = 1300，也显得极不正常）。机械刚度过大，即使干扰很小，也会导致振动和啸叫。这种情况对伺服系统也是一样。速度环刚度过大，也容易引起振动和啸叫。厂家重新调整了丝杠的张紧程度后，故障现象消除。

23.8　高速高精度功能设置参数汇总

高速高精度功能参数汇总见表 23-9。

表 23-9　高速高精度功能参数汇总

参数号	主要功能
♯1148＝1	高精度模式
♯1267 bit0＝1	G 代码的 F 格式有效
♯1200＝1	G0 加减速采用斜率恒定模式
♯1201＝1	G1 加减速采用斜率恒定模式
♯1206	目标速度
♯1207	到达目标速度的时间
♯8010	精度系数
♯8020	转角角度
♯8021＝1	将转角处的精度系数和直线处的精度系数分开设置
♯8022	转角处的精度系数
♯8023	直线处的精度系数
♯2096	转角减速最低速度
♯2010	预插补的前馈增益
♯2068	G00 时的预插补的前馈增益
♯1131＝00010000	前馈滤波器
♯1150＝00010000	G0 前馈滤波器
♯1208	圆弧半径误差补偿系数
♯1209	圆弧入口/出口处的减速速度
♯1149	指定在圆弧入口/出口处是否减速(1149＝1 减速,1149＝0 不减速)
♯1572	确定高速高精度圆弧接圆弧、圆弧接直线时是否取消速度变动

♯8010 的本质是对速度变化率 A 的调节。

$$A'' = A(100 - ♯8010)/100$$

式中，A'' 为设置精度系数后的速度变化率。

如果希望转角速度更平滑，就需要进一步放慢速度。精度系数 ♯8010 越大，则速度变化率越小，从而限制了快速加减速的发生。

如果两程序段之间的转角（♯8020）足够大时，NC 能预先减速，在拐点达到最小值（拐点处的最低速度由参数 ♯2096 设定），转过拐点后再加速到程序规定的速度值。

♯8021＝1，将转角处的精度系数和直线处的精度系数分开设置；♯8021＝0，转角处的精度系数和直线处的精度系数相同。

建议参数设置如下。

♯8010＝60；

♯8020＝3；
♯8021＝1；
♯8022＝30；
♯8023＝80；
♯8026＝0；
♯8027＝0；
♯8028＝0；
♯1131＝00010000；
♯1150＝00010000
♯1149＝0；
♯2010＝60
♯2068＝60；
♯1572＝1；
♯1207＝10000；
♯1206＝300；

第24章

实战典型案例——数控热处理机床控制系统的技术开发

为了加快生产节拍，要求数控专用机床在正常的全自动加工程序下，通过外部操作随时驱动某一轴的运动。在三菱 M80 数控系统的基础上，开发了数控系统中的中断功能、手动自动同时有效功能、手动定位功能，将三种功能结合使用，满足了要求。

24.1 数控热处理机床的工作要求

某数控热处理机床采用三菱 M80 数控系统，有 3 个运动轴，其中第 2 轴作上料架轴，常规工作流程如图 24-1 所示。

该机床的全自动工作程序如下。

N10 M20；（上料架前进上料）

⋮（正常加工循环＋上料架退回原位装料）

N30 M80；（上料架前进卸料＋上料。这一工步的动作包括上料架前进卸下已经加工完毕的工件并执行第二工件上料）

在全自动加工循环中，最后一步的上料架前进卸料＋上料动作，必须等待工件加工完毕后才执行，观察实际生产过程，上料架前进的动作可以提前执行，只要装料完毕，就使上料架前进到上料工位，待上一工件加工结束后，直接卸下，换上待加工工件，这样就节省了上料架前进的这一段时间，加快了生产节拍。快捷工作流程如图 24-2 所示。

图 24-1 专用机床常规工作流程

对于 M80 数控系统而言，这一要求的实质是，在自动加工过程中，只要接到某一外部操作信号，就启动某一轴运动，且正常的加工过程不受影响，照常运行。而在通常的加工程序中，各轴的运行是按照预先编制的加工程序的指令运行的，不受外部信号的影响。这就需要开发 M80 数控系统的特殊功能。

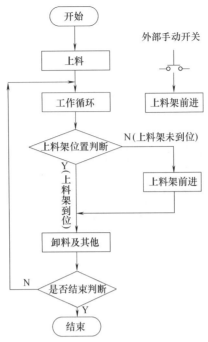

图 24-2　专用机床快捷工作流程

24.2　启用 M80 的中断功能

M80 系统中的中断功能是指在加工程序执行过程中，一旦接到外部中断信号，就停止执行当前主程序，转而执行预先编制的中断程序，在中断程序执行完毕后又返回执行主程序。

如果将中断功能设置成在主加工程序的当前程序段执行完毕后，再执行中断程序，就可以不影响主加工程序的连续性。

P9200 是一种常规的中断程序：

P9200（中断程序号）

N10 G90 G1 Y1000 F300；（Y 轴前进到上料工位）

N20 M99；

这一中断程序显然不能满足要求，因为正常主程序被停止转而执行上料轴的动作，实际加工时间并没有减少，反而影响了正常的加工过程。实用的中断程序必须没有时间上的占用，即该中断程序只发出启动上料轴前进的指令，不等该轴运动到位（运动到位由其他方式检测），就结束中断程序，返回主程序。

24.3　启用手动自动同时有效功能

手动自动同时有效功能是指在自动模式下，使某一轴的手动功能也有效。手动功能包括 JOG（点动）模式、手轮模式、手动定位模式，为满足要求，可以使用手动定位模式。

在手动定位模式下，可以预先设定定位位置，只要发出启动信号，就可以直接运动到该位置。

这样，中断程序可以编制如下：

P9300（中断程序号）

N10 M40；（进入手动自动同时有效模式）

N20 M42；（设置手动定位模式的运行位置、坐标系、速度、插补方式、加减速时间）

N30 M43；（发出启动指令）

N40 M99；（中断程序结束，返回主程序）

P9300 这一中断程序能够满足要求，该中断程序全部使用 M 指令，对 M 指令的处理全部在 PLC 程序后台处理完成，不占用执行加工程序的时间，主加工程序一直没有停顿执行。

相关的 PLC 程序编制如图 24-3 所示。

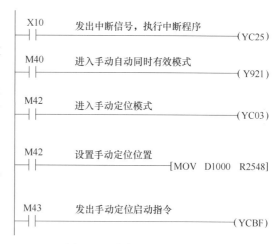

图 24-3　中断及手动自动同时有效

24.4　M80 中使用手动定位模式的技术要点

使用手动定位模式要在 PLC 程序内进行大量设置，PLC 程序的编制相对复杂。在 M80 数控系统中，与手动定位模式有关的 PLC 接口如下。

(1) 手动定位模式——YC03（PTP）

YC03＝ON，系统进入手动定位模式。手动定位模式可以在自动手动同时有效状态中使用。手动定位模式与其他的手动模式不同，由于它具有定位的功能，所以与定位有关的因素都必须进行设定。

(2) 手动定位操作站

M80 系统提供了 3 个手动定位操作站，就像大型设备有 3 个手轮一样。

① 运动轴的选择：在实际操作中首先必须选定需要进行手动定位的轴，这需要在 PLC 程序中处理。

YCA0～YCA7：第 1 站相关信号（轴选择）。

YCA8～YCAF：第 2 站相关信号（轴选择）。

YCB0～YCB7：第 3 站相关信号（轴选择）。

② 定位距离的设定：下列 3 个文件寄存器用于设置各轴的运行位置。

R2544：第 1 轴移动距离。

R2548：第 2 轴移动距离。

R2552：第 3 轴移动距离。

在 PLC 程序中必须向以上的 R 寄存器里写入需要运行的距离。

(3) 高速加减速模式——YCB8

当需要高速加减速时，驱动 YCB8＝ON。但使用高速加减速模式，常会因过载过流引起伺服系统报警，故一般 YCB8＝OFF；在程序中可以不编制。

(4) 轴独立运行选择——YCB9

当两个以上的轴同时定位时，选择是联动还是独立运行。

YCB9＝ON——各轴独立运行。

YCB9＝OFF——各轴联动运行。

(5) 运行速度类型确定——YCBA

YCBA＝OFF——运行速度为手动运行速度，即与 JOG（点动）运行相同的速度。

YCBA＝ON——运行速度为自动运行速度，即在自动模式下用 F 指令指定的速度。

本运行速度是否有效取决于 YCBB（CXS4）。

(6) 快进速度选择——YCBB（CXS4）

YCBB＝OFF——运行速度为快进速度，并且快进倍率有效，即相当于 G0 的速度，定位动作一般采用快进方式。

YCBB＝ON——运行速度由 YCBA 确定。

(7) 坐标系选择——YCBC（CXS5）

既然是定位，就必然需要确定坐标系。YCBC 用于确定所采用的坐标系。

YCBC＝OFF——采用机床坐标系，移动量以机床坐标系为准。

YCBC＝ON——采用工件坐标系，移动量以工件坐标系为准。

图 24-4　手动定位的 PLC 程序

(8) 绝对值/增量值选择——YCBD

选择移动量是绝对值还是增量值。

YCBD＝OFF——选择绝对值，YCBC 所确定的坐标系有效。

YCBD＝ON——选择增量值，移动量与坐标系无关，而只与当前位置有关。

(9) 启动和停止信号

当以上所有的条件全部设定完毕后，还有两个最重要的信号——启动和停止。

① 停止——YCBE。

这是一个 B 接点信号。当 YCBE＝OFF 时，轴移动停止；当 YCBE 从 OFF→ON 时，轴又重新开始移动。这与自动暂停的功能不同，需要特别注意。

② 启动——YCBF。

YCBF＝ON，定位运动开始。注意这个信号的下降沿脉冲有效。当然，这是最重要的信号。

在对以上各接口的定义充分理解后，编制 PLC 程序，如图 24-4 所示。

第25章
实战典型案例——轧辊磨床数控系统的技术开发

某多齿轧辊磨床其控制系统原采用专用计算机，后因使用年久，需要进行改造。经过综合分析，决定采用三菱 M80 数控系统对其进行改造。该磨床经改造后功能满足各项要求，而且提高了系统可靠性和加工程序的编程柔性。

25.1 数控系统基本配置

(1) 原机床结构

图 25-1 和图 25-2 所示为多齿轧辊磨床结构示意。

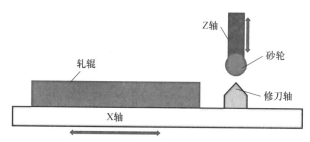

图 25-1 轧辊磨床结构示意（主视图）

多齿轧辊磨床的机械部分可以留用，其运动轴如下。

① 工作台移动轴：带动工件循环往复运动，承重大。

② 分度轴：由于磨削对象是多齿轧辊，而且轧辊的齿数也经常变化，所以要求 CNC 系统有很高的分度精度。

③ 磨削砂轮轴：驱动磨削砂轮上下运动，还能够与工作台移动轴进行插补运动。

④ 修刀轴：驱动修刀器上下运动，实现对主砂轮的修磨。

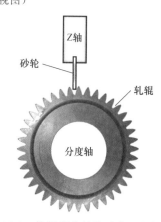

图 25-2 轧辊磨床结构示意（左视图）

（2）改造后的数控系统配置

改造采用的数控系统是三菱 M80 系统，其主要配置如下。

① 控制器：三菱 M80。

② 伺服驱动器：MDS-C1-V2-7035。

③ 伺服驱动器：MDS-R-V1-80。

④ 伺服驱动器：MDS-R-V1-20。

⑤ 伺服电机：HA700NC-SR/OSE104（7kW/2000r/min）。

⑥ 伺服电机：HA100NC-S/OSE104（2kW/2000r/min）。

⑦ 伺服电机：HF354S-A48（3.5kW/2000r/min）。

⑧ 伺服电机：HF105S-A48（1kW/2000r/min）。

⑨ 电源单元：MDS-C1-CV110。

伺服电机的配置应用如下。

① HA700NC 7kW 电机用于工作台往复运动（X 轴），加工工件置于工作台上。

② HA100NC 2kW 电机用于驱动主砂轮上下运动（Z 轴），Z 轴可以与 X 轴进行插补运动。

③ HF354S 3.5kW 电机用于分度轴，带动工件旋转分度；多齿轧辊磨床主要功能之一就是分度。

④ HF105S 1kW 电机用于驱动砂轮修刀器（Y 轴）。

主砂轮的旋转通过变频器控制，转速通过 CNC 系统控制。整个系统的制动为电源再生制动。所以系统配备了电源单元 MDS-C1-CV110。

本系统配置的一个特点是成本低。对于大功率伺服电机采用了一拖二双驱动器，即采用一台驱动器 MDS-C1-V2-7035 控制两台伺服电机，该驱动器能控制一台 7kW 电机和一台 3.5kW 电机。另一特点是不同类型的驱动器共用。在本系统配置中，使用了 MDS-C1 型驱动器和 MDS-R 型驱动器。MDS-R 型驱动器所能驱动的电机功率最大是 3.5kW，且其价格便宜。在本系统中，不同驱动器的排列不受限制，其轴号由驱动器上的旋钮确定。

25.2　调试中的问题分析

25.2.1　Z 轴速度问题及对电子齿轮比的分析

多齿轧辊磨床的 Z 轴为驱动主砂轮上下运动的轴，其机械部分部件繁多、重量大，因此除了采用配重平衡其重量外，还配备了减速比达 60 的齿轮箱，这样可以减少对伺服电机工作转矩的要求，选用额定转矩较小的电机以降低成本。配用在 Z 轴上的伺服电机为 HA100NC-S，其额定转速为 2000r/min，Z 轴螺距为 10mm，减速比为 60，因此 Z 轴实际额定直线速度＝（2000/60）×10＝333mm/m。这一速度对自动加工时小距离的修刀量尚可满足，但要进行圆弧插补，其速度就受到了限制。

从机械结构来看，主砂轮的运动速度由电机速度、减速比、螺距三个因素决定，电机速度的最大值就决定了主砂轮（Z 轴）的最大速度。调节电子齿轮比只能调节每一指令单位对应的实际移动距离，而无法改变实际最大速度值，所以最大速度必须在对电机选型时予以充分考虑。在改造中，自动运行时 Z 轴的进给量为 0.01~0.03mm，按 Z 轴额定速度 333mm/m 计算，运行时间为 0.0018~0.0054s，所以能够满足自动运行的要求。对于手动运行而言，设定额定速度为手动速度，基本满足要求。在对老旧设备改造时，对于配有大减速比齿轮箱的运动轴必须核算其额定工作速度，选用适当的电机。

25.2.2　插补速度的限制

该系统调试完毕，在试验其加工程序时出现下列情况。

① 运行自动加工程序时，走直线插补：

G90 G1 X1200.Z0.03 F1200；

实际运行速度可以达到程序指定的运行速度 F1200。

② 运行自动加工程序，走圆弧插补：

N20 G91 G03 Z0X1000.R♯6 F1000（R♯6 为计算圆弧半径）

出现实际运动速度达不到程序指定的速度 F1000，而是受制于 Z 轴 G1 限制速度，G1 限制速度由参数♯2002 设定，该数值即 Z 轴额定速度 333mm/m。

25.3　磨削程序的编制思路

（1）磨床基本工作顺序

多齿轧辊磨床对工件的磨削过程有其特殊性，在编制程序前，仔细观察其他磨床的工作过程，了解用户的要求是非常必要的。经过仔细观察，总结磨床基本工作顺序如下。

① 单齿磨削。

② 由多个单齿磨削构成全齿磨削——整圈磨削。

③ 由多个整圈磨削构成全磨削。

（2）单齿磨削动作顺序

由于单齿磨削是整个磨削的基础，所以对单齿磨削过程进行仔细观察和分析，总结单齿磨削的动作顺序如下。

① 装卸工件轧辊。

② 修刀器（Y 轴）上升到修磨基准位（对刀线）。

③ 主砂轮下降到修磨砂轮位置。

④ 工作台（X 轴）前进执行砂轮修磨。

⑤ 工作台（X 轴）往复运动执行工件修磨。

⑥ 分度轴分度。

（3）对加工程序的要求

① 由于待修磨轧辊的齿数不同，要求系统能实现任意分度。

② 轧辊每一齿修磨称为单齿修磨。单齿修磨分为粗磨和精磨。单齿粗磨是指主砂轮对轧辊每一齿只修磨一次，即工作台只走一个单向行程。单齿精磨是指主砂轮对轧辊每一齿修磨两次，即工作台走双向行程。

③ 粗磨和精磨既可以是直线磨削，也可以是圆弧磨削。

④ 主砂轮的每次修刀量是可以任意设定的。

⑤ 每一轧辊的全齿数修磨称为整圈修磨。整圈修磨也分为粗磨和精磨。每一圈的磨削量可以任意设定。

⑥ 粗磨的圈数和精磨的圈数可以任意设定。

（4）加工程序的编制原则

经过对用户要求的仔细分析，编制了轧辊磨削流程（图 25-3）。

① 设置轧辊齿数及长度等参数。

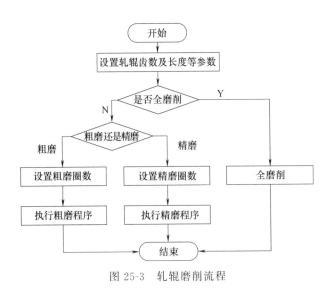

图 25-3　轧辊磨削流程

② 判断是否全磨削。

③ 如果是则执行全磨削。

④ 如果否则执行第⑤步。

⑤ 判断粗磨还是精磨。

⑥ 如果是粗磨，执行第⑧～⑩步。

⑦ 如果是精磨，执行第⑪～⑬步。

⑧ 设置粗磨圈数。

⑨ 执行粗磨程序。

⑩ 结束。

⑪ 设置精磨圈数。

⑫ 执行精磨程序。

⑬ 结束。

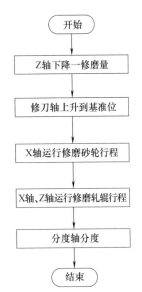

图 25-4　单齿修磨流程

(5) 磨削程序的构成

① 以单齿粗磨循环作为一个子程序。

② 以单齿精磨循环作为一个子程序。

③ 以 N 个单齿粗磨循环构成为一个整圈粗磨子程序。

④ 以 N 个单齿精磨循环构成为一个整圈精磨子程序。

⑤ 由 N 个整圈粗磨子程序和 N 个整圈精磨子程序构成整个磨削加工程序。

⑥ 所有需要设置的数值均以变量表示。

单齿修磨流程如图 25-4 所示。

现以单齿精磨子程序为例进行说明，根据流程编制程序如下。

P9000（单齿精磨子程序）

N8 G91G1Zz F300；（Z 轴下降一修磨量）

N9 G90G1Yy F400；（Y 轴运动到修刀基准位置）

N10 G90G0Xx1；（X 轴正向快进到砂轮修磨点）

N15 G90G1Xx2 F100；（修砂轮行程）

N20 G90G0Xx3；（辅助行程）

N25 G90G0Xx2；（换向辅助行程）

N30 G90G1Xx1 F100；（修砂轮行程）

N35 G90G0Xx5；（X轴运动到工件起点）

N38 M20；（标定当前磨削齿数）

N40 G90G1Xx6 F200；（X轴负向运行磨工件）

N45 G90G1Xx5 F200；（X轴正向运行磨工件）

N50 G91G1A♯100 F100；（分度轴执行分度）

单齿磨削程序构成了加工程序的基础，整圈磨削程序的编制是在其基础上完成的。整圈精磨子程序如下。

N10 M98 P9000 L♯127；

M98是调用子程序命令。P9000是被调用的子程序号。L♯127是调用子程序的次数，♯127是一变量，其数值为轧辊的齿数，实际操作中为保证加工质量，该数值＝齿数＋2。

单齿粗磨子程序和整圈粗磨子程序与精磨程序类似。由此可以构成整个加工程序。

25.4 加工程序中变量设置及使用

由于轧辊修磨工艺的复杂性和轧辊型号的多样性，很多加工工艺参数是不同的，为使同一加工程序能够适应不同的轧辊品种，且能够适应不同的加工工艺参数，必须使加工程序具有相当的柔性，为此必须使用变量编制程序。

(1) 公共变量

三菱CNC中提供了可使用的公共变量200个。公共变量的含义就是该类变量在各加工程序中都可以使用。在磨削加工程序中，使用了以下变量。

① ♯100（单齿粗磨修刀量）。进行单齿粗磨时，每齿修磨后必须对主砂轮修磨一次。本变量规定了单齿粗磨砂轮修磨量。砂轮修磨的过程如下：（由Y轴夹持的）金刚石修磨刀基准位置不变，而由Z轴带动的主砂轮向下运动一微小距离，当工作台（X轴）带动修磨刀（Y轴）运动时，就实现了砂轮的修磨。

② ♯121（单齿精磨修刀量）。精磨修刀量与粗磨修刀量类似，只是数值不同。精磨修刀量与粗磨修刀量只在单齿磨削循环中使用。

③ ♯101～♯115（第N圈粗磨磨削量）。

④ ♯116～♯120（第N圈精磨磨削量）。

⑤ ♯132"磨削调整量"。

由于粗磨和精磨每一圈后其磨削基准线要下移（相当于每圈增加一磨削量），加工工艺要求每圈增加的磨削量各不相同，而且粗磨和精磨也不相同，同时即使设定了每一圈的磨削量，也还要在磨削过程中可以修改。因此定义♯101～♯115为第1～第15圈的粗磨磨削量，♯116～♯120为第1～第5圈的精磨磨削量，♯132为磨削调整量。用此变量进行磨削过程中的磨削量调整。

⑥ ♯130（粗磨圈数）。每一轧辊需要粗磨的圈数根据其磨损程度和已经修磨的状况而不同，需要在加工过程前和加工过程中设定和修改。本变量用于设定和修改粗磨圈数。

⑦ ♯134（精磨圈数）。其定义与粗磨圈数类似。

⑧ ♯127（齿数）。

⑨ ♯140（轧辊全长）。

①～⑦是与加工工艺相关的变量，⑧、⑨是另外一些基本参数变量。

(2) 程序内部变量

① ♯7＝FUP［♯127/2］＋2（粗磨每圈循环次数）。

② ♯8＝360/♯127（A轴分度值）。

③ ♯1132（当前粗磨圈数）。

④ ♯1133（当前精磨圈数）。

⑤ ♯15（修砂轮行程）。

25.5 实用加工程序

在确定了程序框架和必须使用的变量后，编制了实用的平磨磨削程序。凸磨磨削只需将直线运动改成圆弧插补即可。实用加工程序如下。

N1 G90G0X♯150.;（X轴运行到上料工位）

N5 G90G0Z♯151Y0♯152;（Y轴、Z轴运行到基准磨削位置）

N7 S100 M3;（主轴砂轮启动）

N8 M8;（开冷却）

N9 ♯6＝FUP(♯127/2);（计算粗磨循环次数）

 ♯7＝♯6+2;（实际粗磨循环次数）

N10 ♯1132＝1;（标定当前磨削圈数＝1）

N12 G65 P9100L♯7;（整圈粗磨加工）

N18 IF［♯1132EQ♯130］GOTO 200;（判断当前粗磨圈数是否与设定粗磨圈数相等,如果相等就结束粗磨进入精磨阶段,否则继续执行下一圈粗磨）

N10 M80;（将磨削齿数计数清零）

N20 ♯1132＝2;（标定当前磨削圈数＝2）

N21 G91G1Z－［♯102＋♯132］Y－♯102 F♯138;（第2圈增加的磨削量）

N22 G65 P9100L♯7;（整圈粗磨加工）

N28 IF［♯1132EQ♯130］GOTO 200;（判断当前粗磨圈数是否与设定粗磨圈数相等,如果相等就结束粗磨进入精磨阶段,否则继续执行下一圈粗磨）

N100 M80;（将磨削齿数计数清零）

⋮

（粗磨圈数最大15圈,以下进入精磨程序）

N200 ♯1133＝1 ♯1132＝257;（标定当前精磨圈数＝1）

N210 G91G1Z－［♯116＋♯132］Y－♯116 F♯138;（第1圈精磨磨削量）

N212 G65 P9000L♯127;（执行整圈精磨）

N218 IF［♯1133EQ♯132］GOTO 500;（判断当前精磨圈数是否与设定精磨圈数相等,如果相等就结束精磨,跳转到程序结束）

N210 M80;（将磨削齿数计数清零）

N220 ♯1133＝2 ♯1132＝258;（标定当前精磨圈数＝2）

N221 G91G1Z－［♯117＋♯132］Y－♯117 F♯138;（第2圈精磨磨削量）

N222 G65 P9000L♯127;（执行整圈精磨）

N228 IF［♯1133EQ♯132］GOTO 500;（判断当前精磨圈数是否与设定精磨圈数相等,如果相等就结束精磨,跳转到程序结束）

N229 M80;（将磨削齿数计数清零）

⋮

（精磨圈数最大5圈，以下进入程序结束阶段）

N500 G90 G0X♯150；（工作台运动到卸料位置）

N510 M5；（砂轮停转）

N520 M9；（关冷却）

N530 M30；（程序结束）

25.6 PLC程序与加工程序的关系

加工程序与PLC程序有密不可分的关系。特别是加工程序中发出的M指令必须在PLC程序中加以处理，用以驱动外围设备和实现一些特殊的要求。在本次设备改造中，除常规的主轴正转、主轴停止、开关冷却液等功能外，还要求系统能够显示当前正在磨削的圈数和齿数。在三菱CNC操作界面上，能够显示数据的有刀号T和加工件数。磨床上没有使用刀号T，故可用其来显示加工圈数。

25.6.1 当前磨削齿数的处理

当前磨削齿数可以通过设置为加工件数来显示。具体操作方法为，设置加工参数♯8001＝20，其含义是定义M20为工件计数标志。当加工程序中出现M20时，就进行一次计数，相应地在单齿精磨子程序P9000程序中编制

N38 M20；（标定当前磨削齿数）

就可以在屏幕上的工件计数位置观察到齿数的变化。

25.6.2 加工圈数的显示

在加工程序每一圈加工开始位置编制程序（下例是在第2圈加工开始位置）：

♯1132＝2；（标定当前磨削圈数＝2）

♯1132是一NC内部变量，其对应PLC内的R172接口，所以必须在PLC程序内进行处理，如图25-5所示。

图25-5 对当前磨削圈数的显示处理

将文件寄存器R172内的数值随时送入刀号寄存器R36中，这样就可以随时观察到当前磨削圈数的变化。

该磨床经改造后，运行稳定，加工程序能适应不同齿数的轧辊磨削。

第26章

实战典型案例——双系统功能在双刀塔车床改造中的应用

26.1.1 M80 具备的双系统功能

某进口车床，单主轴，双刀塔，原控制系统损坏后已找不到原厂家修理和更换，只有更换新控制系统。经过技术经济综合分析，决定为其配置三菱 M80 数控系统，因为 M80 的车床系统具备双系统功能（三菱 M80 只有选择车床类型时才具备双系统功能）。

M80 的双系统功能中具备以下性能。

① 平衡切削。

② 双系统互相等待。

③ 指定点同步启动功能。

④ 同步混合控制功能。

⑤ 系统间同步轴控制功能。

⑥ 系统间变量公用功能。

M80 可以实现 4 轴联动功能，即使单系统工作，也能够控制 4 轴进行轮廓加工，可以满足产品加工要求。

26.1.2 M80 数控系统硬件配置

M80 硬件配置如下。

① 控制系统 M80，1 个。

② 输入输出单元 DX350，1 个。

③ 输入输出单元 DX110，1 个。

④ 伺服驱动器 MDS-D-V2-8080，2 个。

⑤ 主轴伺服驱动器 MDS-D-SP180，1 个。

⑥ 伺服电机 HF204，4 个。

⑦ 主轴伺服电机 SJ-V11，1 个。

⑧ 电源单元 MDS-D-CV110，1 个。

操作面板必须特别制作，以适应双刀塔控制的特殊要求。

26.2 系统的连接和相关参数的设置

26.2.1 双系统各轴的连接

M80 系统连接伺服轴和主轴的光缆通道有 1 个，最多可连接 16 个轴。轴号设置从第 1 轴开始，依次为 0、1、2、3、4、……、F。

在本案例中，只有 4 个伺服轴和 1 个主轴，其连接如图 26-1 所示，轴号设置为 0、1、2、3、4。

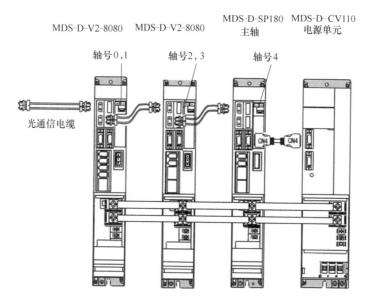

图 26-1　伺服系统的连接和轴号设置

26.2.2 开机后有关双系统参数的设定

在本车床系统中为了启动和使用双系统功能，必须对有关的双系统参数进行设置，有关参数如下。

① ♯1007——选择 NC 系统。♯1007＝0，加工中心系统（M 系列），♯1007＝1，车床系列（L 系列）。在选择双系统工作时，必须使 ♯1007＝1。

② ♯1001——设定 1 则对应的系统生效。

③ ♯1002——设定每一系统的轴数。每一系统可设定 8 轴。

④ ♯1013——设定系统内各轴名称。

⑤ ♯1093——在多系统中指定系统之间的等待方式。本参数的含义是，如果在等待指令代码的单节中存在移动指令时，例如

M100　G01 X500　F3000；　　（M100 为等待指令代码）

设定等待指令的执行时间段：♯1093＝0，先执行等待 M100，后执行移动指令 G01 X500 F3000；♯1093＝1，先执行移动指令 G01 X500 F3000，后执行等待 M100。

⑥ ♯1169——设定各系统的名称。以英文字母或数字的组合进行设定，不超过 4 个字符。

⑦ ♯1279——多系统之间的等待方式选择。♯1279＝0，本系统处于自动运行模式；♯1279＝1，系统处于非自动运行模式时，本系统的等待指令不生效（被跳过），直接运行下一单节程序。

⑧ ♯1285 bit0。设定 0 则新编制加工程序时，程序号为所选系统的程序编号；设定 1 则新编制加工程序时，将无条件生成所有系统的程序编号。

26.3 与双系统功能相关的 PLC 程序

具有双系统功能的 M80 车床的 PLC 梯形图编制和单系统的 PLC 梯形图编制有所不同，其要点如下。

① 每一系统都有其单独的工作模式选择接口（JOG、自动、手轮、回零、MDI、手动定位）。编制程序时可用一个选择开关同时选定，也可使用不同开关。

② 进给倍率、快进倍率、手动定位数据也需根据每一系统单独设定。在操作面板上可使用同一开关，也可使用不同开关。

③ 必须注意，为安全起见，至少在调试阶段，在面板上的每一系统的自动启动和自动暂停开关需分别设置，如果用同一开关，则两个系统中被调用的程序会同时启动，可能造成危险。

图 26-2 所示为相关的 PLC 程序。

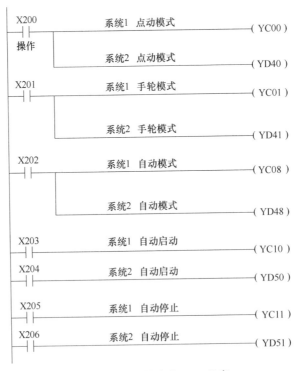

图 26-2 双系统中的 PLC 程序

在实际调试过程中，常遇到某些功能不起作用，经检查多数是 PLC 程序中未驱动系统 2 的相关功能。

26.4 双系统功能在车床上的应用

26.4.1 平衡切削

改造后的机床经常用于加工细长轴工件，因此要求数控系统必须具备相关的细长轴加工功能，其中一个功能就是平衡切削。使用车床对细长工件进行加工时，如果工件长度过大会产生挠曲，难以实现高精度的加工。双刀塔车床可以在工件的两侧同时进行同步加工（平衡切削），因此可以抑制工件的挠曲。另外，采用双刀塔加工，也减少了加工时间。

在平衡切削功能中，平衡切削指令是 G15、G14。G15 是平衡切削指令启动，G14 是平衡切削指令关闭。

平衡切削指令 G15 的实质是，在系统 1 加工程序有 G 代码指令出现后，必须等待系统 2 加工程序有相同的 G 代码指令出现，系统 1 程序和系统 2 程序才同时启动运行。

在图 26-3 中，系统 1 和系统 2 程序的第 3 步都是 G0，所以同时启动，但系统 1 和系统 2 的快进速度不同，系统 2 程序先执行完第 3 步，所以系统 2 停下等待系统 1，直到系统 1 执行完第 3 步，系统 1 和系统 2 程序的第 4 步都是 G1 指令，系统 1 和系统 2 又同时启动执行各自程序的 G1 指令。

平衡切削指令 G15 可称为双系统同 G 代码指令同时启动。

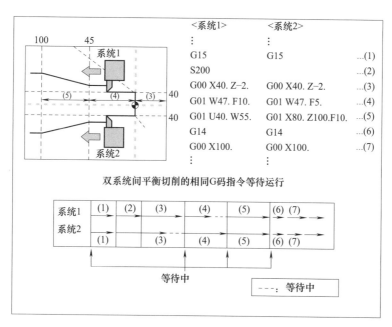

图 26-3 平衡切削

必须注意：G15 指令只是双系统相同 G 码指令同时启动，启动后各自程序的移动量和速度可以各不相同，为了保证同步运行，应使相同程序段的移动量和速度相同；在 G15 和 G14 之间，相同 G 代码指令程序段必须数量相同、顺序相同，否则会出现报警。

平衡切削功能是一种特殊的双系统等待和同时启动功能。

26.4.2 双系统中的程序互相等待运行

(1) 系统之间的等待指令

G15 指令只解决了双系统间平衡切削的问题。为了使双系统之间的程序配合更具柔性，M80 还具备双系统程序间的等待配合功能，在系统 1 和系统 2 程序之间用 M 代码作为等待标志，在系统 1 和系统 2 程序之间都出现相同的 M 代码时，系统 1 和系统 2 程序才同时启动运行。图 26-4 所示为双系统之间利用 M 代码实现程序的等待配合。

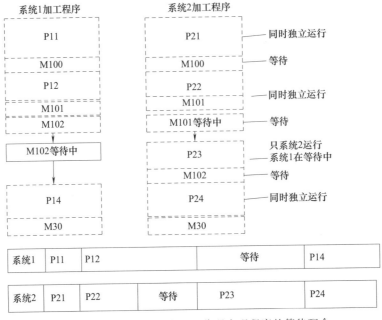

图 26-4　双系统之间利用 M 代码实现程序的等待配合

在系统 1 的加工程序中，P11 和 P12 之间的等待 M 代码为 M100，P12 程序段必须等待系统 2 加工程序中的 M100 出现后才启动。在系统 1 的加工程序中，P12 和 P14 之间的等待 M 代码为 M102，P14 程序段必须等待系统 2 加工程序中的 M102 出现后才启动。

(2) 相关参数

M 代码能否作为等待码使用取决于参数♯1130、♯1131 的设置。

♯1310——最小 M 代码。♯1310＝0，M 代码等待功能无效。

♯1311——最大 M 代码。♯1311＝0，M 代码等待功能无效。

♯1310、♯1311 任一为 0，M 代码等待功能无效。

如果♯1310＞♯1311，M 代码等待功能无效。

(3) 使用 M 代码的注意事项

① M 代码必须单独写一行。

② 系统 1 使用某一 M 代码时，系统 2 使用不同的 M 代码则会产生报警，两系统停止运行。反之亦然。

③ 如果系统 1 执行自动运行，而系统 2 处于非自动状态，则系统 1 加工程序中的等待码 M 无效，程序跳过该 M 代码执行下一段。反之亦然。

④ 如果同一行程序段中有多个 M 指令，则编写顺序为调用宏程序 M 指令/同步攻螺纹 M 指令/等待 M 指令/一般 M 指令。

图 26-5 所示系统 1 是粗车程序，系统 2 是精车程序。两程序之间用 M120～M140 作等待指令。在粗车完毕后再进行精车。两程序同时启动，在运行过程中由 M 代码协调等待，从而实现双系统的全自动运行。

```
系统1启动
程序号 O1234

N10 G90G1X25  F300
    Z3000.F3000----------粗车
    X0
    Z0
    M120-------等待


    M125-------等待
    G90G1X50  F300
    Z4000.F2500----------粗车
    X0
    Z0
    M130-------等待
    M140
    M30
```

```
系统2启动
程序号 O5678


M120-----等待
N20 G90G0X25  F1000
N22 G0X1000
N25 G1Z-2500 F250------精车
M125-----等待


M130-----等待
N210 G90G0X52 F1000
N212 G0X2000；
N213 5G1Z-4500F250------精车
M140-----等待
M30
```

图 26-5　双系统车床粗、精车等待程序

第 27 章

实战典型案例——主轴定位功能在大型进口卧式加工中心改造上的应用

某进口大型卧式加工中心，其电气控制系统已经陈旧，用三菱 M80 数控系统进行改造。卧式加工中心的主轴部分有 3 挡，需要换刀和镗孔，因此需要主轴定位功能。三菱数控系统是具备主轴定位功能的，但是在卧式加工中心的设备改造中使用主轴定位功能时遇到诸多问题，分述如下。

27.1 采用外置编码器进行主轴定位

因主轴有 3 挡，故第 1 方案是使用外置编码器进行主轴定位。在编码器安装连接完毕后，启动主轴运行出现下列现象。

故障 1

故障现象

上电后主轴不能回原点。上电后，发出主轴正转或主轴反转指令，主轴都按正向旋转。发出 M19 主轴定位信号后，主轴一直旋转，无法定位。在定位期间，按下主轴停止按键，主轴旋转停止，手松开，主轴继续旋转。

手动反向旋转主轴 2 圈后，主轴正转、主轴反转开始有效，主轴定位动作有效，而且能够定位在设定位置（可以理解为主轴找到原点后，一切才正常）。

故障分析

① 硬件及电缆正常（因为找到原点后的动作正常）。

② 主轴运行不正常与参数有关。与主轴回原点相关的参数是 ♯3106（回原点参数）。♯3106 参数实际上只规定了回原点方向。设置 ♯3106 参数（原参数＝0004），改为 0000、0001、0002 。无论怎样设置均无法消除以上故障现象。

③ 重新检查了与使用外置编码器相关的参数，具体见表 27-1。

表 27-1　外置编码器相关参数

参数	名称	设置
3024	主轴类型	1
3025	外置编码器连接	2
3022	编码器齿轮比	按实际机械连接设置
13017bit4	位置反馈极性	0：正反馈 1：负反馈 要根据现场测试进行设置调整。设置不当会发生主轴转速不受控制情况

参数	名称	设置
13019	位置检测器分辨率	固定设置为 4096
13026	主轴电机最高转速	按主轴电机规格设置
13031	电机类型	bitC～bitF 设置为 4
13054	全闭环误差检测幅度	根据主轴与主轴电机的连接方式设置 齿轮连接:360 同步带连接:−1
13057～13060	主轴侧齿轮比	按实际设置
13061～13064	电机侧齿轮比	按实际设置
13097	扩展检测器分辨率	−1

设置参数的注意事项如下。

a. ♯3025＝2，使用外置编码器。

b. ♯3022 指主轴头与编码器齿轮比（减速比）。如果机床结构中主轴与编码器不是1∶1连接，必须设置此参数使之与机床结构相符。

c. ♯13017 bit4 如果设置不当，也会造成主轴速度不受控制，应根据现场情况设置。

d. ♯13019 必须固定设置＝4096。现场调试时设置为 2048，但立即引起运行混乱，甚至导致主轴不能回原点。如果其他参数设置不当，系统也会报警♯13019 参数设置错误。

e. ♯13031 由于是全闭环运行，必须设置 bitC～bitF＝4（与常规设置不同）。如果是串行编码器则设置＝6200。

f. ♯13054 用于设置主轴电机与主轴的连接方式。主轴电机与主轴齿轮连接时要注意区分齿轮直接连接和中间加过渡轮的情况，在齿轮连接方式中，只要主轴旋转方向与电机相同，就可以认为是同步带方式。♯13054 参数设置不当，上电后主轴运行紊乱并报警。

g. ♯13097 是专门用于外置编码器的参数，必须设置♯13097＝−1。如果参数♯13097设置错误，将出现♯13019 参数报警。

故障排除

从故障现象看，无论设置主轴正向回零还是反向回零，都无法找到原点，在手动反向旋转主轴 2 圈后，才可以找到原点，说明外置编码器的 Z 相脉冲是有效的，但是在上电后的自动回零时找不到原点，说明设置的回零方向与外置编码器的回零方向相反，因此上电后手动反方向运行可以找到主轴原点。于是重新查看了机床图纸中的编码器安装连接图（图 27-1），机械主轴与编码器通过单级齿轮连接，编码器的旋转方向始终与机械主轴相反，故无论在参数上如何设置回零方向，总是与实际外置编码器的回零方向相反，出现了找不到原点的现象。

主轴电机与主轴之间可以通过齿轮或同步带相连，但是主轴与外置编码器之间要求用同

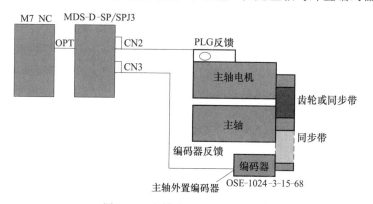

图 27-1　主轴编码器安装连接图

步带连接，这是为了保证主轴与编码器之间旋转方向相同、转速相同。如果主轴与编码器之间是齿轮连接，也要通过加装中间过渡齿轮达到旋转方向相同、转速相同的要求。因此，要求厂家在主轴与编码器之间加装中间过渡齿轮，达到旋转方向相同、转速相同的要求。在设置相关参数后，可以正常执行主轴定位。

故障 2

故障现象

使用外置编码器进行主轴定位，在主轴第 1 挡、第 2 挡可正常进行，但是换至第 3 挡时，一启动主轴正转或反转就马上出现速度偏差过大报警，连续多次均是同一报警。

故障分析

仔细查看主轴齿轮箱结构图，第 1 挡齿轮比＝1：6，第 2 挡齿轮比＝1：2，第 3 挡齿轮比＝1：1，从齿轮传递结构来看，在第 1 挡和第 2 挡，主轴电机与主轴旋转方向相同，而在第 3 挡，经过齿轮传递后，主轴电机与主轴的旋转方向相反。实际操作时，发出主轴正转指令（主轴电机正转），而实际主轴反转，从外置编码器反馈到控制器的信号是主轴反转，系统就立即发出速度偏差过大报警。

由于必须保证主轴在各速度区间能够正常运行，所以外置编码器的主轴定位方式被放弃了，必须采用其他方法。

27.2 采用接近开关进行主轴定位

在三菱数控系统中，主轴驱动器 MDS-D-SP 和 MDS-D-SPJ3 都有采用接近开关进行主轴定位的方法。其实质是以外部接近开关的信号作为主轴原点，用以实现主轴定位。

27.2.1 采用接近开关定位的方法

(1) 接近开关的安装

接近开关的安装和接线分别如图 27-2 和图 27-3 所示。

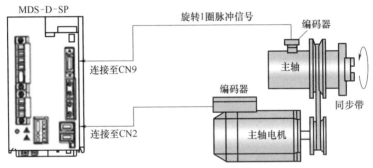

图 27-2　接近开关的安装

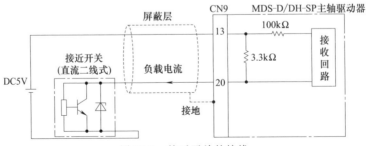

图 27-3　接近开关的接线

接近开关的感应挡块应与主轴刚性 1∶1 连接。接近开关信号应与主轴驱动器的 CN9 连接。

(2) **相关参数的设置**

① ♯3106——回原点参数。建议设置 ♯3106＝8000（此时以接近开关为原点）。回原点方向、定位方向均按此设置。

② ♯3108——定位位置调节量。单位 0.01°。

③ ♯3109——Z 相检测速度。

④ ♯13225——设置接近开关的检测极性（接近开关定位功能专用参数）。

⑤ ♯13227——接近开关检测信号生效参数（重要参数）。♯13227＝4000。

(3) **出现的问题**

接近开关安装完毕，参数设置完成后出现的问题如下。

故障 1

故障现象

上电后找不到原点，无法执行主轴定位。

故障分析

将参数 ♯13227 修改为 ♯13227＝0000，上电后可以执行主轴回零，也可以定位，但是出现主轴定位位置不时发生混乱，断电上电后原定位位置丢失，定位位置调节量断电后丢失等现象。判断是 ♯13227 参数设置错误。

三菱主轴驱动器 MDS-D-SP 和 MDS-D-SPJ3 的接线是不同的。本次改造使用的是 MDS-D-SP 主轴驱动器，而最初按照 MDS-D-SPJ3 的接线，这种接线方式也不是完全不能运行，只是出现不正常的现象。正确接线后，可以正常执行主轴定位。

故障 2

故障现象

接近开关信号一时有效一时无效。

故障分析

在执行连续换刀的程序时发现，有时可以执行主轴定位，有时不能执行主轴定位，经检查，接近开关的电信号是有效的，应调整接近开关的安装位置。但反复调整接近开关的安装位置后，仍然不能解决问题。最后检查安装在主轴上的感应块，发现该感应块是一活动的轴套，当主轴装有刀具时，该轴套被锁紧，当主轴未装刀具时，该轴套处于活动状态，所以出现接近开关信号一时有效一时无效的情况。

为此，重新制作主轴感应块，将其安装在原来外置编码器的位置，充分利用原有结构。经处理，实现了正确的主轴定位。

27.2.2 采用接近开关定位的要点

① 必须保证感应块直接与主轴相连。如果不是直接相连，必须保证旋转方向、旋转速度与主轴完全一致。

② 参数 ♯3106、♯13225、♯13227 非常重要。

③ 参数的设置方法：先按各主轴标准参数设置，再重新设置以上相关参数，关键是 ♯13227 必须设置。

主轴定位是数控系统的基本功能，但是在主轴多挡位的情况下，无论设计还是改造，必须对机械结构、外置编码器、接近开关的电气性能有足够了解，在设备改造时要读透主轴箱的机械结构图纸，才能选定正确适用的主轴定位方案。

第28章

实战典型案例——数控系统在大型回转工作台上的应用

某大型龙门式加工机床，其加工对象为大型齿轮，直径5m，齿数150~200，加工时为单齿加工。采用三菱E70数控系统，有3个伺服轴，其Y轴和Z轴带动加工动力箱上升和下降，X轴带动工件旋转分度。旋转工作台为两级机械传动。由伺服电机带动第一级减速机，第二级为减速机上的小齿轮带动旋转工作台上的大齿轮。

28.1 数控系统基本配置

① 控制器：三菱E70。
② 基本I/O HR341；远程I/O DX110。
③ 驱动器：MDS-R-V8080（X轴、Y轴）。
④ 驱动器：MDS-R-V40（Z轴）。
⑤ 伺服电机：HF353（X轴）。
⑥ 伺服电机：HF353（Y轴）。
⑦ 伺服电机：HF253（Z轴）。

28.2 有关减速比的设置

X轴带动大型回转工作台进行分度，设定其为旋转轴。X轴为两级传动，总减速比由两级减速比相乘，该减速比数值较大而且为小数，其值精确到小数点后3位，在将减速比参数扩大至千位数后设置进CNC系统时，系统出现报警，但设定的减速比参数并未超出范围。减速比是系统定位的重要参数，并且与系统的电子齿轮比相关，为此必须探讨影响减速比设定的各相关因素，而阐明该参数与电子齿轮比的关系是很有必要的。

28.2.1 电子齿轮比计算

设L＝实际行程（mm），F＝编码器分辨率（脉冲/转），B＝机械减速比，P＝螺距（mm），N＝电子齿轮比，M＝指令脉冲数，则L＝(M＊N＊P)/(F＊B)，于是电子齿轮比N＝(L＊F＊B)/(M＊P)。

28.2.2　E70 数控系统相关的参数及使用方法

(1) 相关参数

① ♯2219——编码器分辨率。

② ♯2218——螺距。

③ ♯1003——指令单位。

④ ♯1005——移动指令单位。

⑤ ♯2201——电机侧齿轮数。

⑥ ♯2202——机械侧齿轮数。

(2) 各参数的定义和使用

① ♯2218、♯2219 含义明确。

② ♯1003 指令单位可设定为 μm、mm。♯1003 是 NC 内部进行计算的基准，进行插补运算时，系统是以指令单位的 1/2 进行计算的。一般操作者只在为自动程序编程时设定各轴运行位置，这时输入的数值就受到指令单位的影响。另外，在进行螺距补偿和反向间隙补偿时，其单位只有♯1003 的 1/2，这是为了能进行更精确的补偿，例如螺距补偿和反向间隙补偿的设定值为 100，实际补偿值仅为 50，这就是♯1003 对其他参数的影响。

③ ♯1015 的定义是程序移动量的最小单位，为了满足编程的方便性，可以采用不同单位，可以与♯1003 相同，也可以与♯1003 不同，但仅对程序中的移动量起作用，对其他参数不起作用。必须注意，如果在程序移动量中使用了小数点，则数值以 mm 为单位。

④ ♯2201、♯2202 构成一个齿轮箱，♯2201 是连接在电机轴上的齿轮数，♯2202 是连接在机械轴上的齿轮数。在现场多只知道齿轮箱的减速比，如果减速比是小数，则可设定♯2202/♯2201＝减速比。对♯2201、♯2202 的功能做过试验，在同样的速度指令下，增加♯2201 数值，速度变快，增加♯2202 数值，速度变慢。

以上是对数控系统内与电子齿轮比有关参数的功能和使用的分析。

28.2.3　三菱 CNC 中电子齿轮比的计算及其设置范围

在三菱 CNC 中虽然没有专门的电子齿轮比参数，但仍可采用其公式 N＝(L＊F＊B)/(M＊P)，F＝♯2219（参数简称 RNG1），B＝♯2202（参数简称 PC2）/♯2201（参数简称 PC1）＝PC2（机械侧齿轮数）/PC1（电机侧齿轮数），P＝♯2218（参数简称 PIT）。

由于数控系统更为精密，进行插补运算时是以指令单位的 1/2 进行计算的，所以在外部运行一个指令单位时，系统内部相当于必须发出两个指令单位，所以 N＝(L＊F＊B)/(M＊P) 中，L＝1，M＝2，这样 N＝(F＊B)/(2＊P)＝(RNG1＊PC2)/(2＊PIT＊PC1)。

在 CNC 系统中电子齿轮比还表示为 N＝ELG1/ELG2。三菱 CNC 对电子齿轮比的分子、分母有限制，系统要求 ELG1≤32767，ELG2≤32767，而依据 N＝(RNG1＊PC2)/(2＊PIT＊PC1)，有 ELG1＝RNG1＊PC2，ELG2＝2＊PIT＊PC1，于是有 RNG1＊PC2≤32767，2＊PIT＊PC1≤32767，则♯2201 的设定值范围 PC1≤32767/(PIT＊2)，♯2202 的设定值范围 PC2≤32767/RNG1，这就是设定机械减速比所受到的限制，如果设定值超出其范围，就会产生错误报警。

28.2.4　电子齿轮比的计算实例

在本案例中，齿轮加工机床旋转轴工作条件为半闭环、旋转工作台、指令单位♯1003＝1μm，电机编码器使用 OSA18，依据上述条件决定以下参数。

螺距 PIT＝360，编码器分辨率 RNG1＝260，N＝(RNG1 * PC2)/(2 * PIT * PC1)＝(260 * PC2)/(2 * 360 * PC1)，约分后＝13 * PC2/36 * PC1。

依据半闭环时的计算式求得 PC1 和 PC2 的最大值。PC1＜32767/36＜910（♯2201 设定值范围），PC2＜32767/13＜2520（♯2202 设定值范围）。

在实际设定时，曾经设定 PC1＝10，PC2＝2670，所以 NC 出现报警。后设定 PC1＝8，PC2＝2136，NC 报警解除。

由于一般旋转轴的螺距（＝360）和减速比较大，所以设定时要予以注意。

28.3 分度的调节

在实际工件分度运行时，将齿轮装夹于工作台上，要求加工刀具能够每次正插入齿槽中，在试运行时，分度运行 40 齿后，就出现很大偏差，加工刀具无法插入齿槽中。在后续的试运行中甚至出现开始运行 2 齿后就出现极大偏差的现象。

28.3.1 影响分度精度的因素

① 减速比不会造成如此巨大误差。计算减速比＝266.997，实际设定减速比＝267，如果发出运行一圈的指令，实际运行值大于一圈，即实际值大于指令值，而实际现象是实际值小于指令值，因此排除减速比的影响。

② 齿轮机械精度和工件装夹精度也不会造成如此大的误差。这由制造厂家予以保证。

③ 运动速度和加减速时间会有影响，只会形成累积误差。

④ 齿轮反向间隙影响。这可能是重要因素。

28.3.2 反向间隙的测定

该机床大型回转工作台的机械传动机构为两级机械传动，由伺服电机带动第一级减速机，第二级为减速机上的小齿轮带动旋转工作台上的大齿轮。因此，其反向间隙由两级传动机构形成，其精度不能与常见的滚珠丝杠相比。

测量方法 1

为了测定反向间隙，进行了如下试验。使回转工作台运行：

G91G1 X20F100；（正转）

G91G1X－20F100；（反转）

测定其起点位置与回归位置的差值，应该就是反向间隙。但是运行结果是有时出现误差，有时不出现误差。显然这就是反向间隙的影响。

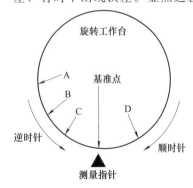

图 28-1 反向间隙的测量

测量方法 2

图 28-1 是测量反向间隙的一种方法。

(1) 试验过程

① 顺时针回零→逆时针运行。

a. 将测量指针固定对准基准点，将回转工作台逆时针转动至 C 点，再顺时针回到基准点。

b. 在自动方式下，逆时针方向旋转 20°，回转工作台停止在 B 点。

② 逆时针回零→逆时针运行。

a. 将回转工作台顺时针转动至 D 点，再逆时针回到基准点。

b. 在自动方式下，逆时针方向旋转20°，回转工作台停止在A点。

5次试验的测量结果见表28-1。

表28-1 测量结果

序号	自动旋转度数	A、B两点间的差值	序号	自动旋转度数	A、B两点间的差值
1	20°	0.39°	4	16°	0.43°
2	18°	0.38°	5	15°	0.39°
3	17°	0.38°			

（2）分析

在顺时针回零→逆时针运行这种方式中，顺时针回零，逆时针运动，经过了反向运动，存在反向间隙，所以只运动到B点。

在逆时针回零→逆时针运行这种方式中，逆时针回零，逆时针运动，没有反向运动，不存在反向间隙，所以运动到A点。这样A、B两点间的差值就是传动系统的反向间隙。

（观察屏幕上两点间的差值）用手轮可以摇出这两点间的间隙值。

（3）设置

根据表28-1中的测定值，设定反向间隙♯2012＝380，基本消除反向间隙的影响。

28.3.3 运行速度和加减速时间对分度运动的影响

为了测定运行速度和加减速时间对分度运动的影响，进行了以下试验。

① 运行程序

G91 G1 X10 F100；

加减速时间＝100ms，不能准确定位。

② 修改为

G91 G1 X10 F20；

加减速时间＝300ms，可准确定位。

③ 修改为

G91 G1 X10 F40；

加减速时间＝300ms，可准确定位。

④ 修改为

G91 G1 X10 F50；

加减速时间＝300ms，可准确定位。

仔细观察，有明显减速爬行准停过程，虽然速度从F20→F40→F50变化，但都能准确分度定位，所以加减速时间是重要因素。

准确分度的简单口诀是：顺时针回零，顺时针定位；设定足够的加减速时间。

直径3m的回转工作台，速度为F50，可满足要求。

第29章

实战典型案例——宏程序变量转换的柔性加工技术

29.1 专用连杆加工机床的工作要求

某专用连杆加工机床配置三菱 C70 数控系统，该机床加工对象是不同规格的连杆。不同规格的连杆形状相同而尺寸不同，但加工路径和顺序是相同的。要求使用一套加工程序对应不同规格的加工对象，当加工对象改变时，只需在触摸屏（以下简称 GOT）上选择零件号即可。简言之，就是要求该加工机床为柔性的加工机床，要求在加工进程中或试切过程中，各加工参数可以随时修改，修改后参数立即生效。

29.2 C70 数控系统的解决方案

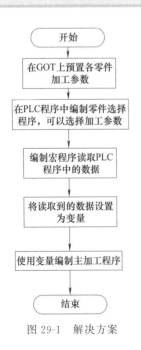

图 29-1　解决方案

根据工作要求和 C70 数控系统的功能，经过综合分析，提出了如下解决方案（图 29-1）。

① 主加工程序中对应不同规格产品的加工参数，如零件的直径、长度、宽度、进给速度，全部用变量表示。不同规格的零件对应一组不同的变量。

② 不同规格的零件对应的不同加工参数预先通过 GOT 设定。

③ 零件号的选择通过 GOT 选定。

④ 在 PLC 梯形图程序中编制不同零件选择不同加工参数的程序。

⑤ 通过宏程序读出 PLC 梯形图程序中被选择的加工参数。将加工参数设置为变量，这是重点。

⑥ 主加工程序使用变量运行。

⑦ 使用中断功能，使在主加工程序运行过程中修改的参数立即生效。

29.3 PLC 梯形图程序编制

29.3.1 利用 GOT 进行参数的预置和零件选择

C70 数控系统是配有 GOT 的数控系统，因此可以很方便地在触摸屏上预先设置不同规格的零件的各种加工参数，具体见表 29-1。D101～D110 为 1♯零件的 1～10 号加工参数，D201～D210 为 2♯零件的 1～10 号加工参数，依此类推。在 GOT 上还必须预先设置零件选择画面。

表 29-1 GOT "零件选择" 设置

零件号	在 GOT 上设置参数的数据寄存器	宏程序对应的加工参数寄存器
1	D101～D110 1♯～10♯加工参数	D1201=1♯加工参数
2	D201～D210 1♯～10♯加工参数	D1202=2♯加工参数
3	D301～D310 1♯～10♯加工参数	D1203=3♯加工参数
4	D401～D410 1♯～10♯加工参数	D1204=4♯加工参数
5	D501～D510 1♯～10♯加工参数	D1205=5♯加工参数
6	D601～D610 1♯～10♯加工参数	D1206=6♯加工参数
7	D701～D710 1♯～10♯加工参数	D1207=7♯加工参数
8	D801～D810 1♯～10♯加工参数	D1208=8♯加工参数

29.3.2 根据加工零件选择加工参数的 PLC 梯形图编制

在 PLC 梯形图程序中，用零件选择信号来选择某一组加工参数。如图 29-2 所示，M201～M208 为 8 种不同规格的零件选择信号。当 M201＝ON 时，将 D101 中预置的数据送入 D1201 中，当 M202＝ON 时，则将 D201 中预置的数据送入 D1201 中，依此类推。

D1201 是供加工程序使用的 1♯加工参数。而其余的 2♯～9♯加工参数也可用同样的方式设置。只是要注意零件选择信号必须使用脉冲信号，即该信号只执行一次传送数据，当选择其他零件时，就送入新的数据。

这样通过 PLC 梯形图程序就完成了对应不同的加工零件选择不同的加工参数这一要求，但是要把 PLC 梯形图中的数据送入 CNC 加工程序，还必须使用宏程序读取数据的方法。

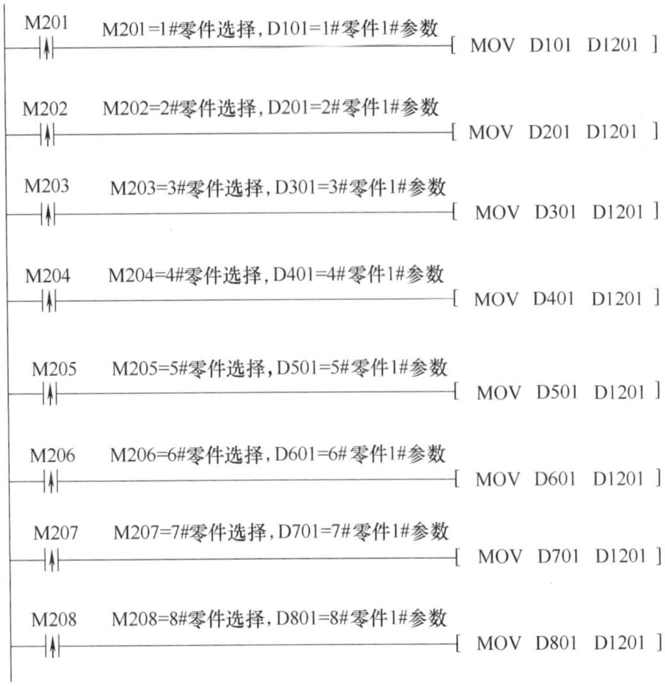

图 29-2　选择零件并传送加工参数

29.4　使用宏程序读取 PLC 程序中的相关数据

29.4.1　读取 PLC 程序中的相关数据的宏程序

把 PLC 程序中的数据变成 NC 加工程序中可以使用的变量，必须使用三菱 CNC 中的一种特殊功能，即宏程序读取 PLC 程序中的相关数据功能。

为了使 PLC 中的信息与 CNC 中加工程序互相交换使用，在三菱 CNC 中使用了一批系统变量，这批系统变量专门规定为对应 PLC 梯形图中各软元件的数据，在使用宏程序读取 PLC 程序中的相关信息时可使用这些系统变量，其中有关的系统变量定义如下。

♯100100——指定读取 PLC 程序中的软元件类型。

♯100101——指定读取的元件号。

♯100102——指定读取字元件的字节长度。

♯100103——指定读取元件的位。

♯100110——被读取软元件的数值。

一个读取 PLC 梯形图程序中的相关信息的宏程序就是对这些系统变量进行定义后，将其组合起来。据此编制的读取 PLC 程序中的相关数据寄存器数据的宏程序如下。

9100（程序号）

N10　♯100100＝1;［指定读取 D 元件（数据寄存器）］

N20　♯100101＝1201;［指定读取的元件号（D1201）］

N30　♯100102＝2;［指定读取字元件的字节长度（16bit）］

N50　#100=#100110;[变量#100110是被读取(D1201)的数值]
N60　#100101=1202;(指定读取的元件号=D1202)
N70　#102=#100110;[变量#100110是被读取(D1202)的数值]
　⋮
N150　#100101=1209;(指定读取的元件号=D1209)
N160　#116=#100110;[变量#100110是被读取(D1209)的数值]
N200　M99;

在宏程序9100中，用系统变量连续读出了PLC程序中的D1201、D1202、……、D1209中的数值。宏程序中的第N20、N60、……、N150程序段都是设定数据寄存器的编号，在设定了这些编号后，系统变量#100110就是对应该数据寄存器的数值，然后将其赋值到公共变量#100、#102、……、#116中，这是宏程序P9100的关键。

公共变量#100、#102、……、#118可以在显示屏上显示，这样可以将其与设置的数据相比较，验证设置数据与PLC程序和宏程序的正确性。主加工程序可以完全使用这些变量编程。将宏程序和通用加工程序组合起来，就实现了一套加工程序对应不同规格产品的柔性加工要求。

29.4.2　实用的柔性主加工程序

(1) 主加工程序

P100(程序号)

N5　G65 P9100;(调用宏程序9100)

N3　M96 P9100;(中断指令生效)

N10　G90 G0 X0.Y0.;(X轴、Y轴运动到起点位置);

N30　G90 G1 X#100Y#102 F#104;(X轴、Y轴运行到1工位)

N40　G90 G1 X#106 F#108;(X轴运行到2工位)

N50　G90 G1 Z#110 F#112;(Z轴运行到3工位)

N60　M97;(中断指令无效)

N100　M30;(程序结束)

主加工程序在开始的N5步就调用宏程序P9100，先读出#100、#102、#104的变量值，在下面的程序中就可以引用这些值作为定位数据。这样就实现了只用一套加工程序来完成对不同规格的零件的加工。

用户在使用该机床加工时，只需预先在GOT上设置各不同规格零件的加工参数；选择加工零件号；试切后对加工参数进行修改；再次启动加工程序。

(2) 在线修改参数

希望在自动加工程序执行一半的过程中，可以修改某一参数，并且要求修改后的参数在后续程序中立即生效。从程序P100来看，对变量的处理是在程序P100开头的宏程序中，如果在自动加工程序执行一半的过程中，修改了某一参数，修改的参数并不生效，只有在重新从头执行程序P100后，修改的参数才生效。这在实际操作中显然是不能满足要求的。不可能每次修改都要求重新开始执行程序，特别对大型程序更不可能在执行到一半时又从头开始执行。

图29-3所示为实时参数修改处理流程。

在线修改参数并立即使其生效的方法是使宏程序P9100再运行一次。运行宏程序P9100的方法就是使用中断指令→调用宏程序功能。该功能是C70系统的一项特殊功能，在系统

图 29-3　实时参数修改处理流程

自动运行过程中，如果从外部发出一信号驱动中断指令，则中断指令＝ON后，就停止执行主程序，转而执行预先指定的宏程序，待宏程序执行完毕后，再继续执行主程序。

为了在线修改参数并立即使其生效，可以用参数设置完毕确认按键作为中断指令启动信号，该信号就调用执行宏程序P9100，由于宏程序P9100仅仅是计算程序，所以几乎是瞬间完成，不影响后续程序的执行。

图29-4是调用中断指令的PLC程序。

Y725是中断指令启动接口，驱动Y725＝ON，中断指令生效，同时启动执行中断宏程序。

M350为参数修改完成信号，M550为参数修改完成状态。只有在自动运行中X612＝ON和M350＝ON才可以进入M550＝ON参数修改完成状态。

一旦参数修改完成，重新启动程序运行时，Y711＝ON，则Y725＝ON，中断指令启动。由中断指令启动中断宏程序P9100运行一次。中断指令的生效区间和中断宏程序号由M96和M97指定。

通过开发使用中断宏程序插入功能，实现了加工参数的即改即用功能。当然，不停机修改参数有危险性，应停机修改参数然后重新启动。

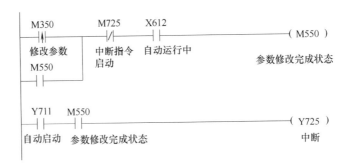

图 29-4　中断指令的调用

第 30 章

实战典型案例——数控冲齿机"大小齿"现象的消除及过载报警修正程序的技术开发

30.1　"大小齿"的出现

某数控冲齿机用于对钢带进行冲齿。数控冲齿机主要由牵引轴（X轴）和冲齿轴（Y轴）组成。牵引轴牵引钢带前进，冲齿轴装有圆盘刀具以旋转方式冲齿。

冲齿机控制系统核心配置如下。

① 控制器：三菱 E70。

② 驱动器：MDS-R-V4060。

③ 伺服电机：HF104（1kW，X轴）。

④ 伺服电机：HF104（1kW，Y轴）。

在调试阶段试运行加工程序：

P900（程序号）

N10 G91 G1 X♯1 Y♯2 F♯5;

程序中的变量♯1、♯2是与冲齿齿距有关的参数，变量♯5是插补运行速度。

数控冲齿机在调试和穿钢带工序时需反复启动、停止，在停止-启动的接合处，观察到钢带上出现"大小齿"。该设备在配置通用伺服系统时出现过类似问题，没有很好的解决方法，现在配置数控系统，仍然出现"大小齿"（图30-1）。

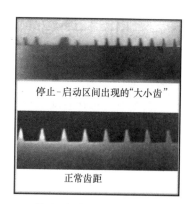

停止-启动区间出现的"大小齿"

正常齿距

图 30-1　停止-启动过程中出现的"大小齿"

30.2　"大小齿"的形状分布及成因分析

30.2.1　"大小齿"的形状分布

图 30-1 显示了"大小齿"的分布状态，这种分布状态具有重复性，因此具有典型意义。

仔细观察图 30-1 所示的"大小齿"情形，分析如下。

① 第 1 齿是小齿，也有在接合处全部齿被冲掉的现象。

② 第 2 齿是大齿。

③ 第 3 齿是标准齿。

④ 第 4 齿、第 5 齿、第 6 齿是小齿。

每次停止-启动区间有 5～6 个齿不正常，其规律相同。由于出现"大小齿"的现象相同，则必定有固定的因素在起作用。

30.2.2 出现"大小齿"的原因分析

根据大小齿分布规律的分析，"大小齿"是由于牵引轴 X 轴启动阶段速度变化引起的，其速度变化如图 30-2 所示。

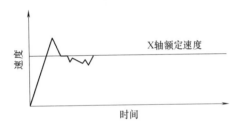

图 30-2 牵引轴（X 轴）启动速度

① 第 1 齿是 X 轴速度加速到一半，所以冲掉 1 齿，这是接合处的现象。

② 第 2 齿是 X 轴速度加速到最大值，所以出现最大齿。

③ 第 3 齿是 X 轴速度正好回到正常值，所以出现标准齿。

④ 第 4 齿、第 5 齿、第 6 齿是 X 轴速度低于正常值，所以出现小齿。

这是从现象得出的推论。从图 30-2 中可以看出，作为牵引轴的 X 轴，在启动阶段其速度出现振荡。究其原因，X-Y 轴的插补关系在启动阶段没有完全保证，是伺服电机的启动阶段性能导致了"大小齿"的出现。

30.3 消除"大小齿"的对策

根据"大小齿"的形成原因，提出了如下对策。

① 为缩短加减速阶段，选用直线加减速模式。

② 调节加减速时间。

③ 增大速度环增益（♯2205）。

解决方案 1

既然"大小齿"是在启动过程中出现的，减少加减速时间可以减小加速段，是否可以改善冲齿质量呢？为此做了减少加减速时间的试验，试验结果见表 30-1。

表 30-1 加减速时间与冲齿质量的关系

加减速时间（♯2005）/ms	牵引轴（X 轴）线速度/（m/min）	冲齿质量
30	10	有"大小齿"
20	10	有"大小齿"
10	10	有"大小齿"
5	10	有"大小齿"
3	10	有"大小齿"
1	10	有"大小齿"

试图通过快速加减速消除大小齿的方法失败了。

解决方案 2

延长加减速时间会延长加速段，但加减速过程会平缓，表 30-2 是延长加减速时间的试验结果。

表 30-2　延长加减速时间与冲齿质量的关系

加减速时间(♯2205)/ms	牵引轴(X轴)线速度/(m/min)	冲齿质量
30	10	有"大小齿"
100	10	明显改善
120	10	正常
120	12	正常
120	13	正常
120	14	有"大小齿"
150	15	正常
150	17	轻微"大小齿"
180	18	正常

从表 30-2 的试验数据可以明显看到，延长加减速时间可以明显改善冲齿质量，最终消除"大小齿"。这是因为通过延长加减速时间，同时选择指数型加减速模式，使电机的加减速过程平缓完成，避免了图 30-2 所示的速度振荡过程，X-Y 轴的插补得以精确实现，因此保证了冲齿的质量。

30.4　冲齿过程中的过载报警处理及修正程序

30.4.1　过载报警的发生

在实际操作中，有以下两种情况会导致出现过载报警。

① 在自动运行的停机过程中，由于加减速时间延长，冲齿轴在低速时进行冲齿会出现过载报警。

② 当冲齿轴停止时，如果冲齿轴正好停止在钢带处，冲齿轴刀具与钢带距离过小，则在下一次启动时会出现过载报警。

30.4.2　过载报警的处理方法

① 如果出现过载报警，必须用复位（RESET）键解除报警。

② 如果冲齿轴刀具停止位置与钢带距离过小，则必须将冲齿轴回退 180°。

30.4.3　修正程序的开发和执行

(1) 修正程序

冲齿轴（Y轴）与牵引轴（X轴）相对位置发生变化，也会出现"大小齿"，因此在调整过程中不能用手轮或 JOG 方式单独移动某一轴。为了避免单独移动冲齿轴引起的"大小齿"，必须保证冲齿轴与牵引轴始终保持插补运行，两轴的相对位置不发生变化，因此必须编制一修正程序，在调整冲齿轴与钢带的相对位置时，保证冲齿轴与牵引轴插补运行，而且修正程序的速度不能太快。P9001 是一修正程序。

P9001（程序号）

N20 G91 G1 X♯8 Y180. F40;

实际操作中，每次执行修正程序都要调用程序 P9001，执行太过麻烦，希望一键执行修正程序。

(2) 一键执行的修正程序

控制系统在（执行加工程序 P900）自动运行状态中（过载报警是在自动运行模式，即使复位，系统仍然处于自动状态）要运行修正程序，实际上是要求运行另一程序，这必须开发数控系统的特殊功能，可能采用的有中断功能以及调用和启动新程序功能。

经过试验，当系统在自动运行停止时已经处于自动暂停状态，发出中断指令后，中断程序无法启动，所以不能使用中断功能。而使用调用和启动新程序功能，必须编制相应的PLC程序。该功能是预先在专用的文件寄存器R170中设置要调用的程序号（如修正程序号），然后再驱动调用和启动功能接口。为此，编制PLC程序，如图30-3所示。

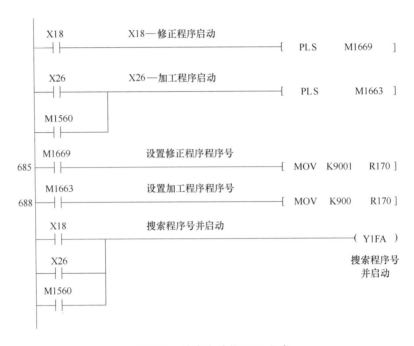

图 30-3　搜索启动的 PLC 程序

图30-3中的685步是在专用的文件寄存器R170中设置修正程序号（P9001），688步是在文件寄存器R170中设置加工程序号（P900）。在程序号设置完毕后，发出调用和启动指令，在NC系统的PLC专用接口中，Y1FA是调用和启动接口。其功能就是调用设置在R170中的程序号并发出启动指令。

在修正程序执行完毕后，执行加工程序，仍要在显示屏上执行调用加工程序P900的操作。为了简化操作，将执行加工程序也处理为调用和启动，不使用正常的启动功能。如图30-3中X26是操作面板上正常的自动启动信号，用X26的脉冲信号设置加工程序号，并用X26信号直接驱动Y1FA调用和启动接口。通过这样的程序处理，实现了修正程序和加工程序的简化操作。

第 31 章

数控机床故障排除

31.1 急停类故障

案例【31.1-1】 急停报警 CVIN ▶▶▶

故障现象

某专用机床配三菱 C70 系统，在调试阶段出现急停报警 CVIN。

故障分析与排除

一般很少出现这一报警，其报警内容是电源模块的急停功能起作用。三菱 CV 型电源模块有一急停接点，是否使用电源模块的急停功能，由电源模块正面的旋钮设定，当旋钮设置为 4 时，即启用急停功能。

将急停接点接至操作面板急停开关常闭点，故障排除。

案例【31.1-2】 急停报警 EMG PARA ▶▶▶

故障现象

在调试某一机床系统时出现急停报警 EMG PARA。

故障分析与排除

这是参数设置不当引起的报警。一般出现这一报警是参数♯1155、♯1156 设定不当，应将参数♯1155、♯1156 设定为 100。但进行了如上设置后，急停报警仍然没有解除。

如果极限开关和原点开关的器件地址号设置不当也会出现这一报警。检查参数♯1226 bit5 = 1，继续检查参数♯2073、♯2074、♯2075，发现该机床有一旋转轴，而旋转轴没有正、负极限开关，其参数♯2074、♯2075（正负极限参数）被设置为 0，这样的设置被系统认为正、负极限开关地址号相同，是错误设置，故产生报警。

修改参数♯2074、♯2075 后，报警解除。

31.2 连接与设置类故障

案例【31.2-1】 EMG LINE 报警 ▶▶▶

故障现象

热处理机床，控制系统为 E60，调试阶段上电后出现报警 EMG LINE。

故障分析与排除

这是由于连线故障出现的急停报警。将全部电缆连线重新插拔上紧但仍然出现该现象，判断可能 SV1 口有问题。将驱动器连接于 SV2 口，设置参数＃1021＝0201，上电后，故障报警消除。

小结

急停报警 EMG　LINE 说明书上没有明确解决方法，属于连接方面的问题。例如在调试某加工中心时出现这一报警，经检查是在系统连接时，伺服轴的连接不是按顺序排列的，其终端插头插错了位置，将终端插头插在最后一伺服轴上，故障排除。

解决这类报警的方法如下。

① 重新插拔电缆，更换电缆交叉检查。

② 在驱动器之间的电缆应是 R000——20 芯全部焊接电缆。

③ 检查终端插头、终端电阻位置。

④ 可能 SV1 口有问题，将驱动器连接于 SV2 口，设置参数＃1021＝0201。

案例【31.2-2】　Y03 报警 ▶▶▶

故障现象

热处理机床控制系统为 E60，调试阶段上电后出现报警 Y03。

故障分析与排除

该报警的指示为放大器未正确连接，检查了各连接电缆并交换电缆后，故障未消除。将该驱动器和电机连接至另一台 E60 系统上，报警消除。因此排除 SH21 电缆及驱动器和电机的故障。可能基本 I/O 上的 SV1 口有问题。

将驱动器连接于 SV2 口，设置参数＃1021＝0201（参数＃1021 为驱动通道设置参数，前 2 位为通道号，后 2 位为轴号）。上电后，故障报警消除。因此可以判断 SV1 口存在通信故障。

31.3　伺服系统故障

案例【31.3-1】　伺服电机电流持续上升直至报警 ▶▶▶

故障现象

上电后伺服电机电流持续上升直至报警。有很多例这样的情况，开机不久，某一伺服电机就出现过载或过电流报警，有几例是如果不驱动伺服轴，该轴不报警，一旦仅点动运行，也发生过载或过电流报警，而实际情况是电机空载运行。

打开 CNC 上的伺服监视界面，观察到下列现象：只要发出点动信号，伺服电机转动后即使立即停止，电机电流仍持续上升，直到超过设定的极限后发出报警。

故障分析与排除

① 检查电机型号参数＃2225，参数＃2225 设置错误会出现上述故障现象。

② 检查电机与驱动器的三相电源 U、V、W 是否对应，相序错误会引发此类故障。

③ 机械安装有问题。伺服电机轴受到来自机械方面的过大的扭矩，伺服电机的工作特性是保持在 NC 系统的指令位置，而来自机械方面的过大的扭矩迫使伺服电机离开其指令位置，两方面互相作用，伺服电机一直在不断工作所以在伺服监视界面就看到电流持续上升。

④ 如果反向间隙♯2011、♯2012设置过大，也会加剧由于机械安装不当引起的这类过载现象。

⑤ 如果编码器电缆接地不好，受到干扰，也可能出现这类故障。

要求厂家将伺服电机拆下，检查安装的同轴度及其他影响伺服电机轴受力的情况。重新安装后，该故障排除。

也有几例是工作过一段时间后电机仍然出现上述故障现象，经过重新拆装电机后故障排除。

案例【31.3-2】 伺服电机发热直至冒烟 ▶▶▶

故障现象

某大型压力机数控系统为三菱M64，伺服电机7.5kW。交付使用3个月，点动运行时，该电机出现发热，手摸上去烫手，甚至冒烟，但并未出现过载或过电流报警。

故障分析与排除

在显示屏的伺服监视界面，电流偏高。用手摸伺服电机，电机发热烫手。该电机带有抱闸，其电机发热部位正是抱闸处，其余部位不发热。因此判断是抱闸未打开，电机强制运行而引起的摩擦发热。

三菱伺服电机抱闸电压是DC24V，不分极性，用万用表检查控制柜内的DC24V电源，电压达到DC24V，且上电后已经发出打开抱闸信号，电机是新电机，先假设电机不存在问题。

仔细观察该设备，该设备是大型压力机，从控制柜到伺服电机距离约10m，这段距离可能造成电压降。用万用表检查伺服电机的抱闸接头，其电压只有DC22V，而标准要求DC24V±5%，即抱闸电压为DC22.8V～DC25.2V，很可能是由于抱闸接头部的DC电压过低，造成了抱闸不能打开。

将控制柜内的DC24V电源电压调高，使抱闸处电压达到DC24V，此时抱闸打开，电机正常运行。

小结

① 运行中电机无故出现抖动、运行不畅、电机电流升高甚至过热过载，应首先检查抱闸是否打开，三菱伺服电机的电动运行能力较强，即使带抱闸运行，有时也未必报警，但可以观察到运行不畅，电机电流升高，因此凡是出现电机运行不畅，检查抱闸是必需的。该抱闸对电压的要求较高，如果达不到DC24V就可能时断时续，引起电机运行的抖动。

② 引起电机运行不畅的另一个原因是相序不正确，相序不正确会引起电机颤动、抖动、闷响，这也是必须注意的。

案例【31.3-3】 工作机械低速区过载 ▶▶▶

故障现象

用户报告工作机械低速区过载。

某组合机床数控系统为E60，调试阶段运行在一固定区段出现S01 0050过载报警，在这个区段，伺服电机以极低的速度运行（速度为3mm/min）。用户怀疑伺服电机转矩不足以致过载。

故障分析与排除

仔细观察伺服监视界面的伺服电机电流变化，伺服电机电流在正常工作时达到140%～

160％，伺服电机先发警告（00E1），电机并不停止运行，再过一段时间后，出现急停报警。此时电机在极低的速度下运行（F3～F5），为了检查速度是否有影响，试验了（F50、F20、F10、F5）各种速度，在各种速度下观察伺服电机电流，电流没有明显变化。由此得出的结论是：不同的速度对电机电流没有明显的影响；伺服电机的低速特性很好。将伺服电机与机械脱开，在各种速度下观察伺服电机电流，电流都很小，只有2％，这是真正的空载状态。整台机械的工况是伺服电机只带工作台运动时，伺服电机电流在60％～90％，加上液压动作后，伺服电机电流在140％～160％。由此判断是加液压影响，液压压力方向错误，给出液压信号后，液压压力成为工作负载。

正确调整液压压力和机械连接状态后故障消除。

小结

处理过载报警的方法如下。

① 首先确认报警号是0050还是0051。

0050表示过载是超过♯2222设定值的时间达到了♯2221的设定值，例如电机电流超过150％的时间达到了60s。0051表示过载是超过驱动器最大电流的95％，而且过载时间超过1s。

② 其次观察过载是在加速、减速还是在稳定工作区段发生。如果在加速、减速区段发生，则调整加速、减速时间。如果在稳定工作区段发生，则必须仔细观察工况，在允许的范围内调整♯2201、♯2202。或者要求厂家改善工况，直至更换电机。

案例【31.3-4】 伺服驱动器所连接制动电阻急剧发热 ▶▶▶

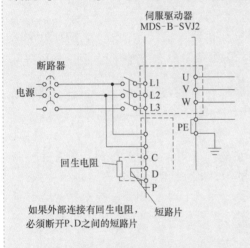

图 31-1 SVJ2 型驱动器上的短路片

故障现象

一台尚未调试的加工中心，上电后观察到制动电阻急剧发热，甚至冒烟。

故障分析与排除

遇到冒烟的情况，应立即断开总电源，再寻找故障原因。

对于MDS-B-SVJ2型驱动器，由于内置有制动电阻，其出厂前在P、D端子之间连接有短路片，如图31-1所示。如果在该驱动器上再接有外接制动电阻或制动单元时，则必须卸下该短路片，否则也会出现烧毁器件的事故。

对短路片的检查，应该在接线完毕上电前进行。这是使用制动电阻时必须注意的。

案例【31.3-5】 伺服轴一运动就出现过极限报警 ▶▶▶

故障现象

三菱数控C64系统NC轴：5轴，使用绝对值检测系统。其故障现象是，5个轴的绝对值原点全部能正常设置，无报警；但点动试运行时，第1轴～第4轴能正常运行，第5轴不能正常运行，一运动就出现过极限报警。

故障分析与排除

检查第5轴软极限参数♯2013、♯2014设置正常，该参数没有问题。将第5轴改为相对值检测系统，可点动运行，不出现过极限报警。客户称该系统参数是直接从另一多轴（8轴）系统复制过来的。

如果该现象与绝对值检测系统有关，为何其他 4 轴能在绝对值检测系统下正常工作？如果与轴数有关，同样系统已使用多次。如果与参数有关，为何在相对值检测系统下能够点动？

既然第 5 轴在绝对值检测系统下点动出现过极限报警，而在相对值检测系统又可正常工作，该系统可控制 NC 轴为 8 轴，所以可判定系统硬件无问题，问题仍然是参数设置，要么有某一参数在起作用，要么有参数互相冲突。

继续检查参数，特别是检查绝对值检测系统与和软极限有关的参数，当检查到参数＃8204 时，发现第 5 轴参数与其他轴不同，将其修改后，第 5 轴能够正常运行。

参数＃8202、＃8203、＃8204、＃8205 都与行程范围有关。参数＃8204、＃8205 规定了第 2 类行程限制范围。参数＃8202、＃8203 规定了对第 2 类行程限制范围的检查是有效还是无效，一般默认值是有效，因此一旦对第 2 类行程限制范围设定了数值（设定了参数＃8204、＃8205 的数值），上电后就进行检查。如果不使用第 2 类行程限制，就设置＃8202、＃8203 为无效。

对于上述的故障现象而言，在使用绝对值检测系统时，系统在上电后已经建立了坐标系，如果对第 2 类行程极限也进行了设置，系统一直在进行检测，当行程极限很小时，一点动就会出现报警。而使用相对值检测系统时，上电后并未进行回原点操作，系统尚未建立坐标系，所以可进行点动操作而不报警。

案例【31.3-6】 伺服轴运行出现闷响

故障现象

某加工中心配用三菱 M64 系统，搬迁后重新安装，开机运行时 X 轴工作台运行出现极大的闷响声。而在原厂运行时一切正常。原参数未修改过。

故障分析与排除

伺服电机运行出现闷响是振动的一种，一般是伺服电机的运行频率区域与机床的固有频率区域重合，形成共振而表现出剧烈的振动。由于该加工中心经过搬迁后重装，其固有频率可能发生改变，形成了共振。

建议用户修改参数＃2238。该参数的作用是设定共振频率，即使电机运行时避开这一频率。如果机床的安装比以前更紧固，共振频率会降低，则降低该参数值，反之升高。用户照此建议修改参数后，振动消除。

案例【31.3-7】 S01 10 报警

故障现象

S01 10 报警内容指示为驱动器 PN 线电压过低，检查发现控制驱动器进线电源的接触器没有吸合。

故障分析与排除

远程 I/O 模块 DX110 的红灯亮，其控制的输出信号全部不动作，而电源进线的接触器正是由其信号控制的。在诊断界面上有对应的 Y 输出，但没有 Z55 报警。

通信电缆 SH41 可能有故障。检查通信电缆 SH41 果然有断线。更换电缆后，故障排除。

这是远程 I/O 通信中断，但为什么系统诊断界面上没有显示呢？原来此时系统还发生了其他故障，占用了屏幕显示空间。

诊断画面的内容如下：

```
S01     10     Z
EMG    SRV
M01           0006    YZ
S01     17     Z      报警
```

在此故障的同时，还不时出现 S01 17 A/D 转换器错误。检测出电源用的转换器上有错误这一报警也是由于电缆时断时续的原因所导致。

对于连环故障，分析时要逐步排除。

案例【31.3-8】 伺服电机运行时有闷响声且电机发热

故障现象

立式淬火机床，E70 数控系统，运动轴为垂直轴。伺服电机运行时有闷响声，电机有发热现象。该机床刚交付使用。

故障分析与排除

① 建议用户先检查参数，发现速度环增益参数♯2205＝60，这一参数远小于标准值，要求用户将♯2205 参数设置为适当值（♯2205＝150）后，故障排除。

当♯2205 参数设置过小时，会出现上电后颤动、抖动、巨大噪声等现象。对于成批交货的机床，可能会出现参数未正确设定的情况。速度环增益参数♯2205 是重要参数。

② 对立式淬火机床而言，其伺服电机带动垂直轴运行，垂直方向带有平衡配重，如果平衡配重不合理，就会造成电机上下行的工作负载相差过大，电机某一方向运行时电流过大，电机就会发热。

简易的调整方法是，打开伺服电机诊断界面，观察伺服电机上下行运行时的电流，先调整稳态时的电流，通过加减配重块使上下行稳态时的电流大致相等，再观察加减速时的电流是否有超过额定电流的 3 倍，如果有这种情况，就将加减速时间延长，使最大电流减小。

案例【31.3-9】 S03 0051 报警

故障现象

上电后，出现 S03 0051 报警，该报警为过载，但实际状态为空载。从诊断界面看，上电后电流自动上升，到达 250％后出现 S03 0051 报警。

故障分析与排除

① 参数设置不当：经♯1060 格式化后，重新设置参数，仍无法排除故障。

② 相序问题：经重新对照检查发现相序连接错误，正确连接后故障排除。

小结

关于伺服电机的电流应注意以下两点。

① 伺服电机脱开负载空运行时，电机电流正常值为 2％～4％，超过 10％就不正常，到达 30％就是抱闸未打开。

② 伺服电机带负载而未运行时，电机电流正常值为 25％～30％，超过 40％就不正常，要检查连接情况和负载的平衡性。

案例【31.3-10】 电机只振动不旋转

故障现象

调试阶段发出轴运动指令后，电机只振动，不旋转。

故障分析与排除

编码器参数设置不对。重新设置编码器参数♯2219、♯2220 后，故障排除。

♯2219、♯2220 参数要根据电机所使用编码器的分辨率设定。由于 CNC 产品升级较快，编码器有不同的型号，要根据相关手册设定。

案例【31.3-11】 伺服电机过载

故障现象

① 上电后，只要发出点动信号，X 轴、Y 轴伺服电机就出现过载报警，观察伺服诊断界面，伺服电机电流自动上升，一直上升到设定值后即报警。

② Y 轴只要收到运动信号后即使指令信号断开，电机电流也一直上升，直到报警。

故障分析与排除

① 检查电机型号参数，发现参数设置不当。对于参数♯2225，E60 常配的电机为 22B0～22B3，M64 常配的 HA 型电机为 220X。正确设定参数后，过载故障排除。

② 机械装配预紧力过大，即使是在静止的条件下，该预紧力形成的扭矩也总是迫使伺服电机旋转，而伺服电机的特性总是保持电机在定位位置，这种情况下，表面上看不到电机运动，实际上电机一直在抵抗预紧力形成的扭矩做反向的运动，观察伺服电机监视界面，电机位置总在跳动，电流一直上升。这种情况，将伺服电机拆下重新装配即可排除故障。

③ 反向间隙设定值过大，也是原因之一。电机此时是在来回摆动，反向间隙设定值过大加大了电机的运动量。

小结

凡是过热都可能是伺服电机在消除指令位置与实际位置之间的误差而不断运动所形成的。

案例【31.3-12】 S01 0052 报警

(1) 故障现象

E70 车床上电后，系统总是出现 S01 0052 系统过载报警。该车床交付使用一年有余。

(2) 故障分析与排除

上电后机床没有动作就出现过载显然不是正常报警。先检查外围的问题，如接地、动力电的绝缘。最后查明是伺服驱动器上的三相电源线有一相松动，这是一个很隐蔽的故障。系统也没有发出电源断相报警，而发出过载报警。

案例【31.3-13】 Z 轴一移动就过载报警

故障现象

大型热处理机床，数控系统为三菱 E70。交付使用 3 个月。Z 轴一移动就出现过载报警。

故障分析与排除

电机已经脱开负载，独立运行，现场操作，用手轮移动该轴，观察到显示屏上 Z 轴位置数据有变化，电机无反应，操作 2～3s 就过载报警，复位后系统又正常。

手轮移动 Z 轴位置数据有变化说明系统正常，2～3s 后报警，而电机又不带负载，因此判断：外围配线的接地，绝缘有故障；抱闸未打开；驱动器及电机有故障。

检查到抱闸时，发现电机上的抱闸电源插头松动，而且抱闸电源线太细，按要求应该 $0.5mm^2$。线径太细造成压降大，厂家更换抱闸电源插头和电源线后，故障排除。

案例【31.3-14】 伺服电机过电流报警

故障现象

加工中心一开机立即显示报警 S01 32 X。

故障分析与排除

在显示屏查看报警信息，显示为 S01 32 X。报警信息指示为 X 轴伺服电机存在过电流。

① 为快速区别是 X 轴伺服驱动器问题还是伺服电机故障，将 Y 轴伺服电机与 X 轴伺服电机电缆插头互换后，故障改为 Y 轴过电流报警，由此确认是 X 轴伺服电机和电缆插头的问题。

② 经对 X 轴伺服电机用部件替换法检测，证明该伺服电机良好。

③ 检查 X 轴伺服电机电缆插头插座，发现该插座内侧接线柱之间存有污垢与放电后氧化的积炭，因此确认这就是故障点。

④ 用小刀尖刮净该处污垢与积炭，随后再用工业酒精刷洗、烘干处理。

⑤ 重新试车报警消除，故障排除。

小结

此例故障原因是加工中心机床所在环境恶劣，受附近清洗机潮气影响，改善环境后，故障发生频率大为下降。

案例【31.3-15】 S01 0032 伺服报警 EMG 急停

故障现象

机床开机出现 S01 0032 伺服报警 EMG 急停。

故障分析与排除

观察到 X 轴伺服放大器 MDS-B-SVJ2-06 的 LED 显示 F1——32。32 号报警为过电流故障，其原因有：电机动力线（U、V、W 相）短路或接地；驱动器故障；电机故障。

用万用表测量没有发现短路和接地现象，又测量电机绕组，发现 U 相断路。取下电机电源插头，再次测量放大器至电机的电缆，发现断了一根线，接临时线测试，故障排除。

案例【31.3-16】 EMG 009F SVR 0052 报警

故障现象

某焊接生产线使用三菱 E70 数控系统，该系统有两伺服轴。其 A 轴为旋转轴，带动工件旋转，Y 轴为直线轴，带动焊枪前进后退，该系统运行 3 个月后 CNC 系统出现报警 EMG 009F SVR 0052，系统处于急停状态，不能正常运行。

故障分析与排除

要求用户自行更换电池后，仍然未消除报警。现场对 CNC 系统进行了仔细观察，依然是：EMG 009F SVR 0052 报警。

该报警与伺服系统相关，进一步在伺服监视界面观察，发现上电后 A 轴电流直线上升，直到出现 0050——负载过大报警，而当时该轴电机已经拆下，显然是 A 轴编码器存在故障。同时 Y 轴电机上电后出现一次猛烈窜动，随即出现 0052——误差过大报警，而当时未对系统有任何操作，因此判断 Y 轴编码器也出现故障。

该设备两伺服电机编码器同时发生故障，从质量管理学角度来看有一个固定因素在起作用，而不是偶然因素。将损坏的编码器拆开检查，发现编码器的地线烧毁，其形成的烟雾颗粒遮住了编码器的检测部件。由此判断系统内有强电通过，这正是维修人员反映发生故障后，打开电气柜闻到一股焦煳味的原因。仔细查看电气柜并询问维修人员，证实电气柜的地线与零线相连，有强电通过零线进入到 CNC 系统。三菱 CNC 是禁止地线接到零线上的。

要求用户将正确连接地线。更换两编码器后系统恢复正常，CNC 系统未出现报警。

案例【31.3-17】 三菱 C64 系统内部报警

故障现象

某大型机械采用三菱 C64 系统，其伺服电机与伺服驱动器之间距离超过 20m，系统不时出现内部报警（S01 0018），不能正常工作，而同一台设备另外几套伺服系统却不发生报警，其差别在于伺服电机与伺服驱动器之间距离小于 10m。

故障分析与排除

分析可能是编码器电缆制作有问题，仔细检查编码器电缆制作图，当电缆长度大于 15m 时，其制作方法与小于 15m 时有所不同，在电缆长度大于 15m 时，要求对电源线实行 3 根线并联绞合，而且要求每条电线粗 $0.5mm^2$。

检查用户制作的电缆，电源线只用了 1 根 $0.12mm^2$ 的电线，不符合编码器电缆制作要求，由于电线太细，电缆过长，造成电源电压降过大，导致编码器工作电压不足，所以编码器不能正常工作，造成系统报警。

按编码器电缆制作要求，将 3 根 $0.5mm^2$ 电线并联绞合制作电源线，故障排除，没有再发生。

这种现象在使用三菱通用伺服系统 MR-J2S、MR-J3S 时也常经遇到，按同样方式也可以解决。

案例【31.3-18】 半轴淬火机床故障

硬件配置

① 控制器：三菱 C64 数控系统。

② 驱动器：MDS-R-6060。

③ 电机及编码器：X 轴 HC202S-E42，Y 轴，HC102-A47。

④ 触摸屏：GT1000。

故障现象

NC 面板报警代码：S01 0018 X——编码器初始通信异常；EMG SRV——伺服系统故障引起的急停；M01 0006——超过硬行程极限。

驱动器报警画面：F1——18，F2——18。

报警说明：第一轴和第二轴编码器通信异常。

现场情况：烧坏一个 DC24V 开关电源，烧坏一个 MDS-R-6040 驱动器（冒烟）。

故障分析与排除

分析报警代码：第二个报警是由第一个报警引发的，故解除第一个报警，第二个报警也解除，第三个报警为硬件报警，一般为外围断线。

S01 0018 报警一般为编码器或通信电缆故障。更换编码器电缆，上电，故障依旧。这样就基本排除了电缆的问题。驱动器已经更换过新的，也不应该有问题。将电机拆下，拿到另外一台完好的机床上做试验，结果上电后，该机床也出现 S01 0018 报警，因此判断伺服电机和编码器有故障。经过测量，两编码器都已损坏。更换两伺服电机后故障排除。

小结

有强电进入伺服驱动器控制回路，导致伺服驱动器烧坏，强电通过编码器电缆进入编码器导致编码器也烧坏。

31.4 主轴系统故障

案例【31.4-1】 在屏幕上不能设定主轴速度

故障现象

在屏幕上写入 S＊＊＊，设定主轴速度后，按下 INPUT 键，设定值不能写到屏幕上而是回到最小值。按下 RESET 键可得到设定值。

故障分析与排除

如图 31-2 所示，程序接口 FIN——Y226 没有正确处理，当在屏幕上写入 S 指令的数值时，X234＝ON，但是与主轴运行相关的条件 M50＝OFF 时，Y226 就不能接通，由于 Y226＝OFF，写在屏幕上的 S 指令数值处于反白状态，不能实际写入控制器内，即使按下 INPUT 键，写在屏幕上的 S 指令仍然无效。如果不需要主轴自动换挡，则一般不需要 M50 条件，直接用 X234 驱动 Y226。这样处理后，能顺利写入主轴指令。

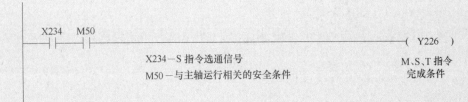

图 31-2　FINISHI 指令的正确应用

在屏幕上不能写入 T 指令选刀刀号也与此有关。

如果 PLC 程序内主轴倍率寄存器 R148 一直为零，主轴速度也不能写入，其实质是主轴速度写入后，由于其倍率为零，故实际指令值为零。

经过对 PLC 程序的正确处理后，故障排除。

案例【31.4-2】 屏幕上不能显示实际主轴速度

故障现象

屏幕上不能显示实际主轴速度。

故障分析与排除

主轴信号的传递方式如下。

① 伺服主轴，其主轴编码器信号直接送入主轴伺服驱动器，通过总线读入控制器。

② 主轴由变频器或普通电机直接驱动，或者经过变速箱换挡后，实际的主轴转速由直接连接于主轴头的编码器取出再送入基本 I/O 板上的同期编码器接口。同期编码器必须符合 1024P/R 的要求。

在三菱数控显示屏的 S 指令下端有一括号，在该括号内显示的是主轴的实际转速。如果屏幕上不能显示实际主轴速度，则可能是主轴参数设置不当。正确设置如下：＃3238＝0004（编码器反馈信号有效）；＃3025＝2（对于编码器串联型的伺服主轴）。

＃3025 是主轴编码器的连接选择参数：

＃3025＝0——无主轴；

＃3025＝1——主轴编码器接在主轴头机械端，编码器信号接入 I/O 板的同期编码器接口；

♯3025＝2——主轴电机编码器信号直接接入主轴驱动器。

与♯3025有关的参数是♯1236。当♯3025＝2时，用♯1236选择R18/R19（主轴实际速度）的脉冲输入源。当主轴编码器信号直接接入主轴驱动器内，并使用该信号作为主轴转速信号时，设置♯1236的bit＝0。使用变频器驱动或普通电机＋减速箱驱动主轴，而且在主轴头机械端加装了编码器，以此编码器检测主轴头转速时，设置♯1236的bit＝1，在I/F诊断界面上，监视R18/R19可以观察实际主轴速度。

案例【31.4-3】 主轴运行不畅、颤动、抖动

故障现象

上电后，点动运行主轴，主轴运行不畅，颤动，抖动，伴有沉闷的啸叫。

故障分析与排除

① 机械抱闸的影响。如果机械抱闸没有打开，会对主轴电机运行有严重影响，这种情况是必须首先排除的。

② 主轴电机型号参数设置错误。主轴电机型号参数是♯3240，必须根据说明书正确设置。

③ 主轴电机相序连接错误。应该重点检查主轴电机与主轴驱动器之间的相序连接，当相序连接错误时，多数会出现此类故障现象。

案例【31.4-4】 不能执行固定循环——固定攻螺纹 G84

故障现象

某加工中心执行固定攻螺纹G84指令时，不能正常运行，只有正转，没有停止和反转，且一直停止在G84这个指令的单节上，不能继续下去。

故障分析与排除

攻螺纹循环G84过程如图31-3所示，主轴正转，到孔底后，暂停→反转→退出。

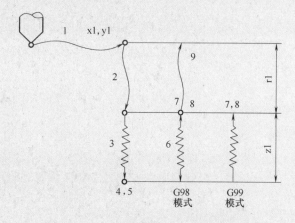

1 G0 Xx1 Yy1
2 G0 Zr1
3 G1 Zz1 Ff1
4 G4Pp1
5 M4（主轴反转）
6 G1 Z-z1Ff1
7 G4Pp1
8 M3（主轴正转）
9 G98模式 G0 Z-r1
　 G99模式 无移动

图 31-3 攻螺纹循环 G84 指令

经过多次观察，该程序总是停止在反转指令单节，无法执行下一单节。这应与PLC程序中M4（主轴反转）的完成条件有关。调看PLC程序，其主轴正转和反转信号只能用M5切断，而不用M4/M3相互切断，所以即使加工程序中出现M4指令，由于互锁，也无法反转，一直处于正转状态，所以一直停止在该单节上。

在固定循环程序中直接出现M4、M3指令，中间未用M5切断。在PLC程序中用M4切断主轴正转，用M3切断主轴反转。经过这样处理，可以正确执行G84固定循环了。

案例【31.4-5】 无主轴模拟信号输出

故障现象

E70 系统调试阶段，使用模拟主轴，但在屏幕上写入 S＊＊＊指令后，测定其 I/O 板上的模拟信号输出口 AO 电压，无输出。

故障分析与排除

对于模拟主轴，必须设定主轴相关参数。

① ♯1039 = 1——有一个主轴。

② ♯3024 = 2——模拟主轴。

③ ♯3237 = 0004。

④ ♯3001 = 额定速度——DC10V 对应的速度。

检查系统参数没有设定♯3001，由于没有设定♯3001，系统没有建立起模拟电压信号与实际速度的对应关系，故系统没有模拟输出，必须根据所使用的变频器规格正确设定♯3001。

正确设定以上参数后，在屏幕上设定＊＊＊主轴指令，在模拟量接口上就可以测量到相应的直流电压。在显示屏的 I/F 界面上可以观察 R108 的值，其对应实际主轴速度。对模拟主轴，可以用♯3001 调整其精确的转速。

案例【31.4-6】 主轴高速旋转时出现异常振动

故障现象

配套三菱 E70 系统的数控车床，当主轴在高速（3000r/min 以上）旋转时，机床出现异常振动。

故障分析与排除

数控机床的振动与机械系统的设计、安装、调整以及机械系统的固有频率、主轴驱动系统的固有频率等因素有关。本机床发生故障前主轴驱动系统工作正常，可在高速下旋转，本次故障出现在主轴在超过 3000r/min 时，可排除机械共振的原因。

检查机床机械传动系统的安装与连接，未发现异常，在脱开主轴电机与机床主轴的连接后，从控制面板上观察主轴转速、转矩或负载电流值显示，发现其数据有较大的变化，因此初步判定故障在主轴驱动系统的电气部分。

经仔细检查机床的主轴驱动系统连接，最终发现该机床主轴驱动器的接地线连接不良，将接地线重新连接后，机床恢复正常。

案例【31.4-7】 主轴运转有异响

故障现象

主轴在运转时有不连续性的 "咔咔" 声，且转速越快越响，系统无报警。此现象开始时只是偶尔有，关机后再开时会出现此故障，渐渐地在主轴运行半小时后会发出异响，声音像是金属摩擦，主轴的实际转速也会有±5r/min 的变化。

故障分析与排除

出现此故障的原因可能如下：主轴电机机械部分异常；主轴电机 PLG 或编码器电缆线异常；主轴驱动器异常。

将主轴皮带脱开，让主轴电机单独运转，故障依旧，可判断主轴的机械部分正常。

使主轴电机空转到 4000r/min 时，断电（排除电气驱动的因素，单独检测电机的机械运动部分），在主轴电机转速降到零速过程中，仔细监听是否有异响，结果是没有异响，可判断主轴电机机械部分正常。

主轴进行开环测试，主轴运转时还是有异响，可判断主轴电机 PLG 及编码器电缆线正常。

最后只剩下主轴驱动器，更换主轴驱动器后，运转正常。

这是判断主轴故障的典型过程。

案例【31.4-8】 主轴转速只有实际转速的一半

故障现象

E70 系统车床，使用主轴头同步编码器，参数 #3025 = 1（选择同步编码器），屏幕显示的主轴转速只有实际转速的一半。

故障分析与排除

使用同步编码器并将参数 #3025 = 1，系统显示的主轴实际转速就是同步编码器反馈的速度，该同步编码器要求是 1024P/R，现在显示的主轴转速只有实际转速的一半，问题多数出在编码器或电缆上，更换编码器后故障排除，经检查是编码器电缆断线。

案例【31.4-9】 主轴不能调速

故障现象

配套 E70 系统的数控车床，使用变频器作为主轴驱动装置，当输入指令 S＊＊ M03 后，主轴旋转但转速不能改变。

故障分析与排除

由于该机床主轴采用的是变频器调速，在自动方式下运行时，主轴转速是通过系统输出的模拟电压控制的。利用万用表测量变频器的模拟电压输入，发现在不同转速下，模拟电压有变化，说明 CNC 工作正常。进一步检查主轴方向输入信号正确，初步判断故障原因是变频器的参数设定不当或外部信号不正确。经检查变频器参数设定，发现参数设定正确；检查外部控制信号，发现在主轴正转时，变频器的多级固定速度控制输入信号中有一个被固定为 1，断开此信号后，主轴恢复正常。

案例【31.4-10】 主轴定位点不稳定

故障现象

采用三菱 M64 系统的立式加工中心，在调试时出现主轴定位点不稳定的故障。

故障分析与排除

通过多次定位进行反复试验，确认本故障的实际故障现象为，该机床可以在任意时刻进行主轴定位，定位动作正确。只要机床不关机，无论进行多少次定位，其定位点总是保持不变。机床关机后，再次开机执行主轴定位，定位位置与关机前不同，在完成定位后，只要不关机，以后每次定位总是保持在该位置不变。每次关机后，重新定位其定位点都不同。主轴可以在任意位置定位。

主轴定位的过程，是将主轴停止在编码器 Z 相脉冲位置，因此可能引起以上故障的原因有：编码器固定不良，在旋转过程中编码器相对于主轴的位置在不断变化；编码器故障，无 Z 相脉冲输出或 Z 相脉冲受到干扰；编码器连接错误。

根据以上原因，逐一检查，排除了编码器固定不良、编码器故障原因，进一步检查编码器的连接，发现该编码器内部的 Z 相脉冲引出线接反，重新连接后，故障排除。

案例【31.4-11】 主轴定位不准

故障现象

某加工中心配用三菱 M64 系统，在换刀时，出现主轴定位不准的故障。

故障分析与排除

仔细检查主轴定位动作，发现在主轴转速小于 300r/min 时，主轴定位位置正确，但在主轴转速大于 300r/min 时，定位点在不同的速度下都不一致。通过系统的信号诊断参数，检查主轴编码器信号输入，发现主轴 Z 相脉冲信号在一转内有多个，引起了定位点的混乱。检查 CNC 与主轴编码器的连接，发现机床出厂时，主轴编码器的连接电缆线未按照规定的要求使用双绞屏蔽线，而外部又有大感应加热设备工作，由于干扰，引起了主轴 Z 相脉冲的混乱。重新使用双绞屏蔽线连接后，故障消除。

案例【31.4-12】 主轴电机过电流报警

故障现象

一台配 M64 系统的卧式加工中心，在加工时主轴运行突然停止，驱动器显示过电流报警。

故障分析与排除

经查交流主轴驱动器主回路，发现再生制动回路、主回路的熔断器均熔断，更换熔断器后机床恢复正常。但机床正常运行数天后，再次出现同样故障。

由于故障重复出现，证明该机床主轴系统存在一固定的故障原因，根据报警现象，分析可能的主要原因有：主轴驱动器控制板故障；电机绕组存在局部短路。

考虑到换上元器件后，驱动器可以正常工作数天，故主轴驱动器控制板故障的可能性较小。因此，故障原因可能性最大的是电机绕组存在局部短路。仔细测量电机绕组的各相电阻，发现 U 相对地绝缘电阻较小，证明该相存在局部对地短路。拆开检查发现，内部绕组与引出线的连接处绝缘套已经老化。经重新连接后，对地电阻恢复正常，故障不再出现。

案例【31.4-13】 在诊断界面上观察不到输入输出信号

故障现象

数控加工中心配三菱 M64 系统，调试阶段，初始连接 RI/O 模块后，在诊断界面上观察不到输入输出信号。

故障分析与排除

① 检查操作面板输入信号与输出信号的源型、漏型接法是否与 RI/O 的源型、漏型定义相符合。

② 检查 RI/O 的站号设置。当 RI/O 与显示器相连时，RI/O 的站号设置应为 0，1（这种连接方式，RI/O 的输入输出点多用于管理操作面板信号）。当 RI/O 与基本 I/O 相连时，RI/O 的站号设置应为 2，3。经过正确设置后，利用诊断界面可以观察到输入输出信号的状态。

31.5 回原点类故障

案例【31.5-1】 立式淬火机床原点漂移

故障现象

立式淬火机床配用三菱 E60 系统，原点开关选用接近开关。设备交付使用 3 月后，原点经常出现漂移，错位率达到 25%，错位量最大 25mm。

故障分析与排除

现场工作环境恶劣，弥漫油雾水汽，该接近开关有油污。将接近开关擦干净后又可以正常回原点，但后来又多次出现故障。用机械式开关替换接近开关后故障消除。

小结

不宜选用接近开关作原点开关。

案例【31.5-2】 数控焊接机不能回原点

故障现象

数控焊接机配三菱 E70 系统。第一阶段故障为编码器被强电通过地线进入后烧坏，更换编码器后，系统报警消除。第二阶段故障为运行加工程序 80～100 次后，系统中旋转轴（A 轴）加工位置有 5°～6° 的偏移。

故障分析与排除

加工位置出现偏差可能有机械系统和数控系统两方面的原因。

反向间隙会引起一定的误差。为此进行了如下试验。编制程序，令 A 轴反复进行正转 10°→反转 10°，运行 200 次后，用千分表测量，有 1° 的误差。对反向间隙进行补偿后，继续运行上述程序，误差消除，重复精度好。对于旋转轴而言，反复机械正转→反转运行，其误差只有一个齿间隙。所以反向间隙不是主要影响因素。

继续运行加工程序：正转 365°→反转 5°，运行 120 次后，执行回原点动作，观察到机床原点位置偏移 5°，但数控系统没有报警。初步判断是机械系统有滑动，造成了位置丢失。

将伺服电机卸下，直接在电机轴上标定原点位置，然后运行加工程序 100 次，执行回原点操作，观察到原点无规则漂移，且相差很大，CNC 系统无报警。

现在可以判断问题出在数控系统上。由于该系统曾经受到强电袭击，可能对系统其他部件造成损害。于是进行了下列处置：更换伺服驱动器，故障依旧；更换编码器及编码器电缆，故障依旧；更换控制器，故障依旧。至此，硬件部分已经更换完毕。证明不是硬件的问题。

是参数问题吗？但该机床未发生故障前已经正常运行三个月，发生故障后也未进行任何参数修改。如果硬件也无问题，参数也无问题。那是什么问题引起了原点丢失系统也不报警这种故障呢？看来解决问题还必须从与原点及定位的参数和相关的硬件分析。

硬件最主要是编码器及编码器电缆，但编码器及其电缆都已经更换，可以排除其影响。数控系统未报警，可以认为硬件没有问题。

CNC 与原点和定位有关的参数如下：#2049——绝对原点的设置方法；#2218——螺距；#2201——电机侧齿轮比；#2202——机械侧齿轮比；#1003——指令单位。仔细检查以上参数，除齿轮比参数较大，其余都正常。该系统齿轮比参数 #2201 = 10，#2202 = 4644，虽然三菱的参数设置说明希望在 1～30 内设置，但也提出了满足电子齿轮比要求的减速比计算方法，给出了 #2201、#2202 的计算公式，按公式计算后，参数值在许可范围内。

为了验证参数问题，进行了如下测试：设 #2201 = 1，#2202 = 1，相当于直接连接，反复执行回原点动作，均能够准确回原点（是这个参数在起作用吗）；将原 #2201 = 10，#2202 = 4644 进行简化，使 #2201 = 5，#2202 = 2322，执行回原点动作，仍然发生紊乱，可以判断该参数确实有影响；设参数 #2201 = 1，#2202 = 464，反复执行回原点动作，每次都能准确回原点。装机后运行正常加工程序，无误差无报警，故障排除。

小结

经强电的袭击，数控系统的功能会受到损坏，会产生一些隐性故障，必须根据实际情况予以排除。

案例【31.5-3】 数控铣床原点漂移

故障现象

数控铣床，系统为 M64。运行 3 个月后出现下列现象。

① 停电一晚，第二天上电后运行时，出现位置偏差，目测有 3～9.8mm。

② 以当日基准设定 G54 坐标，连续运行能够正常运行，无偏差。

③ 凡停电 4h 后再开机，就出现上述故障，连续 1 个月每天出现上述故障。

④ 对原点挡块、原点开关进行了紧固，仍然出现以上故障。

故障分析与排除

现场证实每天上电后出现的位置误差在 9.8mm，出现误差的频率很高。现场做回零试验：回零速度高速＝6000mm/min，爬行速度＝200mm/min；螺距＝10mm；正向回零，启动回零运行，能正常回零，在零点位置做固定标记，连续回零 10 次，都能正常回零，零点在固定标记处。出现的误差为 9.8mm，而螺距为 10mm，可能是回原点出现问题。

观察回零数据界面，栅格量＝9.95～9.937。此数据不正常，表明原点开关的 ON 点（原点开关进入爬行区间后脱开原点挡块的位置点，NC 系统从该点寻找 Z 向脉冲作为电气原点）距第 1 栅格点只有 0.063mm，如果有其他机械因素的影响，其 ON 点就可能越过第 1 栅格点，系统就会认定第 2 栅格点为电气原点，所以原点就相差了一个螺距。

调整参数＃2028——栅罩量（相当于挡块延长量）后，栅格量＝4.9，此数值正常。该机床工作正常，再未出现原点漂移。

注意＃2028 和螺距的单位不一样，调整＃2028 时，必须以 1/1000mm 为单位，例如欲设定 5mm 的栅罩量，必须设定＃2028＝5000。注意设定参数＃1229。在回零数据界面上，设定＃1229bit6＝0，栅格量的显示值为 ON 点到电气原点的值；＃1229bit6＝1，栅格量的显示值为栅罩量 ON 点到电气原点的值。在使用＃2028 调栅罩量时，必须设定＃1229bit6＝1，这样才能观察到调节后的效果。

案例【31.5-4】 加工中心回原点速度极慢

故障现象

某加工中心，三菱 M64 数控系统。调试阶段，设 A 轴为旋转轴后回零速度极慢。

故障分析与排除

观察屏幕上的速度是否为回零的爬行速度。如果是爬行速度，则是原点开关的接法不正确。原点开关应为常闭接点。如果接为常开接点，一进入回原点模式就相当于进入爬行阶段，所以速度就很慢。

检查原点开关的接法，将原点开关接为常闭接点。对回零参数＃2026 进行适当调整，该参数影响了回零的爬行速度。

案例【31.5-5】 数控车床回原点紊乱

故障现象

数控车床，三菱 M64 系统。Z 轴回原点不正常（Z 轴带有减速齿轮箱）。Z 轴回原点时脱开挡块后往往移动 100mm，且会反向运行，而参数中又未设置反向回原点。

故障分析与排除

M64 数控系统回原点的过程是，系统进入回原点模式后，电机先高速运行，碰上挡块，近点开关＝OFF，电机以爬行速度运行，脱开挡块后，近点开关＝ON，控制器开始检测第一个 Z 相脉冲点，这一点就是电气原点，通常也是机床的原点。

系统现在出现脱开挡块后移动 100mm，显然大大超过电机旋转一圈的距离。该车床由一台旧车床重新改造，传动系统为齿轮齿条，Z 轴齿轮箱的减速比厂家也不能准确提供，系统回原点参数中的栅格间距（Z 相脉冲发出点间距）为初始值，该值与被改造车床的传动比不符，这就造成了 Z 相脉冲的紊乱，所以系统回原点时就出现了紊乱的现象。

要求厂家仔细测定计算减速箱传动比，然后计算出电机每一转对应的行程，以此数据作为参数＃2228（栅格间距）的设定值。正确设定后故障排除。对于改造设备这是必须注意的。

31.6　通信类故障

案例【31.6-1】　Z55 报警

故障现象

数控车床配用三菱 M64AS 系统，热处理机床配三菱 C64 系统。调试阶段上电后出现 Z55 远程 I/O 未连接报警，在基本 I/O 板上，其 RAL1 和 RAL2 红灯亮，但实际系统未配备 RI/O，检查终端电阻无问题。

故障分析与排除

在显示器后装终端电阻未消除故障，在基本 I/O 的 RI/O2 口装终端电阻未消除故障。判断从控制器到基本 I/O 主连接电缆 CF10 有问题，将 CF10 电缆重新连接后，该故障排除；

另外，上电顺序不对，也会出现 Z55 故障，应先上外围电，后上控制器电；

C64 系统必须连接 RI/O；控制器故障也会导致 Z55 故障。

案例【31.6-2】　P460 报警

故障现象

① 加工中心配三菱 M64 系统，在 DNC 模式下，用 FANUC 软件进行 DNC 传送，每次传送约 15 行后出现 P460 报警。P460 报警是 TAPE　I/O 错误，可能是计算机侧的计算机和电缆问题。

② 在出现 P460 故障后，按 RESET 键，DNC 模式继续运行，而且跳过了若干程序段，如原来停顿在 N 130 段，按 RESET 再按程序启动键后，程序在 N200 开始运行，并未回到程序头部从头开始运行。

故障分析与排除

更换电缆后，故障依旧。更换控制器后，故障依旧，确认是计算机侧的问题。更换计算机后，故障排除。

小结

在 DNC 加工中出现 P460 报警的一般处置办法如下。

① 确定计算机 COM 口是否有故障，若有故障更换计算机。

② 确认计算机是否接地、对地是否有电压，若有问题则重新接地、检查电压来源。

③ 将计算机接地和机床接地连接到一起，消除计算机接地端和机床接地端之间的电位差。

④ 确认传输连线是否有屏蔽，且屏蔽线只能一端接地（一般为机床端）。

⑤ 确认接地是否良好（要求对地电阻在 2～6Ω 之间）。

⑥ 将机床 220V 接出供给计算机使用，消除电源波动影响。

⑦ 更换其他计算机传输软件。

⑧ 检查或交换传输电缆。

案例【31.6-3】 Y051　0104 报警

基本配置

① 加工中心配三菱 M64 系统。

② C1-V1/V2 驱动器。

③ CV 型能量回馈电源单元。

故障现象

调试阶段出现下列现象。

① 上电后，出现 Y051　0104 报警，意为通信格式故障，指控制器→伺服驱动器之间出现通信故障。

② 伺服驱动器 LED 上显示 B♯1，B♯2，B♯3，意为 READY OFF。

③ 主轴驱动器 LED 上显示 AR，意为不正常。

④ 电源单元 LED 上显示 d，意为正常。

故障分析与排除

通信错误主要应从电缆和硬件上找问题。交换电缆及驱动器后故障依旧。经检查发现控制器→驱动器之间的电缆为 SH21 总线电缆，这种型号的总线电缆对 MDS-B-SVJ2 型驱动器是可以的，对 MDS-C1-V1 型驱动器，在控制器→伺服驱动器及伺服驱动器→伺服驱动器之间，不能使用 SH21 电缆，必须使用 R000 电缆。R000 电缆是 20 条信号线全部接满的，而 SH21 电缆不是全部接满。更换电缆后，故障消除。此故障原因比较隐蔽，在最初订货时必须提醒供货商注意。

案例【31.6-4】 S01　0018 报警

故障现象

热处理机床配三菱 C64 系统，上电后，出现伺服系统初始通信错误，报警号为 S01 0018——电机编码器初始通信错误。

故障分析与排除

检查编码器通信电缆，用吹风机将插头吹干后插入，故障仍然不时发生。再次检查编码器通信电缆，发现没有把屏蔽线接地，把屏蔽线接地后，故障排除。

31.7　显示器故障

案例【31.7-1】 开机后屏幕闪烁

故障现象

某加工中心配用三菱 M64 系统，开机后屏幕闪烁，显示帧翻滚，最后呈黑点逐渐浸入状。

故障分析与排除

显示器故障或从控制器到显示器的连接电缆 F098 故障。该电缆极细，如果有大的干扰电流窜入，可能造成电缆损坏。

检查 F098 电缆的外观无异常（曾有多例 F098 电缆被烧坏）。虽然无异常现象，但系统接地不良会导致 F098 电缆烧毁或损坏。

更换 F098 电缆后故障排除。要求用户进一步检查数控系统接地情况。

案例【31.7-2】 上电后出现白屏

故障现象

① 某铣床配三菱 E60 系统，上电后出现白屏，有亮光而无任何内容显示。

② 某加工中心配用三菱 M65 系统，上电后屏幕只有光标没有内容，偶尔显示一次系统内容，也回到日文状态，然后死机。

③ 某龙门加工中心配三菱 M64 系统，上电后屏幕只有光标没有内容，偶尔出现内容也为报警 Y03——伺服轴未正常连接。

故障分析与排除

① 控制器与显示器之间连接电缆松脱，重新连接电缆后故障排除。

② 显示器偶尔能够显示系统内容，但参数已经回到初始状态，可以判断显示器没有问题，问题出在控制器一侧，经检查，系控制器主板发生故障，更换后故障消除。

③ 系统发生 Y03——伺服轴未正常连接报警，按常规应检查驱动器一侧，但在本次故障中主要是屏幕出现白屏，有光标而无内容，况且只是偶尔出现 Y03，交换控制器后故障排除。

31.8 PLC 程序错误引起的故障

案例【31.8-1】 控制器黑屏

故障现象

故障发生前调试人员正在传 PLC 程序，传到一半就中断了，重新上电就出现黑屏。

故障分析与排除

可能是 F098 电缆出故障，更换 F098 电缆后，故障依旧。

控制器后面的 LED 显示 F，远程 I/O 两个红灯都长亮。查看手册，F 报警为控制器故障。I/O 板红灯亮，故障为远程 I/O 未连接。判断可能是控制器系统内部有问题。

对控制器进行格式化（断电→将控制器系统旋钮调到 7→上电→断电→旋钮调到 0→上电）。上电后显示器显示正常，无先前报警。恢复参数，设定 #6451 的 bit4 = 1、bit5 = 1，重新上电后又出现黑屏回到原先故障状态。继续格式化后又正常，多次试验，结果一样。#6451 的 bit4 = 1、bit0 = 1 时，F0 界面不显示。

重新整理思路：该故障是在传送 PLC 程序时发生的，而且控制器 LED 显示 F，系内部故障，格式化后又能够正常显示，只是在进入 PLC 的传送状态（参数 #6451 的 bit4 = 1、bit0 = 1）时发生故障，可能是编制的 PLC 程序有不符合系统规格的错误，且这个错误是在 PLC 运行时发生的，必须先停止 PLC 程序运行。

① 停止 PLC 运行（断电→将控制器系统旋钮调到 1→上电），上电正常。

② 设定 #6451 的 bit4 = 1、bit5 = 1，上电正常，通信也正常。

③ 设定♯6451的bit4＝1，bit0＝1，F0界面正常。

④ 再读出 PLC 程序，PLC 程序出错，不能执行读出。

⑤ 重新传入一正确 PLC 程序，再启动 PLC 程序运行（断电→旋钮调到0→上电），上电一切正常。

案例【31.8-2】 传输程序时 Z 轴溜车

故障现象

钻削中心配三菱 M64 系统，其 Z 轴上带有刀库，自重较大，带抱闸。在设备改造调试阶段，向 CNC 传输 PLC 程序时，CNC 处于急停状态，这时 Z 轴下滑，几乎损伤刀具。

故障分析与排除

该钻削中心的 Z 轴无配重装置，完全靠伺服电机抱闸将其锁停。在调试初期传送 PLC 程序时，Z 轴下滑，即表明这时抱闸已经打开。通过分析 PLC 程序，发现原程序对伺服电机抱闸的控制不完善。如果在抱闸打开时传送 PLC 程序，由于此时 CNC 系统处于急停状态，伺服系统未处于工作状态，不具有锁停功能，故 Z 轴由于自重而下滑，容易造成事故。

经过分析，采用 NC 系统本身发出的伺服轴准备完毕信号控制伺服电机抱闸最为合理，在传送 PLC 程序时，系统进入急停状态，伺服轴准备完毕信号断开，这样抱闸信号也断开，抱闸工作锁停，Z 轴不会下滑。

程序如图 31-4 所示。

图 31-4 用伺服轴准备完毕信号控制伺服电机抱闸

31.9 参数设置不当引起的故障

案例【31.9-1】 S02 2236 X 报警

故障现象

某汽车部件生产自动线配用三菱最新的 C70 CNC 系统，在对其进行调试时，出现♯2236 报警。报警内容是 X 轴电源再生模块的参数设置不对。

故障分析与排除

经检查其参数设置是正确的。♯2236 参数设置的原则是，对于电能回馈制动型伺服系统，只在与电源再生模块连接的最后一轴上设定相关参数。其他各轴不设置该参数（取默认值）。再仔细检查其硬件连接，发现伺服驱动器与电源再生模块的连接不正确。电源再生模块的 CN4 口应与最后一轴的 CN4 口相连。而出现故障时电源再生模块的 CN4 口连在了第 1 轴上。因此无论怎样设置参数都报警♯2236 错误；正确连接后该报警消除。

小结

这是一例报警为参数设置错误而实际为连接错误的案例，但排除故障时仍然要从与该参数相关的因素着手。

案例【31.9-2】 软限位失效

故障现象

数控车床配用三菱 E70 系统，把车床的 X 轴设定为直径轴（#1019 = 1），用参数 #2013、#2014 设定软极限，点动运行 X 轴，当屏幕显示的 X 轴数值超过软极限值时，X 轴仍然可以运行，软极限失效了。

故障分析与排除

直径轴在显示屏上显示的值是直径值，而实际移动的值只是显示值的一半，所以当屏幕上显示 X 轴行程已经超过软极限时，实际行程并没有超过软极限，因此 X 轴仍然可以运行。为保证安全，应先设定 X 轴 #1019 = 0，然后用手轮运行 X 轴到全行程，观察其屏幕数值，选定合理的正、负极限值，并设定到 #2013、#2014，然后设定 X 轴的参数 #1019 = 1。

小结

不能先设定 X 轴的参数 #1019 = 1 后，再以屏幕显示值设定软极限值，如果以这样的顺序设置软极限，软极限比安全行程的大一倍，起不到保护作用。

案例【31.9-3】 螺距补偿无效

故障现象

在进行机械精度螺距补偿时总是报告无效。

故障分析与排除

在三菱 CNC 系统中与机械精度补偿有关的参数是 #4000 以后的一组参数，容易引起误解的是参数 #4007，该参数是确定每一测量点之间的长度，其设定单位是 1/1000mm。一般进行精度补偿时，测量间隔为 50mm，往往容易设定 #4007 = 50（相当于测量间隔为 50/1000mm），这样即使用激光干涉仪测量了各点的误差，但补偿的位置不对，仍然无效。设定 #4007 = 50000，这时的测量点间隔 = 50mm，用激光干涉仪测量各点的误差，可以进行正确补偿。

在三菱 CNC 的机械精度补偿参数中，补偿量 = 设定值 × 补偿倍率。#4006 是补偿倍率，一般设定 #4006 = 1，如果补偿值过大，则必须提高参数 #4006 设定值。通过设定 #4006 可以对很大的误差值进行补偿。三菱 CNC 的补偿功能强大，经过补偿后，系统精度可达到 0.0001mm。

案例【31.9-4】 屏幕上显示的值大于实际值

故障现象

在设备改造时，出现屏幕显示值大于实际值的故障。

故障分析与排除

与该现象有关的因素：电子齿轮比和机械齿轮比；运动部件的螺距；机械连接部位滑动。

该设备系购进的旧设备，齿轮箱的减速比查不到，运动副是齿轮齿条。三菱 CNC 伺服电机的有关参数中：#2201 = 电机侧齿轮比；#2202 = 机械侧齿轮比；#2218 = 螺距。

由于齿轮箱减速比查不到，只能通过试验测定其齿轮比。试验方法如下。先设定 #2201 = 1，#2202 = 1，螺距 #2208 = 10mm，连续发出定位 1000mm、2000mm、3000mm 的指令，测量其对应的实际值。假设指令值 = L1，实际值 = L2，则减速箱的齿轮比 = L1/L2，反复测量 5 次，取整数值，设定 #2202 = L1/L2 即可。

机械部分的滑动更是造成上述现象的原因，一开始就应排除。对于旧设备改造，在资料不足的情况下，这是一个办法。

案例【31.9-5】 M64AS 系统出现数据保护

故障现象

加工中心配用三菱 M64AS 系统，在多次向♯4000 后的参数错误设置数据后，一设置参数就出现数据保护信息。

故障分析与排除

♯1222 bit3＝1——参数锁停有效（此时♯1222 本身也无法修改）。在 I/F 诊断界面上，强制设定 R1860＝1，解除参数锁停。

案例【31.9-6】 通信故障

故障现象

热处理机床配用三菱 E70 数控系统，故障现象如下。

① 在传送 PLC 程序时途中断，断电后重新设定♯6451＝00110000，屏幕立即变为灰屏，设定♯6451＝00010000，屏幕又恢复正常，将系统进行维修格式化后，又能在屏幕上正常操作，再次设定 ♯6451＝00110000，系统又变成灰屏。

② 数控系统为 E60，在初始调试设定♯6451＝00110000 后，系统变成灰屏。

故障分析与排除

在三菱数控系统中，♯6451 用于指定对 CNC 系统进行 PLC 程序传送。如果设置♯6451＝00110000（bit5＝1），则进入 GX 通信状态，即将三菱专用编程软件 GX Develop 开发的 PLC 程序送入 CNC 系统。

如果设置♯6451＝00010000（bit5＝0），则进入 RS232 通信，用于传送参数、加工程序等。

设置♯6451＝00110000 后出现灰屏，即使进行维修格式化后故障仍然不能排除，这一故障与 PLC 通信有关，也可能是不符合格式的 PLC 程序引起了通信错误。

设置 NC 系统旋钮＝1，使 PLC 程序停止，解除 PLC 程序的影响。再设置♯6451＝00110000，此时未出现灰屏，传送正常 PLC 程序后，系统正常。

在故障①中，向系统传送原 PLC 程序后，观察到 GX 软件的对话窗口有 PLC 程序报警信息，将 PLC 程序格式化后，再传送正常程序，系统正常。

另外，要注意手动绝对功能的影响。

31.10 运行功能故障

案例【31.10-1】 MDI 运行时 X 轴没有走到程序指定位置

故障现象

专机配三菱 C70 系统，调试 C70 CNC 时，运行 MDI 时，X 轴没有走到程序指定位置。程序指令是

G90 G0X－700.；

但在显示屏上观察，X－650. 就停止了，且其停止位置数值不固定，会随机变化。系统一切正常，为什么会有这种现象呢？

故障分析与排除

在坐标值界面观察各坐标系的坐标值时，发现系统是以 G54 坐标系为基准运动，不是以基本机床坐标系为基准运动，而显示屏上显示的数值是基本机床坐标系的数据。G54 坐标系没有设定偏置值，即 G54 坐标系与基本机床坐标系等价，在调试中为什么 G54 的偏置值每次都有变化呢？

三菱 CNC 系统中有一 ABS 功能，即手动绝对值功能，其接口为 Y728，这一功能也会影响到坐标系。改变这个功能，即在 PLC 程序中使 Y728＝ON，运行中 G54 坐标值就和基本机床坐标系坐标值完全一样。如何解释这一现象呢？

ABS＝ON，则手动移动量计入绝对位置寄存器。ABS＝OFF，则手动移动量不计入绝对位置寄存器，即手动状态下使轴移动一段距离，NC 系统并不使其计入绝对位置寄存器。绝对位置寄存器反映的是基本机床坐标系数值。如果 ABS＝OFF，手动移动量不计入绝对位置寄存器，当手动移动某一轴离开原位置一段距离后，绝对位置寄存器的值没有变化。

先用手轮移动 X 轴＝50，在坐标值界面可以观察到基本机床坐标系＝0，G54 坐标系＝50，当前坐标系＝0。基本机床坐标系并没有计入手轮移动量，但移动量计入了 G54 坐标系。

在 MDI 下走程序 G90 G0X－700.，行走完毕后，显示值为基本机床坐标系＝－650，G54 坐标系＝－700，当前坐标系＝－650。

NC 系统是默认 G54 坐标系的，因此关键是当 ABS＝OFF 时，手动移动量计入 G54 坐标系，而未计入基本机床坐标系。程序以 G54 坐标系为基准，G54 坐标系反映了实际值，而基本机床坐标系未反映实际值。当 ABS＝ON 时，手动移动量计入 G54 坐标系，也计入基本机床坐标系，这样 G54 坐标系就与基本机床坐标系相同，移动量在两个坐标系中也就相同了。这就解释了上述现象。

小结

① 绝对位置寄存器仅仅表示基本机床坐标系的数值。

② 手动移动量计入 G54 坐标系。

③ 程序默认 G54 坐标系。

④ 在 PLC 程序中应使 ABS＝ON。

⑤ 程序是以 G54 坐标系为基准运行的。

案例【31.10-2】 自动运行时在 M30 或 RESET 后每次移动 2mm

故障现象

数控铣床配用三菱 E60 系统，自动运行时，在 M30 或 RESET 后，每次移动 2mm。

故障分析与排除

该现象应该与工件坐标系有关。观察工件坐标系界面，在外部坐标系一栏，该参数设置为 2，即有一个外部坐标系的补偿值，在程序结束时的最后位置要多运行一个外部坐标系补偿值的距离。将该参数设为 0，故障排除。

31.11 外部环境影响产生的故障

案例【31.11-1】 系统丢失程序和坐标

故障现象

① 立式淬火机床配用三菱数控系统 E70，早上开机时丢失程序和坐标，再次断电上

电后故障现象消除（该系统设置为绝对检测系统）。

② 卧式 12m 淬火机床配用三菱 E70 系统，开机时丢失坐标，重新设定绝对值坐标后可正常工作（该系统设置为绝对检测系统）。

③ 立式淬火机床，数控系统为 E70，在停机 5 天后重新开机，显示屏为白屏，2 天后自动恢复正常。

④ 在天气潮湿、连续下雨的季节，有主轴编码器信号紊乱或显示器黑屏的情况发生，天气好转后，以上故障全部消失。

⑤ 配用三菱 C64 系统的专用机床，停机 1 个月后开机，系统出现位置误差过大报警。但机床尚未开始运动。检查编码器连接电缆无松动，连续开机 10 小时热机，系统正常运行。

故障分析与排除

故障①有可能是瞬间电源异常，所以重新断电上电后系统恢复正常。后面几个故障与工作环境的湿度太大有关。

当工作环境的相对湿度在 85％～90％、温度在 30～35℃ 时，连续多天停机，重新开机时，可能会出现一些相关的故障。

① CNC 控制器和驱动器的线路板通过空气间隙绝缘，湿度过高，空气绝缘性能降低，空气中的水分附着在线路板表面，降低了线路板绝缘电阻，而且控制器内部运行时不断积累灰尘，这些灰尘吸附水分，使绝缘电阻更低，最终导致线路板绝缘击穿，造成设备故障。

② 如果工作环境持续潮湿，线路板产生霉变，霉菌含有大量水分，会降低线路板绝缘性，局部电流增大，也会导致设备故障。

③ 湿度过大还会造成接线端子锈蚀，电阻增大。例如，电机编码器接线端子锈蚀造成检测数据紊乱，从而引起电机运行不稳定。

改善工作环境的相对湿度可以采取下列措施。

① 改善电气柜的密封性能。悬挂变色硅胶（吸附水量大于 50％），定期检查硅胶颜色，变色及时更换，干燥处理变色硅胶，循环使用。

② 安装除湿机并设置成自动状态，保持低湿度环境。

③ 在室内放置石灰、木炭，控制室内湿度。

④ 在设备停机期间，使控制系统保持带电状态，持续发热，预防内部结露。

案例【31.11-2】 摇动手轮脉冲就不停发送而引起机床乱动作

故障现象

数控车床配三菱 M64 系统，调试阶段，一旦摇动手轮，脉冲就不停地发送，引起机床动作混乱。

故障分析与排除

① 怀疑手轮有问题，交换手轮后故障依旧。

② 重新制作和连接手轮电缆，故障依旧。

③ 怀疑存在外部干扰，检查发现主轴电机用一台 55kW 变频器驱动，该变频器未进行任何屏蔽保护处理。这是一大干扰源。将该变频器单独装于一屏蔽良好的控制柜中，并做好接地处理，故障排除。

案例【31.11-3】 上电后屏幕不亮

故障现象

加工中心配三菱 M64 系统，调试阶段，上电后屏幕不亮。

故障分析与排除

首先检测电源。测量开关电源输出端，远低于 24V，只有 4V 或 10V。判断在 DC24V 的供电回路上有短路故障，很可能是输出回路的接法不对，将漏型接法与源型接法混淆。

三菱 M64 系统配用的基本 I/O 板 DX450 输入为源型接法，输出为漏型接法，在设计配线时容易搞混淆。

仔细检查输入、输出的漏型、源型接法，发现果然是输出信号的接法不对，要求厂家重新接线。重新上电后故障排除。

参 考 文 献

[1] 李继中. 数控机床调试技术 [M]. 北京：清华大学出版社，2012.

[2] 陈先锋. 西门子数控系统故障诊断与电气调试 [M]. 北京：化学工业出版社，2012.

[3] 戎罡. 三菱电机中大型可编程控制器应用指南 [M]. 北京：机械工业出版社，2011.

[4] 姚晓先. 伺服系统设计 [M]. 北京：机械工业出版社，2013.

[5] 张华宇. 数控机床电气及 PLC 控制技术 [M]. 2 版. 北京：电子工业出版社，2014.

[6] 陈青艳. 机电设备安装与调试 [M]. 南京：南京大学出版社，2016.

[7] 付承云. 数控机床-安装调试及维修现场实用技术 [M]. 北京：机械工业出版社，2011.